都市水管理の先端分野
行きづまりか希望か

●

Frontiers in Urban Water Management
Deadlock or Hope

Edited by
Čedo Maksimović
and
José Alberto Tejada-Guibert

●

京都大学大学院 地球環境学堂　　教授　　松井 三郎　監訳・著
京都大学大学院 工学研究科
　附属環境質制御研究センター　助教授　清水 芳久
京都大学大学院 地球環境学堂　　助教授　松田 知成　他訳
京都大学大学院 地球環境学堂　　助手　　内海 秀樹

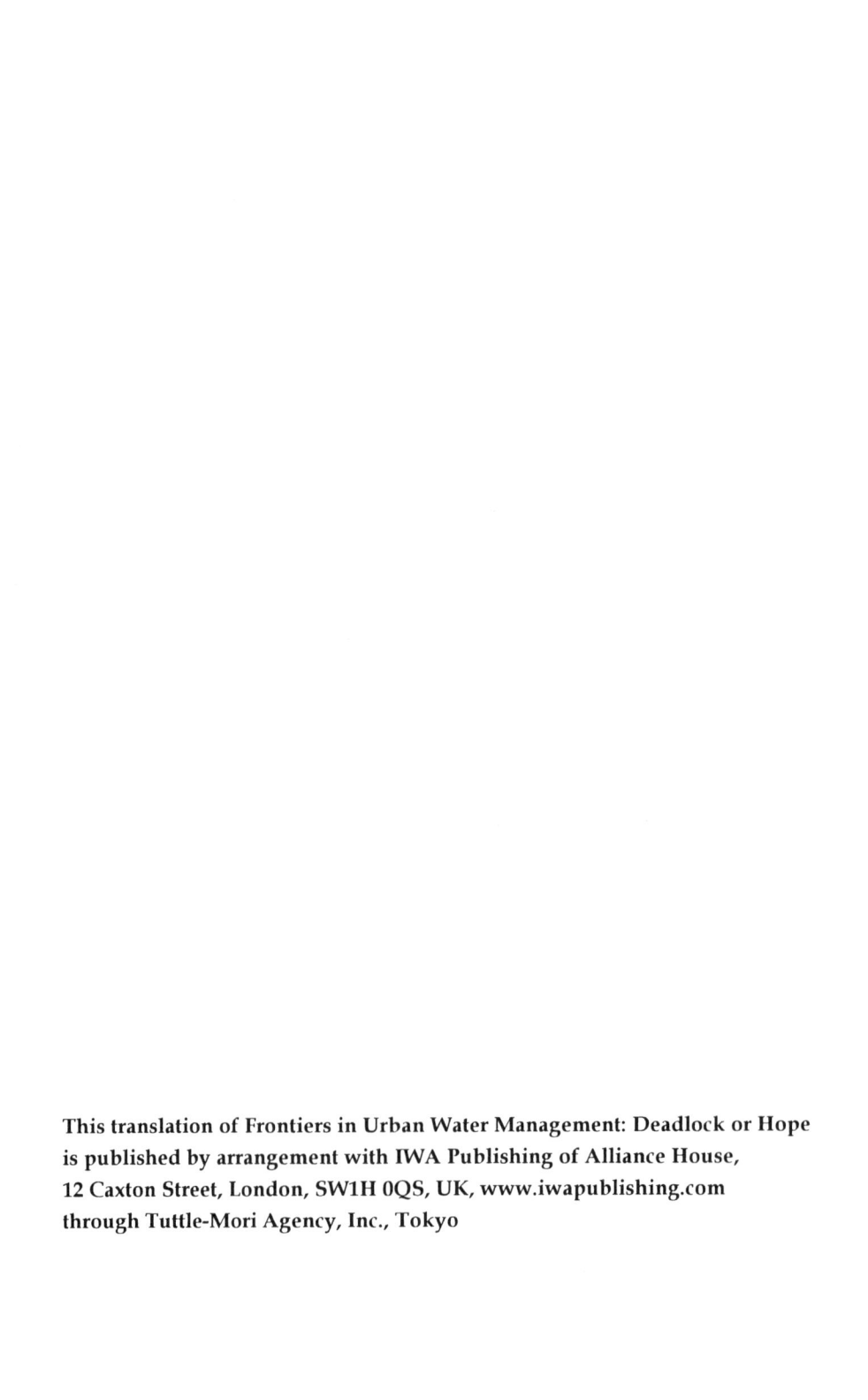

This translation of Frontiers in Urban Water Management: Deadlock or Hope
is published by arrangement with IWA Publishing of Alliance House,
12 Caxton Street, London, SW1H 0QS, UK, www.iwapublishing.com
through Tuttle-Mori Agency, Inc., Tokyo

Frontiers in Urban Water Management

Deadlock or hope

Edited by

Čedo Maksimović
Urban-Water Research Group
Department of Civil and Environmental Engineering,
Imperial College of Science, Technology and Medicine,
London, UK
and
Director, Centre for Urban Water, CUW-UK, London, UK

and

José Alberto Tejada-Guibert
Secretariat of the International Hydrological Programme,
Division of Water Sciences, UNESCO, Paris, FRANCE

IWA Publishing

UNESCO

Published by IWA Publishing, Alliance House, 12 Caxton Street, London SW1H 0QS, UK
Telephone: +44 (0) 20 7654 5500; Fax: +44 (0) 20 7654 5555; Email: publications@iwap.co.uk

First published 2001
© 2001 IWA Publishing

Printed by TJ International (Ltd), Padstow, Cornwall, UK

Original cover design by Ivana Maksimović.

Apart from any fair dealing for the purposes of research or private study, or criticism or review, as permitted under the UK Copyright, Designs and Patents Act (1998), no part of this publication may be reproduced, stored or transmitted in any form or by an means, without the prior permission in writing of the publisher, or, in the case of photographic reproduction, in accordance with the terms of licences issued by the Copyright Licensing Agency in the UK, or in accordance with the terms of licenses issued by the appropriate reproduction rights organization outside the UK. Enquiries concerning reproduction outside the terms stated here should be sent to IWA Publishing at the address printed above.

The publisher makes no representation, express or implied, with regard to the accuracy of the information contained in this book and cannot accept any legal responsibility or liability for errors or omissions that may be made.

British Library Cataloguing in Publication Data
A CIP catalogue record for this book is available from the British Library

Library of Congress Cataloging- in-Publication Data
A catalog record for this book is available from the Library of Congress

ISBN: 1 900222 76 0

www.iwapublishing.com

監訳にあたって

　編者の一人ツエド・マクシモヴィッツ(Čedo Maksimović)教授は，都市雨水流出の水理学で国際的に著名な人物である．日本でも市川新福岡大学教授と共著出版がある．またかつて岩佐義朗京都大学名誉教授のところに客員研究員として滞在したことがあり，同教授の紹介で面識を持つようになってから，UNEP-国際環境技術センター(大阪)主催の都市水環境問題のセミナーでお互いが基調講演をして親交を深めた．監訳者は，毎夏開催されるストックホルム水シンポジウムの科学プログラム委員を1996年からつとめている関係で，もう一人の編者ホセ・アルベルト・テハダ-グイベルト(José Alberto Tejada-Guibert)博士とは，毎年会う機会ができた．そのような中で，ツエド・マクシモヴィッツ教授から英語本の出版企画に執筆担当依頼を受けることになった．世界の都市の水問題は共通した性格を持っており，憂うべき重大な問題を抱えていることは，毎年開催されるストックホルム水シンポジウムですべての研究者，国際行政官，地方行政官，NGOリーダーが訴える課題である．その課題に挑戦する書物を書こうという誘いは，断ることのできないものである．監訳者は，水道と下水道，衛生対策の第5章を担当したが，これは都市水環境の最も根本問題である．そして，「行きづまりか希望か」のサブタイトルで，現状のままでは，明らかに「行きづまり」に向かうのに対して，どのような「希望」を描くことができるのか，技術として提案しなければならない．そこで仲間に呼びかけ21世紀の根本課題について語れる内容を共同で書こうと考えた．幸いに，古くからの友人であるデンマーク工科大学のモーゲン・ヘンツ(Mogens Henze)教授，ドイツのハンブルグ-ハーブルグ工科大学のラルフ・オッタポール(Ralf Otterpohl)教授，そしてUNEP-IETCの仕事で一緒した西オーストラリア，ムルドック大学ゴヘン・ホー(Gohen Ho)教授が私の呼びかけに賛同してくれて早々と寄稿した．他の章の著者達は，我々の第5章を読むことでかなり影響を受けたようで，論旨の結論に共通する見解が導かれたことは，この書物の一貫した思想を形づくったと考えられる．

さて，この原本を日本語に翻訳することは，前からの約束であった．第3回世界水フォーラムが京都，滋賀，大阪で開催される機会にぜひとも，日本の読者にこの新しい考えを紹介したいと願っている．

　翻訳には，京都大学地球環境学舎の池嶋規人君，鍛冶晴奈さん，亀村佳都さん，藤枝絢子さん，京都大学工学研究科環境工学専攻の佐藤大介君，宮越優君，京都大学工学研究科環境地球工学専攻の小栗拓也君，加藤芳樹君，桑野雄介君，濱田光恒君，藤岡弘樹君，水原健介君，京都大学人間環境学研究科の金自成君に協力してもらった．この場を借りて感謝します．また，翻訳にかかった費用の一部を住友財団研究助成金「東南アジアに対する日本の環境技術支援のあり方に関する研究」から援助を得たことを記して感謝します．

　また，技報堂出版の小巻慎氏に出版に当たり多大の努力をしていただいたことにも感謝します．

2003年1月29日

監訳・著者　松井　三郎

まえがき

　都市水問題は地球上で山積している．水資源管理の間違い，淡水利用の増加する競合，時として予想もつかない影響を与える汚染による水資源劣化などが問題の先鋭化を進めている．都市の爆発的成長，特に途上国のメガシティの出現は目に見えて問題を示しており，大規模な都市集中にまかせるままで管理不能，計画不能の状況悪化となっている．このような厳しい状況に直面して，社会全体，都市計画者，管理者，意思決定者，特に次代を背負う世代は恐ろしい課題に挑戦しなければならない．これらの問題に対して，「今まで通りの日常の仕事(business as usual)」として対応することは，決して解決とはならない．ある現実の解決策をそのまま別の現実に単に適用することは解決とならない．解決策を議論する時，技術的要素，制度・組織の構造，さらに市民の反応を考慮したものでなければならない．したがって，新しいアプローチは，適用可能な技術の幅を広げ，利害関係者間のコミュニケーションを高める必要がある．しかし，どのように？

　本書は，これらの課題について現実的で建設的な回答を提出している．都市水管理について前進的な視点で知識と経験の先端を調査し紹介している．本書は，主題と専門性を踏まえた多面的な視点で現状を解析し，解決の方向を示している．このため，執筆陣には広く国際的にそれぞれの分野で認められた著者を世界中から招いている．

　本書の展開は，まず問題の性質を定義し，計画の妥当性，環境とインフラ整備について述べ，さらに新しく出現してきた技術を調べ，最後に経済的，社会的，制度的側面を掘り下げている．次の順序で課題が取り上げられる．

　都市水管理の挑戦課題：将来の都市水管理と生活の質を条件付ける，開発と環境に関する地球規模的見方を述べる．

　統合的集水域管理の部分としての都市の水：都市化と都市計画の影響が物理的，

計画的，管理プロセスの側面から集水域の展望の中で検討される．

環境との相互関係：淡水の取水と下水の排出，都市の水システムの相互関係について述べる．

インフラ整備の統合課題：都市計画において都市水サービスの異なった要素の統合と関係について考察する．

水道供給と衛生の新しいパラダイム：老朽化した水道問題の解決と衛生対策の伝統的対応に代わる代替技術と新しいアプローチ．

途上国の問題：途上国の都市水問題について批判的に検討される対象として都市周辺部を含む成長のパターン，水サービスの性格，技術と社会要素など．

経済と財政側面：水の経済的性格，途上国の都市プロジェクトの財政，都市水管理制度の持続的財政と国際資金援助機関の役割について議論される．

社会的，制度的および規制課題：管理パラダイムの移行，制度枠組みの妥当性，利害関係者の役割そして法律的側面について考察される．

21世紀に向けて概観：上記に解明された諸側面を基礎に，都市水課題の21世紀を展望し期待できるアプローチを提出する．

各章は，著者の特徴あるスタイルと視点で書かれた独立性を持ったものであるが，それらが重複する部分をもって一つの連続しているものとなり，本書の主要課題を全体として包括している．

本書は，UNESCOの国際水利プログラム（IHP；International Hydrological Programme）が「統合的都市水管理」のテーマで進めた第5期（1996～2001）活動成果の一部を示すものである．またUNESCOとフランス水アカデミーが，マルセイユ市とWorld Water Council事務局の支援を得，国際シンポジウム「都市水管理の先端分野—行きづまりか希望か」（マルセイユ，6月18～20日，2001）を開催した機会に本書が発刊された．

このシンポジウムを支持した組織以外に，多くのパートナーが本書の完成に支援をしてくれたことを紹介する．例えば，セーヌ・ノルマンディー水庁は，第4章への寄稿と本書のフランス語出版に多大な支援をくれた．他の支援団体を列記すると，ローヌ・地中海コース水庁，マルセイユ・プロバンス商工会議所，ローヌ・ブーチェ議会，プロバンス・アルプス・コートダズール議会，マルセイユ水グループ，国際水利工学研究会，国際水理科学会，国際水協会，国際水資源協会，施設運輸省，国際水

局，ローヌ・ブーチェ県，UNCHS-Habitat，UNEP，WHO．

　私どもは，著者達の1年半にわたる努力の傾注に感謝します．またたくさんの機関，個人に対して図表の使用を認めてくれたことに対して感謝します．

　編者の熱烈な希望は，本書が上記のシンポジウムに貢献したことにとどまらず，明日からの都市水管理の実際において役立つ参考書として利用されることであります．

2001年4月

　　　　　　　　　　　　　ツエド・マクシモヴィッツ（Čedo Maksimović）
　　　　　　　　　　　　　　　　　　　　　　　都市水研究グループ
　　　　　　　　　　　　　　　　　　　　　　　土木環境工学科
　　　　　　　　　　　　　　　　　　科学技術医学インペリアルカレッジ
　　　　　　　　　　　　　都市水センター（CUW-UK）　ロンドン　英国

　　　ホセ・アルベルト・テハダ-グイベルト（José Alberto Tejada-Guibert）
　　　　　　　　　　　　　　　　　　　　　国際水利プログラム（IHP）
　　　　　　　　　　　　　　　　　　　　　　　水科学部門
　　　　　　　　　　　　　　　　　　　　　　　UNESCO
　　　　　　　　　　　　　　　　　　　　　パリ　フランス

List of contributors

The ideas and opinions expressed in this book are those of the individual authors and do not necessarily represent the views of their employers.

Chapter 1: The Challenge of Urban Water Management

Prof. Evan VLACHOS
Sociology & Civil Engineering, Colorado State University, Fort Collins, Colorado 80523-1784, USA
Tel: +1 970/491-6089; Fax: +1 970491-2191;
E-mail: evlachos@engr.colostate.edu

Prof. Benedito BRAGA
Director, Agencia Nacional de Aguas – ANA, SCN quadra 1 Bloco A - 5 andar 70710-500 Brasilia, DF, Brazil
Tel: (+55) 61-425-2233; Fax: (+55) 61-327-3427,
E-mail: benbraga@uol.com.br <mailto:benbraga@uol.com.br>

Chapter 2: Urban Water as a Part of Integrated Catchment Management

Dr. Jiri MARSALEK
National Water Research Institute, 867 Lakeshore Road, Burlington,
Ontario L7R 4A6, CANADA
Tel: +1-905-336-4899; Fax: +1-905-336-4420;
E-mail: jiri.marsalek@cciw.ca

Mr. Quintin ROCHFORT
National Water Research Institute, 867 Lakeshore Road, Burlington,
Ontario L7R 4A6, CANADA
Tel: +1-905-336-4434; Fax: +1-905-336-4420;
Email: quintin.rochfort@cciw.ca

Prof. Dragan SAVIĆ
School of Engineering and Computer Science, Department of Engineering,
University of Exeter, Exeter EX4 4QF, UK
Tel: +44 1392 263637; Fax: +44 1392 217965;
E-mail: d.savic@ex.ac.uk

Chapter 3: Interactions with the Environment

Dr. David BUTLER
Department of Civil and Environmental Engineering, Imperial College of
Science, Technology and Medicine, London, UK
Tel: + 44 207 594 60 99; Fax: +44 207 225 2716;
E-mail: d.butler@ic.ac.uk

Prof. Čedo MAKSIMOVIĆ
Department of Civil and Environmental Engineering, Imperial College of
Science, Technology and Medicine, London SW7 2BU, UK
Tel: + 44 207 594 6013; Fax: +44 207 225 2716 / +44 207 7068105;
E-mail: c.maksimovic@ic.ac.uk
(also Director, Centre for Urban Water, CUW-UK, London, UK)

Chapter 4: Infrastructure Integration Issues

Mr. Pierre-Alain ROCHE
Directeur Général, Agence de l'Eau Seine-Normandie, 51,
rue Salvador Allende, 92027 Nanterre Cedex , FRANCE
Tel: +33 (0) 1 41 20 17 21; Fax: +33 (0) 1 41 20 16 09;
E-mail: dirgene@aesn.fr

Mr. François VALIRON
Académie de l'eau, 51 rue Salvador Allende, 92027 NANTERRE cedex,, France
Tel: +33 (0) 1 41 20 18 56; Fax: +33 (0) 1 41 20 16 09;
E-mail: academie@oieau.fr

Mr. Rene COULOMB
Vice-president, World Water Council, Special Advisor to the President,
Suez Lyonnaise des Eaux, 1 rue d'Astorg, 75383 Paris Cedex 08, FRANCE
Tel: +33 (0) 1 40 06 66 31; Fax: +33 (0) 1 40 06 66 36;
E-mail: rene_coulomb@mail.suez-lyonnaise.eaux.fr

Mr. Daniel VILLESSOT
Technical Director, France Technology and Research Division,
18 square Edouard VII, 75316 Paris Cedex 09, FRANCE
Tel +33 1 46 95 52 44, Fax +33 1 46 95 46 14;
E-mail: daniel.villessot@lyonnaise-des-eaux.fr

Chapter 5: Emerging Paradigms in Water Supply and Sanitation

Prof. Saburo MATSUI
Research Center for Environmental Quality Control, Kyoto University,
1-2 Yumihama, Otsu City, Shiga, JAPAN 520-0811
Tel: +81-77-527-6620; Fax: +81-77-524-9869;
E-mail: matsui@biwa.eqc.kyoto-u.ac.jp

Prof. Mogens HENZE
Department of Environmental Science and Engineering, Building 115,
Danish Technical University, DK-2800 Lyngby, DENMARK
Tel: +4525 1600 / +4525 1477 (direct); Fax: + 4593 2850;
E-mail: mh@imt.dtu.dk

Prof. Ralf OTTERPOHL
TUHH Technical University Hamburg-Harburg,
Director, Dept. for Municipal and Industrial Wastewater Management
Eissendorfer Str.42, D-21073 Hamburg, GERMANY
Tel: +49 40 42878 3207; Fax: +49 40 42878 2684:
E-mail: otterpohl@tu-harburg.de

Prof. Gohen HO
Murdoch University, Environmental Engineering, South Street, Murdoch,
WESTERN AUSTRALIA
Tel: + 61 8 9360 2167; Fax: +61 8 9310 4997;
E-mail: ho@essun1.murdoch.edu.au

Chapter 6: Problems of Developing Countries

Prof. David STEPHENSON
Department of Civil Engineering, Director of Water Systems Research Group,
University of the Witwatersrand, Johannesburg, PO Box 277, Wits, 2050
SOUTH AFRICA
Tel: +27 11 7162560; Fax: +27 11 4032062;
E-mail: steph@civil1.civil.wits.ac.za

Chapter 7: Economic and Financial Issues

Mr. Terence Richard LEE
Consultant (formerly in Economic Commission for Latin America and the
Caribbean)
Ismael Valdes Vergara 360, dpto.71, Santiago, CHILE
Tel: (56-2) 639-1240; Fax: (56-2) 664-3806;
E-mail: tlee@netline.cl

Mr. Jean-Louis OLIVER
Ingenieur en Chef des Ponts et Chausées,
Ministère de l'equipement, des transports et du logement, Conseil général des
ponts et Chausées, Tour Pascal B, 92055 La Défense Cedex, FRANCE
Tel: +33 1 4081 2772; Fax: +33 1 4081 2770;
E-mail: kalitka@daei.equipement.gouv.fr

Mr. Pierre-Frédéric TENIÈRE-BUCHOT
UNEP/GPA, The Hague, THE NETHERLANDS
Tel: +31 70 311 44 71 or +33 (0)6 09 69 2992 (France); Fax: +31 70 345 6648;
E-mail: pf.teniere-buchot@unep.nl

Mr. Lee TRAVERS
1818 H St. NW, Washington, DC 20433
Tel: 202 458-4076; Fax: 202 522-3228:
E-mail: stravers@worldbank.org

Mr. François VALIRON
(See Chapter 4 for details)

Chapter 8: Social, Institutional and Regulatory Issues

Prof. Jan LUNDQVIST
Tema Institute, Faculty of Arts and Sciences, Linkoping University,
581 83 Linkoping, SWEDEN
Tel: +46 13 282272; Fax: +46 13 133630;
E-mail: janlu@tema.liu.se

Ms. Sunita NARAIN
Director, Centre for Science and Environment, 41, Tughlakabad Institutional Area, New Delhi-110062, India
Tel: +91 11 6081110; Fax: +91 11 6085879;
E-mail: sunita@cseindia.org

Mr. Anthony TURTON
Head, African Water Issues Research, University of Pretoria, Pretoria 0002, Republic of South Africa
Tel: +27 12 4204486; Fax: + 27 12 4203886;
E-mail: awiru@postino.up.ac.za

Chapter 9: Outlook for the 21st Century

Mr. José Alberto TEJADA-GUIBERT
Division of Water Sciences, UNESCO - International Hydrological Programme, 1, rue Miollis, 75732 Paris Cedex 15, FRANCE
Tel: +33 1 45 68 40 96; Fax: +33 1 45 68 58 11;
E-mail: ja.tejada-guibert@unesco.org

Prof. Čedo MAKSIMOVIĆ
(See Chapter 3 for details)

もくじ

第1章　都市水管理における課題 ……………………………………………1
1.1　はじめに　1
1.2　都市の状況　2
- 1.2.1　変化をもたらす巨大な力と都市化　2
- 1.2.2　人口，水そして都市　7
- 1.2.3　都市部の成長のパターンと転換の模範例　9

1.3　居住可能な都市の模索　13
- 1.3.1　持続可能な成長と開発が示唆するもの　13
- 1.3.2　持続可能性と水資源システム　17
- 1.3.3　都市水システムと持続可能な都市　20
- 1.3.4　持続可能な都市水管理の実施　22
- 1.3.5　新しい計画策定と管理の地平に向けて　27

1.4　都市水環境の将来推測　30
1.5　参考文献　35

第2章　統合的集水域管理としての都市の水 ……………………………39
2.1　はじめに　39
2.2　都市化の水資源への影響　40
- 2.2.1　天候への影響　41
- 2.2.2　都市排水の受水域への影響　42

2.3　統合的流域管理　50
- 2.3.1　水の供給　53
- 2.3.2　下排水の処理と処分　57
- 2.3.3　洪水対策と排水設備　60
- 2.3.4　一般的なアメニティとしての水　64
- 2.3.5　水管理の必要性の統合　66

2.4　統合された都市部の水管理の計画立案と実施　67
- 2.4.1　計画立案の過程　67
- 2.4.2　実施の戦略　74
- 2.4.3　立法上および行政上の支援　77

2.5　結　　論　78
　　2.6　参考文献　79

第3章　環境への影響 ·· 87
　　3.1　はじめに　87
　　　　3.1.1　都市における水循環　87
　　　　3.1.2　栄養塩の循環　90
　　　　3.1.3　都市水管理システム　91
　　3.2　水資源　92
　　　　3.2.1　高　　地　92
　　　　3.2.2　低　　地　93
　　　　3.2.3　地　下　水　94
　　　　3.2.4　雨水収穫　98
　　3.3　社会的基盤施設　99
　　　　3.3.1　水　処　理　99
　　　　3.3.2　配　　水　100
　　　　3.3.3　都市排水　105
　　　　3.3.4　排水処理　114
　　3.4　放　　出　118
　　　　3.4.1　タ　イ　プ　118
　　　　3.4.2　状況／厳しさ　119
　　　　3.4.3　影　　響　121
　　　　3.4.4　規　　制　125
　　　　3.4.5　断続的な排水に関する基準　130
　　3.5　都市用水　132
　　　　3.5.1　流れと河川　133
　　　　3.5.2　湖 と 池　134
　　　　3.5.3　結　　論　135
　　3.6　ツ　ー　ル　135
　　　　3.6.1　情報面からのサポート　135
　　　　3.6.2　デ　ー　タ　138
　　3.7　結　　論　139
　　3.8　参考文献　139

第4章　インフラ統合に関する問題 ························145
　　4.1　はじめに　145
　　4.2　都市開発における水事業の統合およびその重要性　145

4.2.1　都市開発の手段と方法　　145
　　　4.2.2　都市における水の複雑な役割　　157
　　　4.2.3　水質に要求されるもの　　162
　4.3　都市雨水の氾濫と制御　　165
　　　4.3.1　氾濫現場における対応　　166
　　　4.3.2　都市雨水の制御　　171
　4.4　飲料水の供給　　177
　　　4.4.1　水需要と水資源　　177
　　　4.4.2　新しい法律の遵守と副生成物の抑制　　183
　　　4.4.3　脱塩処理技術の利用　　188
　　　4.4.4　浄水処理に伴って生じる排水と廃棄物の処理　　191
　　　4.4.5　水分配システムの多様性　　192
　　　4.4.6　水質－運営－維持　　198
　4.5　排水と雨水の集水　　201
　　　4.5.1　システム設計　　201
　　　4.5.2　家庭下水接続　　207
　　　4.5.3　工場排水接続　　208
　　　4.5.4　ポンプ場　　209
　　　4.5.5　質，維持管理と運営　　210
　4.6　排水処理　　211
　　　4.6.1　概　論　　211
　　　4.6.2　より安全な処理方法へ向けて　　212
　　　4.6.3　より良い処理のために　　214
　　　4.6.4　都市環境のための簡易・低影響装置　　216
　　　4.6.5　プロセスの統合（汚泥，廃棄物，エネルギー）　　218
　4.7　結　論　　223
　4.8　参考文献　　225

第5章　水供給と衛生の新たなパラダイム　　227
　5.1　水に関する都市基盤の新技術パラダイム変換の必要性　　227
　　　5.1.1　21世紀の水　　227
　　　5.1.2　都市衛生は水質汚染制御の第一歩　　229
　　　5.1.3　富栄養化対策のための下水道からの尿の分離　　230
　　　5.1.4　いかにして尿の回収が栄養分のリサイクルに利益をもたらすか　　232
　　　5.1.5　緊急な課題：環境中の内分泌撹乱化学物質と人のホルモン分泌　　234
　　　5.1.6　都市衛生の重要な選択肢－エコロジカルサニテーション　　236
　5.2　老朽化した水社会基盤の再構築と関係する環境問題　　237
　　　5.2.1　はじめに　　237

  5.2.2　1人当りの負荷量の展開　238
  5.2.3　将来の排水のタイプ　238
  5.2.4　節　　水　238
  5.2.5　家庭下水のためのデザイン　239
  5.2.6　公衆衛生　240
  5.2.7　水，空気，土壌汚染　240
  5.2.8　地域の条件　241
  5.2.9　方　　策　242
5.3　パラダイムシフトのための新しいバイオテクノロジーと物理化学的方法　243
  5.3.1　エンド・オブ・パイプ処理のための新バイオテクノロジー　243
  5.3.2　発生源管理の衛生施設と処理選択肢　244
  5.3.3　家庭排水の部分別処理方法の選択肢　246
5.4　開発途上国の要求を解決するための新しい方法　249
  5.4.1　はじめに　249
  5.4.2　開発途上国が直面する問題　250
  5.4.3　開発途上国における現在の解決法　251
  5.4.4　希望の兆し　252
  5.4.5　将来的なシナリオ　253
5.5　調査と開発の必要性　253
  5.5.1　発生源管理と栄養分のリサイクルに必要な調査と開発　253
  5.5.2　開発途上国の問題のためのリサーチ　254
  5.5.3　情報の貢献と自動化技術からバイオテクノロジー　255
5.6　参考文献　256

第6章　開発途上国の問題　259

6.1　様々な制約　259
  6.1.1　人口爆発　259
  6.1.2　財政的な限界　262
  6.1.3　制度上の問題　264
  6.1.4　水供給の必要性　264
6.2　水質および健康　266
  6.2.1　汚染水の影響　268
  6.2.2　公衆衛生の保護　269
  6.2.3　水に関連する疾病　269
  6.2.4　水質基準　271
6.3　市街地およびその周辺地域の構造　272
  6.3.1　構造形成の理由　272
  6.3.2　インドの経験　275

        6.3.3　アフリカの経験　278
        6.3.4　環境の悪化　279
　6.4　水供給の選択肢　**280**
        6.4.1　水　資　源　280
        6.4.2　配　　　水　281
        6.4.3　サービスレベル　282
        6.4.4　代替システム　285
        6.4.5　開発段階　286
        6.4.6　供給の問題点　287
        6.4.7　代替アプローチ　289
        6.4.8　支払方法　290
        6.4.9　都市域の貧しい人々が水に幾ら支払うか？　291
　6.5　排水の解決　**293**
        6.5.1　下　水　道　293
        6.5.2　処理と再利用　296
        6.5.3　実質的な処理システム　298
        6.5.4　下水：シンデレラサービス　298
        6.5.5　支　払　い　301
　6.6　結　　　論　**301**
        6.6.1　コミュニティの参加　301
        6.6.2　費用負担能力　302
        6.6.3　経済的改善　303
        6.6.4　政　　　策　304
　6.7　参考文献　**306**

第7章　経済と金融の側面 ……………………………………………309
　7.1　水資源社会基盤に必要な金融　**309**
        7.1.1　社会基盤整備費用の戦略　312
        7.1.2　これらの費用に与える多様なパラメーターの影響　312
　7.2　金融の方法と手段　**316**
        7.2.1　方　　　法　316
        7.2.2　手　　　段　317
        7.2.3　衡　　　平　318
　7.3　水道サービスの費用　**319**
        7.3.1　理論的考察　319
        7.3.2　給　　　水　322
        7.3.3　排水処理　323
        7.3.4　事業組織の影響　323

- 7.4 水に関する契約　324
- 7.5 水および下水の価格決定　326
  - 7.5.1 価格決定理論　327
  - 7.5.2 価格決定実務　328
- 7.6 開発途上国の都市　333
  - 7.6.1 水道事業への資金調達　334
  - 7.6.2 水道事業を提供する機関の実行可能性に影響する要因　336
- 7.7 幾つかの勧告　338
- 7.8 参考文献　338

第8章　社会的，制度的，規制的問題 …………………………………341

- 8.1 本章の目的　341
  - 8.1.1 都会の動態性は持続可能性のテストケースである　341
  - 8.1.2 市民社会イニシアティブには，真摯な熟慮が必要である：嫌がらせではなく　342
  - 8.1.3 管理システムの3類型　344
- 8.2 3つの主要な課題　347
- 8.3 新しいハイブリッド社会契約　351
- 8.4 歴史的経験と新千年紀　354
  - 8.4.1 歴史的経験を繰り返すのか，それとも代わりの発展する道があるのか　355
  - 8.4.2 二足歩行：西側諸国における経験　357
- 8.5 南の途上国諸国の都市の動態：社会経済的および環境的観点　359
  - 8.5.1 機会と困難　359
  - 8.5.2 当局と非認可居住地　361
  - 8.5.3 汚染の新しい範疇　364
  - 8.5.4 流域事情への総合的アプローチ　364
- 8.6 水利用および汚染軽減政策の段階　366
  - 8.6.1 第一段階：視界から遠ざけ忘却する戦略　366
  - 8.6.2 第二段階：エンド・オブ・パイプ戦略　369
  - 8.6.3 第三段階：クリーンな製造技術　371
  - 8.6.4 第四段階：社会的制度的責任の修正　373
- 8.7 市民社会の水・環境的課題への対応　375
  - 8.7.1 政府からではなく共同体からの支援　375
  - 8.7.2 圧力団体としての共同体－インドの事例　377
  - 8.7.3 公共衛生か所得機会かの選択　379
  - 8.7.4 政策上の認知なき運営の拡大：パキスタンのOrangiパイロット・プロジェクト　381

8.7.5　市民社会と政府間で機能する関係の樹立：フィリピン Cebu 市の経験　384
          8.7.6　政府と市民社会の間の相対的な協調：南アフリカの事例　385
    8.8　未来のための選択肢は何か　387
    8.9　謝　辞　390
    8.10　参考文献　390

第 9 章　21 世紀への展望　395
    9.1　はじめに　395
    9.2　過去からの遺産　397
    9.3　未来への展望　400
          9.3.1　過渡期にある都市水管理　400
          9.3.2　動き出した新しいパラダイム：新生の技術対従来の習慣　401
          9.3.3　社会面，制度面，そして財政面　403
    9.4　おわりに　403
    9.5　参考文献　404

索　引　405

第 1 章　都市水管理における課題

Evan Vlachos and Benedito Braga

1.1　はじめに

　本書では，都市水管理における様々な状況を詳細に考察する．また，本章においては，急速に移り変わる環境の変遷とともに，水域および居住区における関心事を広範に論じることとし，地球上で徐々に拡大していく都市居住区における水計画や管理の新しい機会や課題を理解する前置きとなることを目的とする．

　本章は，進歩的で参加型のそして統合的な水管理の必要性について論を展開する．また，過去の試み，現在行われている努力，未来に起こりうることに関係する4つの部分からなる．初めに「都市の背景」について簡潔に述べる．ここでは，人間，水，都市に重大な関係を持つ変遷への重要な影響力，発展のための鋳型，パラダイムシフトについて要点を述べる．次に持続可能な成長が意味するものや，都市の生態系と持続可能な都市とのつながりにおける「環境にやさしい都市の追求」について概説を述べる．三番目に，持続可能な「都市水管理の実行」へ向けた取組みに対して論の中心を転換する．都市の水システムに関する一連の新たな形態は，人的能力の強化，統合的管理，新たな計画の展望を必要とする．最後の部分では，都市の水の将来に関する可能性の思索を行う．ここでは，文化の違いによる実際の活動の理論的前提と関連した，都市の水シナリオの代替案，エコシティのビジョン，いくつかの広範なガイドラインが含まれている．このような一連の展開は，全体的な水管理のパラダイムシフトに関する概念的，方法論的課題を強調した持続可能な成長および持続可能な発展を追及する中心的概念を基本に組織化している．

1.2 都市の状況

1.2.1 変化をもたらす巨大な力と都市化

20世紀の終わりにおいては，複雑性の増加と同様に急速な社会の変化に合わせた変遷の割合と程度に重点を置いた"raplexity"（速度と複雑性を合わせた造語）という概念が普遍のテーマであった．規模，密度，異質性の増加は，水供給，水処理および治水の管理に対して最大限の努力を要求する．それらはまた，空間的に分布するものに対する投資費用の急速な増加および都市化と網羅的な土地利用計画の様々に相互関係する側面の累積的，双方向的効果の補強を要求する．

先進国，開発途上国の都市をともに見てみると，様々な利用者による水の需要の増加，水収支の変化による物理的環境の変化や表流水や地下水を汚染するだろう廃棄物の処理といった淡水問題の最優先課題という点に関して，早急に意思決定がなされなければならないことが明らかとなる．特に大都市の複合体に特徴付けられる一連の問題に寄与する傾向と関心について，根底にあるリストには，以下のようなものが含まれる．限られた空間の中の多数の人々の存在，公共サービスに関わるコストの増加および不十分な租税構造，特に中核都市における設備の劣化および陳腐化，各都市と郊外との間に存在する不均衡の顕在化や社会区分と機会不均等に伴う問題，細分化する自治単位と重複する統治，そして，場当たり的な都市の拡がりや，ばらばらのその場しのぎの部門別計画がそれである．

これらの関心事は，都市居住区における個別な問題と関連しているにもかかわらず，同時にプランニングと天然資源管理に対する新たなアプローチをつくり出すための，より一般化された関心事の背景に存在する部分でもあるのだ．それらの関心事とは，以下のとおりである．

- どのようなプランニングにおいても様々な「環境」を統合する強力で学際的なアプローチを強調すること．
- プロジェクトの効果を測る「社会計算法」やより広範囲の活動の確立に関する探究を強調すること．
- タイムスケールを短期間の影響について狭い列挙から，より高いオーダーで結果の長期間の予測へと拡大すること．

1.2 都市の状況

・過去の歴史的経験,現在の制限そして起こりうる未来と望ましい未来両方のビジョンを連携させること.

このような観測は,例えば現代の社会が直面している一連の「緊張」の一部と見れば,より複雑にさえなる可能性がある.この関心事では,このような「緊張」と「ストレス」が常に示されており,たいていは需要の拡大と限りある資源の間での対立が急速に衝突するという意味で用いられる.特に3つの「緊張」がどの物質的,社会的な環境の境界面に関する議論においても中心に見られる.それらは,①生態学的緊張:戦略的な天然資源の枯渇と社会における技術的危惧の波及という部分におけるもの,②経済的緊張:巨大な経済的麻痺,世界規模の相互依存,および信頼関係の危機の結果生じるもの,③文化的緊張:技術と非物質的文化間の格差,価値観の変化,および多くの国での限られた成果に対する予測の崩壊の結果生ずるものである.

結果的に見れば,急速な人口増加と都市の乱開発(図-1.1)は,環境負荷と環境影響の増加と相まって,強度,重大性,持続性という観点から見た周囲の環境に対する影響の拡大を通じた社会構造の複雑さや相互依存の増加に寄与している.つまり,様々な人口区分に対する影響の分布に関する根本的な問題を生じることと,急速な都市化によって起こる短期間および長期間の問題に対する柔軟で,敏感に対処する強い努力が求められることである.同時に,大都市および巨大都市[*1]形成の増加は,以下のような事象に関する新たな関心を引き起こす.つまり,インフラ網の自然な

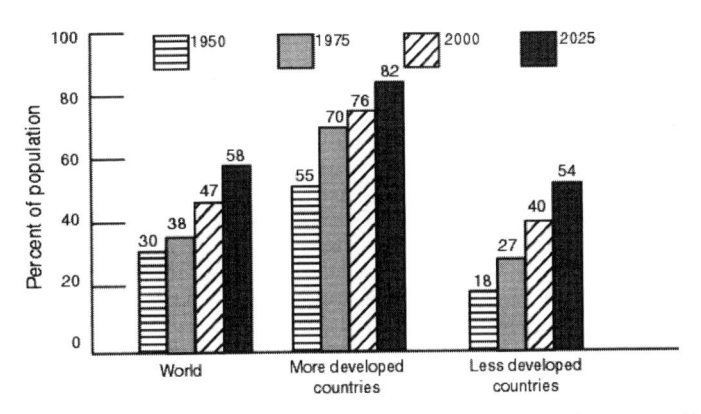

図-1.1　1950, 1975, 2000年および2025年における主要各国の都市地域に住む人口割合

[*1] 同時に大都市圏が形成(例:Boswas,すなわち Boston-Washington Megalopolis;SanSan,すなわち San Francisco-San Diego Megalopolis)

第1章 都市水管理における課題

代謝のコントロール，公共サービスや公共施設に対するやむことのない要求，効果的で衡平な水供給に対する新たな処理施設の必要性，そして一般の人々の関与や参加を盛り込んだ全体的な管理の探求といった事象である．

　時代遅れではないとしても，限界のある歴史的な取組みと拡大するもしくは新たな要求とが連結して，途方もない挑戦課題がある．それは，社会経済状況の変化に対応しうる総合的水システムをより大きなスケールで総合的な計画を作成する努力を必要としている．ほとんどの都市活動は，開発と土地利用に複雑に関係していることもまた重要である．水資源のケースでは，伝統的に地方や人口の少ない都市の外にある郊外地域では，当初はその水供給および下水処理施設は，各戸ごとに私的なものを設置している．その地域がより開発され，人口が増加するにつれて，小さな水システムでは問題が持ち上がる．最終的には，都市の集合体が発生し，人口が急速に増加するにつれて，限界のある水システムはひずみを持ち，それが不十分であることを証明し，コミュニティにより大きく永続的な施設を考慮することを余儀なくさせる．

　複雑さの増加，変化の割合の急速な増加，および予期されたと同様に予期されない技術と開発の影響に関する先述の簡潔な見解は，急速な都市化と人類の居住地の空間的外周の拡張に関連して，より意味を持つものとなる．様々な公的または私的な文書と関連して，アジア，アフリカ，ラテンアメリカにおける多くの明白な国連の予測では，20世紀の状況に特徴付けられる予測不可能な人口の増加は，他に類を見ない都市の成長へと発展している．2020年までには，低開発国の大多数の人々が都市地域に住むであろう．

　人口100万人以上の大都市への人口集中は，開発途上国との関連性を強める．2000年では途上国においては292の100万都市が存在したと推測されている．人口1000万人以上の大都市圏や巨大都市圏は今後より増加し，開発途上国において大部分を占めることになるだろう．例えば，ダッカは，2000年から2015年までの間に900万人もの人口がさらに増加すると見込まれている．同期間で，ニューヨークでは80万人人口が増加すると予測される．大部分の開発途上国においては，国家の成長速度と比較し都市域では2〜3倍の速さで拡大が進行している(Hinrichsen and Roby, 2000)．

　予測できない規模での都市の成長により，そのような大都市への人口集中による生存可能性や都市の統治，良い都市管理を提供する可能性に関する関心が拡がるこ

1.2 都市の状況

とによって人口過剰と環境容量に関する長期にわたる議論に油を注ぎ続けている．その議論は，経済的生存可能性やそのような都市間の競争力をそれほど扱わず，予期しない発展が都市の急速な広まりや地球温暖化のような伝染病にさえ寄与しているといった，リサイクル不可能な資源の枯渇を招いているという概念を取り扱うものである．同様に，先進国では，都市の成長と消費至上のライフスタイルによって，ドーナツ化現象と準郊外の形成が周辺の田園地方を消滅させ，環境の生態学脆弱性を試している．

このように，都市人口の変化は，水資源と関連性を持ち，都市化のレベル，都市の成長率や水の消費量の増加，より高い水質に対する要求との関連で見なければならないものである．さらに，高先進国は既に高レベルの都市化がされており，その負担は実質には増加しないものと考えられている．その一方で，途上国地域では20世紀の前半の先進地域と同様の速度で都市化している．全体として，開発国における都市人口は，またしても巨大都市に集中して，2000年から2025年の間に約2倍，20億から35億以上になると予測されている．1999年末改正の国連世界人口予測 (UN World Population Prospects) では，2000年から2030年における人口増加は，実質，都市地域に集中するだろうということが示されている．主要地域から見ると，2030年までにアジアでは人口の55％が都市域に，またアフリカの53％に対して，ラテンアメリカとカリブ海地域の人口の約83％が都市域に居住することになるだろう．ヨーロッパおよび北アメリカでは，都市地域の割合が2030年には84％に及ぶと推測される一方で，オセアニアでは2000年の70％から2030年には74％に到達することが予測されている．

継続している人口構造の変化と計画された人口輸送の基本的な特徴から，将来，途上国の都市地域がほとんどすべての世界の人口増加を招くことがわかる．先進国の都市地域は，人口の高齢化，都市の周辺部への人口の遠心運動，および移民流入を経験する．これらのすべての傾向は，特に途上国において，既に不十分な住宅供給，無断居住者の居住域の増加，および水および廃棄物処理の運営に関する永続的な問題に対する強い欲求をもって空間的インフラおよび都市の資源に対してより強いプレッシャーを与えることとなるだろう．経済成長という観点からでさえも，より遠い地域への分散や農業地域への侵入，またより長く，高価な都市水道施設の必要の可能性を含んで，農業地域はますます遠い地域へと移動していく（例えば，メキシコシティやサンパウロで見られる）．

第1章　都市水管理における課題

　警告という言葉は，この点において必要とされる．「驚くような」卓越して都市化された世界への推移に対するイメージは，最近のより国際的な経済への移行と同様，長期間続く経済的，政策的変化をともに反映する．また，上述のようなあらゆる変化にもかかわらず，世界最大級の都市の平均的規模は変化するだろうが，その配置はそれほど変化していないため，継続する要素が存在する．最終的に，成長率は，特に「都市居住区」の定義が国によって大きく異なるという観点において，減少するように見える．こういった理由で，「爆発する都市」の人騒がせな予測と反対しない文献(E.Brennan, 1999)が，世界のほとんどの巨大都市の成長速度はだんだん落ちていると発表しているのだ．その説明には，国家の人口成長率が減速しているということがわかる部分がある．しかし，このような「楽観主義」をもってしても，今日または近い将来，巨大都市は，自らの廃棄物で埋め尽くされていき，不十分な下水道によって汚染され，ドーナツ化現象の進む大都市圏や，不法居住区および腐朽しつつある中心都市の水道施設に対する水供給の途方もない問題に直面するだろう．

　都市の水管理者のために先のあらゆる関連性に戻ると，我々が成長と崩壊に関する逆説的ともいえる関連に直面していることが明らかとなる．一方では，我々は急速で，場当たり的な大都市の成長という予測不可能な世界規模での遠心力に直面しており，また一方で，限界のある使用年限で建設された設備の寿命とその設備に対する無策の結果，古い都市では中心部の設備の自然崩壊に直面している．このように，将来の都市の成長に関するパターンを見ると，都市水道のあらゆる理解と管理の中で多くの開発がその中心となるだろう．理解と管理とは，例えば，巨大都市化および都市の分散の増加，成長の限界の認識および資源の保全の必要性，郊外の副都心における都市機能の普及の結果より多角化する将来の都市の内部構造，複雑性の増加やより集中した(分散するのではない)コントロールの必要性，形を変えた「準工業都市」と連携した潜在的技術の発展の利用，都市の集合体の構造や運営および都市の水問題の解決策の提示，そして，永続的な供給の増加よりはむしろ最終的には需要の縮小を招くようなリサイクル，リユース，再生利用に強勢を置いたライフスタイルの変換などが考えられる．**図-1.2**には世界の大都市100都市と，その他の選出された都市が示されている．

　基本的な議論について，最後の見解を述べる．そこにおいて，多くの現代の問題や課題に対する解決は，「技術的な調整」から「非構造的な」解決策(またはこの2つの連携)へ移行することは避けがたいといえる．この点において，2つの見方が重要で

1.2 都市の状況

図-1.2 2000年における世界100の大都市および選出された都市

ある．第一に，現在，効果的に利用されている技術よりも多くの技術が利用可能となる．第二に，地域社会の水システムの設計は，利用できる材料や技術によって根本的に制限されているわけではない．むしろ不公平で単純な経済成長ではなく，社会経済的要求に関する知識を持続的発展に関連した政策代案に集中させる．

1.2.2 人口，水そして都市

　世界中の都市部の窮状に関する前述の指摘のすべては，急速な人口増加と急速な都市化という双子の現象を物語るものである．成長しつつある都市は，これまでは経済的成長のエンジンであり，人間の創造性の活気溢れる中心であり，さらに，産業活動に欠くことのできないインフラとなっていた．都市は，その初期の存在と開発についても利用可能な良質な水から恩恵を受けている．しかし，都市の急速な成

第 1 章　都市水管理における課題

長，都市の膨大な人口によって放出される汚染物質，そして産業活動は，質および量の双方において新しい問題をつくり出してきた．水と衛生にかかる都市の圧力は，水源にかかる過剰な負荷，不適切な水処理，小河川および大河川の汚染，枯渇しつつある帯水層からの無分別な水の汲上げ，そして最後になるが，見逃せない非効率なサービス管理と制度上の適切な支援の不在の結果であるのだ．

水と都市化の相互依存関係を苦労してつくり上げる必要はない．定住することの歴史的な根本原因は，我々の世界にある川辺の社会体制に見出されるはずであり，都市の開発と福祉は，都市の水供給の質と量の双方に複雑に関連してきている．同時に，都市化は河川に様々な影響を与えている．小さな町が都市に成長していくにつれ，堆積物負荷を伴う雨水を吸収および保存することができない．都市の表面流水は増加し，より速く，より大きな力で水域に到達する．舗装された地表は，堆積物負荷を伴う雨水を吸収および保存することができない．堆積物は，動植物の生息地を破壊する原因である．都市部の河川は，上流からのある種の問題を引き継いでいる一方，バクテリア，重金属，多種多様な有毒物質，ならびにごみと瓦礫を含む新しい汚染物質もそれに加えられている．しかし，広く見れば，都市に直面する環境問題は，互いに重複する部分があり，相互作用している4つの範疇に分けることができる．すなわち，①環境に関する社会基盤施設およびサービスの利用機会の問題（特に，水と衛生のシステム），②都市の水からの汚染の問題，③資源の劣化の問題，そして④環境に対する危険の問題である．先進国においては，①および④の範疇が管理不足または普及不足のいずれかとなっている．途上国および低所得の都市地域は，しばしば4組の問題すべてに直面している（それらは，同時に発生する傾向にあるために多くの場合で激しいものとなり，より長期にわたるほど激しさが増している）．

多くの著者は，大規模な人口増加，経済的開発と（しばしば未処理の）都市部廃棄物の質と量，供給水の汚染と貧弱な衛生システム，新しい水供給源と排水処理の双方に対する経済的に高いコスト，財政管理上の制限，そして水の非効率かつ不適切な公的支給と全体的な管理を含めて，環境および社会のすべての系列のストレスと緊張を途上国地域全体を通じて確認している．

2000年3月の世界水ビジョン(World Water Vision)ハーグ宣言は，何百年にもわたって世界のいくつかの地域で淡水の生態系が衰退しつつあるという否定できない証拠を明白に示した．問題はさらに深刻になりつつあり，人間社会の経済的，社会

的,そして,環境面での安全を脅かしている.さらに,科学,産業,そして経済における革命にもかかわらず,不適切な管理は全世界を通じてますます速度を増しつつ水質の低下に寄与してきた.水質は,特に産業界において水の中心的な問題となってしまっている.

1.2.3 都市部の成長のパターンと転換の模範例

本章の最初の部分では,人口増加,過剰な都市化,および巨大都市の成長パターンにおける最近の劇的変化に関して,また,質と量の双方に関した複雑な性質の相互関連した都市部の水の問題に関して事例が提示された.

特に過去20～30年間は,地球全域にわたる都市部水資源の計画立案,設計,および管理における重大な変化が特徴となっている.新しい知識と同様に,人間活動の環境面での影響,潜在的な気候の転換,膨張する人口,そして巨大都市の使用についての増大しつつある懸念も,乏しい天然資源を統合された方法で管理するための制度に関する方策に対する代案の開発への切迫した必要性の一部となっている.多くの国々と地域は,現行の行政機構の効率化と,水資源の質的および量的な側面に関して制度上の革新的な取決めを導入することの双方にますます注意を向けるようになってきている.概念的,方法論的,および行政面における開発の流れにおいては,統合された手法に対する必要性,資源の運用,人員と施設,および新しいあるいは芽生えつつある専門的な技量と技術革新を取り入れることに特に重点が置かれている.

一連の傾向および開発は,水の供給とその利用に関する切迫した危機の背景であるとして見られている.この緊急事態の流れの基礎をなす要素は,①定期的な旱魃または洪水によって悪化した,劇的な変動をもたらす地球上の多くの地域における水供給の大きな変化,②特に田舎から都市部地域への劇的な転換の結果としての急速な人口増加および大量の消費需要,③拡大する農業向け使用および集中的な灌漑の開発,④集中的な農業の実施と都市部および産業への使用との双方の結果である水質の悪化,⑤多くの帯水層の汚染と相まった地下水の利用可能性の低下,⑥周囲の環境における自然の変化と人類活動に由来する妨害の全範囲を含めた環境について増大する懸念および生態系の問題,および,⑦境界の外の水への依存,そして共有された水域に影響を及ぼす,部分的に重なり,移動しつつある政治的および行政

第1章 都市水管理における課題

的な境界に関する意欲をそそる疑問を含んでいる．

しかし，計画立案および管理における統合され，調整され，かつ長期的な手法に対する模索をさらに複雑にしてきたものは，急速な成長とそれに付随する社会的な変化，および制度に対するそれらの影響力であった．これらの急速な変化の源は，価値の根本的な転換，多くの社会の構造と機能における形態学上の変化，技術的な開発，および気候の異常や社会経済的相互依存などの注目すべき外因性変化まで追跡することができる．すべてのそのような変化の性質と速度をさらに激しくしているものには，環境保護における一般的かつ科学的な関心の合流，データと情報の爆発，環境システムの構造と機能に関する新しい理解，およびますます強調されるグローバリゼーション（世界の一体化）と相互依存もある．そのような問題のすべての最終結果は，相互に関連する3つの状態にまとめることができる．すなわち，

- （もし複雑化でなければ）複雑さ，あるいはいずれの問題に対応するうえでもほぼ無能力をもたらす，原因と結果を編み合わせる過程，
- 衝突と，増加しつつある競合利害関係者グループと支持者の数の存在，
- 管理，あるいは複雑さ，独立性，騒乱，不確実性，および大きなシステムの脆弱さに対応し，調整することの必要性，

である．

ここで，現在の都市化のパターンが以前にあった過去の各時代の都市化のパターン，特に産業革命の間のそれとどのように異なるかと尋ねる人もいるであろう．この質問は，特に**図-1.3**に提示したような複合的なシステムにおいて，提案されたテーマおよび都市部の統合された水管理への挑戦のために特に重要なものである．UittoとBiswas(1999)を通じて記された注意事項に書き加えるとすると，我々は，以下に注目すべきである．

- 人口増加の爆発速度，および都市の空間的拡大．
- 経済的開発と，都市部の人口増加あるいは適切なインフラに対する投資能力との間の時間差．これは，不可欠な水サービスを国家または地方の政府が計画および管理する能力を超える成長の場合である．
- （バラック集落の掘建て小屋街や無断居住者定住地などの）都市周辺地域における水と衛生の適合性および異常な人口密度を含む都市成長の独特な空間的パターン．
- 開発の全体的なパターンおよび水の供給．水の欠乏に加えて，過剰な経済的コ

1.2 都市の状況

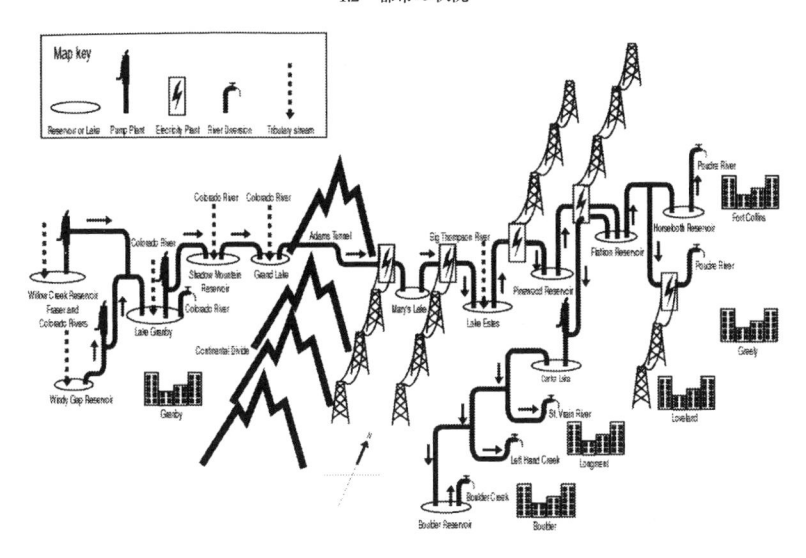

図-1.3 Colorado Big Thompson プロジェクト．ロッキー山脈の西側からコロラド州西部の巨大都市への水の移送を通じた複合的な都市部開発の例

ストがある．一般商品と比較して自由商品としての水の概念，集中管理の問題および制度の運用における困難，国家的水政策の欠如または延長された計画立案時間の限界，その他．

・環境に対する懸念の増大しつつある重要性，および持続可能性に対するイデオロギー上の強調．ここで，保全との利害関係，構造的から非構造的な解決方法への転換，公衆衛生の新しい懸念，および水集約的な生活様式とその結果が見出される．加えて，米国の国家環境政策法（NEPA；National Environmental Policy Act），Clean Water Act などの同様の全系列の環境保護法，および EU で最近採択された水枠組み指令（Water Framework Directive）（WFD, 2000）を含む集中的な環境に関する法律制定および規制条項がある．最後にあげた（EU の）ものは，地表および地下の水の質と量の保護のための影響範囲の大きい規定，水の価格決定の政策，河川流域の統合された管理，そして住民参加の強化を有している．一般的な手法および WFD の目的は，水資源の量的および質的な側面を強調するだけでなく，持続可能な水の消費と使用を確保することに関する EU の中心的な利害にも寄与している．

・気候の変化（および疫学的な新しい不安），グローバリゼーション，新しい管理

第1章　都市水管理における課題

原則，最も注目すべきである非階層支配的な行政上の焦点に対する強調，および組織構造と管理精神の組合せの予測的な，直接参加の，統合された形態などの外因性の要素．

　持続可能性に対してますます強まる強調と相まって，社会的変化の持つ強制力に対する対応と統合された水管理を求める叫びは，何よりもまず，生態学的に持続可能かつ社会的に公正な地域社会が出現するような手段に対する展望の代案となるものを示唆している．第二は，都市部の定住地とそれらが占有する空間をどのようにしてバランスの取れた「エコシティ(生態系を考慮した都市)」に変質させられるか，である．そして，第三は，我々が異なった社会文化的背景にわたる水管理のメカニズムをどのようにして概念化し，設立することができるか，または，ますます膨張する巨大都市における急速な社会的変化の持つ強制力への対応についての多様な経験をどのようにして導入できるか，である．本質的に，我々は，成長と開発とに別々の遭遇の仕方を求められている．都市部の当局は，環境の質の保護と規制に対する公約から，都市部の管理戦略が，中心的な概念である水の生態系の持つ有限という性質，保全についての社会心情の必要性，(革新および刷新のために)変化を続ける技術，支配的な政治制度的な流れ，および多用途，多目的，かつ多分野にわたる手法を認識して変化しつつある目標を取り入れるべきである持続可能な開発に対するさらに複雑な公約へ移ることが求められている．

　複雑さ，世代を超えた正当性，バランスのとれた生態系の原理，および経済的効率などに敏感なこの発想の転換は，都市部の水管理に関する現在の文献および実践に浸透している．水資源システムの開発は，それらのシステムが許容でき，かつ公正な価格で十分な質と量を支給する一方，同時に，将来の世代のために環境を保護し，生態系の健康を保全することを見る義務を有している[ここで，ASCE/UNESCO monograph(1998)のp.22以降に掲載の追加討論を特に参照されたい]．芽生えつつある持続可能性の発想は，「統合された」，「包括的な」，または「学際的な」などと様々に呼ばれており，したがって，水資源の計画立案および管理に対する現在の手法の広範に影響の及ぶ再検討を必要としている．この流れにおいて，本章の残りの2節では，持続可能な都市に対する模索と都市部の持続可能な水管理の実施に対する模索の双方の側面を概略することを試みる．

1.3 居住可能な都市の模索

　統合された水資源管理に対する要望は，同様に持続可能性の原理を都市に適用することも示唆するものである．今日の持続可能な地域社会が払っている努力は，多くの面において，適切なインフラを保証するため，および生活の質(QOL；Quality of Life)と社会福祉(SWB；Social Well-Being)の双方を強化するために都市拡大を制限し，効果的に管理することの無能力化に反対する反応である．持続可能な都市，および効率的かつ効果的な水システムを構築するための背景には，資本の理論，都市設計，生態系の管理，および都市／地域のカバナンスなどの一部またはそれらの組合せがある．

　したがって，都市を持続性の最大化という目標を持つ生態系として見ると，人間の定住地の拡張された新陳代謝モデルを明瞭に見ることができる．もし持続可能性を持った都市の規模を空間に関する拡大して，様々なシステムおよびサブシステムについての問題と組み合わせたなら，このような見方は，さらに要求の厳しいものにさえなる．加えて，システムおよびサブシステムの各要素は多数あり，複雑な方法で関連しているだけでなく，統合された／包括的な計画立案および管理に対する必要性は，物理的な環境面の計画立案を社会経済的な条件ならびに革新的な技術的要素と巧みに融合させることを必要としている．都市部の持続可能性は，政策の統合，生態系の考慮，協力とパートナーシップ，および参加型の展望と長期にわたる公約を通じた目標の共有を意味するものである．

1.3.1　持続可能な成長と開発が示唆するもの

　ほぼ14年前，環境と開発に関する世界委員会(World Commission on Environment)の「我々共通の未来(Our Common Future)」(WCED, 1987)の予備報告書は，環境に向けた理論と実践の質的変化を明確にした努力を論調を強めて要約した．同予備報告書の持続可能性の基本的定義は，「将来の世代が持つ必要性を満たすための能力に妥協を求めることなく，現在の必要性を満たす開発」となっているが，これは，上記のような戦略的推進策の前提と構成要素を明確に述べるための元気を回復させる叫びとなった．

第1章　都市水管理における課題

　したがって，それに続く議論は，人間と環境に関する国連ストックホルム会議(UN Stockholm Conference on the Human Environment)(1972)で始まった概念とは違った「持続可能性」として結晶化した．さらに，IUCN(世界環境保護連合；World Conservation Union)，UNEPと世界野生生物保護基金(WWF；World Wildlife Fund)，および，リオデジャネイロにおける「1992年環境と開発に関する国連会議(1992 United Nations Conference on Environment and Development；UNCED あるいは地球サミット)」という画期的な公式行事につながる1980年代の一連の努力を導いた．そこで，増え続ける国家的な持続可能な開発戦略または計画のために，一つの流れが芽生え始めたのだ．このような流れは，政治および規制上の圧力と結合した．例えば，環境への影響の事前評価を強制したり，統合的環境の手法のために大衆と科学の関心を合流させている．

　MunasingheとShearer(1995)が示したように，「持続可能な開発」という表現は，経済的成長と環境保護が両立可能にできることを実証するためにつくり出されたものである．しかし，この言葉の広く様々にわたる定義は，「Brundlandt 報告書」ならびに「Agenda 21」におけるこの幅広い概念を明確に述べることを困難にするだけでなく，社会科学および自然科学の様々な認識論的見通し，ならびに思考の流派とイデオロギー的党派も生み出すものである．解釈が何であれ，持続可能性は，1990年代の開発の規範および当代随一のスローガンとなったのだ．さらに，基礎をなす推進力に注目する時，持続可能性は，一世代内の人々に正義を(世代内)，各世代の間の人々に正義を(世代間)，および生態系の完全性を維持するための努力の一部としての「自然」に対する正義を強調する基準的な変化点となった．

　持続可能な開発に関連して定着しつつある語彙は，より深い意味の計画立案を求めることと，包括的統合された全体的な手法を模索する必要性を指摘した．この流れにおいて，持続可能な生態学的基礎は，人間性の長期的な生き残りのために常に不可欠であった．したがって，ますます複雑，不穏，かつ不確実になる社会政治的環境において，持続可能な開発のための努力に関するいかなる討論も，未来志向でバランスのとれた手法は，再生可能な資源の賢明な使用を包含する概念となった．すべてが発言され，実行された時，3つの概念が持続可能性のための戦略の一部となった．すなわち，効率(便益対コスト比の適切性)，正当性(人口のすべてのグループに対する資源の公平な分配)，および生態系の完全性(持続可能な生態学的過程の維持)である．

1.3 居住可能な都市の模索

1980年代全体と1990年代初頭に試みられた学術的文献,重要な討論会,宣言,シンポジウムおよび会議の奔流は,バランスのとれた成長と開発に関連した環境,社会,および経済の長期的な問題を解決するための手段を定義し,方向を示した.「扶養能力」,「エコ開発」,「成長の限界」,「交換」,「多目的計画立案」などの収斂しつつある概念は,すべてが躍動的かつ迅速に変化しつつある人間のシステムと,より大きいがより緩慢に変化しつつある生態学的システムとの間の理想化された関係をつくることに寄与した.そして接続可能性についての関心は,21世紀への通過に向い合った適切な成長と世界的な変化という問題に大きな哲学的疑問を残した.この疑問は開発の目標という国際的な議題だけでなく,国家および各部門の経済と環境面の政策と計画もつくり出した.

環境指標の開発と利用は,はやばやと持続可能な天然資源戦略の策定における最重要項目となった.UNEP(1994)の文書がこれを要約したように,指標に対する模索は,以下の3つの異なった方向性をとるものであった.

・早期警告または総合的政策の点における使用によるもの.
・水,空気,または酸性化などの目的またはテーマによるもの.
・環境状況,ストレス,または社会の応答の点における因果関係の連鎖の位置によるもの.

同様に,一連の文書においてOECDは,利用者に対する政策の関連性と有用性,分析の健全性,および測定可能であることなどの基準を認めることによって持続可能性の指標を利用していった.「Environment Canada」,「United States EPA」,または「The National Environmental Policy Plan Plus」(オランダ)などの他の組織および国々は,この指標が特に都市部の水管理に関する統合と相互作用を示すことを試みた「サブモデル」にリンクされることがある「モデル」に対して,しばしば最高指標の運用上の定義,基準,および範疇を開発した.比較可能であることから興味深い現在の例は,Columbia UniversityおよびWorld Economic Forum(WEF)から支援を得たYale Universityの研究チームによって開発された環境持続可能性指標(ESI;Environmental Sustainability Index)に対する模索である.この多変量指標は,環境の健康および持続可能な開発の測定を試みている.研究者達は,幅広い5群の領域,すなわち環境システム,環境ストレスの削減,人間の脆弱さの低減,社会と制度の能力,および世界的な運営を通じた67の変数をこれまでに選び出した[新聞雑誌に載った興味深い解説記事および次の定量的な苦境の落とし穴については,The

第1章 都市水管理における課題

Economist 誌(2001年1月27日号)の pp.74-77 を参照されたい].

　この時点で重要なことは，ここでは「公正さ」のために子孫への義務，生活様式の変更，および広範な環境政策の同様な概念を記述する努力をしている．「正義」と「公平性」，および規範的な性格についての繰り返された強調である．これは，目標と目的の中心性，延長された時間，制度の運用，言い換えれば，関連する指標によって最終的に測定される政策と明示された目標を示唆するものである．さらに，持続可能性のより新しい姿は，世界的な妨害の可能性，自然の持つ権利と文化の持つ権利の間のつながりにおける新しい倫理的次元，および総合的かつ長期的な分析的手法に基づいた環境面の会計および配分のためのメカニズムの認識などの次元を追加した．最後に，持続可能な開発は，(そして，これは水資源について特に真実であるが)2つの重要な構成要素を含んでいる．すなわち，「必要性」の概念および「限界」という考えである．水に関して [および，持続可能な開発に関する大統領付き評議会 (PCSD；President's Council on Sustainable Development)に続く米国での流れを参照すると]，このような幅広い政策の構成要素とテーマは，それらの上にある3つの領域，すなわち経済的効率，環境の健全，および社会的正当性を確認するものである．さらに，同評議会の報告書は，もし持続可能な開発という目標が達成されるなら，これらの3つの領域が相互に依存していて，「同時に」かつ「バランスのとれた」方法で追求されなければならないことを強調している．特に第三のテーマ(社会的正当性)については，上記に引用した ASCE/UNESCO のモノグラフである「水資源システムのための持続可能な基準(Sustainable Criteria for Water Resources Systems)」が権限付与，参加，社会的運用，社会的団結力，文化的自己認識，および制度の開発などの社会的な目的をどのようにして強調するかに注意することも興味深いことである．それは，技術的報告書では，(確かに過去には)通常，遭遇しない，真に「革命的な」語彙である．

　これまでに，水資源の持続可能な開発が包括的な政策だけでなく，有効かつ信頼できる指標，さらに，できれば首尾一貫したモデルも必要とすることが明らかになった．ここには，人間およびその文化とそれらを取り巻く環境との間の新しい関係，「開発」モデルに対する我々の新しい理解，生態系中心と技術中心の観点のイデオロギー的区別と，環境に関する思考，計画，および実施における新しい「行動の精神」における発想の転換も含まれている．「適切な技術」および「世界的変化」と相まった時，持続可能な開発は，それ自体よりはるかに複雑な世界的な展望，および社会の

1.3 居住可能な都市の模索

変化と社会の環境に対する関係についての新しい考え方の一部となる.

要約すると，包括的または統合的都市水管理の探求は，単純な階層支配的，上意下達，部門別，投影的管理から，複層的[*1]，直接参加的，包括的，規範的な複合管理方策モデルへと転換した．現在の都市水管理の実用主義者および現実主義者にとって，「夢想的な」持続可能性の筋道に通じるこの理想主義的な模索は，具体的な行動の概念的な袋小路的隙間で満たされた，曖昧かつ失望感をもたらす探求で，最終的な解釈を無視している．根本的には，我々は，「持続不可能」であることがどんなことであるかについてより多くを知っており，したがって，我々は持続可能性および統合された管理が何を示唆するかについて，(これまでに様々な指針および公式文書が試みてきたような)いくつかの関連する取決めをしなければならない．この議論は，安定性と変化の双方を示唆する持続可能な開発，または略して，持続可能性という2つの用語の組合せによって加速した．この概念は，経済的な至上命令と生態学的な至上命令を調和させるための努力に対する「指針となる原則」(または，絶対的な規範)となった[ここで，Mazmanian(1999)のp.47にある多くの定義を参照されたい].

持続可能性と都市との関係についての概念は，(世界的な環境問題を，貧困層，特に途上国地域における貧困層の経済的開発に結び付ける)「1972年人間と環境に関する国連ストックホルム会議」の政治的議題においてだけでなく，1987年のBrundlandt報告書においても持続可能性が地域社会に基づいた手法でも支配的になるという考えを明確に述べているこの持続可能性の規範は，これらの地域社会の開発を経済的および生態学的開発の双方に結び付けるものである．

1.3.2 持続可能性と水資源システム

持続可能性の概念に関する多くの重要な定義が与えられると，そのような規範が統合された都市部の水管理のために示唆している可能性について，意見の相違があることも明らかとなる．ASCE/UNESCO(1998)の報告書は，次の声明で始まる．「水資源の専門家は，彼らがすべての人類のための改善された生活の質に十分に貢献できるように，水資源システムを設計かつ管理する義務を有する」．また，こう続いている．「持続可能性は，現在と同様に長期的な将来も考慮する必要性を強調する統一

[*1] 非線形，非階層支配的な複合システム

第 1 章　都市水管理における課題

的な概念である．これは，今日とられた決断と行動からの結果として生じる将来の経済的，環境面の生態学的，物理的，および社会的な影響を含むものである．我々は，これらの影響のすべてがどのようなものになるか，または個人または社会の将来の世代が何を欲しがり，尊重するであろうかを確実に知ることはできないが，現在の計画，設計，および管理の政策を開発する際に，我々が考えていることが起きるかもしれず，将来の世代が何を欲しがり，尊重するかを予測しようと試みることはできる．明らかに，我々は，将来の世代における彼らのために，我々に今何をして欲しいかを推測することしかできない．我々は，早急な要求と欲望を満たすために決断を下す，あるいは行動をとる際に，これらの推測を考慮しなければならない」．そして，次に，このモノグラフは，以下の定義を紹介している．「持続可能な水資源システムは，それらの生態学的，環境面での水文学的な健全性を維持する一方で，現在および将来に，社会の目的に十分に貢献するために設計され，管理されたものである」．

　水資源に関する限り話題は膨大にあり，多くの有能な著者が水に関する不確実性の変化とその原因を繰り返し明確に述べてきた．そこにおいては，水資源の計画立案および管理における，さらに統合された包括的かつ生態系に敏感な実践に対する必要性がある．持続可能な開発と統合された水管理に結び付く懸念，論争および危機の長いリストを要約する一つの方法は，相互作用する以下の問題と危機を横断的に見ることである．

- 支配的に技術的な次元で表される水の供給と需要の危機．ここで管理と人口増加問題を含むべきである．さらに望ましい使用のレベルとパターンの促進，例えば保全，再利用，脱塩，他の地域からの水の輸送などを通じた淡水の供給を議論すること，帯水層，貯水池の貯留分などからの汲出しを伴う組合せ型の水使用などの管理および人口増加の問題も含めるべきである．
- 都市水問題を生態学的な次元に言い換えることができる悪化しつつある水質の危機．ここで，様々な健康の問題，貧弱な水質，水で感染する疾病，安全な飲料水の適切な供給と衛生の質，地下水の汚染，ならびに自然の生命サイクルの適切な機能に対する水資源システムの妨害に遭遇する．
- 国際的な境界だけでなく，行政上の境界を越えた水の国家内輸送の点に関する地政学的な次元を越えた依存の危機．例えば，Cyprus または West Bank の都市におけるような不安定な状況．

1.3 居住可能な都市の模索

- 管理の次元において例証された組織的な危機．すなわち，優秀な人員，施設と手続きの適切な混合，ならびに法的手続きと行政上の指針．本書では，実施能力増強を言及している．システムを最も効果的かつ効率的に管理できる人々は，都市の水システムが達成すると考えられているものを知っており，かつそれがどのように機能するかを理解している人々である．
- 利用可能性，有効性，信頼性，または比較可能性に関してだけでなく，データと判断を組み合わせること，モデル化，および有用な決定支援システムの構築を含めるデータと情報の危機．

　持続可能性に関係して，扶養力，公平性，統合性などの概念に関連するものは，「生態系」としての都市地域を新しく議論する余地のある概念である．この概念の最も簡略かつ最も率直な定義は，おそらく「人類が支配的または要となる代表種で，構築された環境が生態系の物理的構造を制御している支配的な要素である生物学的な共同生活体」(World Resources 2000-2001, 2000, 142)となるであろう．都市化は，与えられた領土の生態学的な構造と組成も変化させることができ，環境ストレスの新しい発生源をつくり出すこの考えは，都市とその管理に芽生えた複雑な理解の興味深い拡張となり得る．多くの都市部の小河川は，特定の植物しか生き残れず，したがって水生植物の多様性を失うほど汚染され，または運河化されている．他の形態の環境の劣化とともに，都市は，都市の持つ自然の地域が環境に関する商品とサービスを提供する能力を失うのである．そのような地域は，生気溢れる緑の空間と水のある快適な場所を含む．都市部の人口の急速な増加は，都市部の生態系へのさらに強まるストレスに追加されるものである．

　都市を自然システムとして扱う時，最後の議論は，新しい要求の多い次元を都市水管理に追加するものである．都市の学生および計画立案者は，早い時期に，都市と自然との関係，都市と(ここでは，多分「流域」)地方との間，都市と環境との関係の重要性に気が付いている．そして都市内部の各土地利用の調和のとれた関係にストレスをかける計画立案と管理に対して有機的な手法の重要性を早期に認識している．言い換えれば，統合された都市部の水の計画立案および管理である．もちろん，これは，都市と環境との危機に瀕した相互作用に関するだけでなく，途上国の都市部における環境に関するインフラおよび健康の問題を表すものとしても Brundlandt 報告書の精神の基礎をなすものである(Cities and Sustainability, 2000, 32)．最後に，この生態学的な都市の次元は，特に「環境に関するインフラ，環境の損害を最小に抑

えるための政策，インフラのコストを埋め合わせるための政策の促進，および問題が複数の地域にわたる場合は共同解決の探求の統合された提供」に関してAgenda 21の「定住；Settlement」の節に収容された(Agenda 21, 1993, Section7 "Sustainable Human Settlements")．

ここで，最後に気が付いたことを一つ述べる．持続可能性に関するこの新しい語彙および概念は，都市と都市の水の計画立案および管理における進化しつつある枠組みを反映している．ガーデンシティ運動，生物地域的な計画立案，世界中にわたるニュータウン運動，草の根共産社会主義者運動，都市部生態学とエコシティ運動，「成長の限界」，新しい都市生活と新しい伝統的な町，環境と開発努力の結合，社会的資本の議論，環境監査，持続可能性の指標などの歴史的背景は，(グリーンシティ，エコシティ，エココミュニティ，効率的な都市，および居住可能な都市といった変形体とともに)持続可能な共同体のもとに包含された挑戦を表すものである．すべてのそのような開発は，現代の都市水管理の複雑な流れをもう一度強調し，先進国から途上国への文化的連続につながる．持続可能なツールの新しい概念的な強調および実行は，疑いなくすべての都市にとって興奮を呼ぶか，おびえさせる展望の双方となっている(Newman, 1999, 20)．

1.3.3 都市水システムと持続可能な都市

上記の**1.2**全体を通じた討論では，都市と持続可能性の考えが都市水管理の伝統的な手法に深い再考を促すことに貢献しているかを指摘した．これは，ButlerとMaksimovićの解説における中心的なポイントであり，同解説ではAgenda 21のBrundlandt報告書および他の関連文書の中枢となる規定を強調することに加え，国民の参加，個人の責任，および環境に優しく，社会的に許容可能，かつ財政的に実行可能な持続可能なサービスの重要性を強調している(Butler and Maksimović, 1999, 216)．

我々は，都市部の水システムも参考にして，全体的な都市の持続可能な開発に関する幾つかの芽生えつつある指針を既に手にしている．ヨーロッパ委員会(European Commission)による「ヨーロッパの持続可能な都市；European Sustainable Cities」(1996)では，指針となる5つの原則に言及している．すなわち，(環境面で，社会的，経済的な懸念に対処するためのツールの範囲も備えた)都市管理原則，(権限委譲，

1.3 居住可能な都市の模索

規則緩和の原則を責任のより広い概念に組み合わせている）政策統合原則，（変化と開発の連続した過程としての流れが特徴となっている複合システムの概念を取り入れている）生態系の考え方の原則，そして，協力とパートナーシップの原則（または，経験の共有，専門教育，学際的な提携とネットワーク，地域社会の協議と参加など），である．

　持続可能，居住可能，かつ生き生きとした都市のためのこのような高尚かつ高潔な目標は，運用可能性，仕様書，および方法論的明確さと比較可能性を必要とする．都市水管理に関して，我々は持続可能性の背景となる2つの概念，すなわち都市部の成長には限界があること，および扶養能力の概念の利用から始めることができる．同文献の中には，水の供給がいかに変化し，または，その劣悪な管理が伴うものに関して連続した事例がある．さらに最近になると議論は，以下の3つの方向性を取った．①（与えられた都市の消費レベルを支持するために必要な地表面に関する）「生態学的な足跡」を事前評価すること，②（生産された資産の事前評価と比較に焦点を合わせることによって）より幅広い富の量を計算すること，③重大な問題の領域を評価すること（特に注目すべきは，感染性および寄生虫の疾病の管理，化学的および物理的危険の低減，質の高い都市部の環境の達成，環境のコストの移管の最小化，および持続可能な消費に向けた動き）(Leitmann, 1999, 150ff)．

　そこで，我々は，開発の持続可能な原則に対する敏感さを備えた，都市部水管理に注意を集めた幾つかの選ばれた注意事項および事例を見ることが必要になる．次項において，我々は，「持続可能な水管理」の実施に関する幾つかの一般的な注意事項に対処することを計画している．この語彙は非常に魅力のあるものだが，これが特に世界的な持続可能性のより大きな流れに対する敏感さに欠いた狭い地域的努力の一部になっている場合は，それ自身に誤解を与えるものである．21世紀の都市の水の挑戦を試みる中で，グローバリゼーションと地方主義化は，効果的な制度および政策構想の組合せのための機会を提供する．我々は，都市部の水の機能（水の供給，排水，雨水，エコ美学的要素）を様々な政策構想（管理の目標，社会基盤整備，規制当局，組織の活性化，および社会資本）に関係付けるマトリクスの開発を目指すべきである．そこで，都市の水システムの構成は，持続可能性の重要な表現，すなわち環境面の居住可能性，経済的効率，および社会的正当性に結び付けられる．同文献にある平行する努力の焦点は，水資源システムの生態学的，環境面の，および水文学的な完全性を維持する一方，現在および将来において，社会の目的に十分に貢献

するために設計され，管理されている水資源システムを保証することに役立つ多くの公式かつ専門的な指針において明らかである．

1.3.4 持続可能な都市水管理の実施

1.3.4.1 都市水管理システムの新たな形態

広範な理論的な議論だけでは，都市水管理システム計画における複雑性，持続可能性，統合性の重要性を明確に表現できない．実践的な段階においては，新しいモデル，新たな重要変動因子，適切な指標，比較可能で通時的な情報，学際的なアプローチを用いて理論と実践をうまくつなげていく必要がある．過去を振り返ると，都市域における水管理は，ヨーロッパや北アメリカで20世紀の初めに発達してきた古くて伝統的で技術的なパラダイムによってなされてきた事実に印象付けられる．そこで，新たなアプローチや移り変わるパラダイムは，水処理から資源のリサイクルと保全という変化を意味する(Niemczynowicz, 1946, 204)．

都市が成長するにつれて，水供給の伝統的なアプローチは，さらに遠い水源から水を引っ張ってきたり，帯水層を用いたりすることだった．その他の選択肢は，例えば，一連のアメとムチを用いた需要調整のための応用技術や水保全技術の使用，無駄な水の利用を減らすこと，処理水の再利用，市民教育と参加，一貫した測量や水節約技術の導入，水監査，水の値段と費用回復の調整などが挙げられる．

より広い意味での管理は，改良された都市水供給管理を付け加えた複雑な水操作，衛生，排水装置を組み合わせたものだ．例えば，湿地の保護と管理(ニューヨークの1 970 mil^{2}を占め，3つの貯水池を有する上流に大胆な環境保護計画を立てた例が挙げられる)，水を必要品として扱うことによって費用の回復を実施すること(その場合に，新しい市場メカニズム，水の再利用，自発的な買手売り手購買力を使う)，消費者教育による新しい水保全努力，特定の場所や状況に適応した基準の設置などである．

都市水管理は，かつての総合的な計画の要点を抑えている．特に水供給，排水，下水道に関連する都市環境問題の本質は，様々な公的，指摘，法人団体－これらはそれぞれ異なる関心，利益，行動様式を有している－の相互の関わりによって影響を受けている．したがって，主な利益団体の役割と利益を調整することが大切だ(Leitmann, 1999, 86)．さらに，都市水管理におけるより大きな市民参加も欠かせな

1.3 居住可能な都市の模索

い．総合的な都市水の計画と管理の複雑性から地下鉄区域や空間の領域になどの管轄区域や異なるレベルでの責任といった問題や複雑な環境の分野横断的問題が出てくる．特に開発途上国においてであるが，都市水管理における一つの共通の問題は，権力と意思決定が一部の官僚の手に委ねられていることであり，彼らはあまり費用効果に関心を持っていない．衛生危機に関する特別レポート（http://www.wateraid.org.uk/research/slumstxt.html）によると，世界銀行が行った120の開発途上国におけるプロジェクトのうちたったの4箇国の水管理局のみきちんとプロジェクトを実施していると報告されている．

このように広い範囲において，現在と未来の都市水管理には，社会文化的な側面がたぶんに含まれていることが理解できるだろう．ダイナミックな都市環境に対する挑戦に見合うための法的なメカニズムとそれに伴う技術的，社会的な対応は総合的な水政策の非構造的なメカニズムと構造的なメカニズムを組み合わせたものであるべきだ．我々は，周辺環境の変化に水供給を増やすか，または需要を減らすことによって影響を与えている．水管理に関する時代の要請と発展に関して，水資源の総合的なシステムは，次のような点にまとめられる．

・成功する水資源の開発と管理は，現在主流を占めている分断的なアプローチからより大きな制度上，組織上の再編が必要だ．
・水利用に関わる規範と文化的な価値は，より広い社会計画の範囲内で調整されなければならない．
・おのおのの提案された水資源システムは，地域に特有の文化的な条件に対応する形でパターンを形成していかなくてはならない．
・ウォーターシステムの適用範囲が広ければ広いほど分析の範囲も大きなものとなり，より複雑な組織配置も必要となる当然の帰結から，より強大なコーディネーション能力と包括的な計画が必要である．

この点から一つ挙げられる最も簡潔な観察は，水資源は過去において，将来を形成するものというよりも，未来に適応してきたという点だ．最近の開発の結果により，以下のことが指摘される．開発計画策定時には，その開発により影響が与えられるすべての環境は，環境に与えられる影響を評価されること，幅広い代替案を考慮に入れること，将来の水資源環境をより包括された形によって，そして**図-1.4**に表されるように規範的な文脈の中で予測されることによって繊細に取り扱われなければならない．

第1章 都市水管理における課題

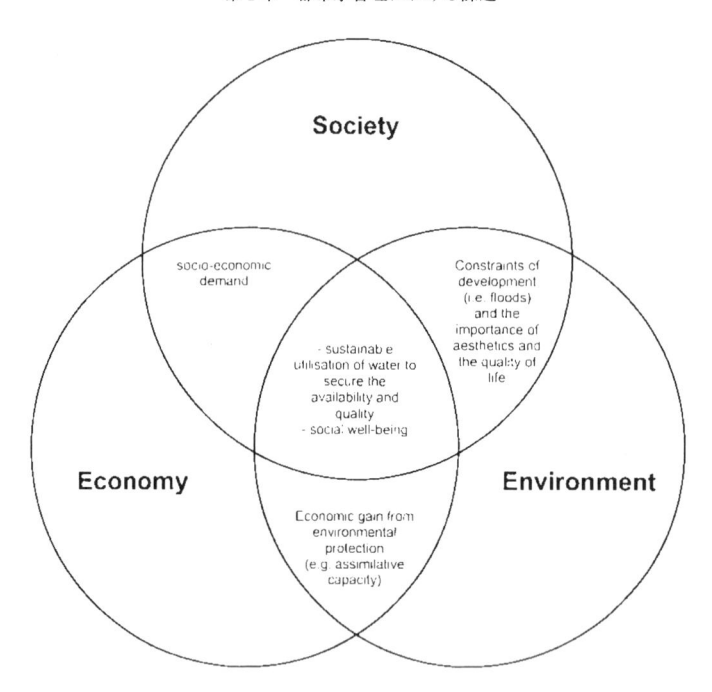

図-1.4 社会，経済そして環境の連携を通した持続的水資源開発の理解 [UNESCO(2000)を改変]

　これらの複雑で競合，相反する要求に対処するために，複合的目的志向の計画策定枠組みが開発されてきた．それは異なったグループ間にある隠された影響を受ける価値とその分布を明確にするものである．そのようなモデルは，特に1960年代前半から作成されていたが，1970年代以降，米国の中で広範囲にわたる環境法規が定められたことにより，さらに強化されてきた．全般的に見て2つの基本的なアプローチが行われた．一つ目の方法は，単一の価値付けに基づいて何がベターであるかを評価付けて導こうとするものである．二つ目のアプローチは，米国水資源委員会 (U.S. Water Resources Council)による1973年に制定したガイドライン以後に広くモデルされたものだが，提示された複数の行動計画に対する複数の結果を描き，影響を受ける市民や社会的グループに関係付ける手続きを踏むことによる，複合的視点から報告するフレームワークを基礎に置いている．

　何より先に指摘すべき点は，水資源に関する従来からの関心事について議論する以上に，相互依存的な自然資源システムのような複合的かつ不確定な要素を管理し

1.3 居住可能な都市の模索

ようとする際には，概念，方法論，組織的な反応についてより熟考しなければならないことだ．再び，豊富な文献は，多くの地域において包括的なアプローチという点からすると，似たリストができあがることを示唆している．包括的なアプローチには，コーディネーションの機構，ステークホルダーの参加，地方分権と説明責任，持続可能性と環境倫理，社会的公正の意思決定サポートシステム（DSS;Decision Support Systems），リスクマネジメント，長期間的視野，巨視的工学の強調，トレードオフに関する思考などを含んでいる．

それゆえ水資源管理は，新しい生態学的価値基準と，より幅広い持続可能性に対する価値判断を組み込まなければならないことは明らかである．新しい社会生態学的価値基準と，持続可能な発展の探索は，ともにより多くの情報と，もしかすると急速な環境の変化に含まれるリスクと不確実性が私達に強いている，より広い知識や英知を要求している．これらの認識すべてが暗示することは，必要な選択が将来なされるだろうということ，決定が専門家と政治家を従来型の手法論と意見をより意味のある戦略，社会的目標，ビジョン，考察に基づいた審査に取り替えることを後押しするだろうということだ．ASCE/UNESCOの出版物に簡潔に記述されているように，水資源における計画策定および管理における問題に取り組む現代的な方法は，システム分析と統合を通してである．すなわち，空間内，時間内における(都市)水システムのすべての構成要素による相互作用の認識，分析，評価を通す方法である．そのようなシステムが持続可能であるために，需要と供給の際に，社会のそれぞれの下位組織間の協力がスムーズに行われ，同時に変化や不確実性に対して順応されていないとならない．報告書はこのパートの中で，今日の水資源システムの管理人は膨大な数に及ぶしばしば対立した要求を考慮しなければならず，社会的，法的，物理的制約のもとで仕事をしなければならないと結論付けた．それゆえ，私達が所有しているものは，複数の視野，意思決定者，ユーザー，機構，ステークホルダーを含めた決断プロセスである(ASCE/UNESCO, 1998, 230)．

ここにおける有用なアプローチは，多数の例の中でASCEにより都市水資源調査プログラムの一環として，1960年代から1970年代にかけ導入された統合された都市水システム(IUWS)についてである(N.Grigg, unpublished ms., 2000, 9)．Griggは，都市水供給システムの変化の足跡を過去50年にかけて追跡し，彼が書きとめたものは革命的というより，むしろ質を増強するものであった．同様にして，ButlerとMaksimović(1999)は，21世紀における最も切迫した挑戦を5つの関心事項による集

第1章 都市水管理における課題

団に分け，要約することによって主張を拡大した．5つの関心事項とは，以下のとおりである．①資源と資源保存，②インフラの拡大，改良，革新と統合されたデザイン，③アメニティ，美的存在，レクリエーション要素としての，都市空間における水の再導入，④公的参与，組織の順応性の増大，水に関する法規制と規格化などによる制度上の向上点，そして⑤従来の手法を飛び越えて，複雑な都市環境水問題に対応して解決しようとする，勇敢な意図を持つ「新しい考え方」と呼ばれるような思考方法である．

統合的都市水管理システムの概念は，個々の開発の積み重ねと，1992年の地球サミットにおける中心的原則の提示によって最高潮に達している．今までのところ先進国においては，協調体制，幅広い広範囲に及ぶ統合，協力的な管理，そして水の恩恵に対する機能統合的なアプローチをとっているのに対して，発展途上国においては，その挑戦はより大きなものである．限定された集中型上水道システムと下水道，分断された水サービスの供給．環境が人間生活に与える脅威，予算の欠如，人口の増大，すべてが明確に統合的管理と，持続可能な開発に対して正反対の様相を示している．

水資源の統合的展望とは，生存と達成を満たす集合的調査の必要な構成要素として，開発と保存の側面をともに包摂している．これはサンパウロ(図-1.5)のような明確な流域内水収支を持つ広大な都市地域においてきわめて重要である．さらに，統合的管理アプローチの最終結果と長期にわたる責任については，環境に関する情報の収集能力と，不確実な環境の管理に対応できる進歩的かつ柔軟的な見地に基づいた組織の流動性，問題を解決できる行動を促進するための意思決定サポートシステム開発と不測の事態に備えた豊富なオプションと，幅広い代替策を備えた計画を含んでいる．

持続的な都市水管理を履行する地域における最後のコメントは，最大限に効率的で効果的であり，適切な機関配置がされなければならないということである．最新の事例は，成功した都市水管理のために，適切な制度導入が社会の幅広い代替案に対する社会の選択を最終的に促進することを指摘しているように見受けられる．また制度導入は，幾らかは政治的効力の道理に沿った流儀を反映しなければならない．すなわち，すべての政治的行動者の意図を反映させ，リスクを引き受ける部門，一目見た限りでも非常に非現実的であるコスト負担は回避する現実的判断が必要である．最後に都市水システム管理のための制度デザインは，セクト的なプラニングや

1.3 居住可能な都市の模索

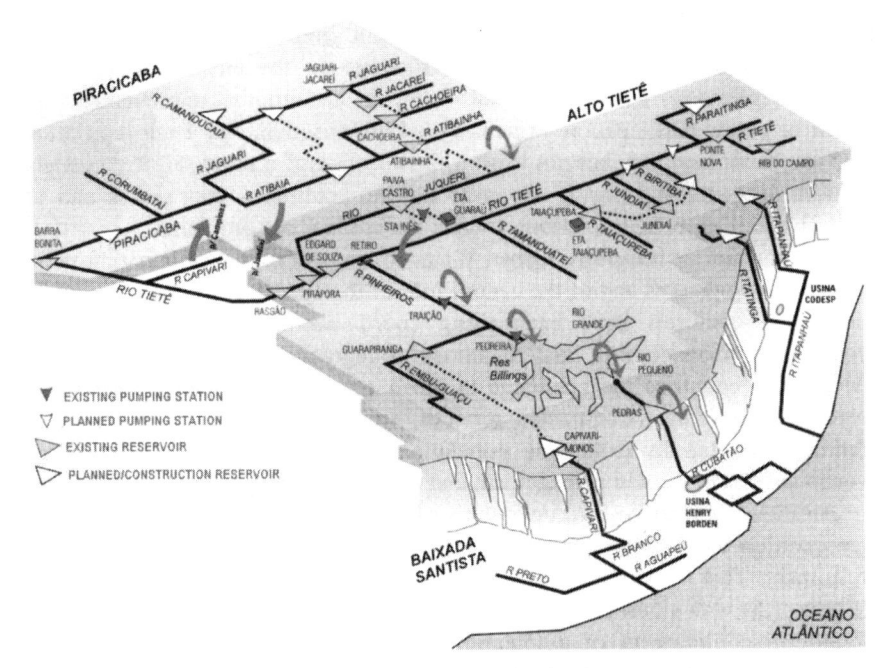

図-1.5 サンパウロ都市部への内陸湖水の移送(Braga, 2000)

還元主義的解析を持つ先入観から離れた立場をとり，多視点，多方面の原則から見た考察を組み込んだ組織系統の方向性を与えられなくてはならない．

1.3.5 新しい計画策定と管理の地平に向けて

伝統的な水や他の資源管理の欠点に対する反応は，改良された計画策定と実施プロセスを積極的に持ち込んできた．それらは参加型計画，行動計画，包括的計画，戦略的計画といったものであり，顕著な特徴として，分野横断的協力体制，統合性，学際的なアプローチ，国内政策の相互連係，規範的指向，広範囲な人民参加，対立解決のための機構，日常的な監査と評価，未来指向型アプローチを含んでいる．この新しい計画と管理の地平は，都市水管理における持続可能性を前進させ，新しいパラダイムと事例を展開し，革新的アプローチへの挑戦と機会を体現している．そしてこの文脈上では，水資源管理は，実質的な経済的生産高のための資源管理計画，

第1章　都市水管理における課題

成功的な人間居住環境のための地域計画，技術効率性のための施設計画，生物学的適合性のための生態学的計画，共同体を統合するための社会計画などに挙げられるような，対立と相互補完的な目標の間を継続的に協調させていくことを求めている．

　近頃の歴史において，1980年代と1990年代の激動の時代によって余儀なくさせられた急速な社会経済の変化と移行が，環境問題に対する様々な挑戦や，持続可能な開発の探究，統合された計画と運営，継続する水資源問題に対応するために構造的，非構造的かを問わない解決策の適用といったものをより強調させることとなった．水資源問題に対する，現在進行中の変容を4種に大きな分類わけするならば，次のようになる．①概念のブレークスルー．これは環境を取り巻く生態系，持続可能性，複雑さ，不確定性，相互依存性を重視するパラダイムシフトを含む．②方法論の発展．これは特に意思決定サポートシステム，リスク分析，急速に普及しているコンピューターの使用などの多目的，多目標アプローチを指す．③組織の流動化．新しい管理メカニズム，制度の編成，流域での偶発的計画による権利関係の更新，争議解決のための代替案などの関連である．④文脈上の変化．政治的に可能な調停の機構や包括的な資源政策と同様に，現在と将来の質量的問題の全領域，新しい地域の関心事，優先順位の変化などを意味している．本質的に，私達は都市内コミュニティにおいて行われる相互作用や入植地とその後背地の関係を理解し，短期的な微調整型の解決策より長期的なビジョンが優先されるべきだと合意される必要がある．

　都市水システムと，環境的インフラとサービスの発展されたデザインや運用は，まず最初に水資源の目標に到達するための重要な手段を革新的に組み合わせることを要求する．例として，規制的規定（技術規格，許認可制度，土地利用の調整など），経済的手段（税制および補助金制度，水の価格付け），所有権，表面水と地下水の権利，空間設計と環境的ゾーニング分け，地理情報システム（GIS），環境アセスメント，情報公開，調査と監視などが挙げられる．二番目に必要とされるのは，より良い部門管理と，戦略的投資および融資，官と民のパートナーシップを通してのサービス提供時における改善である．そして最後は，明確に定義された条例制度の整備を通して，都市の水行動計画においてより効果的に協調関係を築くとともに，統合された計画と管理が地元で受け入れてもらえるキャパシティをつくることである．

　21世紀の都市環境における持続可能な水資源開発の概念を実施するためには，主に2つの問題点がある．一つ目は，開発途上国で要求される大量のインフラ投資と，先進国における既存の上下水道網の改良に対して，いかに適切な資金調達を行うか

1.3 居住可能な都市の模索

とする面に関連している．二つ目は，交通手段，住宅配置と土地利用部門をいかに水資源管理部門に組み込むかといった，適切な制度上の枠組みをつくるかという面に関連している．三番目に関連する項目として，教育がある．都市水資源に対して関心が向けられ社会的注目が高まる中で，専門の分析研究と様々な利害関係を持つ有権者の関心に対して，いかに専門家の意見をバランスさせるかといったことが含まれる．21世紀の100万都市は，伝統的技術指向から，環境保存的指向へとシフトし，社会的地位を示すことであろう．民主化によって確立された異なった背景を持ち，全く異なる事柄においてロビー活動をしているグループは，政策決定過程により大きく参加していくだろう．結果として，提示された行動を長い期間で，持続可能性に基づいて実施し監視していくために，将来の都市水資源管理のマスタープランは，市民団体と，水資源の使用者をできるだけ計画策定の早期段階から参加させることについて熟考しなければならない．これは，社会的，経済的発展の段階にかかわらず，世界中のほとんどの国において，現存の水管理における制度と法律の整備を大きく変化させることを要求するだろう．

Leitmann(1999)は，都市を持続可能な方向に向ける彼の仕事において，従来型の都市発展と，田舎地域における環境的な価値を有している地域のギャップに橋渡しをするメカニズムづくりを行った．そこで，主に都市環境計画と管理に言及することによって1999年の論文で結論付けている．そのような努力は，繰り返しになるが，パラダイムシフトと，目標，手段，フィードバックの形ができあがること，思考方法を変えていくこととが要求される．そのような変化の例は増大しており，首都圏のサンパウロ（人口約1 550万人）における公的機関と市民参加を協調的に行っていこうとする近年の努力事例や，コロラド高原と州都デンバーの間の革新的な土地利用管理計画，経済的インセンティブ，水売買市場の創設，および周辺の様々な自治体間における協調メカニズムの事例．シンガポールにおける自然保護活動を通じて飲用水の保全と管理を行い，都市雨水を収集，管理することにより水道原水として利用し，水資源の配分と，圧力，漏水などを測定し，モデル化するための洗練された監視システムも持つような水資源の収集アプローチの事例も存在する．

それゆえ，この点の結論が明らかとなる．統合された都市水管理のために，私達は，規範的な計画と，より大きな価値や目的，目標に裏打ちされた水資源政策をより幅広く行うことを提唱する．規範の強調や，都市の未来の保全志向は，将来の構想づくりのプロセス（目標の共有化）と，公的な権利の付与の必要性（ともに計画を策

定する)と，立法化(習慣付けと実践)によって達成される．もう一度繰り返すが，水資源管理計画は，より複雑なアプローチと，さらなる分析能力と，代替的な組織や管理の配置などの組合せによって実行されなければならない．

1.4 都市水環境の将来推測

　今までのところ，統合された都市における水管理への探究への最終的な所見は，簡にして要を得たものであるべきである．そしてそれらは，これまでに概述されたように，一連の変化や，変容，複雑さに密接に関係している．多くの本やレポートで十分にいわれてきていることだが，水資源の持続可能な強度は，コストがかかり，私達が今日得ることのできる直接的利益を幾分か減らすことを要求する．

　持続可能な水資源開発についてのどんな議論であれ，一般的な筋道はどのように新しい戦略が必要とされているのかを強調している．というのは，水(さらにいえば，天然資源)の問題は，高度に複雑かつ地球規模の問題となっているからである．ある人は，伝統的な空間的環境の範囲が崩壊してきており，予想される境界やそれらの影響，結果というものは，以前よりずっと四方に拡がっていると論ずる人もいる．このように，環境へのアプローチを公にする必要があり，そうするには生態系の回復を徹底的に評価する必要があり，組織化された機構を新しく取り入れて，自主性と協力のバランスをとることが必要となる．そのような地球規模のアプローチは，環境に対するモニタリングを改善したり，広範囲にわたる都市水管理モデルの事実に基づいた基礎資料を拡張する情報をも必要としている．さらに加えて，広範囲にわたる組織化されたフォーマットの重要性や，地方および国の判断を下すプロセスの透明性の確保を強調する交渉の枠組みをも包含している．

　スケールや限界の疑問や，地理的なプランニングユニットの探究は，問題を定め，利害関係のあるグループ，また履行メカニズムの認識する努力をするうえで重要な関心事である．ところが，多くの著者は，包括性や総合，統合された計画や管理の理論的長所を好むため，成功的な事例は遅れているように見える．複雑化が進行する過程において，とてつもなく多様な利害関係が生じ，利用しやすい資源の違いや，複雑な組織の配置，競争的で対立する水政策を生み出してきたということを思い起こすのは大切なことである．最後に通時的な事実に即した考慮が目的，好み，優先

1.4 都市水環境の将来推測

順位，政治的コンセンサス，リーダーシップ，スポンサーやあらゆるコストへシフトを変えることによってさらに物事を複雑にしていく．

複雑な計画と管理アプローチに主に要求されていることの一つに，「参加型計画策定」といった中心原則があり，特に大衆参加型といった形がとられる．過去には，水計画は明確に提示された目的，ゴールが存在して，その達成は最良の解決策であるとみなされるやり方であると考えられていた．水資源計画における民間参加を中心に置いた大変貴重なトピックにおいて，冗長な議論に入ることをせずに，要約形式で対比させてみると，以下のようになる．

- エリート主義から参加型計画策定に，
- 決定論的から，不測事態対応型計画策定に，
- 受動的から先行型計画策定に，
- 予定的から相互作用的過程に，
- 目標を前提条件にしたうえの計画策定から，悪いと定義された問題を解決する手法をとる計画策定へ，
- 既にできあがった形の計画策定から，学びのプロセス自身を重視する形へ．

既に述べられてきたことではあるが，水資源管理システムを計画する際には，より繊細な方法論として3種の時間の観点がある．それはすなわち，「過去」という伝統であり，水開発を具体化してきた時代様式や出来事を合体させたものである．「現在」という条件では，与えられたシステムの中で，物事の最新の状態を特徴付けている制約や促進を反映している．「未来」へのビジョンにおいては，将来の可能性のある好ましい環境へと我々を押し進める力の一部となる．

どのような特定の戦略や手段が考案されたとしても，統合された水管理への挑戦は，総合的な都市計画に対してより大きな論点を提起する．それは，以下のようなものである．

- 望まれる都市水システムのために共有されたビジョンの明確な解釈の展開．
- 都市の生態系の機能や持続可能性，環境の検査，監視方法に関する基準の条件は，現在と現在進行中の時代の風潮や発展によって異なってくる．
- すべての関与している都市水管理単位による対等なアプローチと，多くのグループに権限を与えるだけではなく，議論に参加して意思決定を支持することができるような，共同体におけるすべてのステークホルダーの継続的な参加．
- 革新的行動をとるための勇気と，合意に関してリスクを引き受ける能力の開発．

第1章　都市水管理における課題

・フレキシビリティへの勇気付けと，予期せぬ出来事，新しいトレンドや展開に対応する能力．
・都市水システムを変えることによる物理的インフラの変化だけではなく，構造的，行動的にも適応させることによる構造的な解決策と，非構造的な解決策．
・都市生態系の機能の基準線と，持続可能な発展の定義に対する，どのようにして意味のある変化というものを計測することができるのかという議論．結論は，もし目的と目標が達成されるならば行うことができる．

　この点では，多くの個人，地方における様々な組織，および国際団体が次のような幅広い分野にわたって必要とされる研究を求めてきた．資金計画(特に費用回収，民営化)，管理改善(効率的かつ十分な管理，ネットワーキング，協調，新しい思考様式，参加的かつ予防強調型，など)，技術進歩の適切な使用(技術革新，更新，修復，および保存の形をとる)，組織の効率化(社会文化的な資源の流動化，持続可能な発展の促進，そして市民への権限委譲)．

　世界銀行の「世界開発報告(World Development Report)1999/2000」によると，都市の21世紀への挑戦に応えるには，最も効果的な機関と政策の独創力がグローバリゼーション(経済成長を刺激する)とローカリゼーション(共同体に権限を付与する)の機会を開発するとしている．しかしながら，この魅惑的な思想は，どのように成長しつつある都市の水需要に対処するのか，2つの公共政策の推奨につながっていることを付記しなければならない．すなわち，都市水利用の効率性を向上させる手段として，水道料の値上げと，民営化の促進といった政策を推奨しているのである．二つ目の提案は，魅力的に聞こえるが，実現には躊躇されねばならない．特に民営化が海外の会社によって行われた場合には，多くの政治的問題が生じることになる．ジャカルタとコロンビアの Cali では民営化に対して穏健な反対活動が行われた．ボリビアの Cochabamba では暴動が発生し，南アフリカのヨハネスブルグとアルゼンチンの Bahia Blanca では，社会的な不安定が生じている．これらはメキシコシティ，ブエノスアイレス，ヨーロッパや北アメリカの都市などにおいて比較的成功している例と対照的である．不適切なタイミングに行われることと同様に，盲目的な技術移行，制度移行，地域の特性と，文化に対する感性の欠如は破壊的な結果を招きかねない．明確にいえることは，土地に応じた費用対効果に優れた戦略が実施されねばならないということである．

　水資源計画の包括性については，論文の中においても論議や論争の種となってき

1.4 都市水環境の将来推測

た.しかしながら,どのような都市水資源プロジェクトにおいても,それから最大限の利益を引き出すことができるためには,私達を取り巻く環境に対して,もっと大きく体系的な分析と,伝統的な狭い計画と管理アプローチを拡大する必要がある.複合的な視点と複数の目的を持った行動に結び付けられた政策を決定する時に感受性の増大が必要とされることは認識されつつある.政策を分析するための包括的な枠組みと,どこに水の不足が存在し,非効率性が存在し,環境的なダメージが明らかになりつつあるか提示するオプションの必要性がより多く表現されてきている.包括的アプローチは,地方と国の都市水管理に対する戦略を包含しており,それには公共政策の公式化,規制,インセンティブ,公共投資計画と環境保護といった要素(それと同時にそれらの間の相互関連)が含まれる.実施メカニズムと同様にして,技術的,社会的反応が効率的な水利用に対する強いインセンティブを展開する.それには次のようなものが含まれる.経済的費用と便益に対するより良い計算と記述,革新的な組織整備,新しい水担当部局のような重大な組織構造の変化,特により厳しい施行や水価格提示政策のような「規則的な逆インセンティブ」,データ,情報,モニタリングシステムの向上,「水を大事に扱う」生活習慣に変化させ,文化的習慣に適応させる.

戦略の変化による一般的な優先域を言い換えて,敷衍するためにButlerとMaksimović(1999)は,5つの要素(もしくは現在7となっている要素)を取り上げており,私達はこれを強調しなくてはならない.①統合(組み合わされ,統合された都市水モデル),②相互作用(複合的な都市システムによって,加法的,累積的,相乗作用的効果を模索する),③調和的(特に公共と環境の間において),④計器の使用(即時的コントロール,センサーと侵害性のない技術),⑤インテリジェンス(GISと水情報科学を通したデータ,情報,知識の拡張),⑥解釈(データと判断を補足する,構成された理由付けと訓練された想像力をうまく組み合わせる),⑦実践(真実と協調型の行動に対する能力と,政策を調整的で先見的な戦略に基づいた筋の通った実践に変換していく).

これらは明らかに,今日の世界における急速に拡大する大都市において,複合的な都市水システムを提示する際,固有のジレンマである.これらのジレンマは,複合的な視点と,地理的範囲の拡大,互いに矛盾し対立する要求と選択の結果である.それでも,主として3種の議題に収束していくことが認められる.

・持続可能性,開発に対する社会的指標,生態系の維持に対する優先順位が増大

第1章 都市水管理における課題

していることと協調することができる，新しいパラダイムの必要性．例として複数にまたがる学問の統合，危機に対応するのではなく，リスクに対応する（反応型から先行型）管理，階層的な線形の排他的な考え方から，様々な思考方法を許容するアプローチなどがある．

- 新しい事情，情況の理解，例えば複雑かつ急速な変化を反映している（幾人かの未来予測学者は"raplexity"という造語を使って略式に描写している）．ほかにもグローバリゼーションと相互依存といった国境を越えた体制，新しい概念のモデルと理論的提案を要求する世界的な変化と気象異常，異なった教育環境，アプローチや社会価値の変化の置き方．

- 自然と人間社会に対する，累積的，相乗作用的，通時的な影響と結果に取り組んだ新しい方法論の出現．例として，データ，情報，判断を組み合わせたデザインサポートシステム（例えば，GISや専門的なシステムのようなもの），急速に増えつつあるコンピューターの優れた能力と新しい複合的，多要因を組み合わせたモデル分析，進歩したリスクアセスメントと脆弱性の分析，統合された，全体論的な，広範囲かつ多方面からの計画，予防型シナリオ，偶発性に備えた計画，拡大された政策オプションなどがある．

結論として，都市水管理には，より広い見地を打ち立てることが必要であると常に指摘することができる．そのような視座は都市の水によって影響を受ける様々な環境を考慮に入れることが可能になる．より広い見地は，次のようなもので説明できる．より多くの学問分野を考慮に入れること，私達の考え方に新たな地平を付け加えること，環境の中において，人間活動の結果が及ぶ範囲に対する私達の関心を大きく広げること．最後にまた，指摘すべきは，一般的な災害管理アプローチから予防原則的なリスクマネジメントに原則的にシフトされねばならないということだ．災害管理アプローチは短期間の重大関心事であり，技術によって修理されるが，リスクマネジメントは，不測の事態に対した計画を強固にすることができ，理にかなって予測できる未来を可能にする．私達は，新しい「社会的計算」の方法を開発すべきだ．そこでは現在の急場をしのぐだけではなくて，長期間にわたる計画やより望ましい未来をいった文脈での，私達の行動の意味について熟考することが可能となる．

政策形成，管理，実施といった単語は，将来への展望として社会的，技術的，経済的，そして環境的の問題はそれぞれが編み合わされたもので，ともに解決されなけ

ればならないのと同様に，ビジョンをもって目標指向型の合意形成を必要とする．要約すると，水に対する責務の合意と持続可能な開発の協力は，モラルの原則として水資源計画と管理がいかにあるべきかということだ．そして簡潔に有名なパンフレットに述べられていたように，水の供給に対する「青の革命」は，爆発的な人口増加に対して食糧供給が必要とされた「緑の革命」と同じように必要とされている．単純に述べると，21世紀への移行は，協力，包括的管理原則，生態学的原則に基づいた事例から得られた知見を共有化することによる機構的な秩序を必要とする．主要な問題は，おそらく，現在と将来が調和することのないような社会政治的状況の中で培われてきた制度的枠組みを利用して，いかにして統合された計画と管理を達成するかにかかっているだろう．

1.5 参考文献

ASCE/UNESCO Task Committee (1998) Sustainability Criteria for Water Resource Systems. American Society of Civil Engineers, Reston, Virginia.

Balbo, M. (1993) Urban planning and the fragmented city of developing countries. *Third World Planning Review* **15**:23–35.

Bartelmus, P. (1994) Environment, Growth and Development: *The Concept and Strategies of Sustainability.* Routledge, London.

Beatley, T. (2000) Green Urbanism: *Learning from European Cities.* Island Press, Washington, D.C.

Braga, B.P.F. (2000) The Management of Urban Water Conflicts in the Metropolitan Region of Sao Paulo, *Water International*, **25** (2), 1–6

Brennan, E. M. (Summer 1999) Population, urbanisation, environment, and security: a summary of the issues. Environmental Change and Security Project Report 5, 4–14.

Brockerhoff, P. Martin (2000) An Urbanizing World *Population Bulletin*, **55** (3).

Butler, D. and Č. Maksimović (1999) Urban water management - challenges for the third millennium. *Progress in Environmental Science* **1** (3), 213-235.

Carew-Reid, J. et al. (1994) *Strategies for National Sustainable Development*, Earthscan Publications, Ltd., London.

Corbett, M. and J. Corbett (2000) *Designing Sustainable Communities*, Island Press, Washington, D.C.

Costanza, R. and Patten, B.C. (1995) Defining and predicting *sustainability Ecological Economics* **15** (3), 193–196.

Diewald, W.J. (1990) Trends and issues in urban water resources and the identification of needed research. *In Urban Water Infrastructure* (ed. K. E. Schilling and E. Porter), pp. 275–279, Kluwer Academic Publishers, Dordrecht.

Engelman, R. and LeRoy, P. (1993) Sustaining Water: Population and the Future of Renewable Water Supplies, *Population Action International*, Washington, D.C.

第1章 都市水管理における課題

Falkenmark, M. (1998) Sustainable development as seen from a water perspective. In *Perspectives of Sustainable Development* (1), 71–84, Stockholm Studies in Natural Resources Management, Stockholm, Sweden.

Grigg, N.S. (1986) *Urban Water Infrastructure: Planning, Management, and Operations,* John Wiley & Sons, New York.

Hamm, B. and P.K. Muttagi eds. (1998) *Sustainable Development and the Future of Cities, Centre for European Studies,* Intermediate Technology Publications, Ltd., London, UK.

Hinrichsen, D. and Robey, B. (2000) Population and the Environment: The Global Challenge. *Population Reports, Series M,* No. 15. Johns Hopkins University School of Public Health, Baltimore, Population Information Program, Fall.

Inoguchi, T. et al. (eds.) (1999) *Cities and the Environment: New Approaches for Eco-Societies.* U.N. University Press, Tokyo.

IUCN - The World Conservation Union (1991*) Caring for the Earth: A Strategy for Sustainable Living,* Gland, Switzerland.

Leitmann, J. (1999) Sustaining Cities*: Environmental Planning and Management in Urban Design.* McGraw-Hill, New York.

Lele, S.M. (1991) Sustainable development: a critical review. *World Development* **19**(6), 607–621.

Lo, F. and Y. Yeung (eds) (1998) *Globalization and the World of Large Cities.* United Nations University Press, Tokyo.

Low, N., Gleeson, B., Elander, I., and Lidskog, R. (2000) *Consuming Cities: The Urban Environment in the Global Economy after the Rio Declaration.* Routledge, London and New York.

Mazmanian, D.A. and M.E. Kraft, eds. (1999) *Toward Sustainable Communities: Transition and Transformation in Environmental Policy.* The MIT Press, Cambridge, Massachusetts.

Munasinghe, M. and W. Shearer (1995*) Defining and Measuring Sustainability: The Biogeophysical Foundations* The World Bank, Washington, D.C.

Newman, P. and Kenworthy, J. (1999) *Sustainability and Cities: Overcoming Automobile Dependence* Island Press, Washington D.C.

Niemczynowicz, Janusz (1996) Megacities from a water perspective *Water International* 21, 198–205.

Pezzoli, K. (1997) Sustainable development: a transdisciplinary overview of the literature, *Journal of Environmental Planning and Management* **40** (5), 549–574.

Pezzoli, K. (1998) *Human Settlements and Planning for Ecological Sustainability: The Case of Mexico City,* MIT Press, Boston.

Roseland, M. (1998) *Toward Sustainable Communities: Resources for Citizens and Their Governments* (1998) New Society Publishers,

Rogers, R. (1997) *Cities For a Small Planet* (ed. P. Gumuchdjian), Westview Press.

Serageldin, I. (1996) Sustainability as opportunity and the problem of social capital. *The Brown Journal of World Affairs* **3** (2), 187–203.

Simonovic, S.P. (1996) Decision supported systems for sustainable management of water resources: 1. General principles. *Water International* **21**, 223–232.

Stren, R. et al. eds. (1992) Sustainable Cities*: Urbanisation and the Environment in International Perspective,* Westview Press, Boulder, Colorado.

1.5 参考文献

Trzyna, T.C., ed. (1995) *A Sustainable World: Defining and Measuring Sustainable Development.* California Institute of Public Policy, Sacramento.

Tyson, J.M., Guarino, C.F, Best, J.J. and Tanaka, H. (1993) Management and institutional Aspects. *Water Science and Technology* **27** (12), 159–172.

Uitto, J.I. and Biswas, A.K. eds. (2000) *Water for Urban Areas: Challenges and Perspectives.* United Nations University Press, Tokyo.

UNESCO (1995) *Integrated Water Resources Management in Urban and Surrounding Areas.* UNESCO, Paris.

United Nations Centre for Human Settlements (1996) *An Urbanising World: Global Report on Human Settlements,* 1996. Oxford University Press,

United Nations Development Programme et al. (2000*) World resources 2000–2001: People and Ecosystems.* The Fraying Web of Life, World Resources Institute, Washington, D.C.

van den Bergh, J.C.J.M. and van der Straiten, J. eds. (1994) *Toward Sustainable Development.* Island Press, Washington, D.C.

Vlachos, E. (1997) Importance of indicators for policy formulation: sustainability and water resources policy. Paper presented at the *Water 21 Workshop "Sustainability Indicators and Criteria for Water Policy Formulation"*, WRc Medmenham, UK.

Wilson, P.A. (1997) Building social capital: a learning agenda for the twenty-first century. *Urban Studies* **34** (5–6), 745–760.

The World Bank (1994) *Making Development Sustainable.* World Bank, Washington, D.C.

World Commission on Environment and Development (1987) *Our Common Future.* Oxford University Press.

第2章　統合的集水域管理としての都市の水

Jiri Marsalek, Quintin Rochfort and Dragan Savić

2.1　はじめに

　1992年のリオデジャネイロの地球サミット以来，持続可能な発展は，持続的な居住がない限りはありえないということが明らかとなってきた．土地の占有という観点から，都市化は，多くの人口が比較的狭い地域に密集することにより特徴付けられている．一般的統計によると，現在(2001年)の世界の口である60億人のうち，54％以上が都市に住んでおり，この割合が90％やそれ以上に達している国も多くある．この人口の集中は，何百万人もの居住者のいる"大"都市が多くある開発途上国においてはさらにひどい状況にある．このように，現在，都市の環境持続性に関する問題は，都市化とそれに伴う環境への影響が空前の速さで生じているため，重大になってきている．

　都市化は，多大なエネルギーや原料の需要の増加を引き起こし，その結果，汚染や製品の浪費が生じる．現代都市の要となる活動―運送，電力供給，給水，排水処理，サービスの供給，製造など―はすべて前述した問題を引き起こしている．このように，都市地域での人口の高い密集が都市景観の変化とともに影響を受けた地域の物資やエネルギーの流れ，すなわち水や沈殿物，化学物質，微生物の流れを劇的に変化させ，無駄な熱放射を増加させる．このような変化が都市における水を含めた都市エコシステムに影響を与え，結果としてエコシステムの劣化が起こる．このような状況により，都市住民に対する水道設備の供給がさらに困難なものになっている．

　水資源が危機に瀕し，その質と実用性が悪化すると，水資源の包括的な管理の必要性がさらに強くなる．このような管理がなければ，社会のさらなる発展は妨害さ

れ，健康や生活が脅かされる(Marsalek, 1988)．このようなことは，かねてからUNESCOにより認識されており，過去には都市地域での水の役割，都市化による水文学的サイクルと水質への影響，そして都市地域での完全な水の管理の一側面に焦点を当てて取り組んでいる(例：Geiger *et al.*, 1987；Marsalek, 1995；Geiger and Hofius, 1995)．このような取組みは拡張され，水の管理に焦点を当てている．都市化は，都市環境の様々な面に影響を与えているが，本書で述べることは，水資源とその管理に限られている．本章で述べられている資料は，都市化の水資源への影響から始め，集水域の総合管理とそれに対する計画手順について討議を行い，結論と出典で終わる．

2.2 都市化の水資源への影響

都市化，工業化と人口増加による複合影響は，影響下の地域の自然景観と水文学的応答を変化させ，環境や生態系へ影響を引き起こす．このプロセスの間，自然環境の多くの要素は，水文学的変化を伴い人工的要素へと変わる．都市化によって引き起こされる主な変化は，気候変化や雨水／表流水比の変化，水質の変化であり，

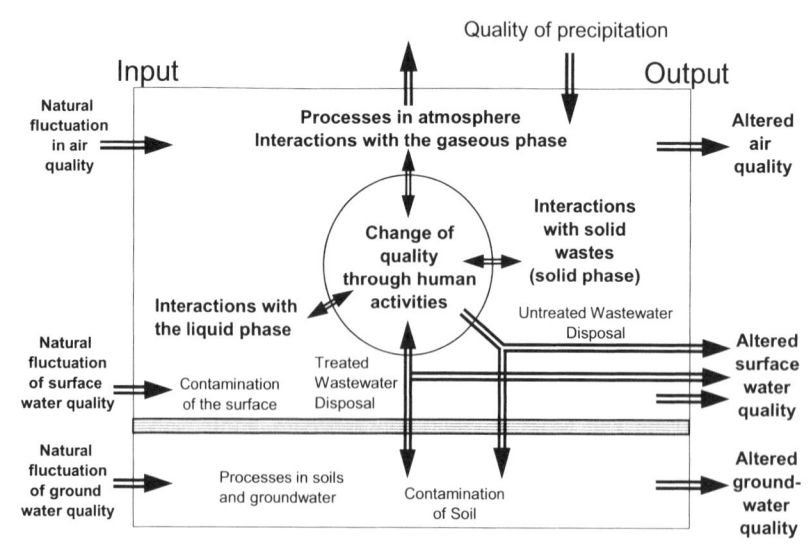

図-2.1　都市域における大気，水，土壌の質への主な相互作用(Geiger, 2000)

2.2 都市化の水資源への影響

環境や生態系に帰着する変化として生物多様性の低下がある．概して，このような変化は，未開発の領域から都会の領域(運輸道路を含む)への変化，エネルギー放出量の増加，そして水道設備や，下水管理，排水設備の需要の増加により生じる．都市域における大気，水，土壌の質に対して影響を与える主な過程を**図-2.1**に示す．

2.2.1 天候のへ影響

大都市地域での地域の微気候への影響は，かねてより認識されており，変化の結果としてエネルギー管理体制，大気汚染，大気の循環パターン(建物と地面の変化により起こる)，そして放射活性(温室効果)ガスの放出が起こっている．これらの要素は，放射のバランスや降水量と蒸発量の変化に寄与し，そして結果として水文学的サイクルの変化を起こしている．これらの結果の多くは都市地域に記録され，大きな工業都市の1年の降水量は一般的に周辺地域よりも5～10％高いことを示し，個々の降雨についていえば降水量の増加は30％ほどである(Geiger et al., 1987)．都市の風下の地域では，より多くの降水が観測される．これと同じく，都市の高温域では，気温を周辺地域よりも4～7％上昇させている．都市地域の高い蒸発率は，このような気温現象により説明がつく(Geiger et al., 1987)．

さらに最近，気候の状況に伴って起こる変化とともに，温室効果や，大気中の放射性ガス(特にCO_2)の増加に注目が集まっている．大気中の温室効果ガスが断続的に増加すると，さらなる気候の変動が予想される．大循環モデルのシミュレーションによれば，比較的大きな規模では，世界のほとんどの地域で，今後50年の間に気温が3～5℃上がると予想されているが，降水量に関しては，増加するとも減少するともいえないとされている(Van Blarcum et al., 1995)．さらに，気候の大きな変動や，極端な気象もまた予測されている．放射活性ガスの放出は，主として工業や運輸により生じ，それを制御することは，都市における水管理の範囲を越えるような国際的な優先事項となるべきである．

水の供給の持続性という点から，供給における気候変動影響の重要性よりも，人口や科学技術，経済，環境における規制の変化の方が重要であるとする研究者もいる(Lins and Stakhiv, 1998)．さらに，上手に計画された水供給システムの多くは，季節や年度ごとの気候の変化に関わらない安定した水の供給を保証する緩衝能力をつくり上げる．

2.2.2 都市排水の受水域への影響

都市による受水域への影響は，主に雨水を含む都市下水の流入，合流式下水道の越流水(CSOs)，下水処理施設(WTP)および産業排水によって引き起こされる．都市下水による影響としては，物理的生息地と水質の変化，堆積物と有毒汚染物による影響，生態系への影響，地下水への影響，そして特に雨天時での糞便性汚染物質によって引き起こされる公衆衛生への影響が論文に報告されている(Ellis and Hvitved-Jacobsen, 1996)．

都市下水による影響のアセスメントは，特有の時間的・空間的なスケールを反映せねばならず，そのうち時間的スケールは，急性あるいは累積的な，自然での影響と一致せねばならず，また空間的スケールは，受水域における空間的影響の範囲を

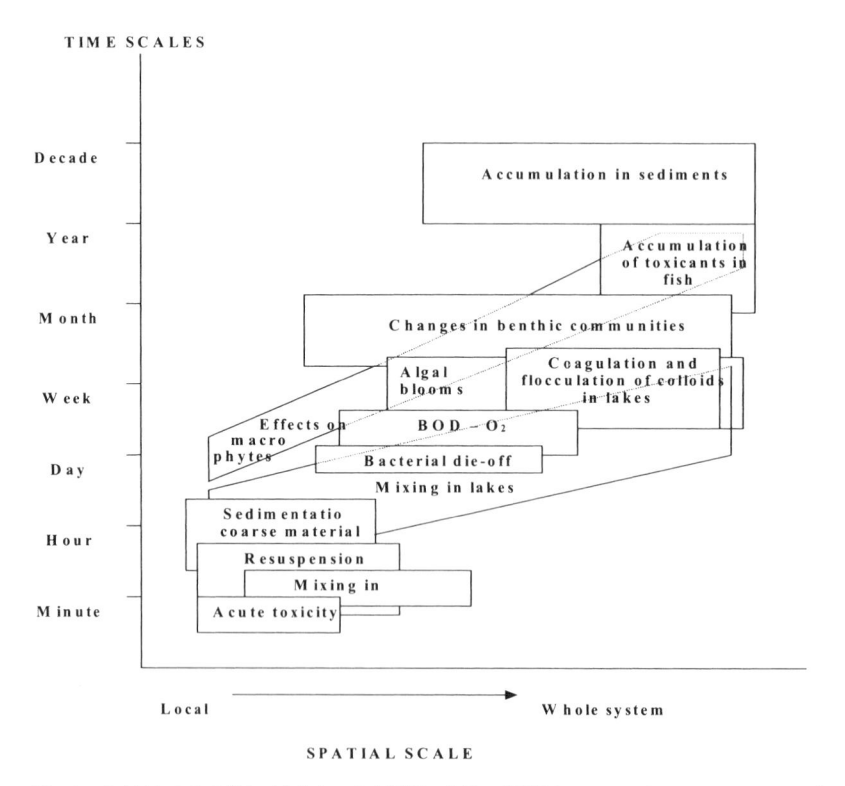

図-2.2 受水域における都市下水放出による影響の空間・時間的なスケール(Lijklema et al., 1989)

2.2　都市化の水資源への影響

反映せねばならない(Lijklema et al., 1993).急性影響は,排水の排出の始まりのうちに影響を及ぼし,主として,洪水,生物分解可能な物質,アンモニアの急性毒性濃度,そして重金属(Lijklema et al., 1993)または,総残留塩素(Orr et al., 1992)や,大腸菌(公衆衛生への影響)により生じる.急性影響の特徴の中で,汚染物の濃度とフラックス,そして汚染物濃度出現の頻度と継続期間は興味深い.汚染物の混合,分散,腐敗を含む受水域における輸送力学は重要であり,それは,受水域の汚染における流量,フラックス,総濃度に影響を与える(Marsalek, 1998).

累積的影響は受水域の緩やかな変化により生じ,このような累積的変化がある決定的な閾値を超えた後にのみ明らかとなる.累積的変化の典型的な例としては,蓄積した堆積物からの栄養塩と毒性物質の放出がある(Harremoës, 1988).累積的な影響にとって微小時間スケールでの力学は重要でなく,主に影響を及ぼすものは負荷や堆積物内の,拡張した時間周期を合わせた変化である.

受水域における都市排水放出による影響の空間的・時間的なスケールは,**図-2.2**に示されており(Lijklema et al., 1989),影響の様々なタイプが以下で議論されている.

2.2.2.1　物理的影響

都市化は,地表面の降水量やピーク時の流量を増加させ,この増加によって,洪水や堆積物の侵食と堆積,生息域の流失(Borchardt and Statzner, 1990),地形学的変化(Schueler, 1987),そして地下水帯水層の再補給の減少が引き起こされることがある.急性影響(例えば,洪水や嵐による管渠の切断)と,累積的影響(例えば,地形学的変化,地下水位の低下)との両方の影響が生じるかもしれない.生態学的影響は,食物連鎖,絶滅危惧種,そしてエコシステムの発達への影響を含む.漁業は,最も影響を受ける主要で有益な水の用途である(Lijklema et al., 1993).

暖かい気候では,都市表面は熱を集めることにより,流出する雨水の加熱と,10℃までの受水域の温度上昇に寄与している(Schueler, 1987; Van Buren et al., 2000).発展した集水域では,このようなプロセスは,冷水性の種(主に珪藻類)から温水性の糸状性の緑藻類,藍藻類への遷移を引き起こし,温水性の漁場による冷水性無脊椎動物への影響や,冷水性漁場の遷移が引き起こされる(Galli, 1991).温度上昇による生態系への影響はエネルギー力学,食物連鎖,遺伝子多様性,そして離散と移動に現れ,ほとんどの影響を受ける有益な水の用途は漁業である(Lijklema et al., 1993).

都市における雨水貯水池や小さな湖が冬季に化学的に層をなす(Marsalek et al., 2000)のは，主に道路からの凍結防止塩から生じる塩化物による(Environment and Health Canada, 2000)．結果として起こる環境影響は，高濃度の溶存性固形物と高密度層の形層化があり，垂直方向の混合と底層への酸素を含む水の輸送を妨げるために，底質に結合していた重金属の放出を高める可能性がある(Marsalek et al., 2000)．生態系へは，これらの上位にある食物連鎖や遺伝子多様性，生態系の発展に影響する．影響を受ける有益な水の用途は，水の供給，漁業そして灌漑である(Lijklema et al., 1993)．

2.2.2.2 化学的影響

都市下水の流出は，化学物質の毒性濃度による急性影響と，累積的な水質へのストレスと，水中堆積物への汚染物の蓄積による，底質上や底質中に生息する生物に，慢性的な影響を引き起こす可能性がある(Horner et al., 1994)．化学物質は，これらの状況下の食物連鎖や生物多様性，絶滅危惧種，そして生態系の発展に影響を与える．水の有益な用途のうち悪化するものには，漁獲量の低下や貯水池における生態系の悪化がある(Lijklema et al., 1993)．化学的影響についての議論は，初めに化学物質の個々の種類について，引き続いて都市下水の水準について行う．

a.溶存酸素　都市下水の排出は受水域内部におけるバイオマスの蓄積と溶存酸素(DO)の減少を引き起こしうる．この点から，高負荷の酸素要求基質(アンモニアを含む)を含んでいるCSOs(合流式下水道の越流水)は，特に重要である(Harremoës, 1988)．また，よく処理されたWTP(下水処理プラント)の処理水と放出される雨水は，あまり重要ではない．これに関係する環境影響としては，生物化学的酸素要求量(BOD)／化学的酸素要求量(COD)，そしてアンモニアにより生じる短期的影響と，底質の酸素要求量によって生じる中期的な影響のどちらかが起こる(Hvitved-Jacobsen, 1982)．これらの影響は受水域の生態系と水の有益な用途の両者に影響を与える．生態系への影響は，生物多様性と絶滅危惧種に対してであり，水の用途で影響を受けるのは，水の供給，入浴，そして産業用水の供給である(Lijklema et al., 1993)．

b.栄養塩　栄養塩の増加と受水域の富栄養化は，窒素やWTP処理水，CSOs，雨水や産業用水の中に様々な形で存在する窒素やリンによって引き起こされる．栄養塩の負荷は，プランクトンの生物量が全体的に増加することで特徴付けられる富栄

2.2 都市化の水資源への影響

養化や，単細胞珪藻から藍藻類に続く糸状性緑藻類までの藻類の集団構成の変化によって生じる．栄養塩の増加は，一次生産を増加させ，高まった植物の成長はDOにおける日間変動(日中酸素は光合成により生産されるが，夜間は呼吸によって消費される)を際立たせ，底質の酸素要求量を増加させるだろう．これは，底質と水の界面において植物の死骸が腐敗することによる(Chambers et al., 1997)．富栄養化による影響は，長い期間，少なくとも3ヶ月(1季節)か，それよりも長い間現れる(Harremoës, 1998)．生態系への影響は，エネルギー力学や食物連鎖，絶滅危惧種そして生態系の発展に及ぶ．影響を受ける有益な水の用途は，水の供給，入浴，レクリエーション，漁業，産業用水の供給，そして灌漑に及ぶ(Lijklema et al., 1993)．

c.毒性物質 都市下水の毒性影響は，アンモニア，総残留塩素量，塩化物，シアン化物，硫化物，フェノール，合成洗剤，重金属，炭化水素(特に多環芳香族炭化水素，PAHs)，そして農薬を含む数種類の微量有機汚染物質により生じる(Chambers et al., 1997 ; Hall and Anderson, 1988 ; Dutka et al., 1994a, b)．毒性の応答は，急性毒性(致死)，遺伝毒性(遺伝子構成物質への損傷)，そして慢性毒性(生殖や発達)に分類される．都市下水の毒性は，致死，生理学上の影響を起こす，または行動に関して影響を及ぼす濃度を決定するバイオアッセイによって測定される(Chambers et al., 1997)．

d.内分泌撹乱化学物質(EDSs)や他の新たな懸念される化学物質 人間による廃棄物の中に排出された薬物やホルモンは，分解されないまま下水処理システムを通過してしまう可能性がある．最近になってやっと，これらの物質が内分泌撹乱化学物質が重大な(測定可能な)レベルで受水域において検出されている，という事実に関心が向けられてきた(Ternes et al., 1999)．EDSsはたとえ低濃度であっても，魚のオスのエストロゲンレセプターに結合することによって，その結果，雌雄同体の形成やビテロジェニン(卵たんぱく)を生産してしまう，という受水域中のエストロゲン様作用を起こす可能性がある．これらの要因は，魚の生殖活動を著しく危機にさらすものである．EDSsの多くはまた産業排水の中に見られ，低い濃度であっても毒性作用とエストロゲン様作用の両方が現れる(Servos, 1999)．関係のある新しく認識された化学物質には，薬や個人向け医療製品(抗生物質，抗脂血剤，鎮静剤，抗炎症剤，ベータブロッカー，スキンケア製品，消毒薬，そして防腐剤)のようなもの(Daughton and Ternes, 1999)，そして流出下水中の合成化学薬品の混合物に見られるその他の物質などがある．

e.雨水と合流式下水道越流水(CSOs)　　様々な土地利用形態からの雨水の毒性のアセスメントにおいて，高速道路に降る雨水(特に冬季)や，放出される産業排水は，一般に，最も毒性が強いとわかっている(Marsalek et al., 1999a)．冬季における雨水排水の高い毒性は，積雪中の毒性物質の蓄積が長期にわたること(Viklander, 1997；Oberts et al., 2000)，凍結防止塩や滑り止め物質の塗布を含めた冬の道路整備，そして塩化物を多く含む雨水排水中の有害金属のより高い流動性(Marsalek et al., 1999a)から起こる．雨が降っている間，最も高い毒性は，降雨初期の毒性物質が高い濃度で描かれる初期流出と一致する(Marsalek et al., 1999b)．住宅地域では，雨水流出水のサンプルはたいてい無毒である．

f.合流式下水道越流水(CSOs)　　CSOsは下水中に見られる従来の物質だけでなく，そのうえさらに，雨水排水中に見られる有毒物質(金属や微量有機化学物質)を含む(Rutherford et al., 1994；Golder, 1995a, b)．降水時における高い流量により，高レベルの総懸濁物質量(TSS)，BOD，栄養塩(NとP)，様々な毒性化学物質，大腸菌群やその他の病原菌の放出が起こる．初期流出の間，合流式下水道は洗い流され，インバート下水管の汚泥(蓄積した底質)が洗い流されるために，TSSや化学物質，バクテリアが高濃度になる．受水域中の底生生物群は，大きな水理学的撹乱と底質の流入の関係により，この初期流出の影響を特に強く受けることがある(Borchardt and Stazner, 1990)．魚の産卵地域や貝の生息地域もまた，PAHsや堆積物，バクテリアに影響を受け，その結果影響を受けた水によって漁獲量の低下が生じる．長期にわたる影響としては，生息種が永久的に変化してしまうことや生物多様性が減少することがある(Chambers et al., 1997)．

g.下水処理プラント(WTP)流出水　　WTP流出水の構成は，下水の発生源によってかなり変化しうる．産業排水がない(もしくは，流入する排水がよく前処理されていた)地域では，都市下水は無毒でありうる．WTP流出水に毒性が検出される最も頻繁に起こる原因の2つは，非電解状態のアンモニアと総残留塩素である(Orr et al., 1992)．関係のある他の化学物質は，内分泌撹乱化学物質，薬や個人向け医療製品，そして必ずしも元の物質よりも毒性が低いとは限らない処理副生成物を含む．下水の殺菌とは，病原体による受水域への汚染を減らすために使われる一般的なやり方である．殺菌方法は，消毒(時に脱塩素処理に続く)，臭素処理，紫外線(UV)照射，そしてオゾン処理(O_3)である．紫外線照射に関しては，流出した化学物質の構造にほとんど影響を与えないように見えるにもかかわらず，これらすべての方法は，

2.2 都市化の水資源への影響

WTP流出水の化学変化を引き起こすことがある(Blatchley et al., 1997)．これらの変化により，一般的な殺菌方法では流出水の毒性を増加させることがある．残留塩素(脱塩素処理が不完全であるか，完全にはなされていない)はかなり毒性が高い．

h.産業排水　産業排水の化学物質の構成は，この他の種類の都市流出水よりも予測がしやすい．産業の種類によって，その構成は日ごと，週ごと，季節ごとに多少変動はするであろうが，それぞれ1つの特徴的な構成の排水を出す．産業排水による汚染物の負荷や濃度は，適用されている処理の程度，水の管理プロセスの効率(水の再利用や損失を含む)，そしてメンテナンスの手順に依存する．産業排水に見られる化学物質の範囲はかなり広く，内分泌撹乱化学物質と同じく，重金属，炭化水素類(多環芳香族炭化水素，PAHsを含む)，浮遊性または溶存性懸濁物質，毒性物質(シアン化物，塩化物)を含んでいる(Chambers et al., 1997)．

2.2.2.3　公衆衛生への影響

都市下水の流出は，途上国と近代的社会基施設を持つ先進国の公衆衛生にもともに影響を受ける．途上国においては，増え続ける人口に対して清潔な水，そしての衛生設備や固形ごみの収集を行う公共事業機関やインフラ施設に対して強い要求がある．それと同時に，これらの国々には，都市周辺の環境にサービスする現存システムを向上させ，拡張させる資金を手に入れることは難しい．その結果，インフラ施設にはしばしば過大な負荷がかかることになり，処理が不適切であったり，能力が低下したりして，人間の健康に対して重大な影響を与えることになる(Birley and Lock, 1999)．

a.途上国における問題点　途上国の都市の拡大に関連したヒトの健康に対する影響は数多く，病原菌媒介生物による出生障害，細菌による感染，飲み水の汚染，そして水の再利用問題などがある．マラリアやデング熱(蚊により蔓延する)は，住血吸虫症やフィラリア，ブラジル・トリパノソーマ寄生虫症，コレラ，脳膜炎，耳，目，肌の伝染病，肝炎と同様に，途上国の広く知られた病気である．これらの疾病は不十分な衛生設備(剥出しの下水道)や，病原菌媒介生物の広い生息地域の存在(貯水池，粗末な排水設備，洪水を受けた畑)によりたびたび起こる．サナダムシや，回虫，赤痢菌，ジアルジア(ランブル鞭毛虫)，サルモネラ，そしてクリプトスポリジウムといった病原生物による感染は，普通，汚染された食料や飲み水が原因である．

都市人口が増えるにつれ，より多くの食料を生産しなければならない．生産量を

増やすため，農民はたいてい灌漑をし，収穫を増やし，害虫や病気による損失を減らすために殺虫剤や化学肥料を用いる．灌漑に使われる水は小川や貯水池(不足時のためにたいてい堰き止めてある)から供給されたものであろうし，これらの水源は病原菌媒介生物の繁殖場になること，または，全くあるいは一部しか処理されていない排水，有毒な埋立地浸出水や，産業排水により汚染されてしまうことがあり得る．また，肥料物資は，多くが動物や人間，産業の固形廃棄物からできたものであり，不十分な前処理のために作物の汚染が引き起こされることがある．野外作業者や農民もまたこれらの高いレベルの汚染にさらされている．

　途上国での排水処理は，概して単純であり，たいていは排水安定化池がある．時には，湿地や葦原，ホテイアオイの池，これらに似た手段は流出排水の質を向上させるために使われるが，最終的に放流される水は滅多に消毒されない．この不十分な処理しかされていない排水は，たいてい受水域を汚染し，下流の地域に住んでいる人(特に飲料用水や貯水池に接触することがない人達)に，飲料用，洗浄用，そして灌漑用に前処理をしないまま再利用される．多くの排水再利用の方法に，排水は栄養豊富な水を供給し，漁業の生産高を上げるものとして養魚池や貝の養殖場に転換される．適切な処理がなされなければ，魚や作物は有毒化学物質や病原菌により汚染され，それを消費することで人間に伝染する(Birley and Lock, 1999)．

b.先進国における問題点　　先進国では，都市下水の公衆衛生に対する影響の問題点は，ほとんどが限られたレクリエーションにおける水利用(ビーチの閉鎖)，貝への汚染や収穫地域の閉鎖，そして設備の重大な故障や人間の過失により生じる個々の事故に象徴される飲料水の供給おけるいくらかの稀な影響に関連している．人間の健康やバイオマスに対する微生物による汚染の影響は，第一に処理されていないCSOや雨水の放出とによるもので，その次の理由として処理されたWTPの流入による．

　雨水排水とCSOの放出は，ともに大量の糞便性細菌を伴い，大腸菌や糞便性大腸菌といった指標により典型的に説明される．受水域への排出後，流出水の混合や菌死滅を通して細菌濃度の低下が始まる．汚染された水の曝露と関連する実際の健康へのリスクは，あまりよく知られておらず(伝染病学におけるデータの欠乏による)，レクリエーション活動の種類に依存する．最も関係ある活動が水泳であり，最も影響を受けないのが川を歩いて渡ることである．レクリエーション用水を使用する人達を保護する目的で，水質ガイドラインは指標となる細菌濃度の許容範囲を規定し

ている(例えば,オンタリオ湖では100大腸菌群数/100 mL).この指針値を超えた場合には海岸が閉鎖される.これらのガイドラインを適応することにより多くの難問が生じる.

CSO中(10^7大腸菌群数/Lまで)や雨水排水中(10^6大腸菌群数/Lまで)における典型的な大腸菌の濃度がレクリエーション用水の指針値よりも数桁大きなことを認識すれば,雨天時にこれらの指針値を超えてしまうことは驚くべきことではない.都市地域の多くの海岸が降雨の間やその後に突然,CSOsや雨水排水による汚染のためにたびたび閉鎖される(Dutka and Marsalek, 1993;Marsalek et al., 1994).雨水排水やCSOの流入を制御する取組みには,水源管理や,貯水と再利用(Vases and Berlamont, 1999),リアルタイム制御システム(Stirrup, 1996;Petruck et al., 1998),そして消毒がある.微生物汚染に,これらのエネルギー力学や食物連鎖,生態系の発達などの生態系への影響がある.水の供給,入浴,そして漁業が影響を受ける水の用途である(Lijklema et al., 1993).

2.2.2.4 複合影響

都市下水の流出は,生息地の破壊や温度上昇,汚染物質の流入を含む様々な要因が組み合わされることにより受水域における生態系が影響を受ける.その結果,時に,個々の要因による影響を分離することができなくなることがあり,図-2.3に示すように,物理,化学,生物学的要素によるアセスメントを関連させた生物コミュニティの実績を評価することにより,複合影響についてはよりよく理解することができる(Horner et al., 1994).都市排水の流出に関連して観察される典型的な生物学的影響には,食物連鎖,生物多様性,遺伝子の多様性,離散と移動,そして生態系の発達に対する有害な影響がある(Lijklema et al., 1993).

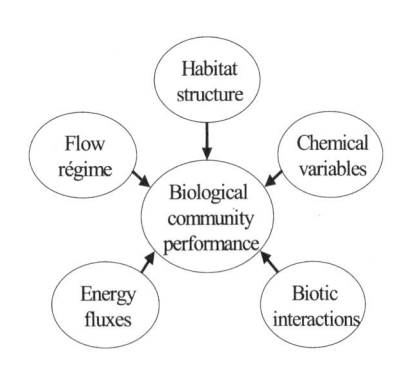

図-2.3 生物コミュニティの実績に対する複合影響

2.3 統合的流域管理

水管理計画は，都市域の水管理や，都市における水源の特徴，水の様々な役割（有益な使用），相互依存，地方との不一致，大量生産による経済性，そして多様な用途の利益などや，自然の独占による価格などの目的を反映させなければならない（Marsalek, 1988）．都市水の多様な用途は自明のことであり，水管理に対するそれら用途の影響は，様々な目的に水を再利用することと，個々の管理基準は多様な用途に対して有益であること，の2つである．都市水の多様な用途にはある優先順位があり，一番の優先事項は水を供給することである．水の高い可動性と，水資源の物理的な接続可能性は，天然でも人工的であっても独立した使用者や開発者の活動の相互依存性の一因となる．水資源の相互依存性とその利用は，集中的に使用する場合には特に強く，完全な水管理の機動力となる（**図-2.4**）．相互依存性の管理を行えば，これらの行動から生じる利益を広げる（Marsalek, 1988）．

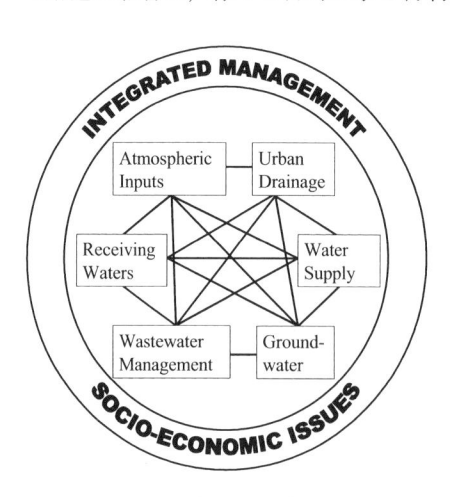

図-2.4 統合的流域管理

水資源の開発には一般的に多くの投資が必要であり，水資源の開発とサービスの供給の両方において，大規模な施設と管理システムを使用することで，意義深い節約を達成することができる．このような節約は，現在のばらばらの法的枠組み下では不可能であろうし，自治権の喪失を引き起こすものと考えられ，より大きな施設の環境への影響はさらに管理することが難しいであろうという理由により，大規模な地方施設への移行は，時に反対される．それと同時に，都市水管理計画に貨幣的価値を与える能力は，管理計画の重要性を決定するものではない，ということがわかる．この分析により，価格と価値の間の区別がなされることが必要となる．ここで，価格はひとつの風潮であり，一時的要因であることから，完全に正確な基準ではないものである．従来の計画の費用を考慮する場合は，計画実行により生じる環境へのダメージと同様に，ポジティブな環

2.3 統合的流域管理

境への影響も考慮に入れた環境費用にまで広げるべきである(Geiger and Hofius, 1995).

　密集した都市域の水の価値は，特に家庭，産業，そして農業の使用に水を供給するという点において一般によく認識されている．また，他の用途としては，釣りや航海，レクリエーションなどがある．あまり明確でなく，それほど認識されていないものとしては，統合的な水管理における環境，生態学上の目的であり，それは生態系の良好な状態を保護し，改善するのを助ける．適切な管理戦略は，守られるべき生態系の歴史や現在の特徴を考慮に入れなければならない(Geiger and Hofius, 1995)．生態系の保持のために重要な特徴は，Herricks と Schaeffer(1987)により定義され，それは基礎力学，エネルギー力学(物理学)，食物連鎖，生物の多様性，絶滅危惧種，遺伝子の多様性，離散と移動，自然による妨害，そして生態系の発展であり，危機に瀕した生態系の状態を認める場合にこの指標を使うことができる．

・望ましい生物多様性と繁殖のための生息地，
・生物間の表現型，遺伝子型の多様性，
・望ましい生物相(biota)を支える強健な食物連鎖，
・望ましい生物のための十分な栄養の貯蔵，
・生態系を永続させるための適切な栄養循環，
・熱帯での仕組みを維持するための適切なエネルギーフラックス，
・湿気の好ましくない変動のためのフィードバック機能，
・人類によるインプットを，システム内でもはや毒性でない程度にまで分解，移動，キレート，または結合させるといった，毒性影響を調節する能力．

　水管理の主な目的は，水それ自体と水に関連したサービスや利益などの広範な品物を提供することである．このようなサービスは，洪水のような物理的，あるいは生物化学的な(化学物質または微生物による水源の汚染)水の有害な影響に対する保護である．関連する目的は，そうすれば，管理の形成段階で発達した全体的な目標や制約条件の範囲内で，これらのサービスを効率的に供給するための特定の水源や必要品から生じるサービスの組合せを選択することの必要性であると定義することができる．これらの2つの目的を満たすためには，需要と供給を評価することや，代替案の利潤と費用を査定すること，与えられた制約条件の中で最も効果的に需要を満たす最適解を選択すること，選択した代替案を実行すること，そして継続した持続可能な活動を行うことが必要とされる．

第2章 統合的集水域管理としての都市の水

　統合的な管理という点において，管理されるべき環境が景観内で相互作用する生態系の複雑な存在であることから，統合的流域管理にはより幅の広い，多岐にわたるアプローチを促進させる必要がある．統合的水管理は，システムの複雑さとその要素の相互連結性を考慮する．統合的水管理は，そのアプローチにおいて全体論的であり，そのアプローチは，影響下の近郊地域の自治体や雇用者，環境学者，そして意思決定者，政治家までが一般の人と同様に影響を受けることが特徴である．統合的水管理は，本質として多分野を横断しており，社会構造，社会区分，社会機構を横断している．統合的水管理を履行する時に出くわす最も大きな課題は，多分野にわたる協力と統合された多岐にわたる行動を創造することである(Geiger and Hofius, 1995)．このタイプの水管理もまた，生態系を基礎とした水管理のアプローチとして米国とカナダの文献に言及されており，社会，経済，環境への関心が同等の考察がなされている(Hartig and Vallentyne, 1989)．

　このように，統合された水管理の最終的な目的は，「水を制御，保存し，悪影響を最小限に抑え，特定のそして同意された水管理と社会目的を達成するという目標を持って，持続可能で領域内の水源の管理を達成する」ことである．この文脈で，持続可能な水体系は，「社会の目的に完全に寄与する一方で，生態学的，環境上，そして水文学的に良好な状態を維持するために計画され，管理されたもの」であり，現在そして将来に劣化の起こらないシステムに対する需要を満たすものとして描かれている(ASCE and UNESCO, 1998)．

　都市水において，持続性の目標は，おそらく，影響下の地域における水循環の全体的な管理で実行されている(Lawrence et al., 1999)．都市水管理における水循環全体の構成要素を表しているカテゴリーは，次のように定義することができる．①潜在的汚染物質処理の基礎として，または準飲用水供給の代用として，処理した下排水を再利用する．②雨水，地下水，水道供給と下排水に基づいた統合管理を行うために安価で確実な水供給の基礎として，環境フロー管理(新たな支出の延期，川や地下帯水層に水を戻すこと)，都市水の景色／景観への供給，準飲用水資源の代用(下排水と雨水の再利用，下流の水を汚染から保護する)，③水の保護に基づいたアプローチ(需要の管理による)には，より効果的な水の用途(水を節約する工夫，灌漑の実施)，代用となる風景(水需要減少)，そして代用の産業プロセス(減少した需要，リサイクル)がある．この持続性は温室効果により引き起こされる気候変動という状況下で達成されねばならない(Marsalek, 2000a)．

2.3 統合的流域管理

都市住民に供給される典型的なサービスとしては，水の供給，下排水の処理と処分，洪水時の保護および排水，そして一般的なアメニティとしての水の供給がある．まずこれらのサービスについて議論を行い，次にこれらの具体的なサービスについて言及することで，完全な水管理を計画する際の技術について述べる．

2.3.1 水の供給

社会における需要と自然界における水供給能力との隔たりはどんどん大きくなっている．必要な水の量は増加しており，都市域の急速な拡大とともに，多くの自治体が常に水緊張状態になっているか，将来なるものと予想される．水の供給は，人為的な「水循環」の隙間を埋めるような水サービスのサイクルの一部である(図-2.5)．

人類の必需品としての水は，Mar De Plata における会議での宣言において，以下のように明言されている．「すべての人々は，どのような発展段階においても，また，社会的，経済的状況においても，基本的に必要とするに等しい質と量の飲料水を得る権利を持つ」(United Nations, 1977)．この権利は，1992年のリオデジャネイロにおける地球サミットや，国連総会のために立案された，世界の淡水資源の総合評価でも再度確認された(United Nations, 1997)．しかしながら現実は，多くの国(約10億人の人口に相当する)において，国内での1人1日当り水供給量が4.5から48.2(L/人・日)の範囲にあり，Gleick(1998)によって推奨されている不可欠な水必要量(BWR)である50(L/人・日)を下回っている．この量は，飲用，そして衛生用に清潔な水が25(L/人・日)必要であることに，入浴と調理に必要な最少量を考慮して導出されてい

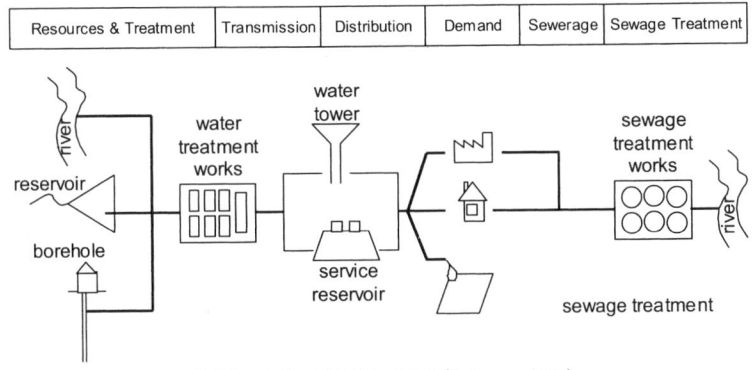

図-2.5 水サービスのサイクル(Latham, 1990)

第2章 統合的集水域管理としての都市の水

る.ここで提示された BWR は,米国国際開発庁(U.S. Agency for International Development)や世界銀行,WHO によって設定されている 20 ～ 40(L/人・日)とあまり差はない.また,これは『国連の国際飲料水供給および衛生の 10 年』(United Nations International Drinking Water Supply and Sanitation Decade)や地球サミットにおける Agenda 21 での推奨値とも同等である(Gleick, 1998).

不可欠な水必要量を満たすことができないことは,社会的,経済的観点のどちらから見てもむしろ高くつく.直接の1年当りの医療費と失った仕事時間は,1250億ドル(1970年基準)になると,Pearce と Warford(1993)によって見積もられた.途上国における水と衛生設備の必要を満たす費用は,1年当り260億ドルから50億ドルと見積もられており(Gleick, 1998),これは幾分時代遅れの直接損失の見積もりよりも著しく小さい.

不十分な水の供給や衛生設備は,水に由来する病気を通して人間の健康に厳しく影響を与える.WHO は,毎年ほぼ2億5000万人が水に由来する病気に罹る可能性があり,そのうち 500 から 1000 万人が死んでいると見積もっている(Nash, 1993).水に由来する病気の事例は4つに分類される.それは,水により伝播,水によって洗浄,水を媒介とする,そして水に由来する昆虫媒介物である.これらの病気との戦いにおいては,根絶の間際にある dracunculiasis(ギニアの寄生虫)の事例のように,いくらかは進歩している.コレラのような他の病気についていえば,病気予防における進歩はほとんど見られない(Gleick, 1998).

水の供給は,都市水管理において主要な課題である.多くの国においてこの課題は,需要管理や配水損失管理による水を保護するアプローチと,利用可能な水道を最適に利用すること,そして水の再利用によって,比較的安価で確実なサービスを提供することで比較的首尾よく実現されている.これらの手段は,水の抽出(地下帯水層,貯水池,試掘孔,河川や海すらから)に始まり,処理や輸送を通じて家庭や産業の顧客に配達するまでの水サービスサイクルの4段階のそれぞれに適用することができる.

人口の増加と生活水準の向上により,増加し続ける水需要に備えるために,新たな水源を開発したり水源移転事業といった,水供給の管理における古いアプローチは将来まで持続することが不可能な方法である.利用可能な水源の最適な利用には,抽出を制御する方法や,人工的に地下帯水層の再補給や多くの維持可能である水源の水を合わせて使用することを奨励することがある.入念に計画された基準に従っ

2.3 統合的流域管理

て2つかそれ以上の水源を合わせて利用することは，それぞれ単独で使用する場合に比べてより安く水を供給することができる(Walsh, 1971)．需要管理に加えて圧力調整，測定，資産管理を通した配水損失管理は，配水システム内での水の必要量を将来的に減らす見込みがある方法であると見ることができる．

　水道の水質は，様々な水利用(例えば，飲料水，そのまま飲むことができる水，灌漑用水，家畜用水，産業用水)に設定された指標に影響される．飲料水に対する指標が最も厳しく，様々な化学物質や微生物の許容濃度を規定することによって健康被害を起こさないような水質を設定する．飲料水質基準にはたいてい微生物指標(例えば，藻類による毒素，大腸菌，大腸菌ウイルス，寄生虫，病原菌，原生動物，ウイルス)，物理的指標(色度，臭気，味，pH，温度，濁度)，放射線の指標(セシウム同位体，ヨウ素，ラジウム，ストロンチウム，トリチウム)，無機物の指標(微量元素，硝酸・亜硝酸塩，塩化物，硫酸塩，亜硫酸塩，全溶存性固形物)，そして有機物の指標(農薬，塩素化したフェノール類，トリハロメタン，多環芳香族炭化水素など)が含まれている．飲料水質指標は，特に国のレベルで進展している．指標の進展と地域の水供給の監視と制御の大規模な文献はWHOが出版している(WHO, 1993, 1996, 1997, 1998)．

　都市開発の大部分において敷設される一条管の飲用水道は，多くの用途において飲用水質基準は必要でないのにもかかわらず，飲用以外に，洗濯，灌漑や便所の水洗に供給するために使用されている．そして，これらすべての活動にこのような高品質の水を使い続けることは持続不可能であろう．非飲用水道の供給(例えば，未処理あるいは一部処理を行った表流水や雨水，水のリサイクル/処理や再利用)は，今後，調査研究課題である(Pratt, 1999)．副次的な水道での供給(便所の水洗や衣類の洗濯用)は，より多くの飲用水を処理し配水するコストを相殺するのに役立つであろうし，将来の飲用水供給の持続性を向上させることができる(van der Hoek et al., 1999)．この二元的水道システムは，過去の開発によって水資源が十分にあり，設置，改造におけるコストや総合的なリスクがあまりに大きくなる可能性のあるような地域においては経済的ではなく，実行不可能であるかもしれない(Mikkelsen et al., 1999)．配水システムにおける水質のリスクが時々危険になる場合(浸透による漏水)においては，飲用には瓶詰めした水を用いるようなタイプの「二元的水道システム」が適用される．

　節水式の便所，シャワー，水を再利用する洗濯機，食器洗い機のように技術の進

第 2 章　統合的集水域管理としての都市の水

歩によって家事における水使用の節約量はめざましく向上してきた．別のプロセスにおける再利用（最高の水質から最低に移動させる）や，準飲用水道水の使用などにより，さらなる節水，再利用が実現できる（Terpstra, 1999）．準飲用水の使用の場合は，たいていろ過や消毒のような前処理の後で，準飲用水道向けの雨水や雑排水を用いたシステムで試される．最終的に，屎尿もまた，農業や灌漑に再利用される．

　産業活動は，水の再使用と再循環の機会を提供する．都市域にある中小規模の産業活動は，立地条件や製造品目によって様々であるにもかかわらず，総飲用水需要量の 20 %でしかない．多くの企業が，水利用の観点からの持続可能な解を得るために，プロセスの効率や水の再循環を飛躍的に向上させてきた．飲用水道におけるコストと需要の上昇もまた，再循環の努力を促してきた（WBCSD and UNEP, 1998）．

　産業における水使用量全体の中でも高い比率を占めている，冷却水については，まだまだ再利用の見込みがある．普通，排水として放出する使用後の冷却水は，必要であれば容易に処理することができ，他のプロセスに再使用することができる．産業の種類により別の再使用の見込みがある．例えば，繊維工業の工程では大量の水を再使用することができ，そうすることで，飲用水を使用する場合の半分までコストを抑制することができる．適切な計画と工程の分析を行うことで，再使用に必要な処理は最小になるだろう（Van Riper and Geselbracht, 1999）．処理が必要な時に，限外ろ過，活性炭処理や逆浸透システムのような単純で低コストの処理工程が望まれる．処理工程の設計は，処理される排水と循環使用される水の水質に依存する（Roeleveld and Maaskant, 1999）．

　農業は，特に灌漑や酪農業（清掃に大量の水が使用される）で大量の水資源が必要である．このテーマはこの報告の範囲を超えているが，それでも農業における水需要は都市における需要に匹敵することには注意しておくべきである．農業に管理政策を適用すれば，他の分野により多くの水を供給できる．農業における持続した淡水供給を増加させる手段としては，洗浄や動物の飲用として雨水を使用することや，洗浄水を処理して灌漑や肥料に使用することである（Willers *et al.*, 1999）．

　水耕栽培は，従来はほんの数回利用した後に，処理や再使用することなく水を替える形で設計されてきた．多くの水の再使用を促進するために，単純なろ過（砂ろ過や生物膜）を使い，その後に殺菌（一般的には紫外線の照射）を行う新たな方法は，排水を減らし，この方式の農業形態の持続性を向上させるためにも必要である（Van Os, 1999）．

最終的に，統合した水供給の最適な方法は水資源の統合と相互連結した輸送ネットワークや，大衆教育に基づいた水の管理手段を発達させること，すべての分野における節水技術を発展させることや新しい水資源の使用を必要としている(IWA Water Reuse Committee, 2000)．

2.3.2　下排水の処理と処分

　先進国において，総人口の 90 ％以上の高い割合で中心的あるいは分散した下排水処理施設に接続することで下排水の処理と処分は行われている．下排水を処理して河川や湖，内湾，海に排出する際に許容される水質にするために，化学的，物理的，そして生物学的過程を経ている(Metcalf and Eddy Inc., 1991)．下排水処理技術は長年にわたって使用され，よく試験されているにもかかわらず，これらの処理過程の性能と効率をさらに向上させるための研究が続けられている．途上国においては下排水処理の観点において状況が違っており，最適な技術の選択が最重要問題であるように見受けられる．

　環境的な公衆衛生のあり方については，環境的要素(人間の屎尿処分，下水，家庭からの排出物，その他の伝染病媒介生物，排水路，家庭への水供給，住宅提供)や衛生における慣習(個人の衛生，家庭の清潔さや自治体の清潔さ)の重要性について，WHO から提案されている．伝性病媒介生物への曝露や罹病リスクを低減させるにおいて，良好な衛生状態が最重要であることははっきりしている．『2000 年の世界の水道と衛生アセスメント』(Global Water Supply and Sanitation Assessment 2000)において，「改善された」水道を供給されている人口は，1990 年の 41 億人から 2000 年には 49 億人に増加し，同時に屎尿排除施設に接続する人口も 29 億人から 36 億人に増加した一方で，2000 年において世界人口の約 5 分の 2 にあたる 24 億人は「改善された」衛生設備に接続することができていない，と報告している(WHO, 2001)．WHO は，「改善された」衛生設備を以下のように定義している．公共下水道か汚水浄化システムに接続した，流水式便所，穴をあけただけの便所，そして換気が良好な穴をあけた便所である．「改善されていない」技術とは，人間の手で尿や便が除去されるようなバケツ便所，公衆便所や開放便所のことである．適切な衛生設備の選択や採用という点では，社会的，文化的な慣習や利益に依存するために，このような技術の提供を計画するにあたっては十分に考慮しなければならないと WHO は強

第2章 統合的集水域管理としての都市の水

調している(WHO, 2001).

適切な技術の使用を通して都市の取水持続性を向上させる水汚染制御戦略を発展させるため,より小さな構成要素や事業に分けることができる.これにより,限られた時間内で戦略全体を理解することができ,また望ましい目的を達成する費用を増やすことによってこの戦略を支えることができる(Furguson and Horsefield, 1999).特に途上国において低コストの処理法や前処理法を使用することで取水を保護できる持続可能な下排水システムの開発を促進することができる.例えば,「ローテクノロジー」上向流式嫌気汚泥(UASB)生物処理装置は,住宅や農業廃棄物の分散型処理(Zeeman and Lettinga, 1999)として使用されるのと同様に,高濃度の産業廃棄物の前処理に用いることができる(El-Gohary and Nasr, 1999).これらのシステムは非常によく機能し,適切な計画と建設法が適用され,負荷のかかりすぎる状態は起こらない(Kalker et al., 1999).

二次,三次処理を導入して下排水処理施設を改良しても,処理水が許容可能な水質を得られるとは限らない.一次処理から二次処理,あるいは二次処理から三次処理へと施設を改良する一方で,一般的に処理水中の総浮遊性固形物(TSS),BOD,COD,アンモニアの濃度は低下するが,実際の濃度は処理される下排水の組成に依存している(Chambers et al., 1997).技術が進歩するにつれて,膜分離のような多くの新しい処理方法が下排水処理に適用されてきた(van der Graaf et al., 1999).しかし,これらの高性能システムは設置や維持するのが高価であり,その結果,その使用は極度に重要で非常に影響を受けやすい取水の保護にしか保障されないかもしれない.

下排水処理の持続性を高めるために,発生源で分離をすることが提案されている.この分離によって出口での処理の効率や,施設での水の再循環,固形分からの栄養の滞留と引抜き,その後の農業における再使用について改善することができる(Hedberg, 1999).他の排水による固形分の希釈は回収をより困難にし,運搬,処理しなければならない下排水量を増加させ,それによって取水における汚染物質のリスクが増大することになる.発生源で下排水が分離された場合は,雑排水は湿地や砂ろ過などの簡単なシステムで再使用ができる一方で,屎尿は好気性生物処理槽によって処理される(Skjelhaugen, 1999).発生源で下排水を処理する(しばしば「発生源制御」と呼ばれる)ことで,システムの持続性が向上する一方で,より効率的な資源の再使用が可能になるかもしれない(Otterpohl et al., 1999).

2.3 統合的流域管理

　より良い衛生的水準や資源の完全な再使用を目的として，効率的で持続可能な衛生施設の新たな方法を開発する研究は進歩している．このような方法の一つに，非混合便所(あるいは尿と糞分離式便所とも呼ばれる)がある．これは，イエローウォーター(尿)は，分離パイプによって貯蔵タンクに運ばれ，ゆくゆくは肥料として使用される．尿中に残留した医薬品がなくなるまでに，最低6ヶ月の貯蔵が推奨されている．ブラウンウォーター(便)は，別に回収されるか，雑排水と一緒にして，1つか2つに区切られた肥料化タンクに流れ込む．製品は1年後に肥料化タンクから取り出され，土壌改良剤として使用されるか，さらなる肥料化の材料として使用される(Otterpohl, 2001)．

　もう一つの分散させる計画では，ドイツ北部の新都市の開発で，真空式トイレ，真空式下水と生物ガス発生施設が導入されている．この構想では，屎尿はシュレッダーにかけた有機廃棄物と混合されて，その土地を暖める熱と電力を生産するために使用される．地表層を流れる雨水は前の湿地で浸透し，雑排水は人工湿地で処理される．物質とエネルギーの消費量は，従来式の中程度の人口密度を持つ都市向けの下水処理システムの半分以下である．予測される放流水の水質は，最新式の，効率の良い処理施設と比較してもより高い栄養塩除去が見積もられている(Otterpohl, 2001)．

　下排水処理技術の技術的改善に加えて，処理した放流水や汚泥の処分や再利用の促進もまた重要である．下排水の再利用や処分のための前処理方法のうち多くは，都市下水処理プロセスとよく似ている(Rae, 1998)．しばしば排水として処分されてしまう冷却水を再利用することは，排水再利用法のうち最もシンプルなものの一つである．他の再利用例には，農業や灌漑，湿地帯の生物生息地を増やすこと，地下水の最補給，養殖や漁場，準飲用水供給への応用がある．この30年で，特に乾燥地帯や半乾燥地帯工業化国，途上国において下排水の作物の灌漑向けの使用が著しく増加した．下水の適切な再利用とそのための前処理の要求されるレベルは，特に食用作物に関して病原菌媒介生物の蔓延や毒性物質の危険性を減らすために，慎重に考慮しなければならない．

　適切な下排水の処理や処分方法を選択するアプローチでは，最もふさわしい処理法を決めるライフサイクル評価が用いられる．このアプローチにより，コスト，環境持続性や潜在的影響に応じてそれぞれの処理法を評価することができる(Ashley *et al.*, 1999；Tao and Hills, 1999)．

一般的に，排水処理によって処理および，適切に処分しなければならない大量の汚泥が発生する．汚泥処理法には，例えば汚泥の破砕，除砂，混合や貯蔵のような予備操作，濃縮，安定化，調整，殺菌，脱水，熱風乾燥や熱分解がある．最終処分における最も一般的な方法は，農地還元，流通やマーケティング，化学的固定化，埋立てやラグーン処理である(Metcalf and Eddy Inc., 1991)．

2.3.3 洪水対策と排水設備

社会活動，物質的財産や事業活動を洪水や浸水から守ることは，水管理における基本的な目標の一つであり，洪水対策と排水設備は古代以来，都市居住区域で取り組まれてきている．しかし，近年に限っては，洪水管理は，一般的にエコシステムアプローチといわれるような，より全体論的な方法で取り組まれている．このアプローチでは，洪水の管理は土地利用計画や，洪水対策だけでなく水資源とその生態系までの完全な保護も含めた取組みと関連付けられている．洪水は，社会，経済や環境に影響を与える．社会，経済への影響は，たいてい人命が失われることや，財産の被害や経済活動の断絶といった直接の損失，そして人間の健康被害，注目すべきまたは取引きのされていない財産の消失，生活の崩壊などの無形の被害がある．最近，洪水のような気象に起因する災害による直接損失における被害額は劇的に増加している(**図-2.6**)．近年になってようやく，洪水が環境や生態系に与える影響も認知されるようになった．

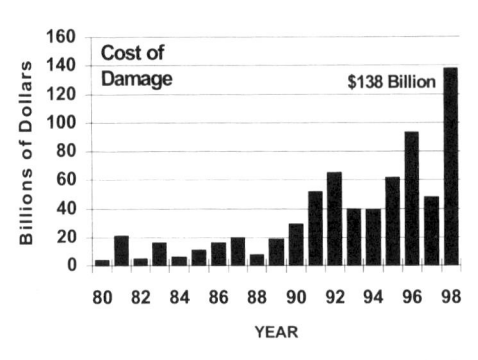

図-2.6 1980～98年の間，天候による災害の直接被害額(The Toronto Star, 1998)

これらの影響のうち最もよく知られているものは，多くの食物連鎖においてきわめて重要な位置を占める氾濫原の植物相，動物相に影響を与える，生息地形成過程である(Marsalek, 2000b)．洪水は，魚類，動物や昆虫の集団力学の変化も引き起こすが，これらの変化は，単に一時的なものである．洪水は，川辺や氾濫原の自然環境に強く影響し，その結果として起こる変化は，川の通り道のずっと遠くの地域に

2.3 統合的流域管理

影響を与える可能性がある，と結論付けることができる(Arnold, 1976)．

　環境への影響は，特に大きな貯水池や堤防が建設されている場所で洪水防護施設によっても構造的に引き起こされる．このような影響には，氾濫原における生態系の破壊，貯水池のために水浸しになった地域からの住民の移転，底質輸送の妨害，水路化した川底への排出物の増加などがある．このような問題は，雨水流出制御や，水質制御，水資源の保存や水中の生態系の保護を関連させた計画にすることで，最小限にするべきである(Marsalek, 2000b)．生態系の保護と持続性は利害関係者と社会全体の参加による協力が必要である．

　洪水管理方法は，一般的に，洪水とともにある生活，非構造的手法および構造的手法の3つに分類される．最初のグループの手法は，洪水による影響や特徴についての知識に基づいて，洪水による利益を最大化する一方で，損失を最小化する情報を用いる．これは，一般的に氾濫原を占有しないようにし，氾濫原の利用を野生生物の生息地，土地の保護や家畜の放牧のような限られた農業活動に制限することを必要とする．非構造的手法は，規制と政策，洪水からの防護と保険からなる．これらの手法は，損害を起こさないために，初期流量を増加させることで洪水の影響を低減させる．規制は，氾濫原や氾濫の傾向がある土地利用や占有を制御する．洪水からの防護は，洪水予測，警告，避難に基づいている．洪水保険計画は，公共の災害給付金から個人的な保険に及ぶ．非構造的の洪水管理手法は，近年の水利情報技術の進歩により大きな恩恵を受けている(Marsalek, 2000b)．

　構造的洪水管理手法は，洪水の量とピークフローを低減させる目的で設計される．典型的な構造物には，貯水施設，河川水路の堤防，氾濫原における土製のプラットホームや干拓地などがある．洪水管理手法を選択することで，土地利用の経済的効率を最大化する一方で，河川流域の持続的発展をサポートできるはずである．このことは，土地利用や水資源管理を統合し，水文学的循環の管理を統合し，利用可能な選択におけるすべての影響の経済的分析を行うことで達成できるであろう．

　都市における排水設備は，雨水管理，CSO制御，貯水や処理を適用することで局地的な洪水や水が溜まることを防いだり低減したりし，受水域の汚染を制御する．都市域は，高比率で大量の表流雨水を発生させ，地下水の再涵養を低減させてしまう不浸透性の地域(例えば，道路，屋根表面)が多いことで特徴付けられる．さらに，都市表面雨水は汚染されており，大量の固形物を輸送しているかもしれない．したがって，表流水の排水設備は都市住民に利便性を供給するだけではなく，地下水の

第2章　統合的集水域管理としての都市の水

再涵養を維持し，受水域を保護している．都市化による表流雨水や受水域における潜在的な影響を防いだり，軽減したりする雨水管理の実行や，貯水やCSOを制御する処理を用いることにより，近代的な排水設備は大きく進歩してきた．

　雨水管理手法は，政策と水源の制御，土地の最適管理実施（BMPs；best management practices），地域コミュニティでのBMPs，流域レベルでの手段といわれる4つのカテゴリーに分類される．政策と水源の制御は，特に，管理計画（進歩的な地域条例や小川や湿地の緩衝地によって問題を防ぐ），物質の利用，曝露や処分の制御，流出の防止や浄化，不法投棄や不法な接続の防止あるいは除去，道路側溝や雨水設備の維持といった大衆の教育を含めた非構造的手法である（Camp Dresser & McKee et al., 1993）．

　土地のBMPsには，区画レベルでの資源管理，生物膜処理施設[低湿地と生物ろ過帯(filter strip)]，地域の浸透施設，雨水フィルター，水質注入口などがある．区画レベルでの資源管理には屋根での阻止量を増やすこと，地域における貯水/阻止を増加させるための貯水槽における流量制限，流出量を遅滞と浸透量を増加させること，屋根からの排出を貯留地域や浸透用の穴に向けなおすこと，基礎排水路における腐敗槽からの汲出しなどがある（MOEE, 1994）．ガラスろ紙や低湿地で雨水流出水を生物ろ過することは，浸透させることにより雨水量を減らし，固定化，ろ過，吸着や生体への摂取のような過程によって水質を向上させる．これらの手法は，低密度開発地域に適していて汚染源に対し，土壌が適切（よく吸着する）であり，より低い地下水位のある小さな寄与地域が存在するとよい（Schueler, 1987；Schueler et al., 1992）．浸透施設は雨水の量と比率を低減し，汚染物の輸送を低減し，地下水を再涵養する．その施設は井戸（くぼみ），溝，ため池，そして穴のあいたパイプと排水設備のようなもので設計されている．それらを適用するにあたっての主な課題は地下水が潜在的に汚染されていることこれらの施設がどのくらい持つのか定かでないことである．水質注入口は沈殿と浮遊物（と油）をすくい取ることで雨水処理をし，特に駐車場や商業地または工業地に向いている．油/砂分離器の機能は水質注入口と同様であるが，入口からはるかに下流にある系列にも設置可能である．よく整備された砂ろ過での雨水排水処理は汚染物質の除去に効果的である．生物膜（例えば，粒状表面に粗い膜をつけたフィルター）は溶存している重金属の良好な除去が見込まれる（Lau et al., 2000）．

　地域レベルのBMPsには，より大きな浸透設備，雨水貯水池，人工湿地帯，拡張

2.3 統合的流域管理

した滞留槽など，複合的なシステムがある．浸透溝は，一般的に2ha以下の寄与地域において設計され，5haまでの地域では浸透槽が用いられる．雨水管理池は，流量の制御(ピークフローの低減)，沈殿(砂やある程度のシルトや粘土の除去)，そして水生植物により溶解している汚染物質の除去を行う(Van Buren et al., 1997)．雨水管理池は，入口(流入水を薄く広げる)，最初沈殿池(維持のために容易に接近可能である)，出口(穴のあいた垂直パイプが望ましい)，落ち口と緊急用の放水路で構成されている．蓄積した沈殿物の除去など，定期的な池の管理が必要である．人工湿地帯(**図-2.7**)はろ過，浸透，生物吸着，汚染物の微粒子態と溶存態の両方を除去するといった過程により雨水の滞留と処理を行う(Rochfort et al., 1997)．拡張した滞留(乾式)槽は，湿式施設を維持するのが困難な地域で雨水の沈殿を行う．複合的なシステムでは，システムの性能や信頼性を向上させる，あるいは管理を減らす目的で2つかそれ以上のBMPsを階層的，あるいは直列に連ねている．

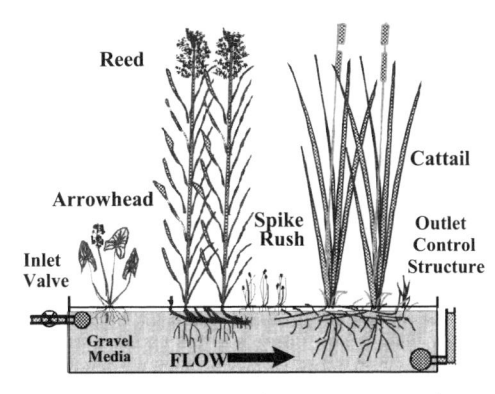

図-2.7 人工湿地の概念(Rochfort et al., 1997)

流域全体に係わる計画では，累積的影響を緩和するために流域レベルのBMPsを採用し，一定の特徴や資源を保護し，土地利用法の決定，水源制御BMPsの改善を支援し，BMPsを定める(例えば，局所的な施設に対する地域的な施設)ことを支援する．流域に係る雨水管理において保護されるべき土地資源には，湿地帯(生物の生息地，貯水と水処理を提供する)，氾濫原(洪水による輸送，生物の生息地やレクリエーションの機会を提供する)，河岸(樹木に覆われた)の緩衝地(流れの温度や溶存酸素の変動を緩和し，土手や野生生物の生息地を保護する)，低湿地(緩衝地として機能する)や土壌(水質に影響する)がある(DDNR&EC and EMCBC, 1997)．

受水河川の保護において，「開発の度合い」[不浸透性地域の総量(TIA；total impervious area)で表したもの]と流れの質(たいてい底生生物コミュニティの個体数と多様性の豊富さにより定義される生物学的健全さによって説明される)との間に明確な関係が存在することが認識されている．生物学的な河川の健全さには，高い

(TIA<5〜10％)，中間(5〜10％<TIA<35〜45％)，低い(TIA>35〜45％)の3つの等級がある．3つの等級それぞれに対して，雨水管理の全体的な戦略は幾分違うものになる．高い生物学的健全さを持つ河川では，豊富で多様な水生生物群が示されている．主な目標は，開発を最小化し，保護的なアプローチを適用し，自然の特徴を維持し高めることで，この資源を維持し，保護することである．中程度の生物学的健全さを持つ河川は，水生生物の多様性と量は低減しているが，たいていは水質基準を満たしているものと特徴付けられる．ここでの主な戦略は，生物の生息地を増加させ，様々なBMPsの導入，流れの復元(自然の設計を利用する)や，将来にアップグレードできるような順応性のある設計の適用といった，高水準の雨水管理により水質の低下が確実に起こらないようにする．最後に，低い生物学的健全さを持つ河川は，水生生物の量も種類も少なく，水質基準も満たしていないような河川と特徴付けられる．全体の戦略としては，BMPsによってさらなる水質の低下を防ぐが，野生生物の汚染物質の摂取を防ぐために野生生物の生息地は増加させないことである．この点において，ふさわしい流れの復元を考えるべきである．

雨水管理戦略には，階層構造の考えによって，エコシステムアプローチを採用し，より詳細な計画の発展の基礎を与えるような流域計画がある．一般的に，計画の目標は達成可能で，一般に是認され，経済学的に信頼性のあるものでなくてはならない．

排水設備，衛生施設や水供給システムが十分に開発されていない，あるいは現在の設計容量を人口膨張が上回っているような都市周辺地域からは高度の汚染物が排出されるかもしれない(Pegram et al., 1999)．統合的流域管理(integrated catchment management)の促進は，排水設備を，地下水管理，水供給，廃棄物の処分，一般的なアメニティとしての水利用やその他のような機能と相互に関連させることができる．

2.3.4 一般的なアメニティとしての水

都市水管理における比較的新しい局面として，レクリエーション的，審美的，環境的，そして生態学的アメニティとしての受水域の保護がある．これらそれぞれの水利用に対して，水質やこれらの有益な利用の減損を防ぐ手法が，特に必要とされる．

都市の水は，ボート漕ぎ，水上スキー，釣り，水泳や歩いてわたるといった様々

2.3 統合的流域管理

な種類の水に関連するレクリエーションがある．特に水泳のような水の使用に関して，レクリエーション用の水質には多くの関心が集められている．この目的に対して，特別な水質基準が様々な水質指標に対して定義されているが，その中でおそらく最も基準を満たすことが難しい指標が微生物と病原体である．これらの指標は，たいていレクリエーション用水から採取したサンプル内の糞便性細菌や大腸菌のような指標生物の許容限度を規定している．これらの限度を超えることは，特に雨天時やその余波の期間中にしばしば生じ，レクリエーション活動が一時的に閉鎖される．特に CSOs で糞便性細菌の源をより厳しく制御することで，改善されるべきことである(Marsalek et al., 1994)．

都市の水における美的特徴は一般的に，しばしば，元の都市河川の自然の特徴や，水辺の植生や回廊地帯のレイアウトに戻そうと試みることで，都市の水の自然な形態や外観を保存したり修復させたりすることと関連付けられている．また，都市域の範囲を越えて広がっているような(例えば，渡り鳥の事例)水生生物の生息地や生態系もこれにあてはまる．このような目的は，持続的発展の目標と密接に関連している．水質の公衆理解に関して相当数の研究がなされており(House et al., 1993)，水質の"良し"，"悪し"の指標が決められてきた．特徴的な指標としては，物理的指標(例えば，水の清澄さ)，生物種(例えば，魚類)の存在不在や，釣り人やスイマーといった利用者グループの存在や不在がある(House et al., 1993)．一般の人々は，水面の浮きかすや，異常な水の色や臭い，泡や，堆積してはみ出した底質やごみなどといった水質における"悪い"指標についてはよく理解している．きれいな水の定義はなおさら明らかではない．都市の水で美的，視覚的なアメニティが改善されれば，現在の都市の水の利用者の満足度を向上し，その結果さらなる利用者が得られ，さらなる水流に沿った特性のアメニティ(Green and Tunstall, 1992)，そして観光事業や関連する利益といった，多くの経済的利益がある．

都市の受水域はまた，環境的，生態学的な機能，水生，野生生物の生息地の供給や，都市住民の教育資源としても評価される．したがって，受水域における生物学的健全さの様々な尺度が導入され，このような健全さが都市の水管理におけるひとつの目標となることを支援している．Karr と Dudley(1981)は，生物学的健全さを「つり合いがとれ，統合的で，適応性があり，地域内の自然の生物生息地に匹敵する種の構成，多様性や機能的組織を持つ生物の共同体を支援し，維持する水生生態系の能力」と定義した．それゆえに，生態的保全地域や参照地の描写や，バイオアセス

メントによるそれらの評価は，都市水管理に不可欠なツールである．生物学的健全さの損なわれたバイオアセスメントは，人間の健康，レクリエーションや美学に対処する手順をより早く描くことの補完となる．

生物学的共同体の完全な評価が困難であるという認知から，米国 EPA(1989) は敏速なバイオアセスメント計画を紹介し，底生で大きな無脊椎動物や魚類に焦点を当てた．これらの計画では，生息地の比較(物理的構造と流水構造)や経験的に定義された参照状態を伴う生物学的手法により，統合した評価が行われる．参照状態は，実際のサイトの体系的な監視を通して確立されて，「最も乱されていない」水質化学，生息地や生物学的条件における自然の変動の範囲を表す(Horner et al., 1994)．この過程において，水質全体の特徴付けという難題を解決しなければならない．

大きな無脊椎動物共同体の評価は，底生生物の底質の毒性テストを行うことで補うことができる．Reynoldson ら(1999)により，$Hyalella\ azteca$ の 28 日の生存，成長試験，$Chironomus\ riparius$ の 10 日の生存，成長試験，$Hexagenia$ spp. の 21 日の生存，成長試験と $Tubifex\ tubifex$ の 28 日の生存と再生産試験の 4 つが示されている．雨水排水管の近くと CSO の排出口でこれらの試験を適用した Rochfort ら(2000)は，慢性毒性の証拠をほとんど示さなかったことから，都市堆積物で見つかっている多くの化学物質は，生物には利用不可能であることを示している．CSO サイトでは富栄養化が見つかった．有機汚染の程度が高い地域で優位を占めることが知られている Chironomidae, Tubificidae と Naididae がほとんどすべての都市サイトで最も多い集団を形成していた．

2.3.5 水管理の必要性の統合

統合管理は異なる社会で，異なった方法で着手されている．伝統的社会は内生的な知識と時間をかけた試験，資源と需要とを統合した固有の好結果をもたらすアプローチを重要視する(Geiger and Hofius, 1995)一方で，途上国における主眼点は，計画手法やコンピューターのソフトウェアやハードウェアといった技術におかれている．都市水管理を計画するうえで，空間的，時間的，機能的に完全に統合することを考慮するのに必要である膨大な量の情報を認識することにより，この作業を，環境モデリングを付随した情報技術の利点を併合した，コンピューターや水利情報技術の利用によって促進させることができる．水管理計画における論文は，かなり

の広範囲にわたり，多くの的確な方法やツールが挙げられている一方で，検査後についてはほとんど実施，報告はなされてはいない．将来の進歩は，最も有望なデータと知識に基づいた事業設定における，水管理計画の結果についてさらに研究を行うことと，順応性のある水管理計画を実施することに依存するであろうが，新たに採用されたシステムにおけるより多くの情報が利用可能になった時，本来の目的を満たし，目的の変化に順応するために，さらなる変化が起こることは，いまだ不可避であるように思われる(Phillips et al., 1999)．

2.4 統合された都市部の水管理の計画立案と実施

都市の水の統合された管理は，利用可能な資源の管理の目的および限界のすべてに対処することになる包括的な計画立案技術を必要とする．このような技術は本節において扱われており，計画立案の過程，階層支配的計画立案の原則，集水域の計画立案内での都市部の水計画立案の役割，および新しい開発と古いものの更新に関する計画立案における特別な配慮の説明で始まっている．

2.4.1 計画立案の過程

統合された水管理の計画立案は，システムの分析の手続きの後に続くもので，問題の定義から始まり，解決策の開発，最善の代案の選択，および事後監査が後に続く(**図-2.8**)．以下は，このような計画立案の過程の簡単な全体像である．

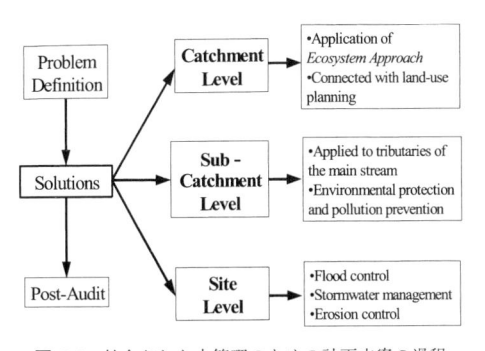

図-2.8 統合された水管理のための計画立案の過程

2.4.1.1 問題の定義

GeigerとHofius(1995)は，問題の定義の段階の中で取り組まれる以下の課題を一覧にした．
・すべての水資源の調査およびそれらの能力の詳細．

第2章　統合的集水域管理としての都市の水

- 地表水および地下水の汚染レベルの詳細な識別．
- 地表水系のすべての構成要素における水生生物の一覧表．
- 乾燥期，湿潤期，および平均的な状態を含めた当該地域の水の予算の評価．
- 雨水排水，CSO，産業排水，および市町村下水のすべての放水地点の一覧表．
- 処理のタイプ，および処理の効率と能力を含めた現行処理施設の一覧表．
- 市町村下水施設への商業および産業排水の放水の一覧表．
- 集水域の保全地域にある生態学的潜在力の一覧表．
- 当該地域における土地利用の一覧表．
- 塵降下物および雨水の汚染の詳細．
- 様々な再現期間に対する氾濫原の地図．
- 土壌汚染の一覧表および汚染地域の地図作成．
- 地下水の動きの明確化．

　この情報は，様々な空間的および時間的な尺度で整理され，その後の使用および処理のために保存される必要がある．近代的な慣行においては，データの保管と処理が地理情報システム（GIS）の手段によって達成され，このシステムは，それの持つ地理的な流れにおける目標物および地勢についての情報をその利用者に提供するものである．

2.4.1.2　問題解決の階層支配的計画立案

　問題解決の様々な要素は，都市の水管理において提供されている特定のサービスに関して 2.3 においてさらに詳細に検討された．これらの解決策は，通常，集水域レベルから，副集水域，都市の広さのマスター計画，敷地計画，および個々の施設構造の計画，設計，および運営へと進行していく様々な階層支配的レベルにおいて開発される必要がある．

　集水域は，一般に地表の表面流水を小河川に沿った単一の地点に集めるための地域として定義される．本書にある他の同意語または似通った表現は，用語「流域」および「流域盆地」を含む．水管理に関しては，集水域は採用されるべき論理的な空間的単位として見えるものである．しかし，行政単位は，必ずしも集水域の境界に対応しているわけではなく，このことが分断された司法管轄区域との間に問題を起こしている．個々の河川の集水域のために特別の委員会または河川当局が創設されている場合は，これらの問題を回避することができる．

2.4 統合された都市部の水管理の計画立案と実施

　水管理計画の開発は，様々な空間的尺度において行われており，理想的には，集水域計画の尺度で開始され，副集水域または敷地の規模でさらなる詳細に進展していく．このような水管理計画を作成するための指導文書は，多くの当局によって制作されており，新しい計画に従事している際は参照すべきものである．持続可能な水管理は，集水域を基本とした生態系的手法の適用で始まり，より細かい空間的スケール，副集水域，そして最後に市町村の計画文書にある敷地開発へと移行していく．したがって，集水域の管理は生態学的展望から着手されており，その中で水の生態系は，すべての水，それに影響を与える過程と要因と自然のサイクル，および水中の生物で構成されている．水管理は，その性質のために，土地利用計画に緊密に関連しており，この計画は多くの場合市町村当局の管轄となっている．例えば，集水域管理の概念は，1946年にProvince of Ontario（カナダ）によって認識され，この年，特定の集水域のために最初の保全当局が設立され，現在は38のそのような当局がある．

　現在実行されているように，集水域計画は，全体的な集水域管理戦略を提供し，自然のシステムの形態と機能を識別し，副集水域計画に対する集水域計画の関係を定義し，（国民の保健と安全，水生生物，資源管理，氾濫原管理，そして，都市部，農業用，および他の使用を含む）集水域の問題を列挙し，さらに，保護，回復，および／または，強化のために指定された特別な地域を含む計画の推奨を提供するものである．

　典型的な集水域計画は，以下を含む広い範囲の問題についての政策および方向性を提供するものである．

・水量および水質の管理（地表水および地下水の双方）．
・生態学的完全性および輸送能力．
・渓谷系の保護および緑の空間の計画立案．
・漁業の管理．
・回復／強化プログラム．
・流域の政策およびプログラムの実施のための枠組み．
・地域の機会および制限．
・水／下水施設のサービス提供の証明された必要性／利用可能性．
・副集水域の計画を立案する地域の記述．
・個々の副集水域に対する現在の狙い，目標，および目的．

第2章 統合的集水域管理としての都市の水

　計画の目標は，達成可能であり，国民によって承認され，かつ経済的に責任のとれるものでなければならない．管理の目標は，実践的，明白で検証可能，成果に焦点を合わせ，かつ説明責任を基本にしたものでなければならない．全体的な目標は，環境への影響を低減し，集水域の持続可能な使用を促進するべきものでなければならない(Braden and van Ireland, 1999)．

　副集水域の計画立案は，集水域の計画立案と敷地開発との間のステップを提供する．基本的な原則は，集水域に関しては同じだが，本流の各支流に対して実施される．これには，環境保護／汚染防止，より良い計画立案，インフラの決定と支出のための指導，効率化された承認，主な全体的コスト節約(特に，修復コスト)，地域住民の従事，政府機関の信頼，特定の地域の強化された経済的採算性，および清浄な環境の経済的利益を含む多くの利点がある．これらの計画は，適切な集水域計画を伴っても伴わなくても開発されている．

　敷地管理計画は，集水域および副集水域の計画と調和して開発されている．敷地に固有な様々の計画は，敷地管理の使用を必要とする下位区分の計画および他の開発実用例のための提案の草案の一部として作成されている．よく知られた例には，雨水管理計画，洪水管理計画，堆積物および侵食の管理計画，そして道路，上水，および下水施設のサービス提供のための計画がある．このような計画がここに掲げられた政策と調和して策定された時，それらはさらに効果的となり，副集水域の計画の目的のために実践的な実用例を提供し，環境の利益に貢献する．この計画立案の過程が実施された時，検討する政府機関は，これを個々の敷地計画について検討することは必要ないと考えることがある．なぜなら，それらがより高いレベルの計画と調和して作成されているからである．しかし，特定の法律の制定のもとでは，これらの計画において示されている施設の建設および運営に対する承認がいまだに必要であることがある．

　集水域(副集水域)の計画が存在しない場合，水および関連資源に対する土地利用の累積的な影響の全体を評価することは困難である．分離，敷地計画，およびスポット的区画分けの修正として処理された小規模の開発提案に対して，水資源管理の問題は，特定の雨水排水の識別，浸食，そして堆積の管理の設計，および建設の手段に対して制限されることになる．地域の条例は，表土の保護，都市部の森，および陸にある敏感な動植物生息地を含む定例的な敷地管理要件に対処すべきである．

　指標は，開発プロジェクトの持続可能性を事前評価するために使用することがで

2.4 統合された都市部の水管理の計画立案と実施

きる．これらの重み付けされた要因は，開発計画を考慮する時(例えば，危機に瀕している種，敏感な地下水帯水層，または湿地の保護)，およびコストを割り当てる時に，最高の優先順位を受けるべき重要な領域を選び出すために役立てることができるものである(Icke *et al.*, 1999 ; Lundin *et al.*, 1999)．

すべてのレベルにおいて開発された水の管理計画は，通常，代案となる解決策およびそれらの評価を含んでいる．そのような評価からは，踏むべき特定のステップの形になった推奨される行動を策定することができる．統合された計画立案に対する鍵は，様々な計画立案レベル間の建設的な相互作用である．最近の UNESCO の報告書では，3つの計画立案レベル A ～ C が以下の目的を伴って提案されている (Geiger and Hofius, 1995)．

レベル A：水質の基本的な概念は，水系の生態学的機能，考えられる水使用，水質の基準と指針の定義，および利用者集団の詳細と特定の水系の特徴を含めて，開発されている．

レベル B：これは，最低限の要件を満たし，さらに高度な要件を満たすために適合可能である個々の手段の実際の計画立案を提示するものである．これらの手段は，処理プラント，雨水管理と CSO 処理施設を含む排水ネットワーク，および水の受入れに適用される管理手段を含んでいる．このレベルにおいては，コストおよび資金供与も対処されている．

レベル C：これは，提案された手段の効果の管理を提示し，モニター用ステーションを設置し，運営プログラムとメンテナンスを定義し，かつ水系のパラメーター(特に，水質)の新しい傾向と趨勢を決定するものである．レベル C は，一般にレベル B で計画された手段を改良したものを制作しており，レベル B および C の知見は，レベル A では予測されなかった水質の目標の採用を導くことがある．経験は，規定的な管理(すなわち，一つのステップ内で計画された目標を達成すること)が実行可能ではなく，将来の調整と改良を許容する，相互作用するステップごとの計画立案が成功のより高い可能性を有していることをさらに示している．この手続き全体は，特に目標とされる水系に対して開発されるべきである(Geiger and Hofius, 1995)．

計画立案のすべてのレベルにおいて，国民の参加は不可欠である．この過程において，友人(支持者)，心を動かされた政党，地域で選ばれた公務員，政府機関，および一般国民を含む様々なグループが目標とされている．使用される方法は，印刷

物，現地見学旅行，公開会議，報道媒体，および世論調査を含んでいる．

2.4.1.3　集水域マスター計画立案内での統合された都市水計画立案

2つの大きな問題が集水域マスター計画立案内での都市水計画立案の統合を包囲している．これらの問題は，以下を含むものである．

- 都市地域が集水域全体の副要素を代表している．
- 都市水計画立案が水の供給と輸送，排水の管理，および水の受入れの管理を含む水サービスの提供を典型的に包含している．

都市地域は，その特有の水管理の問題および解決策とともに，河川の集水域の副要素しか代表せず，都市地域の管理は，全体的な集水域管理計画立案に適していなければならない．このことは，河川委員会または当局によって開発される集水域管理計画を通じて保証されるものである．これらの計画は，町の広さにわたる計画の開発のための境界条件を提供する．例外的に，都市地域が幾つかの小さな河川集水域を包含する例もあり得る(例えば，オンタリオ湖に注ぐ4つの集水域を備えたトロント)．この特別な例においては，Toronto Region Conservation Authority がすべての集水域を含めて地域全体を管理している．

都市部の水サービスの提供は，都市部地域だけでなく，異なった集水域のかなり遠方に位置することもある他の地域にも影響を及ぼす．これは，特に飲料水を提供するために利用される市町村の集水域の例であり，この飲料水は，したがって，都市地域まで長距離を越えて搬送されるものである(Marsalek, 1988)．さらに，都市地域の外にある小河川の条件は，特に下流の水およびその水生生態系の保護に関して，都市水管理にさらなる制限を課することもある．

都市水供給は，地表と地下水源の双方からの水の汲出しを必要とすることがある．その意味では，都市水管理は，他の地域の水文学的サイクルに影響を及ぼしている．水の需要管理と水の再使用によってそのような影響を低減することは，一般的に有益なことである．水の需要管理におけるさらに効果的な手段の一つは，完全な価格付けと国民の自覚／教育である．2.3 に討論した全体的な水サイクル管理は，水の使用管理および保全に対する十分な理論的根拠を与えるものである．

都市部の人口は，組み合わされた下水道によって処理されている地域における家庭の下水，産業排水，都市雨水(地表の表面流水)，および CSO を含めて様々なタイプの大量の排水を生み出している．このような排水は，処理のタイプおよび(利用す

る人口に関して)サービスの程度が大きく変化するものの,ほとんどの国々において処理の対象となっている.排水処理戦略は特定の経過で進展するもので,通常,市町村の下水(すなわち,家庭および産業排水)の一次処理で始まり,二次処理,合流式下水の溢れた分の高度な管理,雨水排水の管理／処理,および三次処理が後に続く.この戦略の目標は,受水域に及ぼす都市部地域の影響を最小に抑え,それの有益な使用を保護することである.

2.4.1.4 新しい開発の計画立案および古いものの更新の手法

都市の水では,2.3において既に討論したように,持続可能性の目標が影響を受ける地域の水のサイクルの総合的な管理によって十分に支えられている(Lawrence *et al.*, 1999).これに関連して,2つのタイプの開発,新しい,もしくは未開発地域の開発,および現存する地域の再構築,もしくは開発済み地域の開発が都市部の水管理において対抗している.おそらく,最も困難な課題は,機能しているが旧式となったインフラを有する現在の開発成果に対する更新および新規追加を正当化することである.

未開発地域の開発における環境保護は,実施がより容易である.なぜなら,そのような保護のために必要な空間(土地)と資金調達が計画立案の段階中に確保できるからである.管理手段のために必要な土地は,計画立案の段階中の早期に押えられていて,手段の実施は個々の所有地に対して事前評価される土地区画課税から資金供与されている.典型的な管理手段は,全体的な水のサイクル管理(TWCM；total water cycle management)を参照して既に2.3で述べたが,さらなる詳細は開発に関する多くの解説書に見出すことができる.

開発済み地域の開発は,はるかに手強いものである.(完全な再開発に対立するものとしての)新規追加の状況においては,資金調達の不足(より低い課税基礎を伴う古い地域),および管理手段のための空間の不足がこの仕事をどちらかというと困難にしている.これらの地域には,しばしば多くの敷地の制限によって課される比較的高いコストで,環境の管理が新規追加されなければならない.完全な開発は,水サービスにおける大きな変更を行う機会および当該地域の全体的なレイアウトのために,技術的観点からはさほど手強いものではない.しかし,コストが非常に高く,正当化するのが困難である.

2.4.1.5　途上国における統合された水管理の計画立案に対する配慮

　都市水管理に対する統合された，もしくは包括的な手法の原則を受け入れることは，過去25年ほどの間に世界的に行われてきた．そのような原則は，IMF(International Monetary Fund；国際通貨基金)，World Bank(世界銀行)，およびFAO(Food and Agriculture Organization；食料農業機関)によって運営されるプロジェクトにおいて採用されてきており，しばしば国ごとの支援プログラムによっても使用されている．そのようなプログラムの成功した例は，統合された水管理(その恩恵はさらに長い期間にわたって実現する)という一つの特別な特徴とともに，開発のすべての主要分野(農業，工業，インフラのプログラム)において列挙することができる(Johanns and Hagsma, 1995)．したがって，統合された水管理は，持続可能，かつ社会的にバランスのとれた方式で水資源の使用を開発するための長期政策なのである．統合された水管理を導入するための主な前提条件は，以下を含む(Johanns and Hagsma, 1995)．

- 政府レベルでの統合された水管理に対する公約(政治的受入れ)．
- 統合された水管理を支持するうえでの規制手段の導入(管理手段)．
- 通常，以下を通じて達成される統合された水管理の恩恵の高い地域的な自覚(経済的，および社会的な受入れ)．
    - 地域社会の情報プログラム，
    - 地域社会を通じて実施される地域的管理機能，
    - 政府機関と地域社会との間の直接的なフィードバック．
- 以下を通じて，地域社会のニーズと，統合された水管理のニーズおよび目標(社会的な受入れ)とのバランスをとること．
    - 助言を求め，および所有地および損害賠償請求の問題に関する地域住民へのカウンセリング，
    - 計画立案および政策の実際の実行における地域社会の最高度の関与，
    - 地域資源からの採用を通じた開発．

2.4.2　実施の戦略

　成功する統合された水管理の実施は，(例えば，2.4.1.4に掲げたような)前提条件を満たすこと，および十分に準備された戦略を必要とする．そのような戦略の9つ

2.4 統合された都市部の水管理の計画立案と実施

のステップは，Marsalek(1994)およびGeigerとHofius(1995)によって列挙された．
 ・すべての利害関係のある集団の共通の動機を確立する．
 ・出資者グループを確立する．
 ・最善の代案を選択することによって行動の計画を開発する．
 ・資金調達のメカニズムを開発する．
 ・政治的な支持を取り付けるために政治的なロビー活動に従事する．
 ・行動の計画の促進に政治家を参加させる．
 ・計画の実施を支持するために制度上の取決めを改訂する．
 ・計画を実施する．
 ・事後監査によって計画の成功(または，欠点)を検証する．
 以下は，これらのステップに関する追加のコメントである．

　成功する水管理は，特定の水資源を共有する利害関係のあるすべての集団が彼らも研究された地域における生態系の一部であること，および彼らの利益が提案された行動の間に十分に享受されていると感じることを必要とする．この共通の動機は，時々，「啓蒙された利己主義」とも呼ばれることがある(Christie et al., 1986)．1つの河川の集水域内のすべての住民は共通の挑戦に直面しているため，彼らは，解決策を見出すために，彼ら自身の利益において公約させられなければならない．この共通の動機の定義は，しばしば市民グループ，政党，または政府機関によって提供されるものである．

　各河川集水域には，水管理の様々な側面に関わる幾つかの政府機関，組織，協会，そしてプログラムがある．これらの団体は，それらの責任および司法管轄に従って，しばしば垂直および水平の双方に展開された模式的な図に描かれている．統合された計画の難局は，すべての団体が同じ重きをなし，それらの間で意思疎通を直接行う際に，これらの団体を再配列することである(Hartig and Vallentyne, 1989)．これは，出資者グループまたは委員会と呼ばれる新しく創設された機関のもとに達成される．そのような委員会が関係のある市民およびボランティアの協会を参加させることは不可欠である．なぜなら，それらの関与が計画の資金供与および実施を促進することになるからである．

　次のステップは，前述したように，通常はいくつかの段階において行われる行動の計画を開発することである．第一段階は，通常，問題の定義および計画の目標と目的を表し，後続の段階は，実際の解決策および管理手段を扱う．この計画が，集

第2章　統合的集水域管理としての都市の水

水域，その水資源，環境／生態系の状態，および完全な包括性における社会経済的側面を記述する生態系科学を様々な行動の相互関連性を反映しつつ基本とすることは不可欠である．科学的データが欠落している場合では，その収集は，特に問題定義段階において，この計画の一部となることもある．知識支援システムおよび GIS システムを含めた新技術は，生態系データの提示に高度に適したものである．

　計画は，目的，現在の問題の是正，改善のための選択肢の列挙，好ましい選択肢の識別，および望ましい水使用と修復された機能のすべてを備えた集水域の最終的な状況の定義に関して特有のものでなければならない．計画は，目的が達成され，持続されることができることの検証の手段も含むべきである．計画の重要な部分は，初期(資本金)コストおよび運営と維持のコストの双方を反映した改善のための様々な選択肢のコストの見積もりである．

　改善のための活動はコストの高いことがあり得て，その資金調達は出資者の手段を越えることがある．その結果，長期にわたって改善のための計画の資金供与を支持するであろう資金調達メカニズムを開発することが必要となる．政治的システム，制度，および一般の認識における相違は，この分野の一般的原則の確立を許容しない．しかし，可能な選択肢についての討論は興味深い．一般には，利用者または汚染者が支払うという原則が可能な限り適用されるべきである．一般的な課税を通じた幾つかの資金供与は，不評だが，おそらく避けられないものである．他の資金調達メカニズムは，資源の消耗性使用にかかる税金，汚染コストを内包させることによる完全な費用価格化および新しい開発に対する完全な費用価格化を開発すること，そして，環境コストを納税者から消費者に転換するような料金および租税奨励措置についての選択肢を開発することを含む．これらの選択肢の多くは魅力的に見えることがある一方，政治上の現実は，様々な政治的なシステムおよび状況において，それらの選択肢を実行不可能にすることもある (Marsalek, 1994)．

　大きな資金および責任を含む計画の実施は，計画の実施を支持するための現在の制度上の配慮の改訂を必要とすることがある．そのような制度の例は本書に見出すことができるが，他の司法管轄にはほとんど移管不能である．なぜなら，それらは一般に，地域の社会経済的状態を反映しているからである (Lord, 1984)．計画の実施は，しばしば集水域全体に分散された広範な活動を含む重要な段階である．これらの活動は，出資者によって雇われた様々な請負業者によって行われ，しばしば，これらの活動のために専門的な管理者を雇用することが必要となる．重要な問題は，

2.4 統合された都市部の水管理の計画立案と実施

改善のための活動が時期を得た方法で進行し，コストの超過が回避されるようにするそれらの活動の調整を含む．実施に続き，事後監査が行われる．不可欠なステップは，予測されたおよび実際の結果の比較，そして計画立案方法論の評価から構成される．

2.4.3 立法上および行政上の支援

　水に関する規制は，様々な社会によって導入された初期の規制の中にあり，水は，さほど首尾一貫性はないが，宗教的ならびに法的枠組みの中にそれ自身の居場所を見出していた．歴史的展開の結果として，自由所有権，公共所有権，上流での使用に対する制限，上流での使用に対する無制限，および河岸所有権を含む水の所有権に関して様々な国々において異なった状況を見出すことができる．統合された水管理の新しい方法は，個々の事例において利用可能であることもそうでないこともある，適切な行政上および立法上の支援を必要とする．一般に，様々な国における諸条件に十分に適合する単一の模範的政策はない．その代わり，個々の国における政治システムは，統合された水管理の実施を支援する様々なモデルの開発を奨励している．最も重大な相違点は，おそらく政府の中央レベルと地域レベルの間の立法の権力の分割である．

　幾つかの国では，水管理が中央政府の責任の一つを代表しており，このことが水管理計画の導入および実施に影響を及ぼしている．このシステムは，中心的な主導権が中央当局から下りてくる上意下達の手法を奨励している．他のシステムでは，水管理は，管理計画の策定と実施における地域住民の参加にはるかに大きな重点を置いた管轄地域の，または地域政府の責任となっている．しかし，もし統合された水管理の原則に対する十分な政治的決意および公約があれば，統合された水管理がいずれのシステムにおいても達成できることは強調されるべきである．統合された水管理は，政府の様々なレベル間での権力の分割を変化させるための強い推進力を提供する見込みがないことも認識されるべきであり，管理計画の変更を導入しようと試みるより，むしろ現行システムの範囲内で管理計画の実施の方法を捜し求めることの方がさらに重要であるかもしれない．

　様々な国々における特定の法律制定に対する審査は，個々の河川集水域を担当させられる特別な団体の法的な創設があってもなくても，統合された水管理が成功裡

第2章　統合的集水域管理としての都市の水

に実施できることを示している．前者の事例は，オランダの Water Boards，または，英国の River Authorities などの当局の例によって十分に証明されている．第二の事例は，特別な計画立案／実施チーム（出資者委員会）が様々な政府機関の協力および国民の関与によって現行の立法の枠組み内で創設された Canadian Great Lakes Basin からの経験によって証明されている．特に水管理を統治する政策がいまだに完全に開発されていない場合，途上国にとっては，双方のシステムを吟味して，彼ら自身の政策を開発することが重要である．別個の政府機関が（時々，競争さえして）多かれ少なかれ独立して業務を行っていて，システムの運営者が計画立案の過程に関与していない場合は，採用されたモデルにかかわらず，管理の努力の分裂を防止することは重要である．

2.5 結　論

　急速に進展しつつある都市化は，影響を受ける地域における水資源に劇的な影響を及ぼしている．これらの水資源が枯渇するか，または，それらの貧弱な水質が有益な使用を妨害するため，都市水の統合された管理に対する必要性は強くなっている．そのような管理は，現在および将来における水資源およびその生態系の劣化を伴わない社会のニーズのための最大の支援を提供することによって，持続可能な開発の枠組みの範囲内で一般に達成されている．都市水管理の計画立案および実施は，意思疎通および権限付与から洗練されたコンピューターツールと技術にわたる全範囲のツールおよび手続きを必要としている．成功する都市水管理は，従来の規定的な水管理を用いては達成できないことがますます認識されている．最善のシナリオに従って進行する一方，追加データを収集し，システムの業績をモニターし，必要に応じてさらに調整を行っていく適合的な管理は，成功に対するより良い可能性を有している．都市水管理の多くの側面（土地の使用，産業面での開発，環境に関する法律）は，都市水管理の当局の手の外にまで及んでおり，結果として，都市水の保護および回復は，社会全体の協力を必要とするものである．

2.6 参考文献

American Society of Civil Engineers (ASCE), Water Resources Planning and Management Division & UNESCO International Hydrological Programme IV Project M-4.3 Task Committee on Sustainability Criteria, (1998). *Sustainability criteria for water resource systems*. ASCE, Reston, Virginia, USA.

Arnold, M. (1976). Floods as man-made disasters. *The Ecologist* **6**, 169–172.

Ashley, R.M., Souter, N., Butler, D., Davies, J., Dunkerley, J., & Hendry, S. (1999). Assessment of the Sustainability of Alternatives for the Disposal of Domestic Sanitary Waste. *Wat. Sci. Tech.* **39** (5), 251–258.

Birley, M.H., & Lock, K. (1999). *The Health Impacts of Peri-Urban Natural Resource Development*. A report prepared for the Department of International Development, U.K.. Liverpool School of Tropical Medicine, Liverpool, U.K..

Blatchley, E.R. (III), Hunt, B.A., Duggirala, R., Thompson, J.E., Zhao, J., Halaby, T., Cowger, R.L., Straub, C.M., & Alleman, J.E. (1997). Effects of Disinfectants on Wastewater Effluent Toxicity. *Wat. Res.*, **31** (7), 1581–1588.

Borchardt, D., & Stazner, B. (1990). Ecological Impact of Urban Stormwater Runoff Studied in Experimental Flumes: Population Loss by Drift and Availability of Refugial Space. *Aquat. Sci.*, **52**, 299–314.

Braden, J.B., & van Ierland, E.C. (1999). Balancing: The Economic Approach to Sustainable Water Management. *Wat. Sci. Tech.* **39** (5), 17–23.

Camp Dresser McKee, Larry Walker & Associates, Uribe & Associates, and Resource Planning Associates. (1993). California Stormwater Best Management Practices Handbooks. Stormwater Quality Task Force, California.

Chambers, P.A., Allard, M., Walker, S.L., Marsalek, J., Lawrence, J., Servos, M., Busnarda, J., Munger, K.S., Adare, K., Jefferson, C., Kent, R.A., & Wong, M.P. (1997). Impacts of Municipal Wastewater Effluents on Canadian Waters: a Review. *Wat. Qual. Res. J. Canada*, **32**, 659–713.

Christie, W.J., Becker, M., Cowden, J.WE., Vallentyne, J.R. (1986). Managing the Great Lakes Basin as a Home. *J. Great Lakes Res.*, **12**, 2–17.

Daughton, C.G. & Ternes, T.A. (1999). Pharmaceutical and Personal Care Products in the Environment: Agents of Subtle Change? *Environmental Health Perspectives*, **107**, Suppl. 6, 907.

Delaware Department of Natural Resources and Environmental Control and The Environmental Management Centre of the Brandywine Conservancy. (1997). Conservation Design for Stormwater Management. September, 1997.

Dutka, B.J., & Marsalek, J. (1993). Urban Impacts on River Shoreline Microbiological Pollution. *J. Great Lakes Res.*, **19**, 665–674.

Dutka, B.J., Marsalek, J., Jurkovic, A., Kwan, K.K., & McInnis, R. (1994a). Ecotoxicological Study of Stormwater Ponds under Winter Conditions. *Zietschrift fur angewandte Zoologie*, **80** (1), 25–43.

Dutka, B.J., Marsalek, J., Jurkovic, A., Kwan, K.K., & McInnis, R. (1994b). A seasonal Ecotoxicological Study of Stormwater Ponds. *Zietschrift fur angewandte Zoologie*, **80** (3), 361–383.

第2章 統合的集水域管理としての都市の水

El-Gohary F. & Nasr, F.A. (1999). Cost-Effective Pre-Treatment of Wastewater. *Wat. Sci. Tech.* **39** (5), 97–103.

Ellis, J.B., & Hvitved-Jacobsen, T. (1996). Urban drainage impacts on receiving waters. *J. Hydraulic Res.*, **34** (6), 771–783.

Environment Canada & Health Canada, (2000). Canadian Environmental Protection Act 1999. *Priority Substances List Assessment Report - Road Salts*. Draft Report for Public Comments. Government of Canada Publication.

Furguson, B., & Horsefield D. (1999). Improving Urban Waterways in Emerging Countries: An Action Plan for Madras. *Journal of the American Water Resources Association*, **35**, 923–937.

Galli, F.J. (1991). *Thermal Impacts Associated with Urbanisation and BMPs in Maryland*. Metropolitan Washington Council of Governments, Washington, D.C.

Geiger, W.F., & Hofius, K. (1995). Integrated water management in urban and surrounding areas - findings of the International Workshops in Essen 1992 and Gelsenkirchen 1994 by the German-Dutch IHP Committee to UNESCO, Project M3-3a. In: J. Niemczynowicz and K. Krahner (eds.), *Preprints of the Int. Symp. "Integrated Water Management in Urban Areas"*, Sept. 26–30, Lund, Sweden, pp. 127–151.

Geiger, W.F., Marsalek, J., Rawls, W.J., & Zuidema, F.C. (ed.) (1987). *Manual on Drainage in Urbanized Areas. Volume 1: Planning and Design of Drainage Systems*. A contribution to the International Hydrological Programme. United Nations, Educational, Scientific and Cultural Organization, Paris, France.

Geiger, W.F. (ed.) (2000). *Integrated Water Resources Management in Urban and Surrounding Areas. Conservation strategies, technological developments, ecological values, socio-economic conditions, institutional arrangements*. Draft document of a contribution to the International Hydrological Programme. United Nations, Educational, Scientific and Cultural Organization, Paris, France.

Gleick, P.H. (1998). *The World's Water 1998–99. The Biennial Report on Freshwater Resources*. Island Press, ISBN 1-55963-592-4, Washington, D.C.

Golder Associates Ltd. (1995a). *Joint Industry-Municipal North Saskatchewan River Study*. Prepared for AT Plastics Inc., Capital Region Sewage Commission, Celanese Canada Inc., City of Edmonton - Goldbar WWTP, Dow Chemical Canada Inc., Dupont Canada Inc., Geon Canada Inc., Imperial Oil Products Division, Petro-Canada Products, Shell Canada Products Ltd., Edmonton, Alta., Sherritt Inc., Fort Saskatchewan, Alta., and Redwater, Alta.

Golder Associates Ltd. (1995b). *Joint Industry-Municipal North Saskatchewan River Study. Appendices*. Prepared for AT Plastics Inc., Capital Region Sewage Commission, Celanese Canada Inc., City of Edmonton - Goldbar WWTP, Dow Chemical Canada Inc., Dupont Canada Inc., Geon Canada Inc., Imperial Oil Products Division, Petro-Canada Products, Shell Canada Products Ltd., Edmonton, Alta., Sherritt Inc., Fort Saskatchewan, Alta., and Redwater, Alta.

Green, C.H., & Tunstall, S.M. (1992). The amenity and environmental value of river corridors in Great Britain, In: P.J. Boon, P. Calow and G.E. Petts (eds.), *River conservation and management*, John Wiley and Sons Ltd., pp. 425–441.

Harremoës, P. (1988). Stochastic Models for Estimation of Extreme Pollution from Urban Runoff. *Water Res.*, **22**, 1017–1026.

Hall, K.J., & Anderson, B.C. (1988). The Toxicity and Chemical Composition of Urban Stormwater Runoff. *Can. J. Civ. Eng.*, **15**, 98–106.

2.6 参考文献

Hartig, J.H. & Vallentyne, J.R. (1989). Use of an Ecosystem Approach to Restore Degraded Areas of the Great Lakes. *Ambio* XVIII, 423–428.

Hedberg, T. (1999). Attitudes to Traditional and Alternative Sustainable Sanitary Systems. *Wat. Sci. Tech.* **39** (5), 9–16.

Herricks, E.E. & Schaeffer, D.J. (1987). Selection of Test Systems for Ecological Analysis. *Water Sci. Tech.* **39** (5), 47–54.

Horner, R.R., Skupien, J.J., Livingston, E.H., & Shaver, H.E. (1994). *Fundamentals of Urban Runoff Management: Technical and Institutional Issues.* Terrene Institute, Washington, D.C.

House, M.A., Ellis, J.B., Herricks, E.E., Hvitved-Jacobsen, T., Seager, J., Lijklema, L., Aalderink, H., & Clifforde, I.T. (1993). Urban drainage–impacts on receiving water quality. *Wat. Sci. and Tech.*, **27** (12), 117–158.

Hvitved-Jacobsen, T. (1982). The Impact of Combined Sewer Overflows on the Dissolved Oxygen Concentration of a River. *Water Research,* **16**, 1099–1105.

Icke, J., van den Boomen, R.M., & Aalderink, R.H. (1999). A Cost-Sustainability Analysis of Urban Water Management. *Wat. Sci. Tech.* **39** (5), 211–218.

IWA Water Reuse Committee Newsletter (2000). IWA, London, UK, June.

Johanns, R.D. & Haagsma, I.G. (1995). Integrated Water Resources Management in the Information Age. In: J. Niemczynowicz and K. Krahner (eds.), *Pre-Prints of the Int. Symp. "Integrated Water Management in Urban Areas"*, Sept. 26–30, Lund, Sweden, pp. 169–179.

Kalker, T.J.J., Maas, J.A.W. & Zwaag, R.R. (1999). Transfer and Acceptance of UASB Technology for Domestic Wastewater: Two Case Studies. *Wat. Sci. Tech.* 39, 219-225.

Karr, J. & Dudley, D. (1981). Ecological perspective on water quality goals. *Environ. Management* **5**, 55–68.

Latham, B. (1990). *Water Distribution.* Institution of Water and Environmental Management, London, U.K.

Lau, Y.L., Marsalek, J. & Rochfort, Q. (2000). Use of a Biofilter for Treatment of Heavy Metals in Highway Runoff. *Water Qual. Res. J. Canada* **35**, 563–580.

Lawrence, A.I., Ellis, J.B., Marsalek, J., Urbonas, B., & Phillips, B.C. (1999). Total urban water cycle based management. In: Joliffe, I.B. and Ball, J.E. (Eds.), *Proc. of the 8th Int. Conf. on Urban Storm Drainage, Sydney, Australia,* Aug. 30 – Sept. 3, 1999, pp. 1142-1149.

Lijklema, L., Roijackers, R.M.M., & Cuper, J.G.M. (1989) Biological assessment of effects of CSOs and stormwater discharges. *In* J.B. Ellis (ed.), *Urban discharges and receiving water quality impacts*, Pergamon Press, Oxford, p. 37–46.

Lijklema, L., Tyson, J.M., & Lesouf, A. (1993). Interactions Between Sewers, Treatment Plants and Receiving Waters in Urban Areas: a Summary of the INTERURBA '92 Workshop Conclusions. *Water Science and Technology*, **27** (12), 1–29.

Lins, H.F., & Stakhiv, E.Z. (1998). Managing the Nation's Water in an Changing Climate. *Journal of the American Water Resources Association*, **34**, 1255–1264.

Lord, W.B., (1984). Institutions and Technology: Key to Better Water management. *Water Resour. Bull.* **20**, 651–656.

Lundin, M., Molander, S., & Morrison, G.M. (1999). A Set of Indicators for the Assessment of Temporal Variations in the Sustainability of Sanitary Systems. *Wat. Sci. Tech.* **39** (5), 235–242.

Marsalek, J. (1988). Integrated water management in urban areas. *In* Proc. Int. Symp. on

Hydrological processes and water management in urban areas, Invited Papers Volume, Duisburg, Germany, Apr. 24–29, 1988.
Marsalek, J. (1994). Vision of a New Integrated Approach. A contribution to the UNESCO Project M3.3a. on Integrated Water Management in Urban and Surrounding Areas. Nat. Water Res. Institute, Burlington, Ontario.
Marsalek, J. (1995). The ecosystem approach to water management in urban areas. New World Water, Sterling Publications Ltd., London, U.K., 27–30.
Marsalek, J. (1998). Challenges in urban drainage. *In* Marsalek, J., Maksimovic, C., Zeman, E., & Price, R.(Eds.), *Hydroinformatics tools for planning, design, operation and rehabilitation of sewer systems.* Kluwer Academic Publishers: Dordrecht, The Netherlands, p. 1-24.
Marsalek, J. (2000a). Urban drainage: past achievements and future challenges. *Journal of Sewerage, Monthly*, **23**: 78–82 (in Japanese). Also available as NWRI Contribution No.00-001, Burlington, Ontario, Canada.
Marsalek, J. (2000b). Overview of flood issues in contemporary water management. In: Marsalek, J., Watt, W.E., Zeman, E. & Sieker, F. (eds.), *Flood issues in contemporary water management, NATO Science Series Vol. 71*, Kluwer Academic Publishers, Dordrecht/Boston/London, ISBN 0-7923-6451-1, pp. 1–16.
Marsalek, J., Dutka, B.J. & Tsanis, I.K. (1994) Urban impacts on microbiological pollution of the St.Clair River in Sarnia, Ontario. *Wat. Sci. Tech.*, **30** (1), 177–184.
Marsalek, J., Rochfort, Q., Brownlee, B., Mayer T., & Servos, M. (1999a). An Exploratory Study of Urban Runoff Toxicity. *Wat. Sci. Tech.*, **39** (12), 33–39.
Marsalek, J., Rochfort, Q., Mayer, T., Servos, M., Dutka, B. & Brownlee B. (1999b). Toxicity testing for controlling urban wet-weather pollution: advantages and limitations. *Urban Water* **1**, 91–103.
Marsalek, P.M., Watt, W.E., Marsalek J., & Anderson, B.C. (2000). Winter flow dynamics of an on-stream stormwater management pond. *Water Qual. Res. J. Canada*, **35**, 505–523.
Metcalf & Eddy (Inc.), (1991). *Wastewater Engineering: Treatment, Disposal and Reuse, (Third Edition).* (Tchobanoglous G., & Burton, F.L. Eds.). McGraw Hill Publishing Company, Toronto.
Mikkelsen, P.S., Adeler, O.F., Albrechtsen, H.-J., & Henze, M. (1999). Collected Rainfall as a Water Source in Danish Households – What is the Potential and What are the Costs? *Wat. Sci. Tech.* **39** (5), 49-56.
Ministry of Environment and Energy. (1994). Stormwater Management Practices Planning and Design Manual. Ontario Ministry of the Environment and Energy, Toronto.
Nash, L. (1993). Water Quality and Health. In: P.H. Gleick, (ed.), *Water in Crisis: A Guide to World's Freshwater Resources.* Oxford University Press, New York, 25–39.
Oberts, G.L., J. Marsalek and M. Viklander. (2000). Review of water quality impacts of winter operation of urban drainage. *Water Quality Research Journal of Canada*, **35** (4): 781–808.
Orr, P., Craig, G.R., & Nutt, S.G. (1992). *Evaluation of Acute and Chronic Toxicity of Ontario Sewage Treatment Plant Effluents.* Prepared for MISA Municipal Section, Ontario Ministry of the Environment, Toronto.
Otterpohl, R. (2001). Options for alternative types of sewerage and treatment systems directed to improvement of the overall performance. In: *Interactions Between Sewers, Treatment Plants and Receiving Waters in Urban Areas - Interurba II.* 2nd Int. Conference, Feb. 19–22, 2001, Lisbon, Portugal.

2.6 参考文献

Otterpohl, R., Albold, A., & Oldenburg, M. (1999). Source Control in Urban Sanitation and Waste Management. *Wat. Sci. Tech.* **39** (5), 153–160.

Pearce, D.W. & Warford, J.J. (1993). *World Without End: Economics, Environment and Sustainable Development.* Oxford University Press, New York, N.Y.

Pegram, G.C., Quibell, G., & Hinsch, M. (1999). The Nonpoint Source Impacts of Peri-Urban Settlements in South Africa: Implications for Their Management. *Wat. Sci. Tech.* **39** (12), 283–290.

Petruck, A., Cassar, A., & Dettmar, J. (1998). Advanced Real Time Control of a Combined Sewer System. *Wat. Sci. Tech.*, **37** (1), 319–326.

Phillips, B.C., Lawrence, A.I. & Boon, B. (1999). City of Clarence (Tasmania) stormwater management strategy. In: I.B. Jollife and J.E. Ball, *Proc. of the 8th Int. Conf. on Urban Storm Drainage, Sydney, Australia*, Aug. 30 – Sept. 3, 1999, pp. 801–808.

Pratt, C.J. (1999). Use of Permeable, Reservoir Pavement Constructions for Stormwater Treatment and Storage for Re-Use. *Wat. Sci. Tech.*, **39** (5), 145–151.

Rae, T. Wastewater Treatment (1998). *Chartered Institution of Water and Environmental Management*, Booklet 8, London, UK.

Reynoldon, T.B., Logan, C., Milani, D., Pascoe, D. & Thompson, S.P. (1999). Methods Manual: II. Sediment Toxicity Testing, Field and Laboratory Methods and Data Management. NWRI Contribution No. 99-212, National Water Research Institute, Burlington, ON.

Rochfort, Q., Anderson, B.C., Crowder, A.A., Marsalek, J. & Watt, W.E. (1997). Field-Scale Studies of Subsurface Flow Constructed Wetlands for Stormwater Quality Enhancement. *Water Qual. Res. J. Canada* **32**, 101–117.

Rochfort, Q., Grapentine, L., Marsalek, J., Brownlee, B., Reynoldson, T., Thompson, S., Milani, D. & Logan, C. (2000). Using Benthic Assessment Techniques to Determine Combined Sewer Overflows and Stormwater Impacts in the Aquatic Ecosystem. *Water Qual. Res. J. Canada* **35**, 365–397.

Roeleveld, P.J., & Maaskant, W. (1999). A Feasibility Study on Ultrafiltration of Industrial Effluents. *Wat. Sci. Tech* **39** (5), 73–80.

Rutherford, L.A., Doe, K.G., Wade, S.J. & Hennigar, P.A. (1994). Aquatic Toxicity and Environmental Impact of Chlorinated Wastewater Effluent Discharges from Four Sewage Treatment Facilities in the Atlantic Region, p. 179–195. *In* van Collie, R., Roy, Y., Bois, Y., Campbell, P.G.C., Lundahl, P., Martel L., Michaud, M., Riebel, P., & Thellen, C., *Proceedings of the 20th Annual Aquatic Toxicity Workshop, October 17-21, 1993, Quebec City.* Can. Tech. Rep. Fish. Aquat. Sci. No. 1989.

Schueler, T. (1987). Controlling Urban Runoff: A Practical Manual for Planning and Designing Urban BMPs. Publication no. 87703. Metropolitan Washington Council of Governments. 275pp.

Schueler, T., Kumble, P., & Heraty, M. (Anacostia Restoration Team) (1992). *A Current Assessment of Urban Best Management Practices, Techniques for Reducing Non-Point Source Pollution in the Coastal Zone*, Washington D.C.: Metropolitan Washington Council of Governments, USA.

Servos, M.R. (1999) Review of the Aquatic Toxicity, Estrogenic Responses and Bioaccumulation of Alkylphenols and Alkylphenol Polyethoxylates. *Water Qual. Res. J. Canada*, **34**, 123–177.

Skjelhaugen, O.J. (1999). Closed System for Local Reuse of Blackwater and Food Waste, Integrated with Agriculture. *Wat. Sci. Tech.* **39** (5), 161–168.

Stirrup, M. (1996). Implementation of Hamilton-Wentworth Region's Pollution Control Plan. *Water Qual. Res. J. Canada*, **31** (3), 453–472.

Tao, Y.X., & Hills, P. (1999). Assessment of Alternative Wastewater Treatment Approaches in Guangzhou, China. *Wat. Sci. Tech.* **39** (5), 227–234.

Ternes, T.A., Stumpf, M., Mueller, J., Haberer, K., Wilken, R-D., & Servos, M. (1999). Behaviour and Occurrence of Estrogens in Municipal Sewage Treatment Plants – I. Investigations in Germany, Canada and Brazil. *Sci. Total. Environ.* **225**, 81–90.

Terpstra, P.M.J. (1999). Sustainable Water Usage Systems: Models for the Sustainable Utilization of Domestic Water in Urban Areas. *Wat. Sci. Tech.* **39** (5), 65–72.

The Toronto Star (1998). Toronto, Nov. 28, 1998.

United Nations. (1977). Report of the United Nations Water Conference, Mar del Plata, March 14–25, 1977. United Nations Publication E.77.IIA.12, New York.

United Nations. (1997). *Comprehensive Assessment of the Freshwater Resources of the World.* World Meteorological Organisation and the Stockholm Environment Institute, Geneva, Switzerland.

U.S. Environmental Protection Agency. (1989). Rapid Bioassessment Protocols for Use in Streams and Rivers: Benthic Macroinvertebrates and Fish. EPA/444/4-89-001. Washington, D.C.

Vaes, G., & Berlamont, J. (1999). The Impact of Rainwater Reuse on CSO Emissions. *Wat. Sci. Tech* **39** (5), 57–64.

Van Blarcum, S.C., Miller, J.R. & Russell, G.L. (1995). High Latitude River Runoff in Doubled CO_2 Climate. *Climatic Change* **30**, 7–26.

Van Buren, M.A., Watt, W.E. & Marsalek, J. (1997). Removal of Selected Urban Stormwater Constituents by an On-Stream Pond. *J. Env. Plan. Manage.* **40**, 5–18.

Van Buren, M.A., Watt, W.E., Marsalek, J., & Anderson, B.C. (2000). Thermal Enhancement of Stormwater Runoff by Paved Surfaces. *Water Research*, **34** (4), 1359–1371.

van der Graaf, J.H.J.M, Kramer, J.F., Pluim, J., de Koning, J., & Weijs, M. (1999). Experiments on Membrane Filtration of Effluent at Wastewater Treatment Plants in the Netherlands. *Wat. Sci. Tech.* **39** (5), 129–136.

van der Hoek, J.P., Dijkman, B.J., Terpstra, G.J., Uitzinger, M.J., & van Dillen, M.R.B. (1999). Selection and Evaluation of a New Concept of Water Supply for "Ijburg" Amsterdam. *Wat. Sci. Tech.* **39** (5), 33–40.

Van Os, E.A. (1999). Closed Soilless Growing Systems: A Sustainable Solution for Dutch Greenhouse Horticulture. *Wat. Sci. Tech.* **39** (5), 105–112.

Van Riper, C., & Geselbracht, J. (1999). Water Reclamation and Reuse. *Wat. Environ. Res.*, **71**, 720–728.

Viklander, M. (1997). Snow quality in urban areas. Ph.D. Thesis, Luleå University of Technology, Luleå, Sweden.

Walsh, P.D. (1971). Designing Control Rules for the Conjunctive Use of Impounding Reservoirs. *J. Instn. Wat. Eng.*, **25** (7), 371.

Willers, H.C., Karamanlis, X.N., & Schulte, D.D. (1999). Potential of Closed Water Systems on Dairy Farms. *Wat. Sci. Tech.* **39** (5), 113–119.

World Business Council for Sustainable Development (WBCSD) & United Nations Environment Programme (UNEP) (1998). *Industry, Fresh Water and Sustainable Development.* A joint publication of the World Business Council for Sustainable Development and the United Nations Environment Programme.

2.6 参考文献

World Health Organisation. (1993). Guidelines for Drinking-Water Quality, Vol. 1: Recommendations. ISBN 92 4 1544660 0, Geneva, Switzerland.

World Health Organisation. (1996). Guidelines for Drinking-Water Quality, Vol. 2: Health Criteria and Other Supporting Information. ISBN 92 4 154480 5, Geneva, Switzerland.

World Health Organisation. (1997). Guidelines for Drinking-Water Quality, Vol. 3: Surveillance and Control of Community Water Supplies, 2nd ed. ISBN 92 4 154503 8, Geneva, Switzerland.

World Health Organisation. (1998). Guidelines for Drinking-Water Quality, Addendum to Vol. 1: Recommendations. ISBN 92 4 154514 3, Geneva, Switzerland.

World Health Organisation. (2001). Web Site: www.who.int/water_sanitation_health/Environmental_sanit/envindex.htm

Zeeman, G. & Lettinga, G. (1999). The Role of Anaerobic Digestion of Domestic Sewage in Closing the Water and Nutrient Cycle at Community Level. *Wat. Sci. Tech.* **39** (5), 187–194.

第3章　環境への影響

David Butler and Čedo Maksimović

3.1　はじめに

　現在の都市水管理は，飲料水を供給する，汚水を収集し処理する，都市河川と受水域に気を配り排水抑制を行い，都市の水の特徴を与えることなどを目的として，複雑に設計されたシステムによって構成される．本章では，水源となり排水先となる自然環境と関係する方法について述べることとする．ここでは，環境の中でも特に水環境を取り上げる．水の質と量という両面を扱う．この「state-of-the art」的なレビューでは，我々は水を供給する目的で最も利用される水源に着目して，清潔な水を供給し，汚れた雨水を排水するための基盤設備を建設するうえでいくつかの要素を挙げ，都市水環境におけるそれらの関係について論じる．我々は，また水管理システムから排出される物質やその影響を詳細に俯瞰し，適切な法律や現代の情報科学的なツールについても論じる．

3.1.1　都市における水循環

　人間活動と自然の水循環との間にある相互作用が原因となる都市環境では，水管理システムが必要となる．ここでいう相互作用は，主に2つの形に分類される．一つは，人間に生活用水を供給することを目的とした自然循環からの水の抽出，そしてもう一つは，地域の自然排水システムから雨水を分けるように表面が不透性の土地で覆うことである．

　しかし，地球全体で考えた場合，ここでいう相互作用はどれほどの割合を占めるのであろうか．地球上に存在するすべての水のうち2.5％は淡水であり，そのうち人

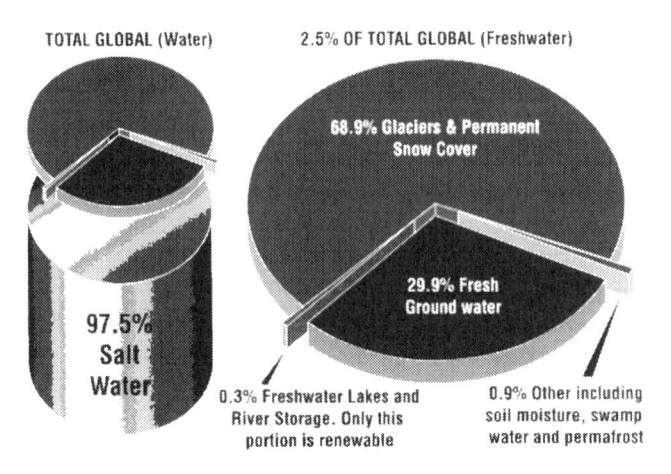

図-3.1 地球全体での人間が利用可能な淡水収支(Shiklomanov, 1993)

間や他の生命体が利用可能なものは5％でしかない(**図-3.1** 参照)．この淡水資源のうち9000～1万2000 km³/年が実際に(都市，工業もしくは農業利用目的で)人間が使用できる量である(Postel, 1996)．1995年における人間の淡水消費量は，3800 km³ と計算されている(Cosgrave & Rijsberman, 2000)．このうち2100 km³ が実際に消費され，一般的に量として莫大なものであるが，残りは受水域に戻されている．利用可能な水資源全体の一部分は，量的に増大している．都市で直接消費される水量は，全体の10％ほどである．

世界人口は，20万年前には数千人であったのに，現在では少なくとも60億人とまでいわれていることを鑑みると，その増加は驚くべきものである．**図-3.2** によると，1995年現在，人類の地球の分布状況は，都市部と農村部を併せ地表全体の50％を占めていることがわかる(Harrison & Pearce, 2001)．地球規模でも，近年の都市部における人口増加はさらに急速に伸びてきており，今世紀末までには世界人口の70％が都市部に住むと予測されている．(人口が1000万人を超える)メガシティの数は20以上にまで増大し，そのうち80％が開発途上国に位置することになるであろうと予測されている(Niemcynowicz, 1996)．

しかしながら，人間の水消費のあり方や地球規模の都市化の動きは心配であるが，これらによる最も懸念すべき影響(すなわち，相互作用)は，地域的規模で顕在化する．以上のことが顕著に見られるケースとして，サンパウロの例を**図-3.3** に示す．

3.1 はじめに

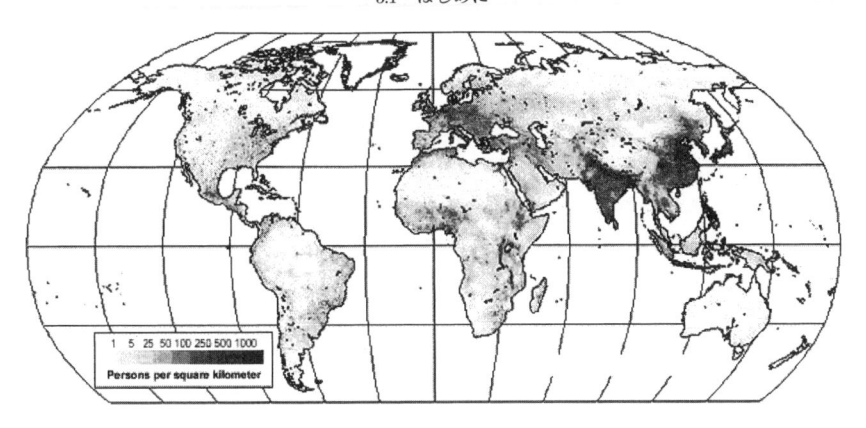

図-3.2 人口密度(国際連合, 1995)[*1]

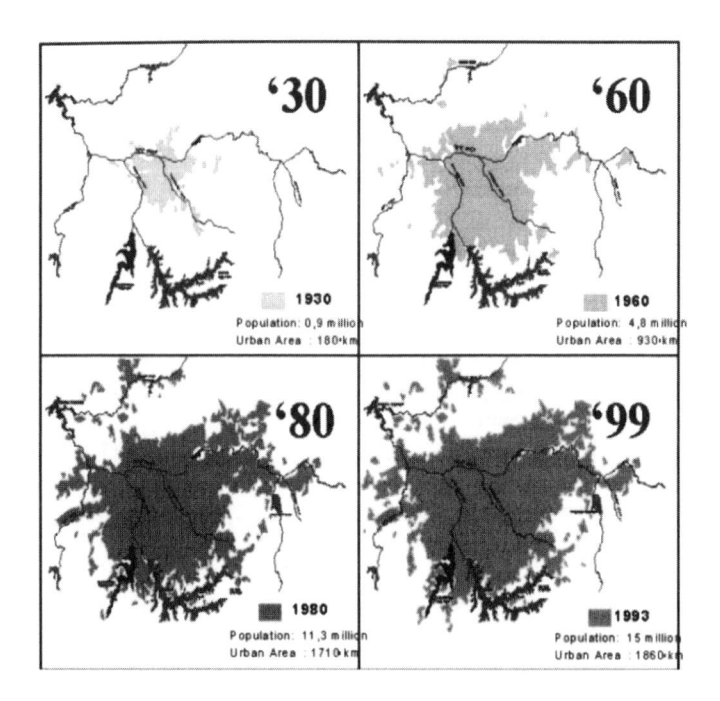

図-3.3 過去70年間におけるサンパウロの都市化の様子

[*1] 国際地球科学情報ネットワークセンター(CIESIN), コロンビア大学, 国際食糧政策研究所(IFPRI), 世界資源研究所(WRI)
http://sedac.ciesin.org/plue/gpw.

第3章 環境への影響

サンパウロの人口は，1930年には100万人に満たなかったのに，20世紀の終わりには1500万人ほどに増え，同時にその面積も10倍になった(Porto, 1999). Tiete川の上流域に存在する淡水のほぼすべてが発展を続ける都市に供給される必要があり，その結果，1年のうち相当な期間，ほとんどもしくは全く川には水が流れていない．

都市が成長するにつれて，比較的地方の限定される地域でより多くの淡水を入手することが必要とされるが，地域で利用可能な水資源は有限である．水資源の利用地域から汚染物質が放出されることによって地方の利用可能な水資源量がより減少する可能性すらある．都市排水路では，国内の家庭排水や工業排水のみならず，廃棄物収集システムが十分に整備されていない場合に投棄される固形廃棄物や汚染された雨水なども多くの場合受け入れている．いったん上流域のほぼすべてがひどく汚染されたならば，ほとんどの河川は再生することが不可能である．

このように，我々は，都市の水循環について，地球的観点と「地域的」観点の双方から見てきた．地球規模では，都市の水循環が本質的には自然の水循環のひずみとなるのである．水の流れ全体を参照すると，都市の水循環は非常に小さなものでしかないが，淡水資源全体に関わりがあり，都市の水循環は重要で発展しつつある事象である．比較的に地域規模では，都市の水循環ジグソーパズルの小片(**図-3.4**)がますます連結を進めながら小さくなっている．そしてこの事実は，本書の重要な議論を引き起こしているのである．もし，私達が「自然水資源」を「環境」を測る尺度としてみなすならば，その姿もまた上流(水供給)と下流(都市排水)の双方の「水利用」によって働く環境の主たる相互作用をはっきりと示しているのである．

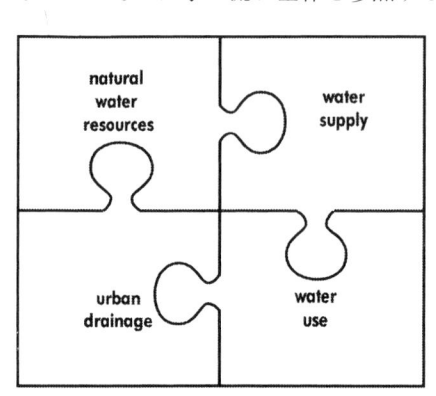

図-3.4 都市における水循環の概念図
(Butler & Parkinson, 1997)

3.1.2 栄養塩の循環

人間活動によって引き起こされる自然の水循環のゆがみについては3.1.1で述べた．しかし，それに加えて，都市部の水使用は，特に炭素(C)，窒素(N)，リン(P)

3.1 はじめに

の自然の地球科学的な循環についても，先ほどと同様にゆがめているのである．地球的規模という観点からは，その変化が占める割合は確かに少ない．しかし，地方的，そして地域的影響は結果として非常に大きい．

図-3.5によれば，「自然物質」[C, N, P, K(カリウム)などの栄養分]は，都市水管理システム中に(基本的には消化された食物として)排出され，排水処理施設(もしくは，雨水排水)を経由して受水域にまで運ばれる．不幸なことに，水とは異なり，栄養塩すべてが再生可能なわけではない．例えば，リン酸の可採埋蔵量は有限である(リンを採取する元の資源や採取方法にもよるが，大体100～1000年ほどである)．そして，いったん水環境中へ放出されれば，リサイクルすることは難しい．Beckら(1994)は，都市の水管理システムの物質[C, N, P, S(硫黄)-担体，重金属，毒性有機化学物質，病原体]に対するゆがみ効果について研究した．彼らの分析によると，物質のフラックスは，水環境に排出するよりも土環境へ戻す方がはるかに望ましいことを指摘している．抜本的な意見として，食糧サイクルと水サイクルをほぼ完全に切り離す合理的解決を求めている(Larsen & Gujer, 1996；Otterpohl et al., 1997)．

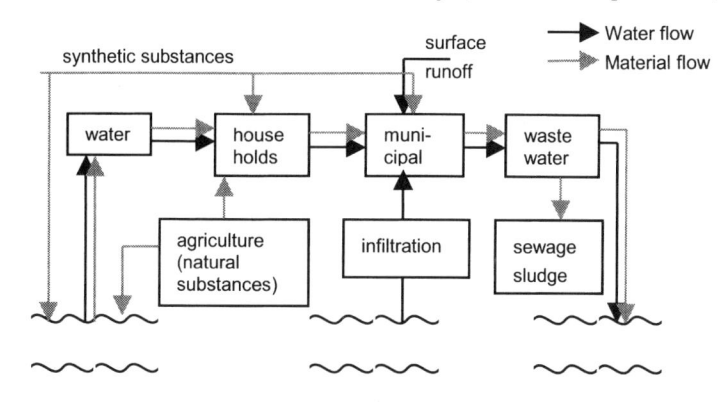

図-3.5 都市の水管理システム内の水および各種物質のフロー(Larsen & Guyer, 1997)

3.1.3 都市水管理システム

都市水管理システムは，人間の生命を維持する，すなわち健康，衛生，安全，レクリエーション，アメニティを維持するために水を供給している．水は，工業用としては，洗浄，製造のために必要とされ，時には水自体が最終的な製品とされる．水管理システムは，一般に液体または固形廃棄物を都市から運び出すために利用さ

れる．この働きは，都市雨水を分離する役割と別々になっているかもしれないし，連動しているかもしれない．人間活動と自然の水循環との間にある相互作用や都市水管理のサブシステム間にある相互作用について，その質的，量的側面を理解し定量化することは，相互作用の結果生じる負の影響を最小化するための必要条件である．水の量的側面から見ると，相互作用としては次の３つの形式をとる．自然循環からの水の抽出，下水道や給水管から漏水することによる都市地域の垂直バランス，すなわち地下水位への影響，そして(洪水の発生確率を増大させる)都市の中で不透水性地面の範囲が拡大することによって起こる雨水の分離．水質から見ると，水の抽出地点と流域全体との間に相互作用双方がある．例えば，流域の上流部での汚染がはるか下流部に住む人間が消費する水の質(このことは有用性や処理コストにも通ずる)に影響する．さらに下流では，集中もしくは拡散した汚染源が地表や地下水の価値を下げてしまう．

3.2 水資源

人間が消費する水資源の一般的な様子は，読者も注目する文献の中で十分に示されている(例：Twort *et al.*, 2000；Sanders and Yevjevich, 1996；Maksimović *et al.*, 1996)．地球規模の，そして地域的規模の都市化の進行程度については述べた．本節では，水源と都市環境，都市水管理システムとの相互作用に重点を置くこととする．河川流域規模で見ると，開発の進行がそのまま不透水性の地面に覆われた地域の拡大につながる．雨水排水は，農業汚染，自然汚染と，処理済または未処理の下水の処分から発生する汚染と連動している．このため，雨水排水は追加的な汚染の拡散を引き起こし，その量が増加することによって飲料水源全体の質の低下につながる．そこで，様々な生態系を維持しつつ十分な量と質の水を保証し供給することで，水需要と水供給とをより良く適合させることが現在の主な挑戦課題である．

3.2.1 高　　地

高地は，一般に人口が少なく適した農作物も少ない．それゆえに集水域のうち高地に位置する水は，人間活動によって汚染されることが少なく，そのため直接採取，

貯留，安価な処理に適しているといえる．しかし，高地にある水源が必ずしも汚染と無関係であるわけではない．高地の水域の汚染は，主に植物の生物分解や他の生物分解性物質，大気中の放射性物質の降下(固形分と溶解性物質)，土壌浸食のような自然反応によって引き起こされる．人間の消費目的のために各種水源の適合性を評価するうえで，水量に対する考察を加えるとともに，(ほとんど腐食植物，フルボ酸，フミン酸から発生する)有害性のない有機物質と塩素との反応によって生成する消毒時副生成物(DBPs；disintection by-products)の長期的な影響をよく考慮する必要がある(National Reserch Council, 2000)．1つの炭素に3つのハロゲンが結合している合成物質は，人間の健康に害を及ぼし，高地の水に通常用いられている処理に加え，追加的処理(オゾン処理など)を必要とする．

考えられる相互作用を以下に追加しておく．
・下流側に十分な補償流を施すことなしに，上流側の水を貯留すること．例えば，Tietê川上流部において，サンパウロ市の渇きを癒すためにつくられた一連の貯水池中には，下流の水生生物の生息地を維持するための淡水がほとんど存在しない(Porto, 1999)．乾季には，都市内部の小川によって，都市の集水域由来の浸食した土壌や固形廃棄物に強く汚染された排水が流れてくるのである．
・貯留された水を，処理せずに自然の水流を通じて輸送するならば，さらなる汚染が発生しつつ，洪水の影響を受けやすい平野部の都市化が推進される(テヘランのKarajダムプロジェクト，イラン)．
・地表水が過度に採取されて利用された場合，動物の生息地を危険にさらし，地域的な気候変動を引き起こしながら，その地域全体の環境が変わっていく可能性がある(例えば，カリフォルニア州)．

3.2.2 低　　地

低地には，一般に水資源は豊富に存在するものの，より深刻に汚染されている．地表水と地下水両方がより深刻に汚染されている傾向がある．堆積中の帯水層と地表水とは，お互いに行き来しているのだが，この両方から飲料用水が採取される．

都市部の人間活動によって河川への流入水に及ぼされる影響とは，以下のようなものがある．
・地下帯水層への浸透水量の減少．これによって，都市またはその近郊で地下水

位の低下が起こる可能性がある(**3.2.3** 参照).
・地表を流れる雨水の増大.これによって,都市地域や河川下流域において洪水が起こる.
・ピーク時雨水(瞬間に最高値に達する雨水量のこと).これによって河床が崩れ,水生生物の生息地が破壊され,一時的に都市水路内の植物や動物にも悪影響が及ぼされる.

都市化が河川水質に及ぼす影響は,以下のようになる.
・都市雨水に由来する溶解性汚染物質と浮遊性沈殿物質による高負荷によって表層を流れる水域と地下水との両方への汚染が発生する.

都市雨水から生じた河床堆積物は,自然の沈殿物とは大きさも科学的組成も異なる.この堆積物は,水質を低下させるのみならず,より重要とされる河川と地下帯水層との相互作用を遮断してしまうのである.

3.2.3 地下水

地下水は,世界の多くの都市において,飲料用水の主な水源として採取される(Chilton, 1997).しかしながら,地下水の果たす役割の重みは,各国で異なる(**図-3.6** 参照).地下水は,物理的,化学的,細菌学的に高品質であるという理由のみならず,一般に都市が形成されることの多い氾濫源を流れる主要河川に沿って飲料水に適した帯水層が形成されているという理由からも,利用しやすい水源であるといえる.同様の理由で,地下水の採取は都市近郊にて行うことが可能となる.地下水源は,汚染や天候の変化にも影響されにくい.

しかしながら,地下水の水源としての最も重要となる事柄とは,地下水帯水層の多くが何らかの危険に侵されているという事実である(**表-3.1** 参照).明らかに,水採取と再充填とのバランスまたはどちらか一方が欠如していることがこの危険性の要因である.それにもかかわらず,地下水は,上方の土壌を通じて垂直方向で充填されたり,周囲の土壌を通じて水平的に充填されたりするだけでなく,「境界面」という特性によっても充填される.帯水層と都市部地表との間の境界面は,都市開発の一環としてつくられた不透水性の地表面によって遮断される.この不透水性の地表面は,現在,必要とされる地下水充填プロセスを妨げてしまう.加えて,不透水性の地面は,流量を減少させつつ,地下水を充填する水流と帯水層との接触の妨げ

3.2 水資源

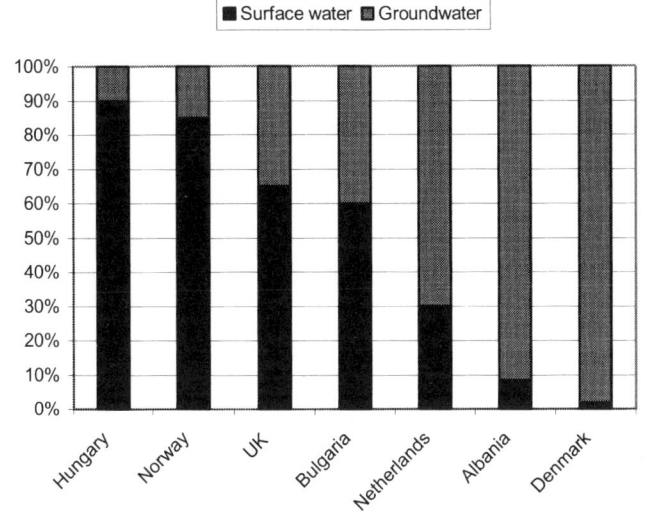

図-3.6 ヨーロッパ国内の飲料用として利用される水資源(WHO, 1995)

表-3.1 主要な地下水の帯水層(Twort et al., 2000)

Aquifer / Country	Estimated reserve 10^6 m^3	Estimated use 10^6 m^3/year	Estimated recharge 10^6 m^3/year
Nubian Aquifer System / Egypt, Libya, Chad, Sudan	150×10^6	460	small
Great Artesian Basin /Australia	20×10^6	600 (1975)	1100
Libya	1.8×10^6	>recharge	small
Ogallalah / USA	0.36×10^6	3400	60
Dakota / USA	$>4 \times 10^6$	725	>315

になるかもしれない(**図-3.7**).

都市環境に影響する地下水のその他の重要な問題は,以下のようなものである.
・都市化,工業化,鉱業化や他の必要性(メキシコシティなど.Barrios, 2000)による地下水の過度の開発での地下水低下.都市化に伴う浸透水量の減少による地下水量の減少,その結果としての地盤沈下の発生(バンコックやドイツ Emscher 河.Geiger, 1998).
・ポンプ汲上げ低下による地下水位上昇で地下施設への影響(ロンドン),地表水

第3章 環境への影響

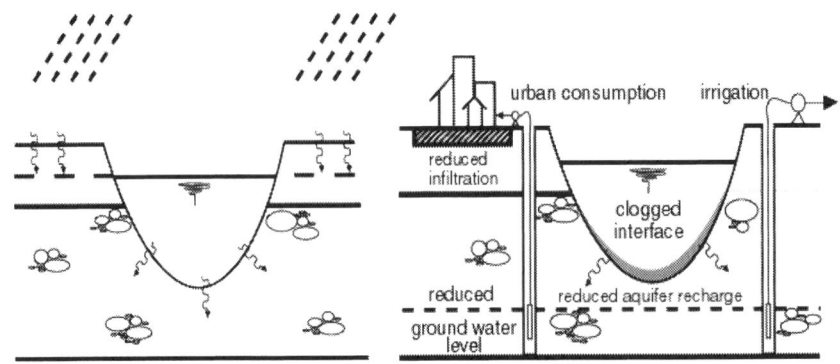

図-3.7 都市化前後の帯水層への地下水の充填状況

の過度の充填，送水管と下水道の漏水による浸水や公衆衛生問題(テヘラン)．

高度に管理されている地下水ですら，汚染につながる人間活動の負の影響には弱い．

汚染に対する地下水の脆弱性は，地下水量や(先述した)地下水の涵養速度を含むその地方の水文地質学的状態，不飽和帯の厚さや地質の性質に密接に関係している．主な地下水汚染物質は，農村部と都市部両方の活動から発生する．この汚染物質には，殺虫剤，除草剤，肥料，重金属，毒性有機物を含む．この汚染源は，地域的に限定される場合も空間的により広く拡散している場合もある．地域に限定される汚染源の例の一つとして，不十分に，もしくは最低限にしか仕切りがされていない廃棄物処分場か砂利捨て場から発生する浸出水がある．空間的により広く分布している例としては，沿岸地域や小さな島々に存在する帯水層が海水の浸入を被っていることなどがある(**図-3.8**)．この浸入は，注意深く水採取プロセスを管理することで防ぐことは可能である．極端なものとしては，バングラデシュの地下水層がヒ素によって汚染されたように，その水源を利用する人々すべてが危険にさらされるケースが挙げられる．

地下水源の質を維持するうえで，汚染を減らし，または防ぐことのできる防護地域を設けることが鍵の一つとなるだろう．地下水採水地点のケースでは，これは雨水収集地域を通して行われる．原則として，地下水収集地域すべてにおいて，地表水の収集地域の境界と一致する必要性はないが，ある種の汚染制御法の導入が考慮

3.2 水資源

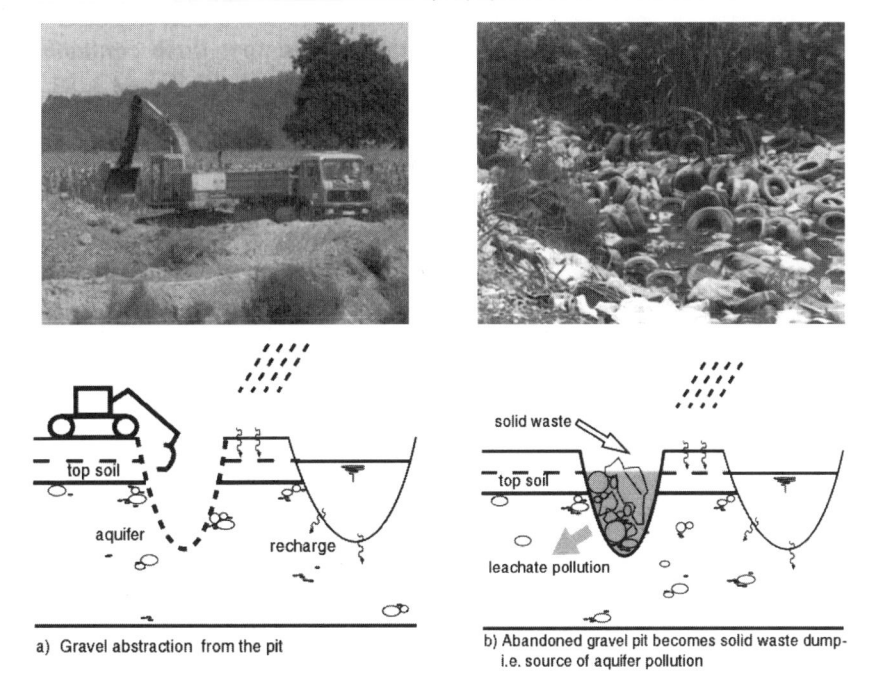

図-3.8 浸出水による地下水帯水層の汚染(Modified from Djujić *et al.*, 2000)

されるべきであろう．土地利用状況や農業実施状況を分析し，適切な防御地域を確立することが必要である．防御地域は，水採取場所の近くに設置されるのが慣例である．しかしながら，地下水のシミュレーションモデルを活用することで，汚染地点から水の採取地点に至る道筋を予測することが可能であり，決められた水の採取地点(井戸もしくは井戸群)から，汚染場所ごとに水源で汚染現象が起こるまでの反応時間を特定することが可能である．

カラーで示した**プレート 3.1** には，飲料水採水のために使用される井戸に至る経路と移動時間を表す概念を示している．井戸は，下水管からの漏水や汚水腐敗タンクから漏水してくる汚染物質の脅威にさらされている(Pokrajac, 1999)．この場合，地下水を収水する地域は，決定論的モデリングによって知ることができる．しかしながら，帯水層の特性である不均一性は，その変化に対する知見不足と関係して，帯水層の本当の位置は不確定性を伴うことを意味している．帯水層の特性に関係する地質統計学的モデリングにおいて，モンテカルロ流による地下水フローおよび輸

送のシミュレーションにおいて不確定性の特徴を明らかにできる(van Leeuwen et al., 2000).

地下水は,また,都市の水のインフラとも相互作用を及ぼしうる.ここでは,重力管と圧力管からの浸入と浸出とを指摘する.これらの様子については,本章の後節でもう少し詳述することとする.

3.2.4 雨水収穫

飲料用や他の家事などを目的とした雨水利用には,多くの開発途上国,奥地,小さな島々において長い伝統がある.水不足と戦うための水管理手法の選択肢を持つことが不可欠なコミュニティにとって,この技術は水を得る機会を分散させるための重要な方法である(Cosgrove and Rijsberman, 2000).比較的最近のことであるが,この技術は天然資源への圧力を減らすための追加的な手段として,開発途上国で導入されつつある.Herrmann と Schmida は,1999 年ドイツにおける雨水利用の実施件数の増加に関する報告書を作成している.その報告書によると,ドイツでは,最近 10 年間で雨水利用のタンクが 10 万以上設置されたという.水は,主に家庭内で,トイレ,洗濯機,庭の水やりのために使われるだけではなく,学校,洗車,水をサービスに使う産業にもますます使用されている.地域的な雨水利用の経済性は,大きな建物に最適な規模でタンクが活用されているならば,非常に良い(Dixon et al.,

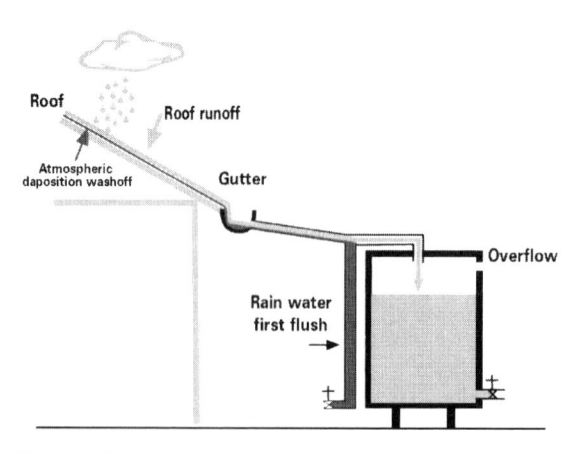

図-3.9 雨水利用の単純なシステム図(Maksimović & Ho, 2001)

1999).

　家屋の屋根で集められる雨水の質は，屋根が洗い流されることによってその汚れである土壌粒子が含まれてしまう降り始めの雨水を後続する雨水と単純に分離することによってはっきりと改善される(**図-3.9**)．

3.3　社会的基盤施設

　本章の一般的な概念に続いて，本節では，環境との相互作用による影響が大きいと思われる社会基盤施設の情勢について論じる．ここで話題にする情勢のうち幾つかは確固たる既成事実であるけれども，幾つかの革新的な事例についても本文で述べることとする．

3.3.1　水処理

　飲料用に適した水処理技術については，**第4章**で述べており，より詳細な事柄については，他の多くの本に記されている(Twort *et al.*, 2000)．本項では，環境や都市水管理システムの構成要素と水処理プラントとの相互関係に関する話題のみ簡潔に記す．その関係は，以下の2つのタイプに集約できる．

・水処理に伴う汚泥発生とその処分，
・配水システム内の水質管理技術に依存する処理水質．

3.3.1.1　汚泥処理

　(地表もしくは地下の)水源次第で，水処理プロセスの副産物として発生する汚泥の量は異なる．地表水を処理する場合，発生する汚泥の量および質は，集水域における土地利用や汚染管理方法に大きく依存している．特有の処理プロセスによって発生する汚泥の種類は，次の3つである．

・非化学的(化学物質を使用しない)，
・凝集剤，
・軟水化．

汚泥は，浮遊性固形物質，沈殿している色物質，凝集している水酸化物，藻類，

マンガン，鉄，（粉末状の）活性炭，石灰，多価電解質中に含まれる不純物などが含まれるかもしれない．汚泥の処理ルートやそれが関係することについては，3.3.4.3にて詳しく述べることとする．

3.3.1.2　水処理が配水管網内の水質処理に与える効果

水にはそれぞれ独特の「特徴」があり，それは水の源水であるとか，その水に適用された処理技術に特徴付けられることはよく知られていることである．水が配水システムに流入する際，その質が変化しないわけではなく，その特徴や配水システムの「環境」により変化する．付着物の大きさ，生物膜の厚さ，沈殿物の析出状況などの配水管材料や管内状態が水の物理・化学・生物的性質を変えて互いに影響を及ぼし合う．それぞれのケースがおのおの診断されることが不可欠である．変色やもろい沈殿物のように水質変化における負の効果に対する改善（連続処理）というより，むしろ十分な予防策を施す知見の蓄積や予測技術が不足しているのである．Jennings-Wrey は，水処理プロセスと水質の変化率との間に強い相関関係があること，そして水処理プロセスを最適化することで水質の悪化率を減らすことが可能であること，を示している．

3.3.2　配　　水

生活基盤となる水を供給することと，飲料水の許容可能な水質基準を維持することは，開発途上国において高い優先順位を持っている．開発途上国において，その優先順位はわずかに異なる．老朽化したシステムの復旧，漏水減少，水道システムのコストパフォーマンスの向上は，最も重要な仕事である．どのような場合においても，都市水のインフラへの消費者による投資が最重要である．本項では配水技術と水管理に関するすべての原理を説明しないで，現在関心が寄せられているもののうち幾つかの話題を強調しておくこととする．その話題とは，設計・操作・管理におけるパラダイムの変化，「需要管理」の概念を達成するための基本的な技術，漏水を抑え老朽化したシステムの効率を上げる技術といったものである．

3.3 社会的基盤施設

3.3.2.1 パラダイムの変化

　伝統的に水供給システムは，消費者の「ニーズ」に応えることを目的として想定しており，その「ニーズ」がどの程度現実的であるのかを軽視されつつ設計されてきた．「安全側に立つ」ために，設計段階において，1人当りの水消費量を非常に高く見積もり続けた．そして，水供給システムの3つの構成要素(生産，消費，損失)の中で，少なくとも後の2つを計測する方法が欠如している．水供給システムは，水と財政資源の巨大な消費者となり，環境と経済両方の負荷を増大させていった．これらすべての事柄が原因となって，汚染の増大に伴い，水の入手可能性が減少していくという状況になった(**図-3.10**)．しかしながら，近年新しいパラダイムが現れ，需要推進型消費から需要管理型消費に転換しつつある．

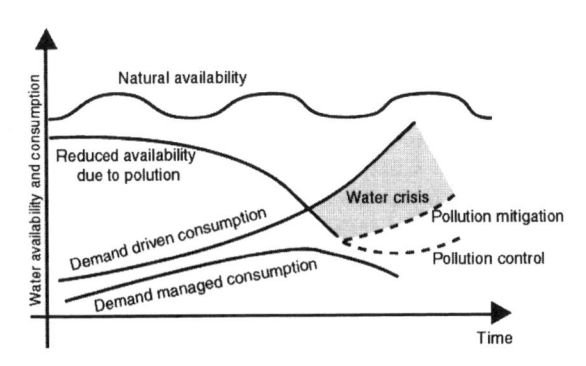

図-3.10　天然の水資源と可用水域下での需要追従システムと需要管理システムの相互関係

3.3.2.2 水配分システムの役割の変化

　パラダイムの変換に伴い，水配分システムは新たな役割を果たすようになっている．「無制限」の消費の代わりに，消費を「管理可能」なものに維持し続ける代替手段が実践されている．この代替手段には，意識の向上(顧客への教育)，政策転換の評価，資源をリサイクルすることを基本とする革新的な技術の導入のような社会経済的介入はもちろんのこと，漏水量の削減，(エネルギー消費を抑えるための)配水管の再設計，節水装置の導入といった技術的活動も両方含まれる．これらの技術は，配水網，消費量，圧力，流量などの技術的見地から信頼できるデータでシステム管理をうまく行うことを必要とする．このタイプの情報は，精度の高いセンサーを取り付けたり，流体力学や水質のモデリングと結び付いたGIS(地図情報システム)に

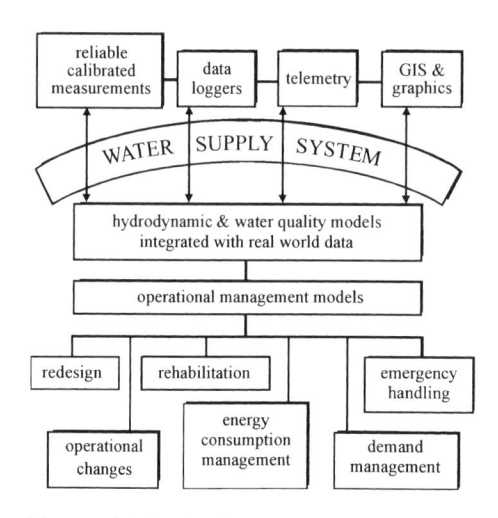

図-3.11 内部連鎖を伴う現代の水供給システムの役割

よるデータ処理のようなデータ獲得システムを用いること，そして上述の技術システムが動くような状態にすることによって得ることができる(**図-3.11**).

3.3.2.3 漏水検知と管理

漏水を発見し，制御管理することは，現存するすべての水供給システムにとっての挑戦課題であるといえよう．水供給システムにおいて，高度に管理されたシステムにおいてさえ，漏水は最も重大な損失である．その量は，水供給量のうち30％にものぼる場合がある．漏水事例が発生する確率は80〜90％にも及び，珍しいことではない．漏水管理の未発達の分野としては，以下に示すようなことが挙げられる．

・漏水は常に発生するのではない．パイプへの圧力が増大した場合に，発生しやすくなる．

・供給システムすべてが等しく漏水に陥りやすいわけではない．弱点を確認したり，量を計測したりすることは可能である(例えば，Maksimović and Carmi, 1999).

・漏水の重要性の経済的評価は，(むしろ不確実性に定義された)漏水量が計測された場合に限り実行される．このことは，システム内に信頼できる尺度を導入する必要があることを示している．

3.3 社会的基盤施設

・漏水の修理・管理への投資をすべて実行する．たいていの場合，新しい水源から水を得るより，同等の水量の漏水を監視する方がコストを低く抑えられる．

漏水を管理するうえでは，まだその「基本技術」としてみなされるのかもしれないが，漏水管理は，ますますデータ取得・加工，配水管網モデリングなどの卓越した技術と高度な知識を必要としている．

驚くべきことに，ほとんどすべての水供給システムには，基本的な水収支方程式を解くための十分に信頼できる情報が不足しているのである．明確な供給地域の水準では，ある定められた期間を越えて，流入量から消費量を差し引いたものが損失分に等しい．この理論は単純であるが，具体化するのは難しい．このことは，とりわけ，個人の消費量は測定されず，測定された資産の割合がまだまだ比較的低い国において顕著である(例えば，英国)．

流入量を測定することは，少なくとも，孤立した地域[例えば，英国におけるDMA(District Meter Area)]レベルでは，最も簡単であり，いくつかの流量測定の中で最も実行しやすい．その場合，漏水は，その量が最も少ない夜間の流れを観察することによって算定することができる．**図-3.12**にあるようなプロットの解釈は，データの起源から分析を始め，適用されたデータプロセッシング技術を理解するまでの配慮がなされるべきであるけれども，比較的わかりやすいであろう．**図-3.12**に示されたような具体的なケースにおいては，(漏水量として)夜間の最小値はとても低

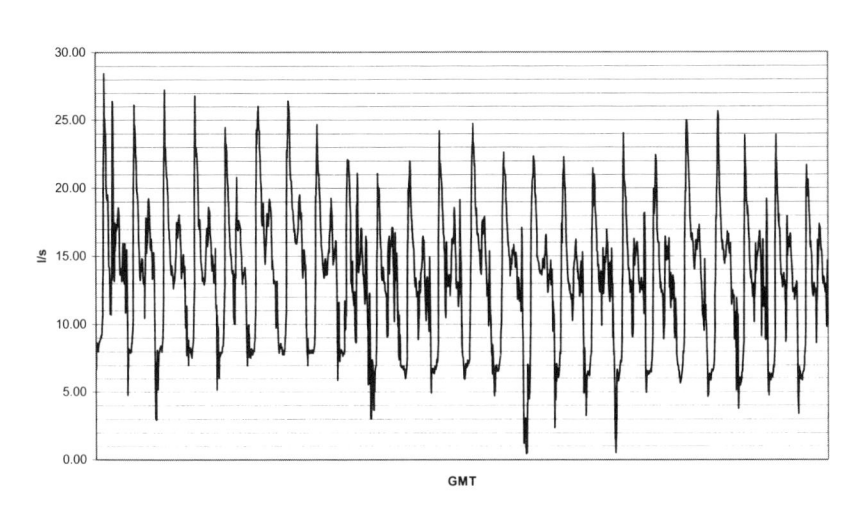

図-3.12 孤立地域への月ごと流入量

第3章 環境への影響

いように見える．しかしながら，データ処理に関して詳細な検査を行うことによって，平均すると読取りの限界値を超える場合にも，誤差によってゼロを読んでしまう場合があると示されている．これらエラーの定量化によって，漏水アセスメントの正確さに対し解決の光明を投じることとなる．

3.3.2.4　老朽化したシステムの再生ー技能対技術

水供給システムと都市社会基盤施設の老朽化は，一般に先進国と開発途上国とに等しく問題となっている．古いシステムは，より多く漏水するだけではなく，本章

表-3.2　ヨーロッパの国々における開発中のネットワーク故障予測モデル(Saegrov et al., 2000)

Acronym (developer)	Objectives	Methods	Limitations
UTILNETS (CTI, Athens et. al)	Forecast the structural failure of pipes in the network	Determination of mechanical load and corrosion	Fitted to cast and ductile iron
(NTNU/ SINTEF, Trondheim)	Forecast the number of failures of pipes, estimate reliability of water networks	Hydraulic/reliability model, survival data analyses, trend plots	Limited practical use
KANEW (Dresden University of Technology)	Forecast the mileage of pipe types reaching the end of their service life and long-term effects of rehabilitation strategies	Cohort survival model, interactive simulation model of rehab effects, Delphi technique for estimation of service lives and technologies	Relies on "best guess" rehabilitation needs
FAILNET (Cemagref Bordeaux)	Forecast the number of pipe failures and assess network reliability	Survival data analysis and Monte Carlo simulation, hydraulic calculation and reliability indexes	Limited practical use
AssetMap (INSA Lyon)	Forecast break rates and influence of renewal rate and risk assessment for asset stock in an urban environment	Conceptual model based on hazard functions calibrated with historical data, statistical and GIS analysis	Limited practical use
(Brno University of Technology)	Forecast the number of pipe failures and assess network reliability	Reliability model and survival data analysis	Limited practical use
(WRc, Swindon)	Determine current system failure patterns and underlying causes	Descriptive statistics, linear regression, neural network and GIS analysis	No failure prediction
(AGAC, Reggio Emilia)	Failure monitoring and analysis	Reliability analysis based on exponential distribution and questionnaire to qualified experts	Simplified failure prediction

の最初に述べた水処理プロセスによって逆に水質（潜在的には，ヒトの健康にも）にも影響を与える．この問題の管理，例えばパイプの清掃のように逆の効果を生む場合もありうる．実際に，再生のための管理と資源の割当てのために損傷の程度と再生作業の効果とをより正確に定量化することが必要とされている．Saegrovら(2000)によると，配水管網のおのおのの要素にとって，その失敗の生起確率は積算可能であり，すべてのシステムの損傷は，その後に計算できる．使用状態，パイプ内に位置する処理，外部および内部負荷を調査することに基づき先の計算はなされる．予期されるパイプの故障パターンは，分析の信頼性を左右する重要なところである．原則として，パイプの故障に対する将来の対抗策は，**表-3.2**に記載されている決定論的，確率論的方法によって見積もられる．

もちろん，再生技術も役割を果たす．配水管網の更新計画は，最近10年間で，遺伝的アルゴリズムのように新しい発見的学習法の発展と適用から，大いに恩恵が得られるようになっている(例えば，Savić et al., 2000；Engelhardt et al., 2000)．これらの方法の主な利点は，ライフサイクルコストの観点から設備更新の方法を支持する詳細な水理・水質モデルと包括的な最適化方法とを使用していることである．非掘削法やパイプ挿入法などは，高度なシュミレーションと最適化方法とを結び付けてうまく適用されたならば，更新コストの大幅な削減を達成することができるであろう．

3.3.3 都市排水

都市排水システムは，2つのタイプの「都市」の水，すなわち下水と雨水を管理するために設計されている．下水は，生命を保護し，生活水準を維持し，工業の需要を満たすために供給されている水である．使用後，十分に処理されなかったならば，汚染を引き起こし，健康リスクを増大させてしまう．下水は，水洗トイレや各種の洗剤，工業プロセスなどから由来する溶解性の分子状（細かい，粗い）物質を含んでいる．雨水は，都市の集水域内に降ったもの（もしくは，他の形式による降水の結果としての水）である．もし，雨水が十分に処理されなかったならば，各種トラブル，損害，洪水，より大きな健康リスクが発生しうる．雨水は，雨，大気，集水域の表土から由来している幾つかの汚染物質を含んでいる(Butler & Davies, 2000)．

多くの都市地域において，排水は，下水の設計システム，すなわち水を集め捨て

第3章 環境への影響

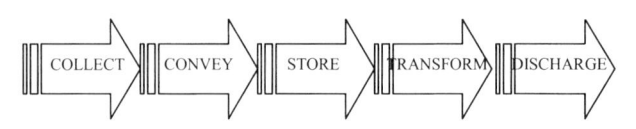

```
COLLECT → CONVEY → STORE → TRANSFORM → DISCHARGE
```

図-3.13 都市排水システムの機能

るパイプや構造物を基本としている(**図-3.13**).対照的に,都市から離れた地域や貧困地域においては,普通は主な排水施設がない[*1].全地球的に見て人類の94％はこの状態である.下水は局部的に処理され,(もしくは全く処理されず),そして雨水は,自然に地面に排水される.都市化の進行する速度が限られている場合に,この種の排水形態が存在することが多い.しかし,持続可能な排水の実践に関連する最近の思想は,どのような場所であれ,可能な限り自然な排水形態を利用することを勧めている.

下水管システムには,2つの主要なタイプがある.下水と雨水を同じ管でともに流す合流式,そして下水と雨水を別のパイプに割ける分流式である.混合方式は,これら両方が用いられ,例としては,部分分流式がある.これは,下水は一部雨水と混ざり,一方で雨水の大部分は,別のパイプによって運ばれる.ある大都市において,その少々古い中心地において,合流式の下水道があると仮定する.そして,その大都市が周辺の新しい地域の分流式の下水道で連結したというような偶発的な理由で,混合方式は存在するのである.

本項では,都市環境と,様々な形式の排水システムとの主な関係について私達は評価している.

3.3.3.1 分流式汚水管

少なくとも理論上は,分流式の汚水管は環境にほとんど影響を及ぼし合うようなことはない.排水をその発生源から正式に処理しやすい地点にまで安全に運ぶことがその目的である.比較的最近のことであるが,パイプ内処理という概念が真剣に論じられてきている(Green *et al.*, 1985).しかし,実際には,いまだ浸透,流入,浸出という重大な影響が発生している.

浸透は,管外の地下水や他の漏水が入ることである,すなわち,欠陥のある排水管(ひび,裂け目)やパイプの結合部分,そしてマンホールを通じて水システムに流入してくる.流入は,非合法的な,もしくは誤って連結されている庭の側溝,屋根

[*1] 地球レベルでは,人口の94％にあてはまる(Niemczynowicz, 1997).

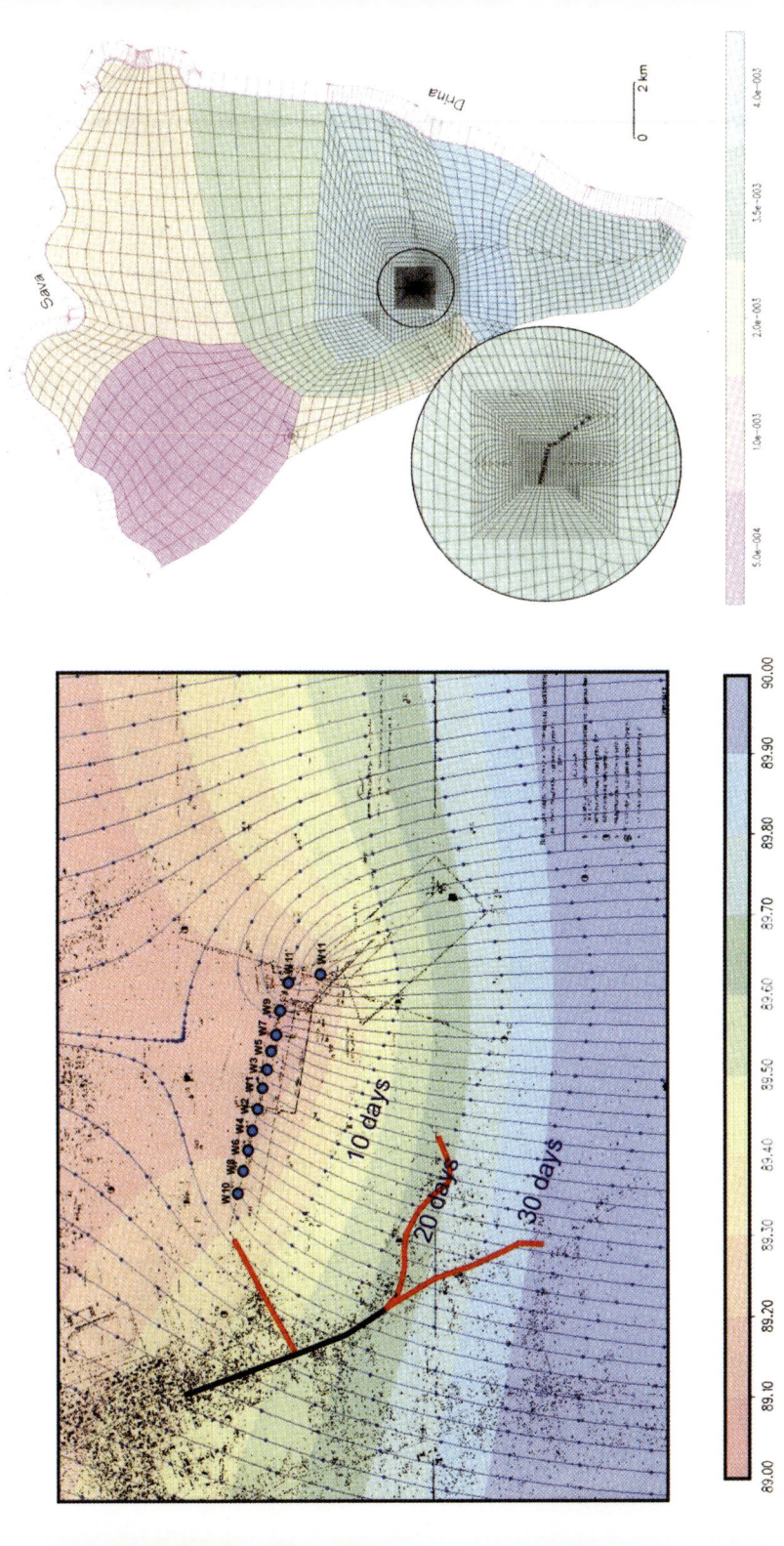

プレート 3.1 Grnimić 帯水層（右）の汚染修復の検討の手段として使われたパスラインと汚染移動時間（左）．方眼地図カラーコード上にズームした領域：ピエゾ水頭（左）と伝導（右）（Pokrajac, 1999）

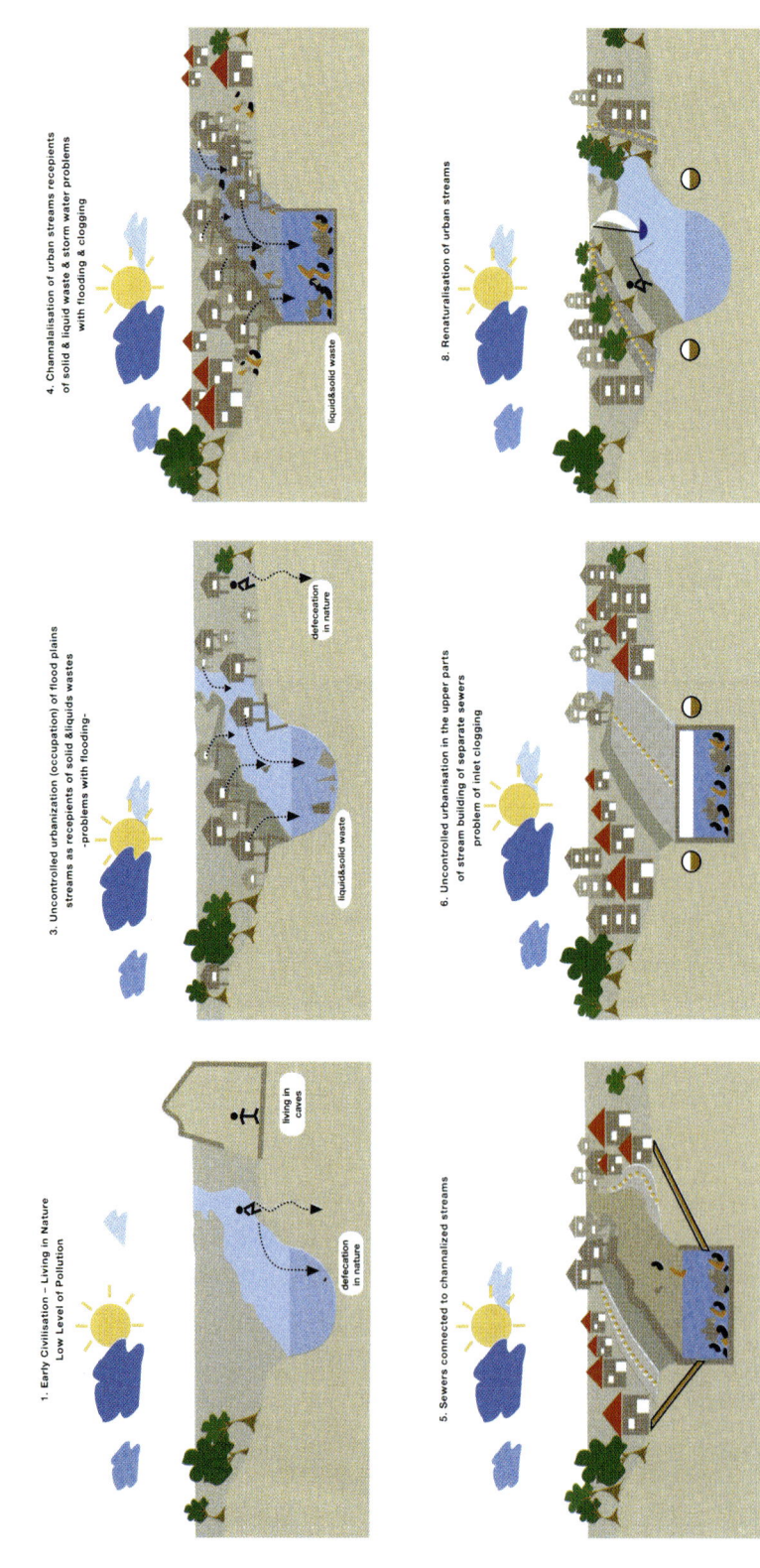

プレート 3.2 都市水路の歴史：初期の定住の汚染から中間の状態まで (Maksimovic & Ho, UNEP, 2001)

の縦樋，マンホールの蓋などから分流式汚水管に直接流入する．浸透量や流入量が過大となると，以下に記したような問題が発生する（Fiddes & Simmonds, 1985）．
・効率的に処理できる下水容量の減少，
・ポンプ場や公共水処理施設への過負荷，
・合流式雨水越流操作のより高い頻度の発生，
・より高度な管理を必要とする中での流入沈殿物の増大．

加えて，高レベルの浸透によって排水が薄められ処理を困難にする．

浸透問題の程度は，地域特性によるものの，たいていは杜撰な設計および建設を行った結果であり，一般に下水システムが物理的に老朽化するにつれて増大してくるであろう．一般に，下水システムが物理的に退化するにつれ，増大してくるであろう．排水システムは圧力がかかっていないので，流入をほとんど避けることができない．そして，ユーザーが流入を止めることは難しい．英国における分流式下水道の調査(Inman, 1975)によって，全世帯の40 %は何らかの工夫を施すことで雨水を汚水管に流入できるようにしていたことがわかった．例えば，Stanley(1972)は，現存する下水道の中で，浸透を受けやすい割合が晴天時汚水流れのうちの15 〜 50 %になることを示した．これを改善することは，費用が莫大にかかるという（White *et al*., 1997）．

浸出は，浸透とは全く逆の現象であり，下水道からその周辺の土壌や地下水に漏れていく汚水である．この現象も，とりわけ管理の注意を要する地下水が存在する地域で問題となっている．浸出可能性に影響を与える要因は，浸透の際に論じられたものと似ている．しかし，浸出現象は，浸透に比べ頻繁に発生するものではないと考えられている(Anderson *et al*., 1996)．

3.3.3.2 分流式雨水管

分流式雨水管には，都市環境との2つの相互作用，すなわち洪水と運搬された雨水を受水域へ排出することがある．

雨水の入口(道路の側溝や雨樋など)は，雨水の下水道のネットワークによって受水域へとつながる排出口へ排出される．雨水管自体は，長い間空のままであるが，雨が降っている間，降雨量や集水域内の状態によりある程度まで水で満たされるであろう．降雨量の少ないうちは，流量はパイプの容量を下回っているが，降水量が多い間はパイプの容量を超え，圧力流や地表洪水さえ誘発するかもしれない．

第3章 環境への影響

　雨水管は，地表洪水の発生頻度を受容限度まで減少させる目的で，設計されている．この目的は，暴風雨時の流量を運搬する最適な統計的計画雨水量を選択することで達成される．計画雨水量の回帰年数の選択により，そのシステムによって供給される雨水流出に対する防災確率が決定される．例えば，英国における標準としては，1年ないしは2年の確率年数を用いている．特別に被害を受けやすい地域においては，5年間の確率年数が採用される．

　実際に，2年という確率年数が記されているとしても，洪水自体がそれと同等の確率年数で発生するわけではない．降水と流出の発生頻度が(同一ではないとしても)近似的に等しいけれども，このことが洪水の発生頻度に当てはまるわけではない．下水道は，一般的には，地表から1m下方に設置されており，それゆえに下水道は，地表で洪水が発生するより前に，かなりの追加流量に適応できるのである．この理由で，これらの状況下にある下水道システムの容量は，計画処理量を超えて増大した．1年という確率年数を想定して設計されたパイプによって，10年に1度の洪水を防ぐことができるかもしれない(Butler & Davies, 2000)．

　表-3.3には，排水地域の場所ごとに応じた計画降雨の確率年数としてEuropean Standard(BSEN 752-4:1998)を示している．計画洪水の確率年数も与えられている．

　第二の相互作用としては，一般的には受水域へと続く河口での雨水の放流と関係がある．雨水流出水は，かなりの範囲の汚染物でひどく汚染される可能性があり，一般的に交通，商業，工業に由来する人工的な物質と，自然由来の有機・無機物質との複合的な混合物を含んでいる．雨水流出の水質は，降雨と集水域とによって左右される．主な集水源には，交通機関による排出・腐食・摩耗，建築物や道路の腐食・浸食，鳥や動物の糞便，道路くずの堆積，落ち葉，芝生の残滓，事故が含まれる(Butler & Davies, 2000)．

表-3.3 推奨されている計画頻度[(BSEN 752-4, 1998)より作成]

Location	Design storm return period (yr)	Design flooding return period (yr)
Rural areas	—	10
Residential areas	2	20
City centres/industrial/ commercial areas:		
・ with flooding check	2	30
・ without flooding check	5	—
Underground railways/under passes	10	50

3.3 社会的基盤施設

表-3.4 汚染時の平均濃度と負荷単位(Ellis, 1986)

Determinand	EMC (mg/l)	Unit load (kg/imp ha.yr)*
Total suspended solids (TSS)	21–2582 (190)	347–2340 (487)
BOD_5	7–22 (11)	35–172 (59)
COD	20–365 (85)	22–703 (358)
Ammoniacal nitrogen	0.2–4.6 (1.45)	1.2–25.1 (1.76)
Total nitrogen	0.4–20.0 (3.2)	0.9–24.2 (9.0)
Total phosphorus	0.02–4.30 (0.34)	0.5–4.9 (1.8)
Total lead	0.01–3.1 (0.21)	0.09–1.91 (0.83)
Total zinc	0.01–3.68 (0.30)	0.21–2.68 (1.15)
Hydrocarbons	0.09–2.8 (0.4)	—
Faecal coliforms	400–50,000 (6430) (MPN/100ml)	0.9–3.8 (2.1) ($\times 10^9$ counts/ha)

*imp ha = impervious area measured in hectares.

汚染物質には, 固形物, 酸素を消費する物質, 栄養塩, 炭化水素, 重金属, 微量汚染有機物や微生物が含まれる. 流出水の質は, どんなに特別な場所においても, 以下に示すような多くの要素に依存するだろう.
・地理上の位置,
・道路や交通の特性,
・建物や屋根の種類,
・天候(特に, 雨).
汚染物質の濃度や負荷に関する典型的な数値と範囲を**表-3.4**に示しておく.

3.3.3.3 合流式下水管

合流式下水管は, 現在あまり建設することがないにもかかわらず, 多くの国で相当な数として存在する. この下水管は, 下水と雨水とを両方とも同一の管にて運ぶ

第3章　環境への影響

のであるが，このことは処理するまで常に一杯の合流を運ぶことはできないことを示している．それゆえに，高い流量で(雨天時に)合流式下水越流(CSO)時に受水域へと排出される．このようにして，合流式下水管は，分流式下水管と同様の方法で，環境に影響を及ぼすのである．すなわち，CSO経由による環境への洪水，浸透，浸出，放出である．

影響のうち先の3つは，分流式汚水管(3.3.3.1)で述べたものと似ている．唯一の例外は，合流式下水道から住宅地域への洪水が広々とした土地における洪水よりも危険である可能性が高いことであり，このようなタイプの洪水は，適切な設計確率年数の選定に影響を及ぼす．

降雨中に下水と混ざった排水を受け取り，その排水を2つに分けるためにCSOは設計されている．一つ目の排水先は，排水処理施設(連続流あるいは制御された流)に，もう一つの排水先は水路に流れていく．これを達成するための一般的な手段は，堰である．そうすることで，理想としては，流れの中にあるすべての汚染物質は，下水処理施設(すなわち，下水システム内に保持される)へととどまるべきであるが，不幸にも，この理想は実際には達成されないのである．CSOの様々な設計によると，大きめの固形物を保持することについてはある程度成功することが証明されているが，細かな浮遊性・溶解性物質については，連続流と制御された流の両方に，流れ全体からの流出量割合と等しく流出する傾向がある(Saul et al., 1998)．最良の実施ガイドラインは入手可能である(Balmforth et al., 1994)．

合流式下水越流の水質は，晴天時と雨天時両方における汚染物質の濃度に関係がある．**表-3.5**には，典型的な要素についての濃度と負荷の範囲を示す．

表-3.6に示されるような単純な晴天時汚水変換係数を使うことで予想されるCSO流出濃度によって一つの評価を下すことができる．あるシステムでは，予想されたより高い汚染濃度が初期の流れ，すなわち初期流出「first flush」が観察される．これらは，流域地表面，下水溝中の溜まり水，下水それ自体，そして下水管，特に底付近に堆積している固体に由来する．

受水域に対するCSOからの流出物の影響は，本章の後半で述べる予定である．CSOが杜撰に設計されたり，その操作性に効率さが欠ける場合，最も深刻な影響が出る．底質堆積の結果として滞水する下水によってCSOが時期尚早に(流入水がCSOにまで届く前に)操作されることや，極端なケースでは，晴天時にさえあふれてしまうことがあるかもしれない．これらは，受水域の深刻な汚染を引き起こすか

3.3 社会的基盤施設

表-3.5 排水中の汚染物質濃度と単位当りの負荷(Ainger et al., 1997)

Determinand type	Determinand	Unit load (g/hd.d)	Concentration (mg/l) Mean (range)
Physical	Suspended solids		
	• Volatile	48	240
	• Fixed	12	60
	• Total	60	300 (180–450)
	Gross (sanitary) solids		
	Sanitary refuse	0.15	
	Toilet paper	7	
	Temperature		18 (15–20) °C: summer
			10 °C: winter
Chemical	BOD_5		
	• Soluble	20	100
	• Particulate	40	200
	• Total	60	300 (200–400)
	COD		
	• Soluble	35	175
	• Particulate	75	375
	• Total	110	550 (350–750)
	TOC	40	200 (100–300)
	Nitrogen		
	• Organic N	4	20
	• Ammonia	8	40
	• Nitrites		0
	• Nitrates		<1
	• Total	12	60 (30–85)
	Phosphorus	1	
	• Organic	2	5
	• Inorganic	3	10
	• Total		15
Microbiological	Total coliforms		10^7–10^8 MPN/100ml
	Faecal coliforms		10^6–10^7 MPN/100ml
	Viruses		10^2–10^3 infectious units/100ml

表-3.6 晴天時汚水濃度を平均的な雨水濃度として変換するための要因(Threlfall et al., 1991)

Determinand	Multiplying factor[1]
BOD	0.5
COD	1.0
Ammonia	0.3
Suspended solids	2.0
Total dissolved solids	0.4

[1] for systems in which average sewer gradient is no steeper than 1 in 50

もしれない.

3.3.3.4　雨水排水(排出源制御)

　雨水排水の基本的原理は，伝統的に，下流へ流れていく大量の水を下水管を使用することによって可能な限り素早く移動させることによって，洪水を解決することであった．この方法により地域的な洪水を解決することにおいては成功したのだが，その一方，増大した水量やピーク時流量によっては，自然の受水域の汚染や浸食とともに，下流で洪水が発生する場合もあった．

　近年，この雨水の処分法というものから，持続可能な発展の原則をも組み入れた雨水管理という概念へと移行してきている(Butler & Parkinson, 1997)．このアプローチにおいて，雨水は「排出源制御」の概念を組み入れ，流域を基本単位とした管理すべき資源とみなされている．排出源制御計画(もしくは，SUDS)では，雨水はすぐに排水されずに，貯留，処理，再利用もしくは地域的により水源に近いところで排水される(**図-3.14**)．雨水流出の汚染効果もまた，十分高く評価されており，様々な方法が水質を改善する能力という面から再試験され，もしくは発展してきている．**表-3.7**には，様々な幅広い実用可能な技術が分類されている．

　排出源制御は，伝統的方法とは異なった方法で，以下のような環境に有益な面から影響を及ぼす．

・洪水やCSO操作の頻度を減らし，ピーク時の流水量を減少させる．
・土壌の含水率や地下水を再充填することで，水路での基底流量を増大させる．
・流量の減少と流速のコントロールを通じ，下流への経路が浸食されるケースを

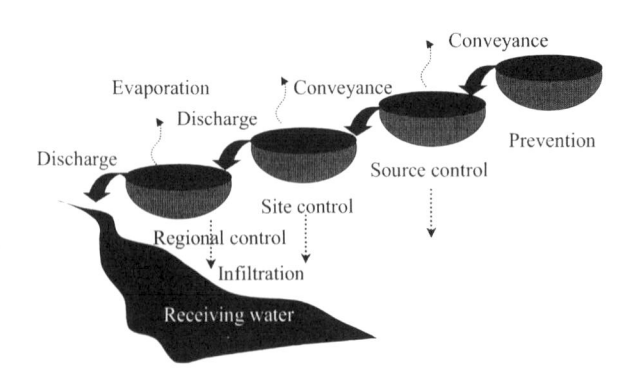

図-3.14　都市流域での雨水管理のつながり(CIRIA, 2000)

3.3 社会的基盤施設

減少させる．
・受水域への汚染を減少させる．
・都市内の自然植物や野生動物の保護と増大．

表-3.7 雨水管理を行う選択肢の分類(Butler & Davies, 2000)

Option	Examples	Advantages	Disadvantages
Local disposal	Infiltration devices e.g. soakaways, infiltration trenches	Runoff reduction of minor storms Groundwater recharge Pollution reduction	Capital cost Clogging Groundwater pollution
	Vegetated surfaces e.g. swales	Runoff delay Aesthetics Pollutant reduction Capital cost	Maintenance cost Groundwater pollution
	Porous pavements	Runoff reduction of minor storms Groundwater recharge Pollution reduction	Capital & maintenance costs Clogging Groundwater pollution
Inlet control	Rooftop ponding	Runoff delay Cooling effect on building Possible fire protection	Structural loading Roof leakage Outlet blockage
	Downpipe storage e.g. water butts	Runoff delay Reuse opportunities Small size	Small capacity Access difficulties
	Paved area ponding e.g. gully throttles	Runoff delay Pollutant reduction Possible retrofitting	Restricts other uses when raining Damage to surface
On-site storage	Surface ponds e.g. water meadows, detention ponds	Large capacity Runoff reduction of major storms Aesthetics Multi-purpose use Pollution reduction	Capital and maintenance cost Large footprint Pollution & eutrophication Pest breeding potential Aesthetics Safety hazard
	Underground tanks	Runoff reduction of storms Pollution reduction No visual intrusion Capital cost	Maintenance cost Access difficulties
	Oversized sewers	Runoff reduction of storms Pollution reduction No visual intrusion Capital cost	Maintenance cost Access difficulties

しかしながら，この方法は，以下のように環境に対して負の影響も与える．
- 妨害物によって引き起こされる未成熟なシステムの誤作動によって地域的な洪水が発生する危険性の増大．
- 地下水位の上昇による地下室の洪水もしくは基礎地盤へのダメージの発生確率の増大．
- 雨水流出水中の汚染物質による地下水の汚染．

3.3.4 排水処理

3.3.4.1 エンド・オブ・パイプ処理

ほとんどの都市排水システムは，エンド・オブ・パイプ，すなわちその終着点として排水処理施設に連結している．環境との主な相互作用は，2つのプロセスの流れによって起こる．そのプロセスとは，液体の流出と汚泥であり，これらは分けて考慮される．提供される処理の程度は，原則として，受水域の感受性，タイプ，もしくは用途による．プロセスは，大きく分けて，一次処理，二次処理，三次処理，そして高度処理となる(**表-3.8** 参照)．

表-3.8 受水域タイプ別に適切な処理の選択肢(Veenstra & Alaerts, 1996)

Preliminary/ Primary	Secondary	Tertiary	Advanced
Screens	Activated sludge	Nitrification	Chemical treatment
Grit removal	Extended aeration	Denitrification	Reverse osmosis
Primary sedimentation	Aerated lagoon	Chemical precipitation	Electrodialysis
Comminution	Trickling filter	Disinfection	Carbon adsorption
Oil/fat removal	Rotating biological contactors	(Direct) filtration	Selective ion exchange
Flow equalisation	Anaerobic treatment/UASB	Chemical oxidation	Hyperfiltration
pH neutralisation	Anaerobic filter	Biological P removal	
	Stabilisation ponds	Constructed wetlands	
	Constructed wetlands	Aquaculture	
	Aquaculture		

一次処理は，様々な脂肪，油，グリース，懸濁性沈殿物質，浮遊性の物質を除去することを目的として，スクリーン，沈砂，沈殿を含む物理的操作からなる．同時に，少なくとも，BOD_5 の 30%，全窒素(T-N)と全リン(T-P)の 15% が除去される．

大腸菌は，logの単位で1～2程度(90～99 %)除去される．

　二次処理は，微生物学的手段によって，生物分解性の有機物質を二酸化炭素，硝酸塩，水に分解する．これら好気性処理は酸素を必要とするが，一般的に，集中的なエアレーションを行うことによって供給される．二次処理後には，BOD_5と全懸濁性物質の除去率は90～95 %まで，T-N，T-Pはそれぞれ40 %，90 %まで増大する．温度が高い排水については，嫌気性処理を行うことも可能である．

　一次処理，二次処理では，全排水量の0.5 %弱くらいの容量の汚泥が発生する．重金属や他の細かな汚染物質は，懸濁粒子に吸着することによって汚泥内に蓄積する傾向がある．汚泥の廃棄は，（下に示すような）処理水よりも様々な問題を誘発しやすい．

　安定化池，人工湿地，もしくは養魚池による大規模な排水処理によって，十分な二次，三次処理が可能となる．しかしながら，機械的操作によって生物反応を速めることができなかったならば，広大な土地が必要とされる．

　三次処理は，二次処理までなされたものから，さらに全体でT-Nを80 %，T-Pを90 %以上の栄養塩を除去することを目的として設計されている．また，SSを95 %以上，BOD 95 %以上の除去率を達成しようとしている．三次処理には，様々な方法（例えば，塩素，紫外線，オゾン）による消毒も含まれる．

　高度処理には，イオン交換，吸着，高度ろ過，そして逆浸透がある．先に述べた処理と比べ，高度処理ははるかに普及しておらず，特に高品質の処理水が必要とされる場所でのみ使用される．

　処理プラントからの排出物が環境に及ぼす影響については，**3.5**にて論じることとする．

3.3.4.2　排水現場での処理システム

　下水道がない都市や農村では，腐敗槽が最も一般的な家庭用排水処理施設である．例えば，米国では，全世帯の24 %程度が腐敗槽につながっている(US Bureau of the Census, 1990)．

　基本的なシステムは，タンクと排水地面からなる．タンクそれ自体が防水で地下にある設備であり，沈殿，保存，（固形廃棄物を沈殿させてできた）汚泥の一部の分解などが行われるために，かなり静止した状態を保つ．排水は住宅からタンクへと行われ，その流出水は，タンク出口を通して排水地面へ排出される．汚泥は，徐々

にタンクの底に溜まり,定期的に汲み出さなければならない.タンク内の有機物質は,タンクの大きさ,汚泥の除去頻度,温度にもよるが,嫌気性分解される.

排水地面は,処理タンクと同様に重要であり,排水する地面下の灌漑パイプ,もしくは土壌に浸透させる排出口のシステムからなる.タンクと排水地面両方について適切な設計を行い,適切な設備を建設することがそのシステムを正確に操作するうえで必要不可欠である.

排水現場で処理を行うことを目的とした腐敗槽の主な長所,短所を**表-3.9**に要約して示す.

表-3.9 腐敗槽の長所,短所

Advantages	Disadvantages
Low capital cost	High space requirement
Low energy requirement	Tank effluent is unsuitable for open discharge
Low maintenance	Potential for local nuisance and health hazard
Potential for groundwater recharge	Potential for groundwater pollution
Low sludge production	Requires some owner participation

表に示すように,腐敗槽は,環境に対する正負両方の作用を持つ.このことは,排出源制御や雨水排水のケースと似ている.

主な正の環境影響として,多くのエンド・オブ・パイプ技術と比較し,発生汚泥量は少ないことが挙げられる.実際の汚泥発生量は,幾つかの要因,特に地域の経済性と周囲の温度に依存する.温暖な気候下にある工業国の場合,発生汚泥量は600 L/人・年にまでなる.一方,開発途上国では,40 L/人・年程度に抑えられる(Butler & Smith, in press).汚泥は,下水処理施設などにまで輸送されることによって,十分なコントロールがなされたならば,土にリサイクルされる可能性もある.これらのことは,また以下で論じることとする.

負の環境影響としては,主に排水の滞留,もしくは地表面での浸水,地表水もしくは地下水の汚染とを結び付けながら考察される.どちらの現象においても,十分に機能しているシステムでは発生しない.発生する問題の背景には,不適切な配置や,維持管理の不徹底とがある(Butler & Payne, 1995).不適当な設計や設備も重要な悪化要因といえる.

腐敗槽は,地域的な公害や健康への危険を引き起こしうる.例えば,米国では,1971～78年の間,汚染された未処理の地下水によって発生した病気のうち,41％

は腐敗槽もしくは汚水溜めからの排水の流出が原因であるとの報告がある(Craun, 1981).

腐敗槽から発生した腸の病原菌による地表水・地下水の汚染による環境問題に関して，多数の報告がある．実際には，腐敗槽によって汚染された飲用もしくはレクリエーション用の水から病気が伝染する潜在リスクは，世界の様々な地域において主要な関心事の一つである(Ho & Tam, 1998；Scandura & Sobsey, 1997)．個人用の水に対する汚染は，しばしば，腐敗槽から由来する腸の病原体への人間の曝露というのが主な原因である(Stilinovic et al., 1995)．そのほかにも，多くの環境影響について報告されている(Butler & Smith, in press).

3.3.4.3 汚泥処理・処分

汚泥処理の選択肢の範囲は，**表-3.10**に要約されて示される．そのうち，上から2つまでは，単純な水分除去(重量が減るという理由から)の目的を持つ．汚泥を変質させる汚泥処理の中で，最も一般的であるのが嫌気性消化である.

残余汚泥は，埋め立てられたり，焼却か熱乾燥，農業用の土壌として再使用される．汚泥の海への廃棄は，ヨーロッパでは1998年12月31日から禁止されている(UWWT)が，一つの選択肢として加えておくことにした．これは，海洋への有害な効果を示す証拠がほとんどないという事実にもかかわらず，海洋投棄は禁止されているのである(Gray, 1999)．他の廃棄ルートとしては，埋立地利用，土地開拓，建築資材，食糧がある(Smith, 1994).

表-3.10 汚泥処理・処分の選択肢

Treatment	Disposal
Thickening Dewatering	Agriculture
Anaerobic digestion	Incineration
Aerobic digestion	Thermal drying
Lime	Landfill
Composting	Land application
	Sea disposal

農業土地利用ルートに集中すると，未処理の汚泥は直接農用地にリサイクルされることができる．しかし，これらの汚泥は，病原菌対策や悪臭の最小化によって管理されるべきである．適当な手段としては，施肥もしくは地面下への投入の後に，すぐに耕作することによって土壌中へ汚泥を混合することなどがあり，この際，育てられる作物の種類やその種蒔き法，収穫法にも関係がある(DOE, 1996)．以上のことが，実際に行われた場所において伝染病が発生したという報告された事例がないにもかかわらず，幾つかの国々においては，腐敗槽由来のものを含み未処理の汚

泥を直接土地に散布することは禁止されている．英国では，予防的理由から，未処理の汚泥を農用地へリサイクルすることを段階的に禁止してきている（Royal Commission on Environmental Pollution, 1996）．

これらに関連するものに EU 指令がある（CEC, 1986）が，この指令は，農業，土壌，気候に関する地域的な条件を考慮した弾力的な立法手続きとなっている．EU 加盟国は，EU 指令がガイドラインを示していない地域において，安定した追加的なルールを決定する必要性を感じている．このことは，基本的に，病原体の破壊や重金属の規制と関係が深い．実質的に異なった重金属の規制が異なった見解を反映して，国際的に作成されつつあるという報告もある（Davis, 1996）．

・バックグラウンド濃度以上に土壌中に金属を蓄積しないこと（かなり予防的）．
・土壌中の金属含有量を最小化すること（予防的）．
・リスクアセスメント．

最初の見解は，最も浄化されている汚泥の農業利用さえ禁止するというような限定的な規制ということになる．このことは，汚泥をより持続可能性の少ない廃棄ルートやより脆弱な環境へ置き換えてしまうという効果を持っている．

3.4 放　　出

3.4.1 タイプ

水環境への汚染物質の流出は，便宜的に点汚染源と拡散汚染源とに分類される．点汚染源は，汚染された水が，例えば排水パイプによって集水池に直接流出するというような特別な場所で生じる．拡散汚染源による汚染は，汚染物質の排出場所が明確ではなく，幅広い人間活動から生じる（Ongley, 1996）．実際には，都市排水システムからの流出は，通常は点汚染源として区別されるものの，点汚染源と拡散汚染源との厳格な区別はない（**図-3.15**）．都市排水システムからの流出は，一般的な水文学的条件に大きく影響を受けることはなく，連続的に発生するか，もしくは（下に記すような）雨天時においてのみ断続的に発生する．

・通常の状態で機能している下水処理プラント（WWTPs）から処理済の処理水が連続的に放出されること．

3.4 放　出

・雨天時の瞬間的な負荷によって機能が一部混乱した下水処理プラント水からのSS，アンモニアの断続的な瞬間的な負荷(shock load).
・合流式下水道のオーバーフローによる地下水や下水堆積物を含む地表，雨水，家庭，商業，工業排水の混合物の断続的な排出.
・分流式下水道の排水口からの都市表面からの雨水の断続的な排出.

都市地域からの最も一般的な拡散汚染排出は，屋根，道路，その他舗装された地域からの直接流出する雨水からの断続的な排出である.

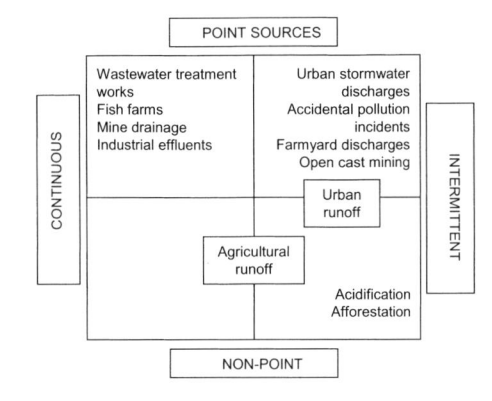

図-3.15　汚染物質放出のタイプ
〔(British Ecological Society, 1990)より作成〕

3.4.2　状況／厳しさ

受水域への汚染物質の放出の重要性と厳しさは，その状況，厳しさ，都市の集水域，排出地点，受水域に応じて変わる.

3.4.2.1　都市の集水域

排水域の性質，タイプ，程度が排出される水の流量と汚染物質の特性や規模に影響する.

3.4.2.2　排出地点

排出地点の数，場所，タイプが，排水量，持続期間，頻度，汚染物質の特性に影響する.

3.4.2.3　受水域

受水域の規模やタイプ(これに底の方に存在する沈殿物も含まれる)は，下に述べ

第3章 環境への影響

るような観点から重要である(House et al., 1993).
- 汚染物質の輸送(例えば,水流,やや澱んだ水),
- 毒性のある汚染物質の希釈や同化,
- 重要な汚染物質の同定(例えば,河川中の生物分解性の有機物質,湖・海岸地帯・地中の栄養塩),
- 地域の水生生物の規模,感受性,重要性.

河川への汚染物質の放出物は,相対的に素早く下流に輸送されその進行中に水柱部に影響を及ぼしたり,ある短期間,水を汚染に曝露させたりする.逆にいえば,湖などの澱んだ水に排出された瞬間的な負荷は,よりゆっくりと分散し,一般的に長い期間,影響を持続する.それゆえに,3つの適切な時間の尺度が定義される.
- 短期間(急性),
- 中期間(遅延性),
- 長期間(慢性,累積性).

断続的な排水は,その性質上,定量することと規制することとが特に難しい.断続的な排水の急性の影響のみは,溢れている間,計測することができる.そして,断続的な排水による慢性の(長期間の)影響は,汚染のバックグラウンドと区別することが難しい場合がたびたびある.それゆえに,特に断続的な排水に合わせてつくられた設計基準や実行指針が発達してきている.

工業国では,最も重大な汚染源が都市の水システム(都市,点汚染源)や農業(農村,拡散汚染源)からのものになりがちである.このことは,表-3.11で証明されている.表-3.11では,米国におけるこれらの主な発生源が河川,湖,河口の水質悪化原因であることを示している.

表-3.11 米国における水質悪化の代表的な原因

Rivers	Lakes	Estuaries
Agriculture	Agriculture	Municipal point sources
Municipal point sources	Urban runoff/storm sewers	Urban runoff/storm sewers
Urban runoff/storm sewers	Hydrologic/habitat modification	Agriculture
Resource abstraction	Municipal point sources	Industrial point sources
Industrial point sources	On-site wastewater	Resource extraction

3.4.3 影　響

受水域への影響は，直接的な水質効果(DO減少，富栄養化，土砂堆積，中毒性作用)，公衆衛生(微生物の)問題と美的影響に分割されることができる．これらは，**表-3.12**中にある様々な要素や受水域のタイプの別に要約される．

表-3.12 都市排水による受水域影響の質的な評価(House *et al.*, 1993)

Receiving water	Water quality				Public health	Aesthetics	
	Dissolved oxygen	Nutrients	Sediments	Toxics	Microbials	Clarity	Sanitary debris
Streams							
Steep	–	–	–	x	xx	–	xx
Slack	x	–	x	x	xx	–	xx
Rivers							
Small	xx	–	x	x	xx	–	xx
Large	x	–	x	x	xx	x	xx
Estuaries							
Small	x	x	x	x	xx	x	xx
Large	–	–	x	–	xx	x	xx
Lakes							
Shallow	x	xx	x	x	xx	x	xx
Deep	x	x	x	x	xx	x	xx

xx, Probable;　x, Possible;　–, Unlikely

3.4.3.1　溶存酸素

都市の排水システム(特に未処理の排水と雨水流)からの排水は，大量の有機物を含む．この有機物は，生物学的もしくは化学的にすぐに酸化し，比較的不活性か安定なものとなる．これら有機物は最終的に，二酸化炭素，硝酸塩，硫酸塩，水になるが，その時に消費される酸素量のこと溶存酸素(DO)という．この有機物の分解は細菌の活動により汚染物質が放出された下流側において進行し，DOが消費される．結果として酸素欠乏が進行するにつれて，大気からの酸素移動の割合も増加する．それで，有名な溶存酸素懸下曲線が描かれる．

受水域のDO濃度は，その「健康」の良い指標である．酸素は河川に生息するすべての高度生物に必要とされており，有毒な不純物がない場合，DOと生物多様性との間には近い相互関係がある．酸素は，とりわけ魚生き残りのための重要な制限因子である(**表-3.13**)．生物相に対する影響は，細菌数の急速な増加であり，これには

表-3.13 魚種の酸素要求量[(Gray, 1999)より作成]

Characteristic species	Minimum DO concentration (mg/l)	Minimum Saturation (%)	Comment
Trout, bullhead	7–8	100	Fish require much oxygen
Perch, minnow	6–7	<100	Need more oxygen for active life
Roach, pike, chub	3	60–80	Can live for long periods at this level
Carp, tench, bream	<1	30–40	Can live for short periods at this level

付着性の汚水真菌の成長を含む(Gray, 1985)．非常に低い DO 水域では，通常の清澄生物種が除去されるに至り，低濃度酸素に寛容な種が高い密度で生息するようになる．

3.4.3.2 沈殿物

沈殿物と他の固形物は，すべての都市から放出物中に遍在する構成要素であり，これらはとどまるか，優勢な流速場に従い放出された地点からある離れた下流にまで流される．

不活性沈殿物は，放出点の近くの河床上に溜まる傾向があって，さらに徐々に下流に広がる．この一般的な影響は，生物種の多様性で生物存在量も減らすことである．与えられたストレスに生き残ることができる種の選択が起こる(図-3.16)．

同じように，分解可能な沈殿物は落ち着くが，それに加えて，遅れて与えられた沈殿物酸素消費量(SOD；sediment oxygen demand)を嫌気生物によって誘発する．典型的乱れていない SOD レベルは，$0.15 \sim 2.75 \text{g/m}^2 \cdot$日であり，流動状態の間では，$240 \sim 1500 \text{g/m}^2 \cdot$日である(House et al., 1993)．分解の率が遅くなるにつれて，影響を受ける地域は広範囲になる．敏感な底生生物は急速に除去されるが，すぐに低い溶存酸素に寛容な 2, 3 種の高い生物密度に置き換えられる(図-3.16)．

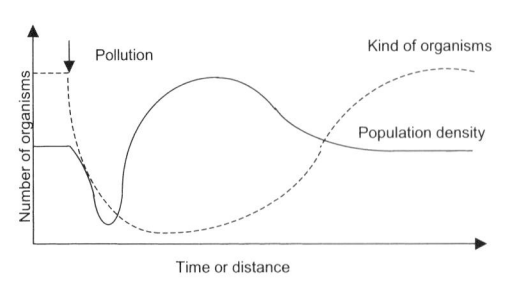

図-3.16 区分された淡水コミュニティ構造における有機沈殿物の一般的な影響(UNESCO, 1978)

遅れて消費される酸素の重要性

とその相対的な大きさは，直接酸素消費と比較して放出物と受水域の特定の状況に依存する．Hvitved-Jacobsen(1986)は，より大きい川では直接消費が支配し，流速0.5m/秒より小さい川では酸素消費するまでの時間が延長することを示した．

3.4.3.3 栄養塩

窒素またはリンのような栄養塩の主な源は，農業肥料，埋立地浸出水と連続的排出の下水である．間欠的な排出は，通常，全栄養塩排出負荷の比較的小さい成分である．直鎖型アルキルスルホン酸塩洗剤(LAS)の中のトリポリリン酸ナトリウムは，下水中のリン酸塩の主要な源である．

大量の栄養物が受水域に放出されるならば，水生の雑草と藻類の過度の成長が起こる．富栄養化の結果として生じるものを以下に示す．
- 水中への光浸透量の減少，
- 藻類を死に至らしめる酸素枯渇，
- 底質での嫌気的条件，
- 審美的問題(変色，臭気)，
- 水の華(藍藻類)による毒性問題．

富栄養化は，通常，湖，河口と沿岸帯のような浅い停滞水に発生する長期的な問題である．しかし，川も影響を受けるかもしれない．通常，リン酸塩は淡水域の中の制限的な栄養物質であるのだが，硝酸塩は海水中の制限的な栄養物である．生物相に対する影響は，多様性の減少であり異なる優占種が出現したり，サケ科の排除である．

3.4.3.4 毒 性

非常に多くの有毒な重金属と合成有機あるいは非有機的な化学薬品は，排水(処理済のものも未処理のものも両方)と雨水流で見つかる．一般に，有害物質は，降水と吸着のプロセスのために排出ポイントの下流側で減少する．有毒であるか，発癌性であるか，もしくは非常に低いレベルで突然変異誘発性である生物分解性でない合成物は，大きく懸念されるものである．

重要な金属種は，ヒ素，カドミウム，クロミウム(VI)，銅，シアン化物，鉄，鉛，水銀，ニッケルと亜鉛を含む．これらは，酸化還元状態とpH状況(Ellis, 1985)に従い微粒子がコロイド状で溶けた(変化しやすい)状態で存在することができる．川

では金属は主に粒子であって，懸濁物として沈殿する．この事実は重要である．なぜなら，環境移動性と金属の生物学的利用能(それゆえに毒性)は，溶液の濃度に関連があるからだ．多数の(特に，亜鉛と銅のより溶けやすい形)金属が，水生生物に中毒作用を持つと知られていて，下水処理プラントで生物学的処理を妨害している．

大部分の合成有機化合物(例えば，除草剤と殺虫剤)は，鉱物性微粒子で吸収される．溶液中のそのような合成物は，非常に低い濃度で，様々な水生生物に有毒になりうる．より有毒な種類(例えば，塩素で処理された有機肥料，DDTとPCB)の一部はもはや使われていないが，それらの残留物は環境中においていまだに発見される．

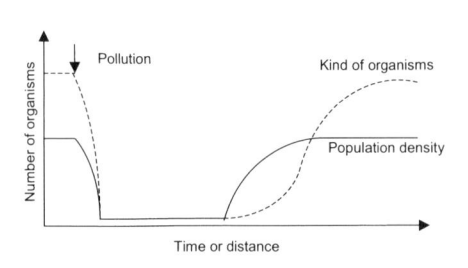

図-3.17 区分された淡水コミュニティ構造において毒性のある下水によって引き起こされる一般的な影響(UNESCO, 1978)

受水域生物相における毒性化合物の影響は，急速に種多様性を減少させることであり，過度の濃度であれば多くの化合物が種を完全に排除してしまう．下流の生物回復率は一般的に競争の不足のために，回復する寛容な主の密度は，最初のレベルより人口密度でしばしば高く，損失率はより低くなる(図-3.17)．

3.4.3.5 微 生 物

排水は，特に病原性微生物で汚染される．その程度は，地域の人口の衛生状況に比例する．処理された下水を消毒することに関して，各工業国間でもその実行方法には差異がある．ヨーロッパの大部分では，認められた海水浴場に排出されない限り，下水は，通常，消毒されない．従来の処置は，細菌病原体の80〜90％だけを取り除く．米国では，塩素注入は，集水池に放出される前段階で広く実践される．これは99.99％以上にまで除去率を増やす(Geldreich, 1991)．CSOとSWOsからの下水は，通常，消毒されない．

公衆衛生への危険は，人体曝露の潜在性に依存する．そして，受水域が水と接触するレクリエーションのために使われるならば，この場合のリスクが最も大きい．したがって，スイマーは，最も大きいリスクにさらされている．すべての病原体は，天然水で少なくとも短かい間は生き残ることができる．より涼しい温度と有機物の存在は，一般的に病原体の生存期間を延ばす．詳細な疫学的研究の不足により，実

際の健康リスク量が定めることができない．そして，さらなる研究を必要としている地域を以下に挙げておく．

3.4.3.6 審美的景観

化学的・生物学的影響に加えて，受水域の景観もまた重要である．奇妙なことに，市民は化学的・生物学的に汚染された高い水質であると認めることができないで川に向かう．市民の反応の根拠は，透明性，色とにおいである．受水域の近くに明らかに衛生処理から発生した固形物(この固形物は，下水処理プラントから排出してきたと思われる)に対して，市民の反応は特に嫌悪的である．

3.4.4 規　　制

3.4.4.1 基本的なアプローチ

汚染防止の規制について，4つの基本的なアプローチがある．その方法は，生産品政策，生産プロセス基準，一様な排出基準，水質基準である(Mostert *et al.*, 1999)．最初の生産品政策とは，特定の製品を明確に禁ずるか使用を許すかなども含む．第二の生産プロセス基準とは，生産プロセスの環境パフォーマンスを規定することからなる．第三の一様な排出基準では，同一基準は特定地域(通常，国単位)においてすべての排出物に適用される．排出基準はまた，最終段階においても使われる．しかし，これらの基準は，通常，受水域の水質に反映することで認可される．様々なアプローチ法の利点と欠点を**表-3.14**に要約しておく．

汚染の原因，汚染のタイプ，問題の緊急性と地方行政機構の能力のように，数多くの要因がアプローチの選択に影響する．1つのアプローチは普遍的に適用できない．そして，実際には，複数のアプローチが同時に使われるかもしれない(Rees & Zabel, 1998)．

3.4.4.2 ヨーロッパの政策の進化

ヨーロッパは，この25年にわたり水質汚染防止のために異なるタイプの規制アプローチが使用されてきた良い例であろう．初期の期間(1977〜86)において，水関連の幾つかの指令が法律にされ，それらは広義で2つの特徴的なタイプに分類される(Somsen, 1990)．すなわち，利水指令(公衆衛生目的)と水質汚濁物質指令(地域汚

表-3.14 汚染制御の異なったアプローチ(Mostert et al., 1999)

Approach	Advantages	Disadvantages
Product policy	Administrative costs and demands and enforcement can be low (depending on product) Appropriate for diffuse pollution (e.g. pesticides)	Production process often more important than product
Process standards	Standards concerning environmental performance are steps towards ultimate aim of closing substance cycles	Administrative costs and demands on capacity of managers are high Prescribing specific processes may hinder the application of cleaner technologies
Uniform emission standards	Solution for reducing emissions of dangerous substances quickly to zero	Too strict in some cases, too lenient in others May promote end-of-pipe solutions
Water quality standards	Most efficient: pollution reduction efforts concentrated where the need is largest	Difficult to link emissions to water quality: many data needed and good models Administrative costs and demands on capacity of managers are high Not appropriate for pollutants accumulating in the environment; difficult to deal with synergistic effects Unequal treatment of polluters in different basins and between different parts of the basin (upstream-downstream, tributaries) Difficult to ensure minimum level of pollution

染防止努力の調和)である．指令では，飲料用の水の水源と処理水の品質の基準を持つようになる(CEC, 1975)．そして，入浴(CEC, 1976a)，魚介類収穫(CEC, 1978)のための基準も作成された．これらは，以下に示すような特徴的な2つの基準を用いた「水質目標」に基づいていた．すなわち，「命令」(あらゆる場合に尊重される)および／または「ガイダンス」(加盟国が尊重すべき「努力」)である．対照的に，水質汚濁指令は，特定の汚濁因子の放出の許容レベルを管理した．2つの重要な指令は，地表および地下への危険物の放出対策であった(CEC, 1976b, 1980b)．有害物質の2つのリストは，以下のようにまとめられた．放出制限または水質基準としてEUレベルでまとめられている物質のリスト1(黒リスト)．加盟国が統合的な削減プログラ

3.4 放　出

表-3.15 EU 危険物指令 (EU Dangerous Substances Directive) に収録されているリスト 1 およびリスト 2 (76/464/EEC)

List 1 substances	List 2 substances
Organohalogen compounds and substances that may form such compounds in the aqueous environment	The following metalloids/metals and their compounds: zinc, copper, nickel, chromium, lead, selenium, arsenic, antimony, molybdenum, titanium, tin, barium, beryllium, boron, uranium, vanadium, cobalt, thallium, tellurium, silver
Organophosphorus compounds	Biocides and their derivatives not appearing in List 1
Organotin compounds	Substances that have a deleterious effect on the taste and/or smell of products for human consumption derived form the aquatic environment and compounds liable to give rise to such substances in water
Substances, the carcinogenic activity of which is exhibited in or by the aqueous environment	Toxic or persistent organic compounds of silicon and substances that may give rise to such compounds in water, excluding those that are biologically harmless or are rapidly converted in water to harmless substances
Mercury and its compounds	Inorganic compounds of phosphorus and elemental phosphorus
Cadmium and its compounds	Non-persistent mineral oils and hydrocarbons of petroleum origin
Persistent mineral oils and hydrocarbons of petroleum	Cyanides, fluorides
Persistent synthetic substances	Certain substances that may have an adverse effect on the oxygen balance, particularly ammonia and nitrites

ムを持つ物質のリスト 2 (灰色リスト) (**表-3.15** 参照).

　マーストリヒト条約 (灰色リスト) 締結後, 2 つの懸念に責任を持つために「汚染源の防止」の原理に基づく指令の第二の波があった (Butler et al., 2000). ここでいう 2 つの懸念とは, 都市排水 (CEC, 1991a) と農業排水 (CEC, 1991b) からの汚染である. これらの動きは, 前の指令から積極的に始められてきており, 高いコストがかけられていたのだが, 今回の指令は,「最高の農業実行プログラム」を確立することに焦点を当てていたにもかかわらず, この指令の実施状況はとても期待外れなものであったといえよう (CEC, 1991c). この指令によって, 都市の点汚染源からの汚染はかなり減少したにもかかわらず, 拡散汚染源 (例えば, 農業, 道路, 集水域と水圧調整施設, その他) が多数あったがゆえに, ヨーロッパの水質状態は全般的に悪化するに

至った(EEA, 1995).

1990年代初期に,環境および公衆衛生保護を強めるべきという要求は,ヨーロッパの水規制に高いコストかかるという批判と同時に起こった.それに加えて,規制緩和の圧力と「補助金」の原則に基づく水立法への回帰とが増大していた.長い政治プロセスの結果,新水枠組み指令(new Water Framework Directive)(CEC, 1997)においてこれらの提起をまとめた.そして,以下のような事柄が議論された.

3.4.4.3　都市下水処理指令

都市水システムからの排出に関する最も重要な法律は,都市下水処理指令(Urban Waste Water Treatment Directive)(CEC, 1991)である.これは下水処理プラント排出物に対する詳細な基準を並べている.そして,一様な排出基準アプローチ(**表-3.16**参照)に基づいている.絶対的な最小濃度または最小除去率は,許容できる範囲である.富栄養化に弱いと考えられる受水域はかなり細かく分類され,そしてまた,窒素とリン排出基準も確立された(**表-3.16**).指令のいろいろな側面に対応する日付は,1998年12月31日から2005年12月31日までに及ぶ.

下水処理指令は,下水収集システムからの排水についてあまり指示していない.下水処理指令は,2 000人以上の人口を持つ都市すべてが収集システムを確実に備えることを加盟国に要求している.さらに,過剰なコストを必要とせず最高の技術を利用できるため,以下のように,システムのニーズに沿った設計・建設・メンテナンスは行われる.

・都市下水のボリュームと特性,

表-3.16　UWWT指令下の下水処理プラント排出の基準(CEC, 1991)

Determinand	Minimum concentration (mg/l)	Minimum reduction (%)
BOD_5	25	70–90
COD	125	75
Suspended solids	35	90
Total nitrogen*		
10,000–100,000 pe	10	70–80
> 100,000 pe	15	70–80
Total phosphorus*		
10,000–100,000 pe	1	80
> 100,000 pe	2	80

*Only relevant to discharges from population equivalents > 10,000 to sensitive waters

3.4 放　出

・浸出の防止，
・オーバーフローによる受水域の汚染の制限．

　下水処理指令は，異常な大雨の期間の間に起こる困難を認めて，加盟国がオーバーフローからの汚染を防ぐための各国ごとの処置決定を認めている．これらは，以下のうちの1つに基づく．

・希釈率，
・晴天時汚水に関する収集システムの容量，
・年ごとのオーバーフローの発生数．

3.4.4.4　水浴水に関する指令

　水浴水質指令(Bathing Water Quality Directive)(CEC, 1976)は，加盟国の水浴場として指定した内陸水と沿岸水の水質に関するもので，細菌学的物理化学的状況を規制する(**表-3.17** 参照)．下水汚染に最も関連した基準は，2 000 FC/100 mLで決めている糞便性大腸菌基準である．

　英国だけで水浴されている海がおよそ500箇所ほどある．連続的下水排出と断続的なCSOからの排出物の組合せが原因となって，基準が満たされない場合が多い．それゆえに，直接，水浴用水に連結している場所や，入り江，海岸などの場所にて排出物を制御することが重要になる．

表-3.17　EU 微生物学的な水浴用水質基準(CEC, 1976)

Determinand	G (90percentile)	I (95percentile)
Total coliforms/100ml	500	10,000
Faecal coliforms/100ml	100	2,000
Faecal streptococci/100ml	100	—
Salmonella/l	—	0
Enteroviruses PFU/10 l	—	0

3.4.4.5　水枠組み指令

　水枠組み指令(Water Framework Directive)は，流域を基礎として水管理の主要課題を組織化している．新しく，もしくは再編成されることで河川源地区管理部署がつくられることになっている．そして，おのおのが管理計画によって指令が定めた目標基準を達成することを目的としている．指令の重要な達成されるべき目標は地面と地表水の「良い状態」，既存の水指令において確立される基準を満たすという意

味で水が「良い」こと，加えて，新しい生態学的な水質基準達成されることである．最小の人間活動の影響で形成される生物コミュニティからのずれであるならば，地表水は，生態学的に良い質であるとして定義される．「良い化学状態」は，ヨーロッパ全体で化学物質のために確立されるすべての水質に適合していることで定められる．危険物質の排出を制御するための新しい指令は，「過去の」放出指令を置き換えたものである．排出基準と河川水質基準をセットした結合されたアプローチが使用されている．

水枠組み指令は新しい基準を取り入れることと同様に，既存の指令に「アンブレラ」を提供するように設計されている．それぞれ既存の EU 指令で基準があてはまる地域(すなわち，水浴用水，飲料水または保護されている自然地域)の中で，河川流域公社は特定の保護区域を選定する．しかし，より高い目的の保護地域ではより厳しい基準に適合させなければならない．生態学的化学的に良い状態は，すべての水に最低限求められることである．都市下水指令と硝酸塩指令は，河川流域管理の目的を達成するためのツールとみなされ，維持されるだろう．すべての地表水が，「良い状態」を満たす必要があることから，飲用水と魚と甲殻動物に関する指令は廃止されるだろう．

指令は，また，新しい規則を地下水にも設定する．地下水への直接の排出はすべて禁止され，そして，地下水をモニターすることで拡散汚染の構成の変化を探知し，それらを防ぐことが必要であることが示されている．

指令の実施の最初の期間は，15 年(準備期間 9 年と，計画と特定の目標の達成期間 6 年)，さらなる延長期間としての 6 年単位で 2 期間まである(Butler *et al.*, 2000)．

3.4.5　断続的な排水に関する基準

上記したように，断続的な排水に関する基準は設定することがより難しく，ヨーロッパの水指令においては指定されていない．英国において，水を合法に使用する自由を損なわずに汚濁因子を浄化するという受水域の能力に関連する断続的な基準は定められた．断続的な排出によって最も影響される「用途」を以下に示す(NRA, 1993)．

・水生の生物，
・水浴すること，
・アメニティ．

3.4 放　出

3.4.5.1　水生生物

水生生物に関する断続的な基準は，英国の UPM マニュアル（FWR，1998）に示されている．この基準は，短期致死 50 % 死亡率（LC_{50}）の汚染物濃度を目安とする目的で行われ，関連した水生の種の実験である環境毒性（ecotoxicological）研究を根拠として作成された．その結果，以下のような関係を確率することが可能になった．

- 汚染物濃度，
- 排水の継続，
- 規定濃度を上回って排水される確率．

溶存酸素とアンモニアの関係を**表-3.18** に示しておく．

表-3.18　鯉漁業を維持するための溶存酸素とアンモニア濃度／期間閾値の断続的な基準（FWR，1998）

Return period (months)	DO concentration (mg/l)*		
	1 h	6 h	24 h
1	4.0	5.0	5.5
3	3.5	4.5	5.0
12	3.0	4.0	4.5
	NH_3–N (mg/l)**		
1	0.150	0.075	0.030
3	0.225	0.125	0.050
12	0.250	0.150	0.065

* Applicable when NH_3–N < 0.04 mg/l　** Applicable when DO > 5 mg/l, pH > 7 and T > 5 ºC

3.4.5.2　水浴用水

水浴用水の断続的な排水に関する基準は，糞便性大腸菌数 2 000 と全大腸菌数 10 000 個/100 mL の濃度を限度としている．この基準は，5 月から 9 月の水浴季節のうちの少なくとも 98.2 % は達成している必要がある．これは 10 年間の平均値を用いて作成されたものである（NRA，1993）．

3.4.5.3　アメニティ

受水域は，社会に接触する量によって，アメニティ価値という点から以下のように分類される．

- 高水準：水浴やマリンスポーツ用として使用される水，公園とピクニックを通しての水路，甲殻動物が棲む水．

・中水準：ボート漕ぎ，評判の良い歩道の近くの水路，または住宅団地または町センターを通しての水路に使用される水．
・低水準：限られた公共利益．

アメニティの断続的な水質基準は，良いデザインが斡旋されることを前提として決め，荒れる排水のことをいう．これらの基準は，**表-3.19**で示されるように，受水域の快適さ－使用カテゴリーと予想される排出濃度に関して設定される．

表-3.19 アメニティエリアにおける地域排出基準(NRA, 1993)

Amenity category	Expected frequency of discharges per year	Standard
High	> 1	6 mm solids separation
	≤ 1	10 mm solids separation
Medium	> 30	6 mm solids separation
	≤ 30	10 mm solids separation
Low	—	Good engineering design

3.5　都市用水

市街地の大部分は，川の近く，もしくは沿岸で発展した．文明化の初期段階では河川の流れはかなりきれいであり，人々は飲料水と食物の源として河川水を使用した．しかし，文明が〈発展〉するにつれ，河川はますます液体と固形廃棄物の受け皿として使用され始めた．今日，市街地水流の大部分は，パイプが張り巡らされ，汚水溝ネットワークに組み込まれて流れている．最初に市街地につくられた湖沼の大部分が今日汚染され富栄養化している．湖沼がレクリエーションと喜びの場所であるために，そして都市アメニティという本来の役割を取り戻すために組織的なリハビリテーションがなされている．雨水管理において今日の持続性－意識の概念として，湖沼・河川が何であるか，あるいは何であるべきか，都市の景観の重要な部分であるべきという認識によって，都市用水の〈再発明〉の希望が取り戻されるのであろう．本節は，都市河川，湖沼に関連する問題の一部の要約を提供し，それをより良く将来の都市環境に組み込む方法に関する情報について述べた．

3.5 都市用水

3.5.1 流れと河川

　多くの水路は，都市開発の結果として劣化してきた．河道は，幅が狭い通路として限定された．そして，河道は運河とされるか，コンクリート製か別の人工材料となり，河床も人工材料にしばしば置き換えられつつある．多くの都市河川は，閉じられたパイプ下水域に変えられた．現在，多くの都市河川には，周囲の地域から雨水流出流，生汚水，薄められた汚水が排出される．そのうえ，開発途上国や一部の伝統国の市街地では，河川は固形廃棄物の「便利な」受け皿として用いられる．

　そのような都市の水路の歴史の発展を**プレート 3.2** に提示しておく．初期の(都市化されつつある)文明から始まり，前工業期から工業期までの期間を通して劣化は続き，その間，河川は一度は邪魔者となりほとんどは閉鎖され，そして，下水管が河川につなげられた．閉鎖されずに「生き残った」河川は，次に示すような水路に切り替えられた．

・ほとんど美的価値，アメニティ価値を持たない，
・生態系で限られた生物のみ生息する，
・沈殿物により限られた環境容量となる，
・汚染を拡大するための良好な条件を進展させる．

　最後に，自然の状態(または少なくとも，歴史の遺産があれば，できるだけ近い)へ，都市の水路を回復させる最近の傾向を俯瞰する．このプロセスは，例えば「日照」と呼ばれ(例：Pinkham, 2000)，荒廃した市街地で行われた都市アメニティの全体的な改良の中の一部として，自然の環境を改良するとともに景観としても気持ちの良い環境を再確立するために置き換えられたのが始まりである．

　そのようなアプローチの一つとして，都市河川路の再自然化がある．現在，都市河川再生方法論や計画に関する詳細な情報を得ることは困難である．ヨーロッパの国々で発達しつつある河川回復センターのネットワークや，河川回復のためのヨーロッパセンターのネットワークにその情報がある．2, 3 の再生計画はヨーロッパ中で実行され，米国でも実行された(Pinkham, 2000)．技術の現状について目を向けると，都市河川の適合性を評価したり，関連したリハビリテーション技術の特性を描写するヨーロッパ全体のフレームワークがないことがわかる．そのうえ，環境的な質に関して，効果的な河川回復とそれに関連する河川利用との可能性を評価するツールがない．当面，特別な評価は，おのおのの事例ごとになされる．考慮される

評価手順やそのパラメーターは，おのおのの事例で異なる．使用される方法は，場合に応じて引き出される．そして，その結果として繰り返しとなり，非効率なままで終わってしまう．この特別なアプローチは，計画が進むにつれ拒絶されるべき矛盾があることを意味している．

以下に述べるような発展は，都市環境中の水路のためにまだ必要である．
・水機能または他のアメニティとして，都市内外の河川の回復可能性について評価するための方法とツール．
・改造のための革新的な方法と既存のシステムのリハビリテーション．
・計画と開発プロセスの範囲内において，経済面，社会面，環境面を統合する手順．
・より大きい公共の関係とより透明な意思決定を認めるアプローチ．
・一般大衆とのコミュニケーションを助けるための簡単に理解するツール．

3.5.2 湖と池

都市の湖沼は，初めに公園や他の公の場所でアメニティ要素として設計される時，意図された目的を達成しているといえよう．ここでいう目的とは，地域に対し水機能を楽しみ高く評価することで幸せを感じるよう市民を引き付け，良い環境を与えることである．しかし，湖沼が計画され設計されつくられる段階では，水質は重要な問題ではなかった．通過流(他のものの間に)を供給し維持する手段に従い，これらの人工の水体のアメニティ価値は保存されるかもしれないか，その一方で，沈泥で塞がれ，富栄養化され，捨てられ，アメニティ価値は格下げされるかもしれない．

アメニティ問題を集水域単位で取り組まなかった場合，大都市圏における排水の処理に関する重要な進歩さえ，限られた影響を持った．例えば，最近の20年間で排水からの窒素・リン排出量がヨーロッパで大いに減少したが，都市の受水域の富栄養化の事実は残る．

さらに，多くの都市の湖には，湖底沈殿物中に重金属類と炭化水素がかなり高いレベルで含有されている．実際には，特にハイウェイ，または他の汚染源の近くにある公園などがある場合に，その公園や庭湖の内部に存在する沈殿物さえ汚染されていることが判明した．これらの高い汚染物濃度は，上層の水の二次汚染に至ることになる．都市の湖が湖底に「記憶」を伴うシステムであるということがますます理

解されている.

　これらのシステムの研究は，比較的無視されてきた．しかしながら，最近のプロジェクトにおいて，Stoianovら(2000)は，ロンドンのハイドパークにある蛇行する湖で，水質の操作・管理に関する決定-サポートフレームワークを開発しようとした．ここでは，GISによるマッピングとモデリングが水域とその生態系に与える衝撃の量を定める適切な指標を用いて使用された．

3.5.3 結　　論

　都市の水域のすべてのタイプに対する状態評価と回復可能性の評価については，最近まで比較的無視されてきた．このように，開発計画でその場しのぎの決定をする時，公共の場で利用される参考材料，方法論，ツールなどが存在しないことに気が付いた．もちろん，都市で自然のシステムと関連したモデリングツールの基本的理解に関しては，様々な文献(例：Butler & Maksimović, 1999b；Chapra, 1997)に記述されているが，これらのアプリケーションは，日々使用するうえで十分に効果的なものであるとはいえない．この分野においても，さらなる研究が明らかに必要とされている．

　明るい面は，持続可能な都市排水実施が増加している点である．これは，汚染源，汚染サイトと地域の制御方法に依存して都市水域の担うべき重要な役割を果たす良い前兆である．新しいものは，古いものが改造され，回復してつくられる．しかし，より賢い管理をするということは，挑戦課題として残っている．

3.6　ツ　ー　ル

3.6.1　情報面からのサポート

　水会社，市当局と他の利益団体のような計画，開発，進行に関係する現代的都市水事業組織は，最終的にはランニングコストと投資コストを回収しながら，ユーザーに給水する．そのために，信頼され効率的で財政的に健全で透明性を保つため，ますます強力な情報サポートに依存している．情報テクノロジーにとって主な役割

第 3 章　環境への影響

の一部として，外部の（全世界で地域の）データ獲得と社内「技術資料」［地上および地下資産を含む（Ray，1998）］の分析，計画，デザイン，操作面およびビジネス面での管理がある．さらに，トレーニングコミュニケーションの情報処理への接近などを

表-3.20　都市水管理において適用される情報ツールのグループ

Activity	Informatic product	Reliability, Uncertainty, Sensitivity & Remarks
Access to external sources of data, knowledge, Internet based data acquisition, international communication	General purpose hardware and software. Corporate "concept"	Easy start, low initial cost, training needed, reliability dominated by the quality of internal communication
Acquisition and processing of local data (climate, hydrology, assets, water availability, demand, losses, interactions)	Reliable ("appropriate") sensors, customised data acquisition systems, customised - target oriented data processing software. Data quality assurance. Emerging technologies	Data Reliability and quality critical, Internet based data transfer could reduce the cost of data transfer. Emerging sensor and communication technologies could significantly reduce costs
Analysis, planning, design, operational and business management, development of interfaces for analysis of interactions of subsystems and interactions with the environment and with society. Analysis of sustainability.	Software packages and GIS based or GIS centred integration for: catchment based resources (water quantity and quality) analysis, including flood & droughts. Treatment processes modelling. Network analysis and optimisation Rehabilitation scheduling.	Reliability of the results strongly dependent on data quality. Data exchange i.e. share of a common system (corporate GIS) can reduce total cost. Integrated modelling requires development of new interfaces GIS centred approach.
Training of: top level decision makers, managers and planers, specialists, operators, administrative staff, users.	Specialised educational version of software training modules. Distant learning modules.	Corporate approach needed. Regular check and retraining needed. Feedback analysis.

3.6 ツール

挙げることができる．これらのグループの基本的特徴を**表-3.20**に示す．これらのツールは，伝統的にいろいろな単一目的実行のために別に使用されてきたことも言及すべきであろう．しかし，統合した管理には，以下に示すような特別な注意がなされることが必要とされる．

・データの品質，信頼性と不確実性の定量化，
・都市水系の個々の構成要素の相互関係，
・事業組織の概念．

これらの概念を実施できるようマスターすることによって，水関連設備が日々の業務操作の質を改善するのが可能になる．それに加えて，利用できる資源を管理して，洪水，旱魃と社会経済的な不安のような好ましくない自然のエピソードに直面した時に全効率を改善できるように概念が変化していくことを可能にしなければならない．

実際問題として使われるこのアプローチの例として，Anglian Water（英国での民間の水会社）は，統合GISに基づく概念を基盤としてに経営している（Ray, 1998）．この概念とは，会社内におけるすべてのビジネスシステムを統合することによって，利益を最大にしようとすることをいう．それは，「動かされるプロセス」システムより，むしろ「動かされる資産」（集中する顧客）アプローチに基づく．そこにおいて，

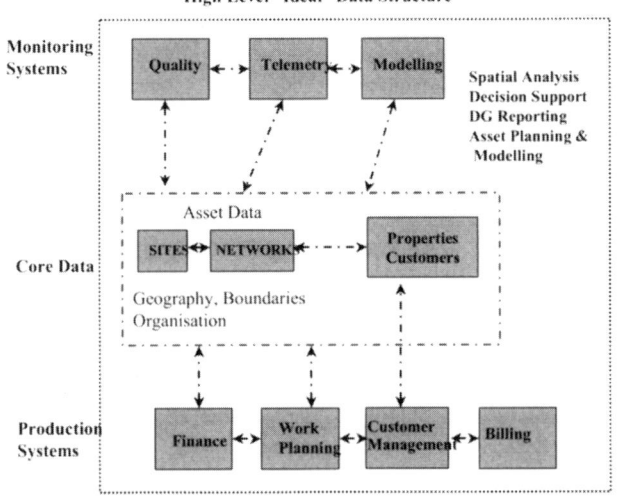

図-3.18 資産利用により動かされたシステムのデータ構造(Ray, 1998)

高い価値ある何かがデータに与えられ，実際にデータは会社の最も価値ある資産のうちの一つになっている．このシステムの中のデータ構造は，**図-3.18** で示される．

3.6.2 データ

そのようなシステムが活動中であるならば，工業分析(例えば，排水または下水設備ネットワーク分析)，ネットワーク最適化，リハビリテーション計画その他を実行することが可能となる．それは共通のデータの利用に基づく．しかし，システムの質は，強くデータの信頼性に依存する．データの質の確認にも，エラー源に関する可能な限りの分析と不確実性の定量化が必要とされる．エラー源は，センサー，データ伝送と獲得システムとデータ処理の中に含まれている．例えば，Stoianov ら (2000)は，**図-3.19** で示されるようなミス発見とエラー定量化へのアプローチを発展させている．将来のシステムが常に高品質データを確保して，不確実性の量を定める方法を含まなければならないことはここで論じられている．そして，そのために，採用される解決法によりなされる決定または採用される不確実性は，量として定めることができる．

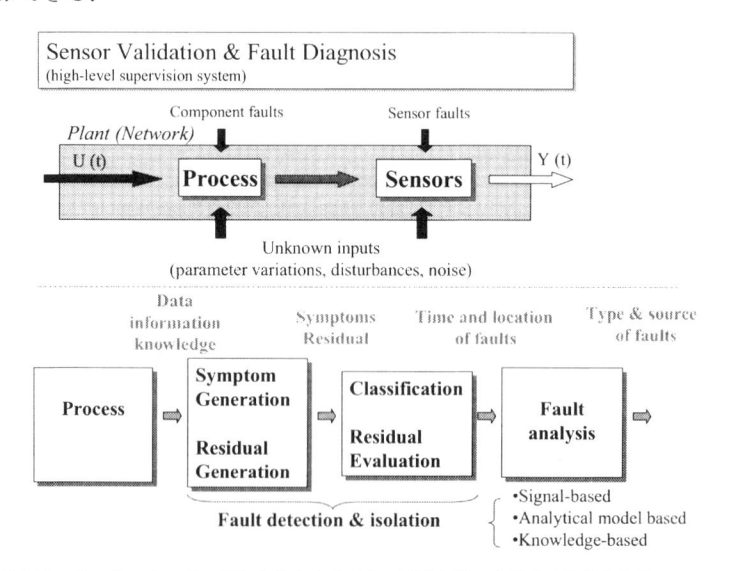

図-3.19 センサーのエラー探知と給水方式ごとの不確実性の定量化を目的としたシステム (Stoianov et al., 2000)

3.7 結 論

本章は，環境とその関連で都市の水サブシステムの主な相互関係を示した．関係する多くのプロセスに注意が集中し，そして大部分は露骨に，時々微妙に基盤と環境の相互作用があるといえる．社会基盤施設を供給する背後に働く主要な推進力は，人間の発展であり，そのことは，大量のクリーンな水を求め，排水量を絶えず増大させ，不浸透性の都市スプロール現象で地表面を覆うという事実を見てきた．我々がより大きい人口増加シナリオに対処することになっているならば，より統合化の方法の中において我々の都市の水系の自然を高く評価し，開発することは重要であるといえる．これらの相互作用が理解され，実際にデザイン，分析とシステムの操作マネジメントに含まれるならば，我々はこれを達成することを望むことができる．我々は，正しい方向へ踏み出す1つの小さなステップとして，本章を提供する．

3.8 参考文献

Ainola, L., T. Koppel, A. Vassiljev (2000) Complex Approach to the Water Network Model Calibration and the Leakage Distribution, *Hydraulic Software VIII*, WIT PRESS: Southampton, Boston, 91–100.

Ainger, C.M., Armstrong, R.J. and Butler, D. (1997) *Dry Weather Flow in Sewers,* Report R177, CIRIA, London.

Anderson, G., Bishop, B., Misstear, B. and White, M. (1996) *Reliability of Sewers in Environmentally Sensitive Areas*, Report PR44, CIRIA, London.

Balmforth, D.J., Saul, A.J., and Clifforde, I.T. (1994) *Guide to the design of combined sewer overflow structures*, Report FR 0488, Foundation for Water Research.

Barrios J. E. (2000) How to Deal with Wastewater in Developing Countries: Some Experiences from Mexico, *UNEP–IETC Workshop of Sustainable Wastewater and Stormwater Management*, Rio de Janeiro March, 184-201.

Beck, M.B., Chen, J., Saul, A.J. & Butler, D. (1994) Urban drainage in the 21st century: assessment of new technology on the basis of global material flows. *Water Science and Technology*, **30** (2), 1–12.

British Ecological Society (1990) *River Water Quality*, Field Studies Council, Shrewsbury.

Butler, D. & Davies, J.W. (2000) *Urban Drainage*, E. & F.N. Spon, London.

Butler, D., Kallis, G. & Mills, K. (2000) Implications of the New EU Water Framework Directive, *CIWEM Millennium Conference*, Leeds, UK.

Butler, D. & Maksimović, Č. (1999a) Urban water management – Challenges for the third millennium, *Progress in Environmental Science*, **1** (3), 213–235.

Butler D. & Maksimović, Č. (1999b) Developments in Urban Drainage Modelling, *Water Science and Technology*, **39** (9).
Butler, D. & Parkinson, J. (1997) Towards sustainable urban drainage. *Water Science and Technology*, **35** (9), 53–63.
Butler, D. & Payne, J.A. (1995) Septic tanks: problems and practice. *Building and Environment*, **30** (3), 419–425.
Butler, D. & Smith, S.R. (In press) Wastewater Treatment - Septic Tank Systems. In *Encyclopaedia of Environmental Microbiology* (Ed G. Britton), John Wiley & Sons, New York.
BS EN 752-4:1998 *Drains and Sewer Systems Outside Buildings. Part 4: Hydraulic Design and Environmental Considerations.* European Standard.
CEC (1975). *Directive concerning the quality of surface waters intended for the abstraction of drinking water* (75/440/EEC).
CEC (1976) *Directive concerning Quality of Bathing Water*, 76/160/EEC.
CEC (1976b) *Directive concerning pollution caused by dangerous substances discharged into the aquatic environment* (76/464/EEC).
CEC (1978) *Directive concerning the quality of fish and shellfish waters* (78/659/EEC and 79/923/EEC).
CEC (1980a) *Directive concerning quality of water for human consumption* (80/778/EEC).
CEC (1980b) *Directive concerning the protection of groundwater against pollution caused by certain dangerous substances* (80/778/EEC).
CEC (1986) *Directive on the protection of the environment, and in particular of soil, when sewage sludge is used in agriculture* (86/278/EEC).
CEC (1991a) *Directive concerning Urban Waste Water Treatment*, (91/271/EEC).
CEC (1991b) *Directive concerning protection of water against pollution by nitrates from agriculture* (91/276/EEC).
CEC (1991c) *Implementation of Council Directive 91/271/EEC of 21 May 1991 concerning Urban Waste Water Treatment*, CR-16-98-198-EN-C, Luxembourg, 1999.
CEC (2000) *Directive establishing a framework for Community action in the field of water policy* (2000/60/EC).
Chapra, S. (1997) *Surface Water Quality Modeling*, McGraw-Hill.
Chilton J. Editor (1997) Groundwater in the Urban Environment, *Proc. of the XXVII IAHR Congress on Groundwater in the Urban Environment*, Nottingham, UK, September.
Craun, G.F. (1981) *J. Ameican. Water Works Association* , **73**, 360–369.
Davis, R.D. (19960 The impact of EU and UK environmental pressures on the future of sludge treatment and disposal, *J. Chartered Institution of Water & Environmental Engineering*, **10**, Feb., 65–69.
Dixon, A., Butler, D. & Fewkes, A. (1999) Water saving potential of domestic water re-use systems using grey water and rainwater in combination, *Water Science & Technology*, **39** (5), 25–32.
Djujić, A., Č. Maksimović, M. Ivetić, D. Milovanović (2000) Lijevče Polje Aquifer under the Threat of Environmental Degradation, *Proc.CNG, Italian National Council of Geologists* , Rome, August 2000.
DoE (1996) *Code of Practice for Agricultural Use of Sewage Sludge, Department of the Environment*, London.
Ellis, J.B. (Ed.) (1985) *Urban Drainage and Receiving Water Impacts*, Pergamon Press, Oxford.

3.8 参考文献

Ellis, J.B. (1986) Pollutional aspects of urban runoff. In: *Urban Runoff Pollution* (Eds. Torno, H.C, Marsalek, J. and Desbordes, M.), NATO ASI Series. Environment, , Springer Verlag, Berlin, 1-38.

Engelhardt, M.O., P. J. Skipworth, D.A. Savic, A.J. Saul, and G.A. Walters, (2000), Rehabilitation Strategies for Water Distribution Networks: A Literature Review with a UK Perspective, *Urban Water*, **2** (2), 153–170.

European Environment Agency (1995) *Europe's Environment: the Dobris Assessment*, Copenhagen.

Fiddes, D. and Simmonds, N. (1981) Infiltration – do we have to live with it? *The Public Health Engineer*, **9** (1), 11–13.

Foster, S., A. Lawerence, B. Morris (1998) *Ground Water in Urban Development*, World Bank Technological Paper No. 390.

FWR (1998) *Urban Pollution Management Manual*, 2nd Edn., Foundation for Water Research, FR/CL0009.

Geiger W. F., (1998) Principles of Integrated Water Management for the Revival of Old Industrial Areas, In *Environmentally Devastated Areas in River Basins in Eastern Europe*, Edited by A.G. Buekens and V. V. Dragalov, ASI Series, **45**, Springer, 57–103.

Geldreich, E.E. *(1991)* Microbial water quality concerns for water supply use, *Environmental Toxicology and Water Quality*, **6**, 209–223.

Gray, N.F. (1985) Heterotrophic slimes in flowing waters, *Biological Reviews of the Cambridge Philosophical Society*, **60**, 499–548.

Gray, N.F. (1999*) Water technology. An Introduction for Scientists and Engineers*. Arnold, London.

Green, M., Shelef, G. and Messing, A. (1985*)* Using the sewerage system main conduits for biological treatment. *Water Research*, **19** (8), 1023–1028.

Harrison, P. & Pearce, F. (2001) *AAAS Atlas of Population and Environment*, Univ California Press, 216 pp.

Herrmann, T. and Schmida, U. (1999) Rainwater utilisation in Germany: efficiency, dimensioning, hydraulic and environmental aspects, *Urban Water*, **1**, 307–316.

Ho, B.S.W. & Tam, T.-Y. (1998) Giardia and Cryptosporidium in sewage-contaminated river waters, *Water Research*, **32**, 2860–2864.

House, M.A., Ellis, J.B., Herricks, E.E., Hvitved-Jacobsen, T., Seager, J., Lijklema, L., Aalderink, H. & Clifforde, I.T. (1993). Urban drainage – impacts on receiving water quality, *Water Science and Technology*, **27** (12), 117–158.

House of Commons Environment, Transport and Regional Affairs Committee (1998) Second Report: *Sewage Treatment and Disposal*. HC266-I. The Stationery Office, London.

Hvitved-Jacobsen, T. (1986) Conventional pollutant impacts on receiving waters. In *Urban Runoff Pollution*, (Ed., Torno, H.C., Marsalek, J. & Desbordes, M., NATO ASI Series, ,Springer-Verlag, Berlin, 345–378.

Inman, J. (1975) Civil engineering aspects of sewage treatment works de*sign, Proceedings of the Institution of Civil Engineers*, Part 1, **58**, May, 195–204, discussion, 669–672.

Jennings-Wrey J.(2000) *Modelling turbidity in Water Distribution Networks*, MSc thesis, Department of Civil and Environmental Engineering, Imperial College, London.

Larsen, T.A. & Guyer, W. (1996*)* Separate management of anthropogenic nutrient solutions (human urine). *Water Science and Technology*, **34** (3–4), 87–94.

Larsen, T.A. & Guyer, W. (1997) Sustainable urban water management – technological

implications, *EAWAG News*, 44E, Dec., 12–14. Check WST paper – special 35/9
Maksimović, Č., F. Calomino, J. Snoxell, (editors), (1996) *Water Supply Systems – New Technologies*, ASI Series, Springer,
Maksimović, Č., N. Carmi (1999) GIS supported analysis of pressure dependent vulnerability of distribution networks to leakage*,* In *Water Industry Systems: Modelling and Optimization,* (Ed D.Savic & G.Walter), Vol. 1, Research Studies Press, Baldock, 1999, pp.85–96
Maksimović, Č., G. Ho (2001) *Sustainable Wastewater and Stormwater Management*, UNEP – IETC, Osaka, Japan, Training Material.
Mostert, E., van Beek, E., Bouman, N.W.M., Hey, E., Savenije, H.H.G. & Thissen, W.A.H. (1999) River basin management and planning. In *River Basin Management, Proc. Int. Workshop* (Ed. E. Mostert), The Hague, October, 1999. UNESCO IHP-V Technical Documents in Hydrology No. 31, 24–55.
National Research Council NRC (2000) *Watershed Management for Potable Water Supply,* National Academy Press.
Niemczynowicz, J. (1997) Water profession and Agenda 21, *Proc. 6th IRNES Conference*, London, September.
NRA (1993) *General Guidance Note for Preparatory Work for AMP2* (Version 2), Oct.
Ongley, E.D. (1996) *Control of Water Pollution from Agriculture*. FAO Irrigation and Drainage Paper 55, Food and Agriculture Organization of the United Nations, Rome.
Otterpohl, R., Grottker, M. & Lange, J. (1997) Sustainable water and waste management in urban areas*, Water Science and Technology*, **35** (9), 121–133.
Pierrepont, P. (1998) The 'ADAS Matrix': the food and water industry in agreement. *Wastes Management*, December 1998, 28–29.
Pinkham, R., (2000) *Daylighting: New life for Buried Streams*, Rocky Mountain Institute, http://www.rmi.org/sitepages/pid172.asp.
Pokrajac, D., (1999) Interrelation of wastewater and groundwater management in the city of Bijeljina in Bosnia*, Urban Water*, **1** (3), 243–255.
Porto, M.(1999) *Sustainable Urban Water Supplies The Metropolitan Region of Sao Paulo, Brazil*, Keynote lecture at Stockholm Water Symposium.
Postel, S. (1996) *Dividing the waters: food, security, ecosystem health, and the new politics of scarcity*. Paper 132. Worldwatch Institute.
Ray, C. (1998), *UK Corporate GIS, Successes and lessons learned*, Lecture notes of the course: GIS in Urban Water, Imperial College, London.
Rees, Y. & Zabel, T. (1998) Regulation and enforcement of discharges to water. In Water Resources Management in Europe. Vol. II: *Selected Issues in Water Resources Management in Europe* (Ed. F.N. Correia), Balkema, Rotterdam.
Royal Commission on Environmental Pollution (1996) Nineteenth Report: *Sustainable Use of S*oil, Cm 3165, HMSO, London.
Saegrov S., G.K. Hansen, A. König, J. Røstum, W. Schilling, J.Vatn,(2000) Water network management – Forecasting network-rehabilitation needs by probabilistic methods, *Proc. IWA Congress*, Paris.
Sanders and Yevjevich (1996*) Urban Water Demand in Water Supply Systems*, ASI series, Springer Verlag, Ed. by Č. Maksimović, Calomino, F., and Snoxell, 7–17.
Saul, A.J. (1998) CSO state of the art review: a UK perspective. 4th *International Conference on Developments in Urban Drainage Modelling*, **2**, London, September, 617–626.

3.8 参考文献

Savić, D.A., G.A. Walters, M. Randall-Smith and R.M. Atkinson (2000), Large Water Distribution Systems Design through Genetic Algorithm Optimisation, *ASCE 2000 Joint Conference on Water Resources Engineering and Water Resources Planning and Management*, July–August, Minneapolis, USA,10.

Scandura, J.E. & Sobsey, M.D. (1997) Viral and bacterial contamination of groundwater from on-site sewage treatment systems, *Water Science and Technology*. **35**, 141–146.

Shiklomanov, L.A. (1993) World fresh water resources. In *Water in Crisis* (Ed P.H. Gleick), Oxford University Press, pp. 13–24.

Smith, S.R. (1994) *Agricultural Recycling of Sewage Sludge and the Environment,* CAB International, London.

Somsen, H. (1990) EC Water Directives, *Water Law*, November.

Stanley, G.D. (1975) *Design Flows in Foul Sewerage Syst*ems, DOE. Project Report No.2.

Stilinovic, B. Plenkovic-Moraj, A. Zutic-Maloseja, Z. and Zafran, J. (1995) The first microbiological results of research in the Plitvice lakes national park in Croatia after its liberation, *Periodicum Biologorum*, **97**, 359–364.

Stoianov, I., Č. Maksimović, N. Graham (1999) *Management of Uncertainty and Data Accuracy for On-Line Monitoring and Burst Detection in Water Networks*, Internal Report Department of Civil & Environmental Engineering, Imperial College, London.

Stoianov, I., Chapra, S. & Č. Maksimović (2000) A framework linking urban park land use with pond water quality, *Urban Water*, **2** (1), 47–62.

Threlfall, J.L., Crabtree, R.W., and Hyde, J. (1991) *Sewer quality archive data analysis*, Report FR 0203, Foundation for Water Research, Marlow.

Twort, A.C., Ratnavaka, D.D., Brandt, M.J. & MacDonald (Eds) (2000) *Water Supply,* 5th Ed edition, Butterworth-Heinemann.

UNESCO (1978) *Water Quality Surveys.* Studies in Hydrobiology: 23, UNESCO and WHO, Geneva.

UNESCO (2001) *Proceedings of the Workshop on Urban Development and Freshwater Resources: - Small Coastal Historical Cities*, Kotor, Montenegro, Yugoslavia (In press)

US Bureau of the Census (1990) *Statistical abstract of the United States 1990: The national data book,* 110th Edition, US Department of Commerce, Washington DC.

US EPA (1992) *Technical Support Document for the Reduction of Pathogens and Vector Attraction in Sewage Sludge,* EPA 822/R-93-004, Office of Water, Washington DC.

van Leeuwen, M., Butler, A.P., te Stroet, C.B.M. and Tompkins, J.A. (2000). Stochastic determination of well capture zones conditioned on regular grids of transmissivity measurements. *Water Resources Research*, **36** (4), 949–957.

Veenstra, S. & Alaerts, G.J. (1996) Technology selection for pollution control. *Workshop on Sustainable Municipal Waste Water treatment Syste*ms, Leusden, the Netherlands, November, 17–40

White, M., Johnson, H., Anderson, G. and Misstear, B. (1997) *Control of Infiltration to Sewers*, Report R175, CIRIA, London.

WHO (1995) *Protection of water sources* (Local authorities, health and environment briefing pamphlet series; 4), World Health Organization, Geneva.

Yevjevich, V., Sanders, (1996) Availability and Selection of Sources of Water Supply Systems In *Water Supply Systems,* ASI series, Springer Verlag, Ed. by Č. Maksimović, Calomino, F., and Snoxell, pp. 25–42.

第4章 インフラ統合に関する問題

Pierre-Alain Roche, François Valiron, René Coulomb and Daniel Villessot

4.1 はじめに

　20世紀における都市開発においては，水事業がもたらす利益とリスクの両方を必ずしも適切に統合して考慮していなかったことが多くの例で示されている．このような水事業の短期的性質やそれらの結果および諸問題については第1，2章で述べられている．しかしながら，決して悲観的になる必要はなく，これまでの貴重な経験や革新的な事業は，20〜30年後には，ごく当然のものとして考慮され実施されるであろうと考えられる(Roche, 2000)．都市システムの複雑さを考慮に入れると，コスト，維持，運営，トレーニングなどの問題や制度的な発展が一つの概念のもとに統合されるならば，またそれらが経済的，社会的，政治的なほぼすべての側面から取り扱われるならば，現在進行中の技術の進歩は，将来の問題を解決するために大きく貢献することになるであろう(IAURIF, 1997)．

4.2 都市開発における水事業の統合およびその重要性

4.2.1 都市開発の手段と方法

4.2.1.1 都市計画の危機？

　「創作者の時代は終わった」と述べることで，多くの評論家がその終わり，少なくとも都市政策の危機を唱えている．「王子様とその建築家達」といった都市計画者が自分の好きなように町をすべてデザインしていた時代とは，現在の私達の置かれて

いる状況はほど遠い．特に開発途上国においては，その都市開発の大部分が公的機関によるコントロールを失い，無計画な拡大を余儀なくされていることは，受け入れざるを得ない事実である．人口増加が重大なのは，それが製造業の弱体化から来る（地方の）過疎化と連動していることである．そして，都市の最も不利益な場所にそれらの仕事も財もない人達が集まるので，その地区のインフラを整備することも，公共サービスを提供することもできなくなる．

4.2.1.2 長期持続可能な都市構造：様々な規模における統合

都市複合体は，非常に多種多様な規模で組織される必要がある．現在の都市複合体は，より多極化した形態で構成されるようになっている．実際にはまるで群島のようになっていて，これがそれぞれの規模において日常生活（家，仕事，娯楽など）を送るための必要性を満たす唯一の方法である．高汚染地域もしくは危険を伴う製造業を除けば，「アテネ憲章」が提起したように，機能優先主義者が進歩した都市計画とするような大規模な地域区分を実施する時代は終了していることは疑いようもない．しかしながら，都市の全域規模での都市計画をやめてしまうべきであると考えるのはよくない．

実際，非干渉主義と公共サービスが何もないような無政府状態での都市発展は，長続きしない．近代的な都市化は，十分に大きい規模でのインフラの計画を考慮に入れている戦略的方針を述べた文書（マスタープラン，都市プランなど）なしで実施することはできない．しかし，この文書というのは，1ブロックや1地区といった単位での様々な都市構造の構築ができるように十分に柔軟性のあるものでなくてはならない．また，都市の多様性や，時には何世紀も前につくられたような歴史ある都市構造を重視することは，これら都市複合体の個性に応じた開発を行ううえできわめて重要である．

自治体の境界を越えた都市の指数関数的な地理上の拡大により，それに対応した行政組織の整備も必要となる．1850年，ブダペストは7つの町と16の村を吸収合併した．都市化の際に重要なのは，それが水に関する諸問題を考慮して適切な施設整備が実施されたか否かということである．それぞれの都市によって，また都市開発の速さによって行政組織が異なることを示す2つの例を**表-4.1**に挙げる．特にメキシコでは，連邦区域は今日では都市の半分近い人口を擁するメキシコ州やCuenca del Valle de Mexico（メキシコ谷流域）と水行政に関して歩み寄らなければならない状

4.2 都市発展における水事業の統合およびその重要性

表-4.1 都市計画と水管理に関する 2 つの例(カイロとメキシコ)

Cairo	The town groups together **Cairo** and several towns, including **Helouan** to the South covering 911 km² of which about 60 are urban. - It is spread over 3 provinces with **governors**: Cairo, Guiza, Qualubia.	- **General Organization for Physical Planning** (GOPP) for urban planning and development - 3 Governors for local implementation	- **General Organization for Greater Cairo Water Supply** (GOGCWS) - **General Organization for Greater Cairo Sewerage and Sanitary Draining** (GOGCSSD) for water.	**Ministries**: - Local Government - Finance - Health - Public Works and supervision by the **President of the Republic.**
Mexico	**Mexico Federal District covering** 1,300 km². The capital consists of 12 authorities, 4 towns, and a central department; **suburbs** in the **State of Mexico** with 35 towns since 1990 forming the **metropolitan area** covering 4,600 km² in all.	- **Federal District** with a **"regent"** appointed by the Governor - **State of Mexico** with an elected **governor,** both responsible for urban planning with general powers for water in their areas.	Water and drainage in the District (DGCO) and floods (CGRUPE) coordinated by the "district department". - Responsibility for water and drainage in the State of Mexico are spread over the 35 towns.	- Water coordination through the **National Water Commission** (CNA) dependent on the Federal State. - By the State of Mexico in 35 towns. -- Valle de Mexico **Consejo de Cuenca** in process of being set up for water and the Environment.

況にある．同様に，大パリにおいても，水管理はもともと 2 部局により実施されていたが，現在は 8 以上の部局(もともとの 2 部局が新しく 6 つに分割)が関連しており，将来的には，Ile de France 地域の規模で調整を行わなければならない状況になっている(**表-4.2**)．

4.2.1.3 フランスにおける都市政策，都市計画，地域開発および水計画の手段

都市政策や都市計画，地域開発，水計画の様々な分野において，フランスでは，**表-4.2** に要約されるような新しい一連の法律を作成している．その一般的傾向は以下のようである．

- 柔軟性，適用性を有していること．具体的な計画文書へと翻訳することができ，また戦略的性格を持たないものをも考慮することができる法律的条項の導入が可能であり，さらに，5～6 年の間に実現可能な計画文書を立案し，評価や適用がしやすいものであること．一般にこれらの計画文書は，州と様々なレベルの地方当局との間の契約書という形式で草稿される．

表-4.2 フランスにおける水および土地利用の計画とプログラム方法

Scale of topic	Territorial Development	Water
Planning tools		
National	Law for sustainable development -LOADDT- 1998 sectorial public utilities schemes (State) Law for the solidarity and town renewing – LSRU 2000	1964 Water Act 1992 Water Act 1995 Natural hazard prevention law 2001 Water Act (in discussion)
Region or basin	Regional public services schemes (Region) Territorial Development Directives - DTA (State)	Water use directory scheme SDAGE (Basin water committee/State)
Urban area	Urban coherence planning - SCT (municipality)	Water master plan / zoning (municipality) Natural hazard preventive plans (State)
Programming tools		
Region or basin	6 year Regional contracts (State/Region/County)	6 year programme (Water Agency)
Urban area	Urban contracts (state/region/municipality) Municipal programs (municipality)	Water contracts (Water agency/municipality)

・長期持続可能な開発に向けた，統合された，全面的な戦略的見通しを考慮した各部門における政策の統合．それによって，各関連地域社会におけるはっきりとした管轄とは必ずしも一致しないような様々な地域規模での政策に首尾一貫性を持たすことができる．

4.2.1.4 2つの重要因子：人口予測と都市密集

将来，これまで以上に都市への人口集中が起こることは明らかである．毎日，16万人の人々が新たに都市へ住むようになっている．都市への人口集中は，一層促進されるものと予測される．例えば，1950年には人口1,000万人以上の都市はわずか3つ(ニューヨーク，東京，ロンドン)だけだったのが，今や21にもなっており，そのうちの17の都市は開発途上国にある．2025年にはこれが50都市以上になる見込みである(図-4.1)．

現在，今後50年間で15億～40億人もの人口増加の大部分は25年間に起こり，その90％が都市部に収集するものと予測されている．人口増加率は，様々な大陸では多かれ少なかれ安定している(図-4.2)．図-4.3に示されるように，アフリカ(5％)やアラビア半島(比較的人口は小さいが，唯一顕著な減少を示した地域であり，1975～80年の間は6.5％から，現在は4％)では，世界の他の地域(平均2.8％)よりも大

4.2 都市発展における水事業の統合およびその重要性

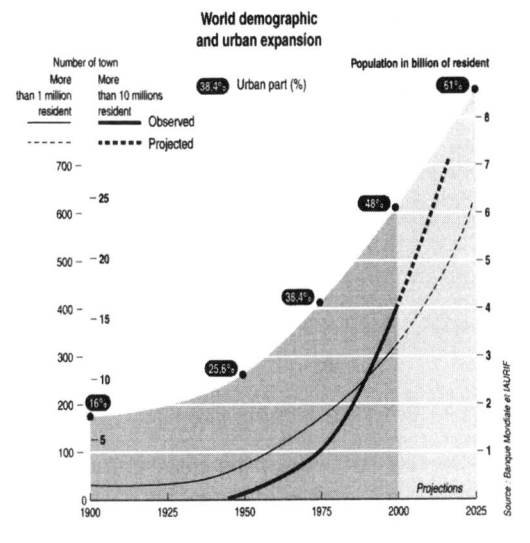

図-4.1 世界の人口増加と都市開発(World Bank, 1999)

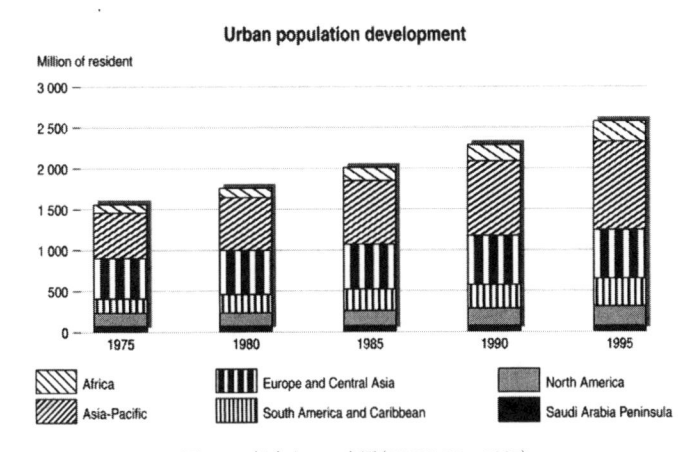

図-4.2 都市人口の変遷(UNESCO, 1997)

きな値となっている.

　人口の予測は,基本計画を立てるうえで重要であるが,いまだに難しい状況にある.人々の移住がどのようになるかが不確かなうえに,町の内部での活動や人口移住の複雑さにも影響される.

第4章　インフラ統合に関する問題

Annual growth rate of urban population

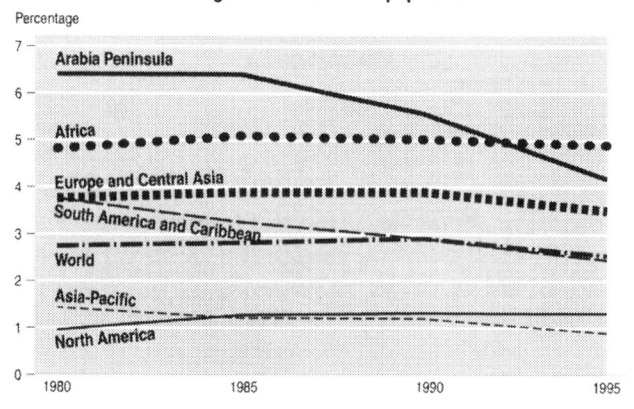

（グラフ：Percentage 縦軸 0〜7、横軸 1980〜1995）
- Arabia Peninsula
- Africa
- Europe and Central Asia
- South America and Caribbean
- World
- Asia-Pacific
- North America

図-4.3　都市人口の増加率(UNESCO, 1997)

　都市の密集度は，個々個人の居住形態によって大きく左右される．例えば，多くの国々では，一戸建ての家を所有するということが社会的地位を得ることの象徴となっており，裕福な社会階層や中流階級の人々が都市外へ家を求めて移住することにより，富める国でも貧しい国でも，都市中心部がさびれ人口が減少する状況が発生している(リマなど)．

　このような都市中心部から郊外への移住は，第二次大戦中に始まり，1950年以降になってより顕著なものとなってきた．さらに，都市郊外は，多くの人の移住を受け入れるようになってきている．この傾向は，都市計画文書にはほとんど予期されていなかった．都市計画文書では，都市郊外の人口は増加し，一方で中心部では増加割合は減るものの増加が続くものと計画していた．しかし，パリやロンドン，マドリード，ミュンヘン，ボストン，メキシコ，ブエノスアイレス，カイロなどの繁華街では，人口が10〜25％というかなり大きな割合で減少している．パリで見られるように，それまでの郊外よりもより外側で人口が増加したり，マドリードやボストンのように別の郊外地が成長するにつれて，古くから存在していた郊外地域がさびれたりしている．

　メキシコでは，1980年から1994年の間に，面積 $1\,320\,km^2$ のメキシコ連邦地域の人口が数十万人も減少する一方で，$4\,600\,km^2$ の都市圏の人口は，500万人から700万人へと増加した．連邦区域の人口は，全人口(1 580万人)の55％にしか相当していない(**図-4.4**)．しかしながら今日では，ニューヨークのハーレムやパリの中心街の

4.2 都市発展における水事業の統合およびその重要性

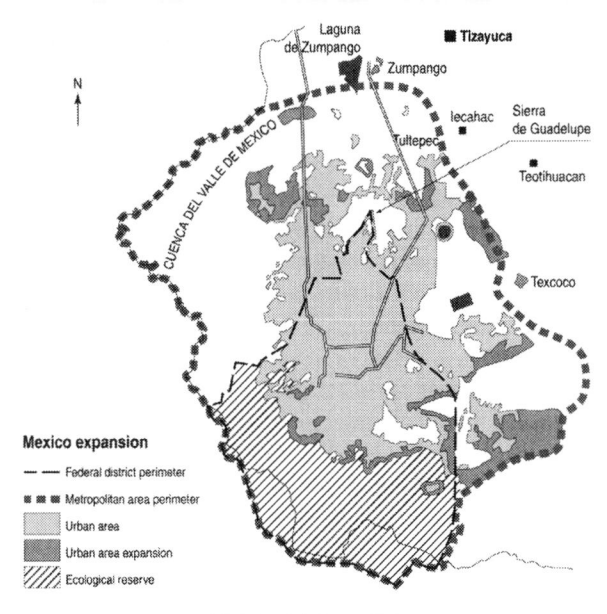

図-4.4 メキシコの拡大

ように，都市中心部に人々が戻って来ているという現象もある．

　庭付き一戸建て住宅に対しての人々の関心の高さは予想されていなかった．したがって，公共住宅やとても貧しい人達のための不動産がある地区は，最近では20〜30年前に建てられた巨大な建物が完全に取り壊されるまで，集中的な再建が必要な状態となってしまっている．これは，いわゆる都市モデルといわれるものが一世代以上もたなかったことの典型的な例であり，町が何世紀もかけて徐々に変遷しながら自然に再建されていくものであることを予想することができなかった行政側の完全な敗北である．

　都市における密集度は，1 ha 当りの世帯数で表されるが，ただ単に住宅数の要求度だけでなく，住宅1戸当りの居住者数にも依存する．この居住者数の値は，習慣やライフスタイルに依存し，先進国では3〜5となり，開発途上国では10にまでなる．

　したがって，同じ土地面積の場合でも，公共事業(道路，水，電気)の料金や公共交通機関の需要は顕著に違うことになる．カリフォルニア州では，現在から2040年までの間に人口が3倍になると予想されており，これは現状の1 ha 当り7世帯の密

第4章 インフラ統合に関する問題

度で計算すると，さらに 150 万 ha の都市化を考えなければならないということである．アリゾナ州のフェニックスでは，100 万人強の人が 1 500 km² 強の土地に居住しているが，シンガポールでは 650 km² 弱の面積に 300 万人もの人々が住んでいる．

このことから，町というものはどのような状況であれ，社会資本整備のためのコストを下げるためには，密集度を可能な限り高くすべきであるといった結論を導き出していいのだろうか？　これは明らかに間違いである．ハノイや上海，そして少し前のレニングラードのような「強い政府」が存在する国の多くの都市では，新たに外から移住してくる人々を既存の住宅で吸収するという選択をしたため，生活の質が耐えられないくらい劣悪なものとなってしまった．

シンガポールの新しい概念では，土地面積が不足している状況下において厳密な計画を適用し，新たに 100 万人の人々を住まわせる施設を提供することになっている．これは，住居をその中心部に配置させることによって多民族を統合させようという中央政府の政策によるものであり，他の代替案はない．シンガポールは，1819 年に英国によってつくられた．マレーシア半島の南に位置する 620 km² の主島と 40 の小さな島からなる群島からなり，中国や日本そして太平洋への航路上に位置する．その南を 2 つの島に守られた Keppel 湾は良好な港となっており，図-4.5 に示されるように，1820 年に 200 人だった人口は，その 5 年後は 1 万人，1860 年には 8 万人，そして現在では 400 万人と，急速に繁栄している．

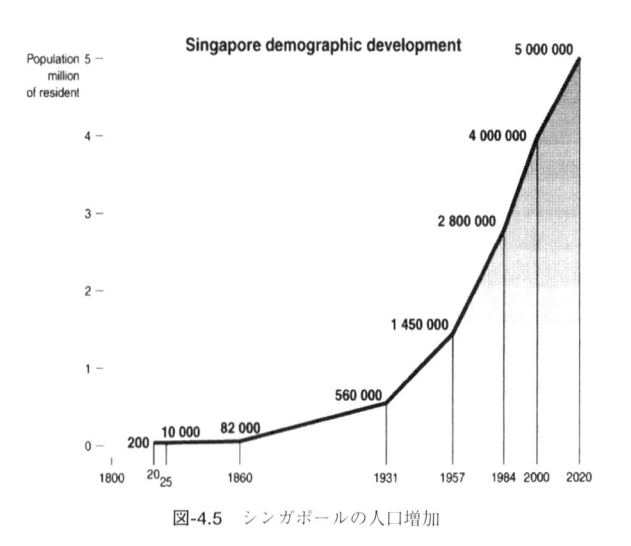

図-4.5　シンガポールの人口増加

4.2 都市発展における水事業の統合およびその重要性

　北にある Selat Johor 海峡には，今では道路と鉄道の橋が架けられており，防衛のための海軍基地を建設することが可能である．天然資源は乏しく，水は小さな 3 つの貯水池しかなく都市化には決して十分ではない．現在でもマレーシアから水を輸入しなければならない状況である．しかしこの場所は，航空路としても開けており，人口の 70 ％を占める華僑が勤勉で経営に長けていることが国の繁栄に通じている．このよく管理された「市州」は，銀行システムや，日本やヨーロッパより安い労働力を利用した新技術による産業化を目指して，1946 年に独立した．必ずしも均等には分配されていないが，1 人当り 3 万ドルもある GNP は，家と仕事を求める移住者を引き付けている．森林面積は全体の 5 ％しかなく，耕作可能な土地は 8.5 ％しかない．したがって，唯一の解決法は，利用可能な $520\,km^2$ の面積の都市化を図ることである．さらに，200 年から 2020 年にかけて増加すると予測される 100 万人の新たな人々(**図-4.6**)が働くために必要な土地を確保しなければならない．

図-4.6　シンガポールの都市開発

　ロンドンでは，息苦しく騒々しい中心街を避けようとビル群が都市周辺部へと拡大することを抑制するために，そして田舎の人々を都会の魅惑から守るために，都市計画者達が新しい都市(衛星都市)をつくった．この概念は，最初にパリで多様性をもって広まり，現在では多少の違いはありながらも世界の至る所で存在している．最近ではブラジリア，ブエノスアイレス，カイロ，ニューデリー，そしてソウルでも見られる．$605\,km^2$ の土地に 1 200 万人以上の人々が住んでいたソウルの都市部は，現在では 1 万 1 600 km^2 以上の面積からなり，20 近い衛星都市とともに 5 つの地域から構成され，500 万人(すなわち，ソウルの人口の 1/4 以上)の人々が周辺部に住んでいる．人々の流入が外側地域に集中するものの，ソウルの成長は抑えることが可能である．都市地域という概念は，町という概念とは全く別のものとなっている(**図-4.7**)．

　これらの衛星都市は，貧しい人々だけではなく金持ちのスラム街にもなり得る．

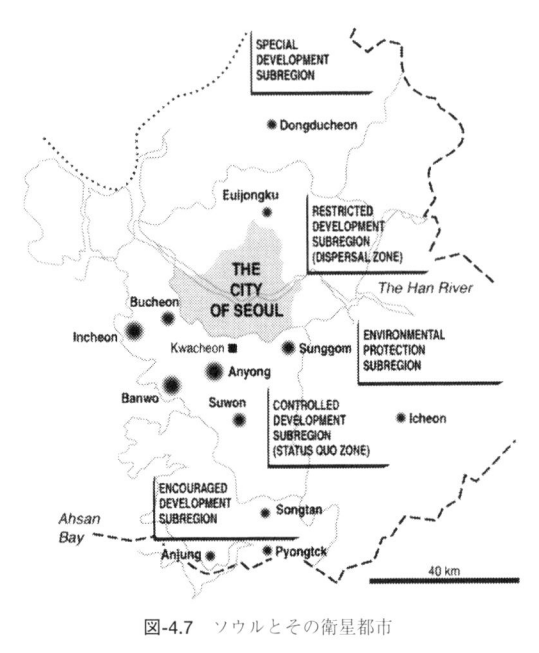

第4章 インフラ統合に関する問題

発展を遂げたサンパウロでは，裕福な人や中流階級のための高層ビル群からなる巨大な区画があるが，今日ではこの区画による島のような衛星都市が多くできている．これは人種隔離主義が行き過ぎた都市計画であるが，都市における安全性という面では有益である．

このように計画者の独自の価値観のもとでつくられた多くの衛星都市では，計画段階において水の確保が重要視されなかったため，上水や下水処理で相当な料金を払わなければならなくなってしまっている．

図-4.7 ソウルとその衛星都市

4.2.1.5 「自然発生的な」地域

Philippe Haeringer(1998)によって詳細に分析されているように，開発途上国において見られる新しい居住者の増加による無計画な都市成長は，19世紀から20世紀前半にかけての目覚ましい計画的な都市開発とは著しく異なった現象として捉えなければならない．成長を続ける都市内においては産業の急激な拡大とともに製造業における雇用が増大するのに対して，田舎では生産の重要性が低下し，乳児死亡率の低下とともに人口のアンバランスが生じてしまう．また，経済が危機的状況にあるにもかかわらず，仕事や収入に対する希望がなくなってしまうことになる．今日では，決して望まれていない都市への流入をトラブルとアンバランスの源であるとみなし，これのもたらす良いものも悪いものも抑えてしまおうとしている．UNCHS(1996)によれば，世界で6億人の人々が生命や健康への脅威にさらされている地域に生活しており，1億人以上のホームレスがいると見積もられている．これらの地域の中には，年に10～20％の人口増加をしている所もある(UNEP, 1999)．

この自然発生的な都市化は，一般に法律的支援もなく，多湿な谷底，洪水の被害

4.2 都市発展における水事業の統合およびその重要性

を受けやすい地域，雨水の浸食や地すべりのある丘の中腹などの最も条件の悪い地域に多く見られる．したがって，これらの地域に公共事業を導入するには著しいコスト(例えば，パイプの長さ，土地の不安定さ，基礎の深さ，公共輸送に求められる道路の規模，など)がかかることになる．それと同時に，このような地域では居住者による金銭投資はほとんど期待できないだけではなく，居住者が義務を果たしてくれる可能性はほとんど見込むことができない．したがって，最終的にはこのような地域の改善は行きづまってしまうことになる．

最良の条件下では，不幸にも滅多に実施されてはいないのではあるが，最初に自然発生的な都市化が起こった地域では，水道がひかれ，段階的な住宅計画が実施され，主要な道路等が整備される．残りの地域でも，流水があったりするのだが，そのほとんどの場合は，飲用の泉があるにすぎない．その他の地域では，移住者が最悪の条件下で生活している状況である．このような整備が必要な地域および満たされるべき需要は，日に日に拡大していくことにより，都市化を制御することは一層困難となる．今日では技術的な問題を解決しなければならないだけではなく，これらの地域に事前にインフラの導入をするのに十分な財源がなくなってしまっている．

図-4.8 に，開発途上国における都市化の過程を示す(Valiron，1997)．都市の中心は，ほぼ主要道路に沿って星形に拡大し，密集地域を形成する．そしてその周囲に，中流階級のための建物がある地域があり，公共事業整備が存在しない地域には，密集した建物からなる低家賃住居がある地域が広がる．そして最後に，商業地区が計画されることになる．このように，都市外からの移住圧力や内部の人口爆発による自然発生的な都市化現象により，組織的な都市化の管理を効果的に実施することは困難である．

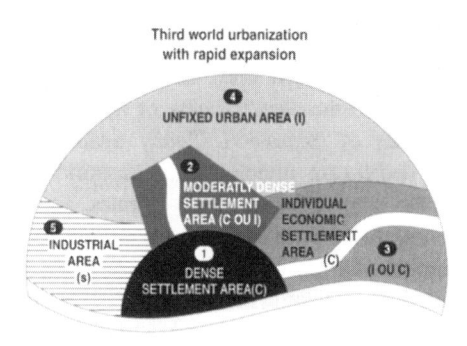

図-4.8 町の拡大プロセス

世界の多くの巨大都市において，このような都市の未来は，終末論的な見方をされている．居住者達の間では，復興のために必要な行動が欠けているため，このような悲観的な見方が支配的である．以下の段落では，人口容量を最大限に上げることによって，実用的なインフラを整備するために，そして現状の悪循環から抜け出

第4章 インフラ統合に関する問題

すために，かなりの努力がなされてきたことを示す．地域社会とは，最初の開拓者が入植した場所に，好むと好まざるとにかかわらず，次第に都市単位が形成されていくことによって存在するようになったものである．その時代に最適なインフラ整備を継続的に実施することが必要であり，そのために資源を導入することが必要となるわけである．今後の30年間に必要なのは，この継続的な整備である．

Ouagadougou 区の事例では，十分に拡大した地域においてでも，必要最低限ではあるが，効果的な水供給を組織的に実施することが可能であることが示されている．また，排泄物や排水，そして廃棄物から生じるリスクを制御することができている．Ouagadougou 区では，50年前には20万人に満たない人口であったが，現在では100万人を超えている．全人口の40％に相当する人々へは，個々の事業管理者の水の供給を通じて水飲み場が確保されているはずであるが，実際にはその水のうち18％の配給されていない．この事業管理者というのは，もともとは水供給会社に選ばれた特に最も恵まれていない地区レベルの一個人である．流水設備や水飲み場がない全人口の20％の人々へは，水飲み場の水を各個人へ配達することで補われている（図-4.9）．この輸送と配達のシステムは，当局によく管理されており，急激な料金の値上げを防ぐような契

図-4.9 Ouagadougou の屎尿処理

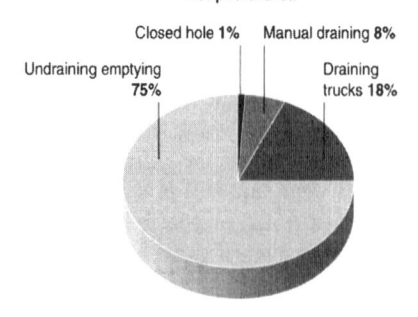

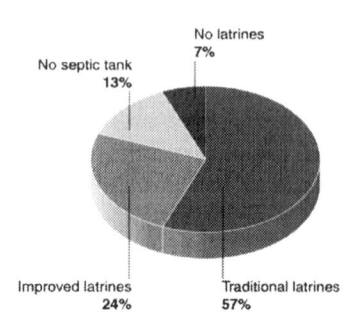

図-4.10 Ouagadougou 周辺の屎尿処理

図-4.11 Ouagadougou 周辺の屎尿処理

約になっている．当局はこれらの水供給と同時に地域のごみ収集のためのシステムや排泄物除去のための設備づくりも実施している．また，これらをもとにインフラ整備に必要なデータ収集も行っている．**図-4.10** および **図-4.11** に示すように，1998年の時点で，下水本管へのアクセスができない地域は，都市の周辺部で 75％であるのに比べ，中心部では 25％のみとなっている．

4.2.2 都市における水の複雑な役割

一般に，都市成長においては，住宅，雇用，輸送問題が危機的状況にあり，水問題は付随的に見えるかもしれない．そして不運なことに，都市計画においても，水事業は附属的に扱われることがよくある．これは，水事業が，開発や都市開発において演じている中心的な役割を無視していることになる．

4.2.2.1 社会的，経済的，文化的側面：都市において利用可能な水

表-4.3 に示した約20程度の都市も含めて，多くの都市は河川や海岸の近傍に形成されている．これらの都市においては，水辺に存在することが文化的，経済的，社会的に考えて必要不可欠であったし，現在でもそうである．なぜならば，これらの場所では，港を形成し，河川交通を利用することができるからである．また，水資源としての利用価値が低く開発が遅れたとしても，物々交換の場所としての都市が発展することになる．

表-4.3 都市と水との関係

Continental or coastal cities (bold)			
Lake	Main water course	Average water course	Small surface water course
Brasilia	Bordeaux	**Boston**	Casablanca
Mexico	Budapest	**Jakarta**	Ouagadougou
	Hanoi	Munich	**Marseille**
	London	**New York**	Madrid
	Paris	**Osaka**	Mexico
	Cairo		Nimes
	Delhi		Singapore
	Seul		
	Shanghai		
	Saint Petersburg		

第 4 章　インフラ統合に関する問題

4.2.2.2　「都市芸術」としての水

　水辺において何世紀もかけて形成された普通の町では，そこから「都市芸術」の道具となるものの一つをつくり出している．初期の都市計画においては，庭園や公園，泉は公共用地の中心につくられた．都市計画者によって水を見られる場所や水を楽しむ場所が無視され始めたのは，19世紀後半から20世紀初頭にかけてである．バビロンやアラブ地域の町が形づくられた時には，公園や庭園が水事業や都市計画の一部としてつくられている．

　El Retiro 公園(**図-4.12**)や旧市街の3つの美しい泉があるマドリードは，明らかに今日でも賞賛されているグラナダでつくられたものと同じ伝統のもとにつくたものである．

　首都では，王族の住居のために公園と泉のついた宮殿を建てた．ベルサイユは，風景と建築物との融合に成功した例であり，法外な費用をかけて技術的に水を運んできていた．この必要不可欠な資源である水との結び付きは，今日でも多くの通りや広場にあった井戸や噴水の名前が石に刻まれていることからも容易に想像できる．マルセイユの Longchamp 宮殿は，1849年に la Durance から水を引いている(**図-4.13**)．

図-4.12　マドリッドの Retiro 噴水　　　図-4.13　マルセイユの Longchamp 宮殿

　都市内河川では，航行や輸送の光景(テムズ川のロンドン波止場やボルドーのガロン川河岸など)も都市風景に統合されていると考えられる．パリでは，セーヌ川が威信ある建築物群と融合するようにつくられた．セントペテロスブルグは，ネバ川と

その運河の水門システムをもとにつくられた都市であるが，18世紀以来，都市と水との統合が成功した例として有名である．

このような水を利用した都市計画は，ここ30年ぐらいで，洪水制御の専門家とともに環境や生態系保護を訴える人々の意識の高まりと相まって，再び都市計画者達の関心事となっている．

そして，大阪やパリと同様に，1976年にロンドンやブダペストで水と連結させた緑地帯がつくられた．これらの都市では，「緑の基本計画」が，川沿いや水辺そして丘に緑の保護区をつくるように計画され，この結果，住人1人当りの公園・緑地面積を$5m^2$から$15m^2$に，また緑の保護区を$40m^2$から$50m^2$に変えることができた．

水計画や河川に平行に設けられた遊泳池は，特にミュンヘンやマルセイユ，ボストンにおいて見られるように，どこにでも少しずつ整備されてきている．そしてついには，水理技術者達は，保養地を提供しながら汚染の多くを減らすことが可能な新しいタイプのため池を都市化した地域でつくるようになったのである．

4.2.2.3 水と公衆衛生

衛生への関心は，19世紀，特に医師達が公衆衛生において水が主要な役割を担うことを認めた時に発展した．ルイ・パスツールは，「我々の病気の90％は水を飲むことに起因する」と言っている．それ以来，安全な飲料水の供給や，地下システムによる雨水や排水の排除は，近代都市の象徴の一つとなっている．初期の時代には下流へと排除されていたが，その後，処理されるようになった．大阪を例として水事業の推進と水系伝染病にかかった人の数の関係を図-4.14に示す．

図-4.14 大阪における水供給と水が原因で発生した疫病

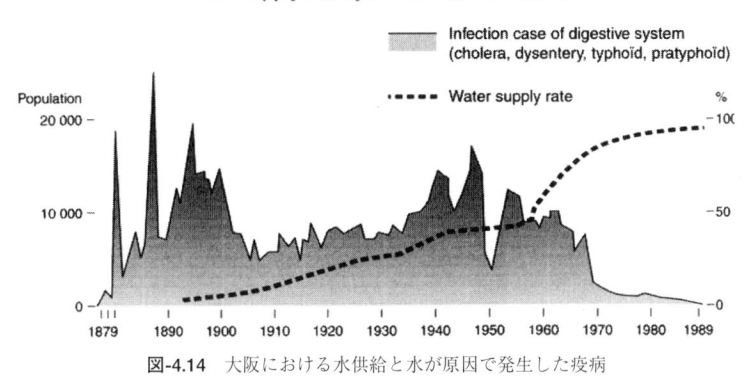

第4章 インフラ統合に関する問題

Cholera eradication by water chlorine action in Marseille

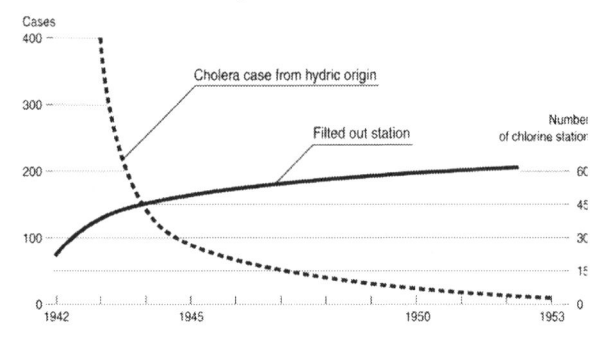

図-4.15 マルセイユにおける塩素処理によるコレラの激減

マルセイユでは，運河の水を未処理で使用することによって，1935年には2600もの人が死亡したが，1942年から1950年にかけて実施された運河の塩素処理が，コレラの発生を激減させた（**図-4.15**）．

ミュンヘンでも類似の例があり，水道管の発達と死亡率の変化が関連付けられる．また，ブエノスアイレスでは，1870年から1995年にかけて水道事業が急激に発展する間に死亡率が半減した（**図-4.16**）．

図-4.16 水の運搬

昔や現在の伝染病は，都市の水系インフラの整備と関連している（**図-4.17**）．今から50年あるいはその後に，再び他の都市で水系インフラが整備され伝染病が激減するものと予想される．

4.2.2.4 既存建築物の影響

今日，私達が働いている都市は，巨大なシステムを有している．そして，時にはそのシステムは非常に劣化していたり，洪水の影響を受けやすい地域に建てられていたりすることがある．都市化が不適当な地域で発展した旧市街の建物は，近代の快適な設備を導入するには適当ではない．したがって，新しい近代主義者的ユート

4.2 都市発展における水事業の統合およびその重要性

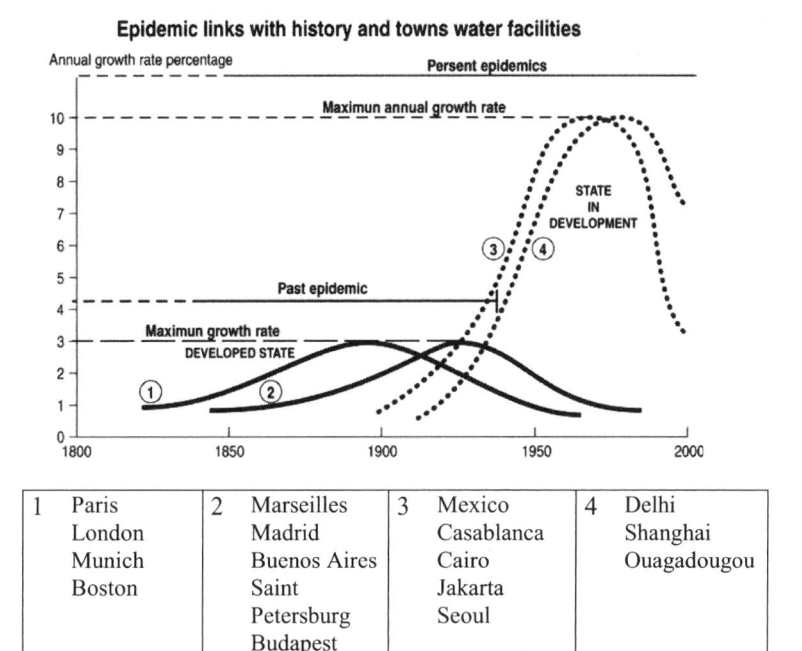

Epidemic links with history and towns water facilities

```
Annual growth rate percentage                Persent epidemics
10        Maximun annual growth rate
 9
 8                                              STATE
 7                                              IN
 6                                              DEVELOPMENT
 5                              ③    ④
 4   Past epidemic
 3   Maximun growth rate
     DEVELOPED STATE
 2
 1   ①      ②
 0
 1800   1850   1900   1950   2000
```

| 1 | Paris
London
Munich
Boston | 2 | Marseilles
Madrid
Buenos Aires
Saint Petersburg
Budapest
Osaka | 3 | Mexico
Casablanca
Cairo
Jakarta
Seoul | 4 | Delhi
Shanghai
Ouagadougou |

図-4.17　疫病発生と水関連インフラ整備との関係

ピア(すなわち，最適都市)を夢見ると，時代遅れの過去の遺物を取り除くことによって都市は再建されることになる．これまで，このようなイデオロギーに基づく見方から受けた都市計画による損害をよく目にする．また，歴史性や多様性を見捨ててしまう機能主義者達による目に余る都市の質的低下もよく目にする．現存の建物には文化的・社会的価値が存在する．したがってこれらを考慮に入れて，長期的に持続可能な都市をつくっていくことが重要である．

　以前の都市計画者達は，既存の道路や交通機関をそのままにして都市を再構築した．しかし，いかに彼らが才能豊かであっても，そういった目的を成し遂げようとした者の多くは，保存すべき価値のある建物を破壊してしまった．パリでは，ハウスマン男爵が広い並木街路を有する現在の外観を整えることに成功したが，これを文化的には高くついたと考える人もいる．確かにこの仕事は容易ではなかったが，その教訓は心に響く．だからこそフランス人都市計画者ボードインは，チュニス(チ

ェニジアの首都)において，この都市の魅力の一つであり，歴史的遺産が多く存在し魂ともいえる Souk 地区の大部分を完全に破壊しようとする急進的な動きから守ることができたのである．

4.2.3 水質に要求されるもの

　水道水や工業，農業もしくは水泳や養殖に供給するのに必要な水の質というのは同じではない．要求される水質が最も高いのは，飲用やある種の工業へ利用される場合である．街路洗浄や，ある種の工業用の水には，それほど高い水質は要求されない．それらの限度を決定する基準値というものがある．基準値は，世界保健機構(WHO)のような国際団体や，EU のような多国家共同体，米国などの国家レベルの政府機関によって決められる．

　自然環境は，その敏感さにより一般に定義され，それに従って，富栄養化(過剰な栄養塩類により生じる藻類の異常増殖)しやすい地域，貝類養殖場(漁場や養殖地域)，遊泳地域(淡水や海水)，そして飲用水を供給するため用いられる取水源などに分類される．非常に多くの国々でこのような地域を守るために複雑な法律が定められている(**表-4.4**)．

　例えば，人間が消費するための水について 1998 年に定められた EEC 基準には，53 個の項目(微生物学的・化学的指標，放射能など)が含まれている．**表-4.5** は，微量汚染物質に関する水質基準の各機関における違いを示したものである．

　これらのパラメーター値は，頻繁により厳しいものへと再検討されている．例えば，EEC では，WHO の値を受け入れて，鉛の基準値を $50\,\mu g/L$ から $10\,\mu g/L$ に減らした．これらは，健康への考慮や発癌性も考慮に入れた毒性に基づいたものである．発癌性に関する指針値は，10 万人に 1 人の発症確率から見積もられているが，このような実験データはほとんど存在せず，信頼性にも乏しい．したがって，安全性をどれくらい予防的に考慮するかによって基準値には著しい違いが生じてくることになる．

　EC でも 1975 年から 1980 年にかけて，非常に広い分野(例えば，飲用，遊泳，養殖，甲殻類飼育などに利用する地表水)にまたがる「指針書」の草稿を作成した．この指針書には，危険物質リストや，そして地方自治体により水が処理される際に従うべき内容や農業由来の硝酸性窒素についての記述も含まれている．工業用水処理も

4.2 都市発展における水事業の統合およびその重要性

表-4.4 各国の水質基準

	Country	Potable Water	Irrigation	Waste Water	Fisheries	Bathing Water
1	European Community	X	X	X	X	X
2	France	X	X	X	X	X
3	UK	X	—	X	X	X
4	Germany	X	X		—	X
5	Spain	X	X	X	X	X
6	Hungary (1)	X	X	(to be provided)	—	X
7	Czech Republic	X	X	X	—	X
8	WHO references	*				
9	United States	X	—	X	—	—
10	Canada	X	—	X	—	X
11	Argentina	X	X		—	X
12	Philippines	X	X	X	X	—
13	Indonesia	X	X	X	X	—
14	Malaysia (2)	X	—	X	X	—
15	Brazil	X				

"X" specific regulations exist and were sent to us
"—" no specific regulation
* Web site
1 A new set of regulations must be adopted this year
2 There are no specific regulations but simply "guidelines"

表-4.5 微量汚染物質に関する基準

(Level in µg/l)	USA	WHO	EEC
Cyanide	200	70	50
Nickel	100	20	20
Lindane	0.2	2	0.1*
Methoxychloride	40	20	
Trichlorethylene	5	70	10†
Xylene	10,000	500	

*Total pesticides 0.5 µg/l
†10 µg/l is for tetrachroethylene and trichlorethylene

含まれており，最終的には，各集水域においてすべての必要なもの一体化し，実行をするための枠組みがつくられている．この指針書の枠組みは，対策や計画を集水

第4章 インフラ統合に関する問題

域において統合的に管理・運営することを推奨している．また，地域住民の参加や「汚染者負担」の原則を適用することによってコストを抑えることなども勧めるものである．

この指針書では，都市は水供給問題や排水・雨水の処理だけでなく，都市内における他の水利用に関しても注意を払う必要があることを示している．

モロッコの大西洋沿岸では，北はKenitraから南のCasablancaまでの幾つかの大都市に人口が集中することで淡水資源が欠乏していた．そこで，モロッコはONEPとともに，これらの地域の共通の水源として北部のSebou，中部のBou RegregやFouaratそして南のOum Er Rbiaのダムを改良し，これらのダムから水を輸送する計画を立案した．この基本計画では，ただ単に都市の水需要だけではなく，農業や水力発電に必要な水需要

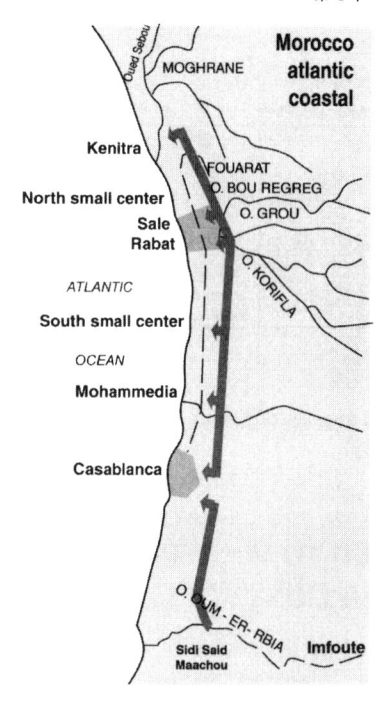

図-4.18 モロッコの大西洋岸

も考慮に入れている．また，これによりCasablancaでは，都市域における水の需要の約55％を満たすことができることになる．そして，Sebouに新しいダムを建設し，他のダムの堤防を高くし，現在の人口増加とその需要を考慮に入れて計画実行日を決定した．それと同時に，Casablanca下水道基本計画では，都市開発計画に基づき工業や大Casablancaの公園開発および灌漑に利用するために，Sidi Bennouisiにある巨大な水処理施設の建設を計画している．

ジャカルタの例は，土地利用の変化に伴う影響を示すものである．ジャカルタでは都市の拡大が著しい．20世紀の初めには26 km^{2}であった都市部は，21世紀の夜明けには，ジャカルタ周辺の東はBekasiから西のタンゲラン，南はBogorまでを含めた6 800 km^{2}もの巨大都市域を有するようにとなった．この巨大化した地域は「Jubotabek」と呼ばれ，1980年には1 150万人の住人であったが，2000年には2 000万人近くになっており，旧ジャカルタにはその60％の人々が住むようになった．この元来農地であった地域の都市化により，森林破壊，浸食，洪水リスク，海水の浸

出，井戸の増加に伴う地盤沈下などの多くの問題が生じている．これらの問題は，強大な地域資本を有するにもにもかかわらず，水の統合管理に多大な悪影響をもたらしている(図-4.19)．

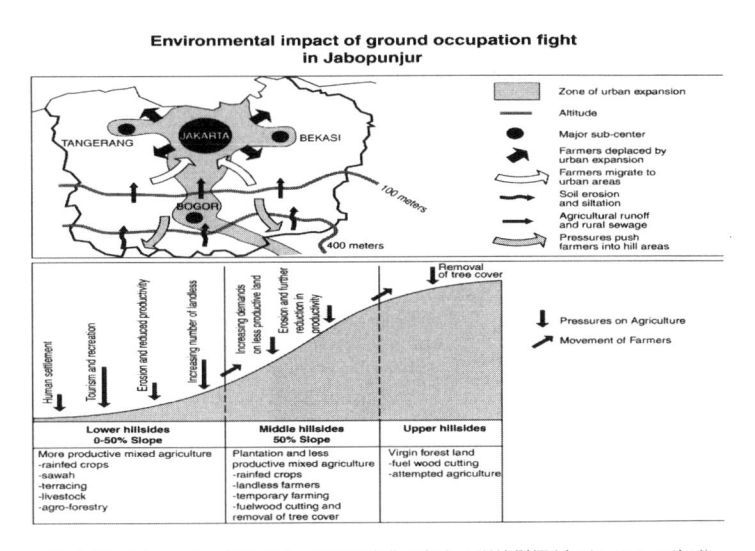

図-4.19 Jabopunjurにおける土地利用変化が与える環境影響(大ジャカルタ計画)

4.3 都市雨水の氾濫と制御

　川の氾濫に直結する大量の雨水の排水システムは，これまで数多くの方法が導入されてきたが，現在でも都市開発の大きな問題となっている．**第2章**で扱った都市地域以外の洪水対策を除けば，洪水を予測し，警告をするシステムを持つことが勧められている．本章では技術と法規の間に存在するバランスについて言及し，さらに**第8章**では保証システムについて取り扱う．

4.3.1 氾濫現場における対応

4.3.1.1 湿地帯開発の回避

　持続可能な社会を概観するうえで，都市内河川を考える論理は，複雑な構造を有して流れる河川の自然の形である湾曲を妨げるのではなく，保守や修復をして，例えば洪水に備えての遊水地を設けることにある．この解決方法は，生態にとって非常に重要な湿地帯を守ることを可能にする．湿地帯を保全するには，建築物を法的に禁止する手段がとられることが多い．しかし，湿地帯の土地価格は，道路などを建設するには好都合であり，したがって，経済的にも政治的にも建設を禁止することは難しい．しかし，それでも政府や地方自治レベルの公共当局は，将来の利害を理解して厳格に考慮していかなければならない．

　フランスの1995年令に制定された「リスク回避計画」(RPPs；risk prevention plans)では，歴史的な洪水の統計学や水文学による分析や詳細な水文モデルを使用した調査によって，洪水の原因である地域と定義された場所には建設の規制が導入された．国によって制定されたこのような計画は，市民からたくさんの情報が寄せられるのだが，以前発生した洪水に関する市民からの情報はあまり利用されないことが多い．このようにして設立された土地利用は，建設を許可しない地域や，特別な条件のもとに建設を許可される地域を指定することになる．災害が起こった時，地域社会は団結して対応する(Roche and Bourrelier, 1998)が，個人が財産に保険を掛ける場合，リスクの大小による保険料の違いがない．このことは，個人の責任認識が薄れることにつながってしまうことに通じている(Bourrelier et al., 1999)．

4.3.1.2 レジャー開発による治水

　洪水と都市を調和させる最良の方法の一つに，洪水の可能性のある地域を公園，スポーツ施設，レジャー施設にするという方法がある(Dégardin and Gaide, 1999)．これらは，広大な面積を必要とする草地や森林などの自然に近い構造を有し，実際に洪水時には大量の水を容易に貯留することが可能である．もちろんそれらの場所は，洪水時の放流を決して遮らない構造となっていなければならない．また，注意深く管理，運営しなければならない．

　マルセイユ近郊のVitrollesという新しい町の排水システムは，13の貯水池からなり，これらにより，洪水時にはLaladière川の放流量が最大21 m³/秒に制限され，マ

4.3 都市雨水の氾濫と制御

図-4.20 Vitrolles の広場

図-4.21 Vitrolles の景観整備された集水池

ルセイユ空港地区と Marignane と L' Estoublet の洪水が防止されるようになっている．その中の一つに面積 1.4 ha，貯水量 4 万 m³ の Lionant (図-4.20)がある．普段は自転車用道路とフットボール場として利用されている．また Frescoule(面積 1.5 ha，貯水量 2 万 5 000 m³)はスポーツ広場や公園として 900 世帯の人々に利用されている(図-4.21)．

1965 年には既に 500 万人以上の人

図-4.22 ソウルの洪水地域の公園

が住んでいたソウルでは，堤防が存在していたにもかかわらず，洪水によってかなりの被害が出ることがあった．このため，特に国際空港への影響を軽減させるため漢川に改造を行い，周辺地域を保護し，上流に幾つかのダムを建造し，洪水時の緩衝地帯を川の両岸に設けた．図-4.22 に示すように，この面積 700 ha の地域は 1986 年のオリンピックのために大きな公園としてつくられた．上流のダムのおかげで，Pelleng 市の Champil と Chai にはレジャーボート用の湖があり，この 2 つの公園内の湖の水位は，巨大な洪水時に公園が浸水してしまう場合を除いてはほとんど変動しない．これらの例は，洪水が発生しやすい地域に都市公園を建設することにより，程度の差こそあれ，水のある風景や地域の多様性を最大限に利用していることを示している．湿地帯の生態系の豊かさを多くの人に学んでもらうといった教育的効果もある．逆に商工業の中心地は，造成されてはならない．

4.3.1.3 脆弱性を低減するための建設と復興

　高いリスクを有する地域における建設は，既に建設済みのものを除いては許可するべきではないということを前述した．洪水を引き起こしやすい谷などは，都市開発しない方がよい．しかし，このような地域に既に存在する都市のインフラは，完全なものにする必要がある．洪水が発生しやすい地域が既に開発されてしまっている場合には，その地域が機能を果たすため，また継続していくためには，古くなった家々を建て直していく必要がある．

　川沿いに住む人々の安全を保障し，また地域の弱点を最小とするような建物が建設されなければならない．洪水の危険性は，標準高水位近辺に住んでいる住民にまで及んでいる．現在のように浸水を防ぐために建造された高床式の建物は，実際の洪水時には容易に流されてしまうことになる．洪水を引き起こしやすい地域に建設するのであれば，洪水の危険性が迫っていること知らせることができるような都市機能を有し，洪水を予防するための情報提供がなされなければならない．このようにすることによって，開発側は，水の反射や並木の配列などその土地の風景を考慮にいれることが可能となる．

4.3.1.4 洪水に弱い設備や装置の保護

　重要な課題の一つは，洪水時における安全の確保ができるか否かということである．これは，水に弱い設備・装置などは完全に保護しなければならないことを意味する．このためには，設備・装置などに関する完全なリストが必要となるばかりではなく，精度よく洪水の特性を表現することを可能とした水文モデルが存在することによって達成される．電気や電話，ガスなどのサービスの確保のためには，受容可能リスクを段階的に設定し，これに応じた予測警告システムが確立されていることが必要である．

　日本の大都市の一つである大阪は，海辺に位置し，台風や大雨に伴う洪水に被害を受けてきたが，その上流に位置し高い貯水容量を有する琵琶湖の水位を制御するためのガイドラインが次第に整備されることによって被害の頻度が減少してきている．琵琶湖に流入する河川にある数多くのダムの管理などを含め，そのシステムは複雑であるが，このガイドラインの整備によって，琵琶湖は下流の洪水を防ぐことができるようになったばかりではなく，貯水池としての機能も果たせるようになった（**図-4.23**）．

4.3 都市雨水の氾濫と制御

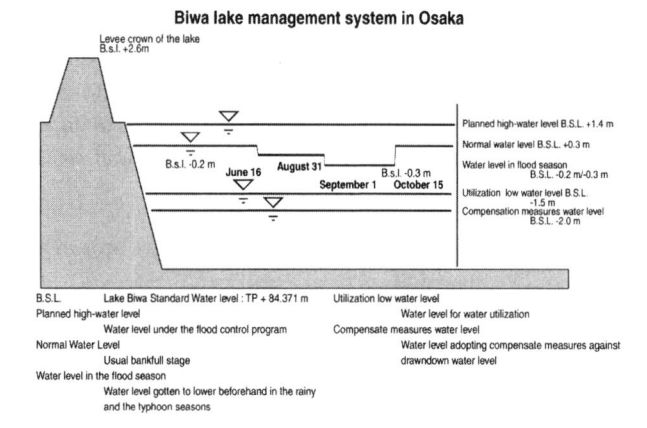

Biwa lake management system in Osaka

Levee crown of the lake
B.s.l. +2.6m

Planned high-water level B.S.L. +1.4 m
Normal water level B.S.L. +0.3 m
B.s.l. -0.2 m
June 16 August 31
September 1 B.s.l. -0.3 m October 15
Water level in flood season B.S.L. -0.2 m/-0.3 m
Utilization low water level B.S.L. -1.5 m
Compensation measures water level B.S.L. -2.0 m

B.S.L. : Lake Biwa Standard Water level : TP + 84.371 m
Planned high-water level
 Water level under the flood control program
Normal Water Level
 Usual bankfull stage
Water level in the flood season
 Water level gotten to lower beforehand in the rainy and the typhoon seasons
Utilization low water level
 Water level for water utilization
Compensate measures water level
 Water level adopting compensate measures against drawdown water level

図-4.23 琵琶湖の管理

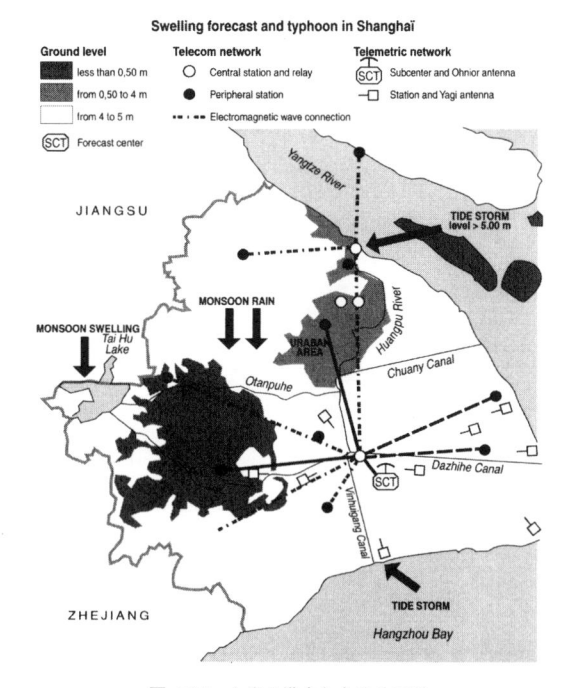

Swelling forecast and typhoon in Shanghaï

Ground level
- less than 0.50 m
- from 0.50 to 4 m
- from 4 to 5 m

Telecom network
- Central station and relay
- Peripheral station
- Electromagnetic wave connection

Telemetric network
- (SCT) Subcenter and Ohnior antenna
- Station and Yagi antenna

(SCT) Forecast center

JIANGSU

Yangtze River

TIDE STORM level > 5.00 m

MONSOON RAIN

MONSOON SWELLING
Tai Hu Lake

URABAN AREA

Huangpu River

Otanpuhe

Chuany Canal

Dazhihe Canal

Yinhuipu Canal

ZHEJIANG

TIDE STORM
Hangzhou Bay

図-4.24 上海の洪水と台風の予測

長江の河口に位置し，人口1200万人を抱える上海は，低地帯に建造された都市である．不透水面が多く，上流の太湖には流入する多数の小河川が存在することから，モンスーンによる被害を受けやすい．大規模な堤防は建設されているが，台風と重なれば大変危険な状態である．このような場合，予測警告システムは，モンスーンによる大量の水を湖に貯めることも，水位の異常上昇を抑えることも可能にするのである（図-4.24）．

他の大都市の例としては，ロンドンにおけるテムズ川やその支流の多目的ダムの制御，潮位コントロールを整備したものがある．また，パリやマドリードでの洪水や低水位流量の制御の例も存在する．

4.3.1.5 大洪水に備えた道路建設

道路もこのような洪水に弱いインフラの一つである．情報手段が不能になってしまった場合，特に非常時を考えると，道路を最小限確保することは重要である．

一方で，洪水時には沈水してもよい道路を建設することが有利な場合もある．大阪では，琵琶湖の水位を調節することによって洪水制御が可能となり，車道を川の堤防上に敷設することができるようになった（図-4.25）．パリのセーヌ川のように，5年または10年洪水であれば，堤防を高くすることなく，道路や駐車場として低い土地のまま利用することができる．最近では，堤防に庭園や歩道，自転車道が体系的に建設されるようになってきている．川の堤防上を走行する自動車は，歩行者の川へのアクセスを妨げ，川岸利用の質の低下を招いている．これまでの開発では無視されていたが，都市と河川との間の空間をより重要視する必要がある．このような道路インフラの整備は，余暇活動や人口の密集した大都市の美化に少なからず貢献することに通じる．

図-4.25　大阪の河川堤防道路

4.3.2 都市雨水の制御

都市雨水の管理は，都市開発の計画者や実行者にとって重要な仕事である．設計は，小区画ごと，および全体のインフラを同時に考慮して行われなければならない(GRAIE, 1998)．設計では，上流の不透水面の増加によって下流の洪水状況を悪化させることがないように配慮されなければならない．これらの問題に対応するために，現在では非常にたくさんの技術が存在している．その都市の都市計画や排水規制などに沿って，例えば，建物の建築基準の見直し，道路網や小さな池に水を貯留するシステムなどがある．

4.3.2.1 都市計画における法的規制

地方自治体は，建設業者に透水係数を悪化させないような方法を用いること，あるいは悪化させてしまった現状を改良するための税金を払うことを要求できる．これらの制度によって，新しい複雑な雨水集水池が開発された例が存在する(Valiron and Tabuchi, 1992)．1984年以来，Bordeauxでは雨水排水規制があり，この集水池には，対象とする建造物のみから排水される超過雨水のみが流入するようになっている．これはPessacのFontaudin集水池の例であるが，雨水による汚染を軽減することができるだけではなく，設計時には周辺環境と調和するように考慮されたものである(図-4.26)．

図-4.26 Fontaudinの集水池

Bordeauxは低い土地にあり，開発された郊外の高原から見下ろすことができる．したがって，上流に広い不透水面が存在することによる大洪水が発生しやすい状況にある．Bordeaux Urban District(CUB)では，1982年，フランスで最初に，雨水排水量をこれ以上増加させないように都市開発を実施する様々な方法を採用することとした．1988年にはSOP(Soil Occupancy Plan)において見直しを実施し，都市部最

171

第4章 インフラ統合に関する問題

図-4.27 透水性を有する駐車場

図-4.28 The Isar

下流以外での雨水の排水を禁じた．開発業者は，CUBの認可のもとに，建物の建設による不透水面の増加に見合った雨水貯留関連施設などのインフラ整備を実施することになっており，現在までに500以上の設備が導入されている．開発業者は，例えば，大小規模の貯水池，透水性を有する駐車場（**図-4.27**），排水溝，浸透性ブロック，テラスなどの様々な施設を建設しなければならない．

1960年以来，ミュンヘンでは次々に新しい発明がされ，現場の技術を改善していった．ミュンヘンの人々は，ミュンヘンを横切るIsar川を保全し，またこれを憩いの場としての緑地（**図-4.28**）として確保したかった．この目的のため，都市開発者と水の専門家は，技術と想像力を結集して可能な限り雨水を減少させる努力をしてきた．これらはミュンヘンで広く使用され，その郊外では14万m^3の排水システムと9万m^3の貯水量を誇るヨーロッパ最大のHirschgarten（庭園）に代表されるように総量38万m^3の貯水池群が確保されている．

4.3.2.2 雨水排水量制限手段の確立

この課題については区画レベルで考慮することができる．屋根に貯水装置を設置することや，個々の貯水システムを設置することにより雨水排水量を制限することができる．雨水を再利用するシステムは，飲料水以外の用途にも使用できる．この

4.3 都市雨水の氾濫と制御

場合，衛生面に十分注意を払わなければならない．

テラスを使用する場合には，5～10 cm の砂利を敷き詰めることにより，砂利による減速を利用して雨水を貯め，その後ゆっくりと排水することができる．Aix では，26 ha の面積に 900 戸のアパートが存在し，20 ha が不透水性で 7 ha がテラスで占められていたが，これらの方法の採用により，降雨後の排水量は 30～70％減少し，回復地域は平均 6 km 以上に広がった．

4.3.2.3 地域の技術資源

ここでは，特に以下の事柄について記述する(Azzout *et al.*, 1994)．

① 透水性舗装について：最近では透水性の道路や駐車場が多くなってきている．透水性舗装では，瀝青質のコンクリートの層の下部層に浸透した雨水を貯めることができるように粉々にした材料を敷き詰める方法が一般的である．これにより雨水排水量は減少し，汚れはかなり除去される．透水性材料は，多孔質であれば何でも良い．例えば，ジオテキスタイルのような防水フィルムを敷くことによって土壌と分離される．下水管は，貯水場の水を流す．このような表面加工は，雨水貯留といった本来の目的だけではなく，汚染を軽減させるという目的のためにも適用されている．これまでの具体例は，フランスなどで多く見ることができる(**図-4.29**)．

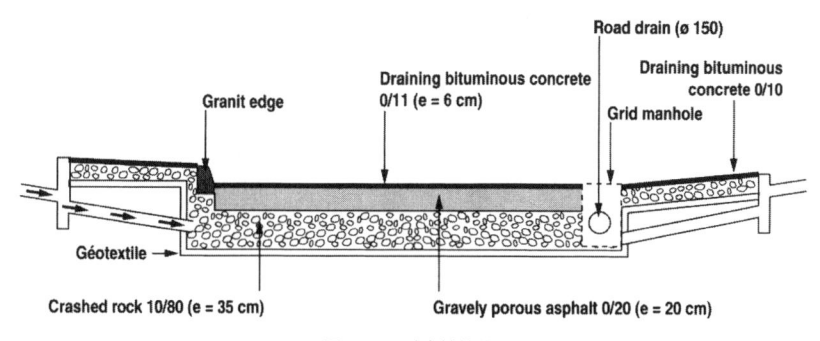

図-4.29 透水性舗装

② 吸収井(浸透型と注入型)(**図-4.30, 4.31**)：特に注入型井戸に関しては，その衛生状態に十分注意を払う必要がある．特に，地下水汚染防止対策は重要である．

③ 排水溝，草の生い茂った湿地，牧草地：開放型の排水溝は，貯水のための優

第 4 章　インフラ統合に関する問題

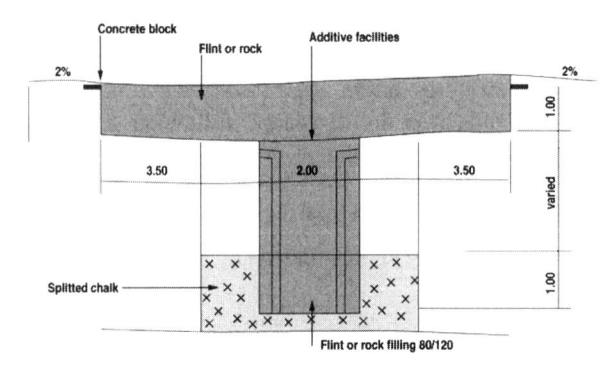

図-4.30　浸透型井戸

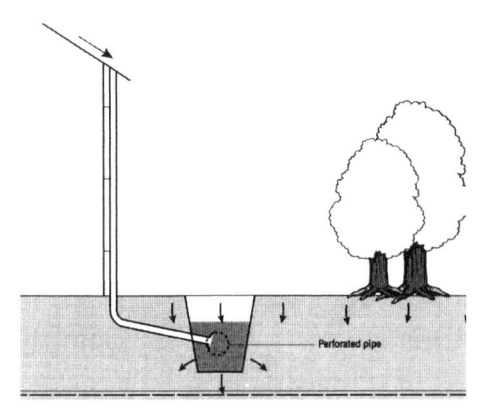

図-4.31　浸透性パイプ

れた選択肢である．しかし，周辺環境を十分に把握する必要がある．砂利を敷き詰めることで，不透水性排水溝の場合には，排水を貯水あるいは流れを遅くすることができる．また，透水性排水溝の場合は，水を浸透させる役割を果たす．しかし，実際には，排水が流されたり廃棄物が捨てられたりすると，衛生上好ましくない場所と化してしまう可能性がある（図-4.32）．

草の生い茂った湿地帯（図-4.33）では，通常の雨水排水システムを設置する代わりに，広い浅い溝を配置して緑の集水地域にする．屋根などから発生する雨水を処理するための排水管や瀝青コンクリ

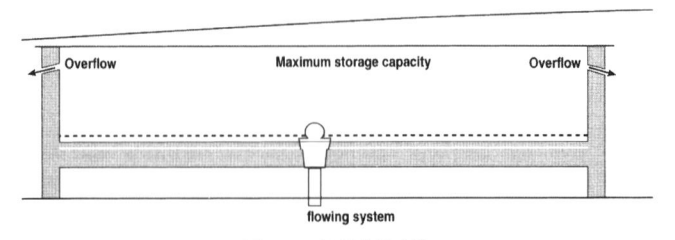

図-4.32　浸透性排水溝

4.3 都市雨水の氾濫と制御

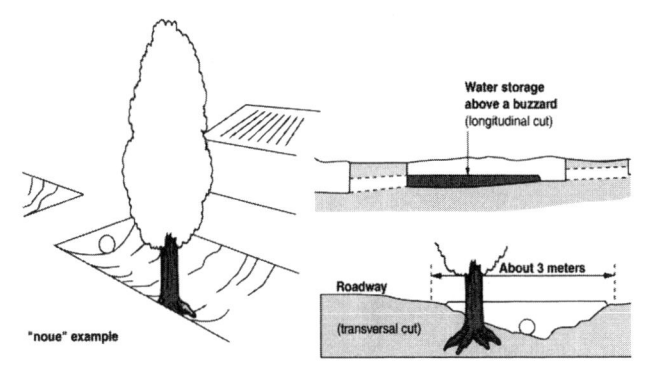

図-4.33 湿地帯

ートなどによる多孔性舗装が施される．その下層には礫性（プラスチックのような他の材料でも可）を敷き，さらにジオテキスタイルのような防水フィルムを敷設する．

4.3.2.4 集水池およびその都市景観との調和

　都市開発を行うと土地の浸水性が悪化し，結果として降雨時の表流水量が非常に増加し，地下水への供給量が減少する．排除すべき排水量が増加すると，既存地域の状況に応じて設計された配管によって新しく増加した分の負荷にまで対応するのは不可能となる(STU, 1994)．集水池は，大都市における親水施設であると同時に，非常に大きな貯水容量と幅広い操作性を有している．スポーツ施設，プール，公園，待合せ場所なども一時的な集水場所として利用することが可能である．

　Bordeauxの例は，さらに考慮されたものである．Bordeauxでは，郊外の小高い地域からの雨水の排水には，都市内の低い土地を経由させなければならなかった．したがって，豪雨時の洪水を防ぐために，古い排水管の補強や上流部の貯水量の増加を実施しなければならなかった．解決策として利用された貯水池とそれを補う技術の組合せを**図-4.34**に示す．ブダペストでもドナウ川右岸の比較的高い場所が急速に開発され，またLimogesの高原地域も建設が進んだことにより，同様の解決策が使用されている．多くの集水池の再システム化が実施され，パイプの直径やポンプを小さくするために，高台および土地の低い場所において巨大なスケールで様々な技術が利用されている．Garonneでは，25の集水池に120万 m^3 の貯水能力があり，洪水時や高潮時には排水量を100 m^3/秒に制限している．これらの多くの集水池は，雨水排水量を制限する目的で設置されているが，同時に雨水による汚染を軽減する

第4章 インフラ統合に関する問題

Compensation technics and submersing fight in Bordeaux

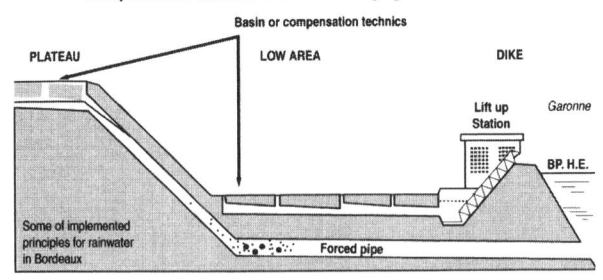

図-4.34　Bordeaux 貯水池

役割をも果たしている．

4.3.2.5　都市洪水のリスク管理

　上流部において流出水量を制御できるようなインフラ整備が必要であり，また並外れた洪水を考慮して道路や建物を浸水にも対応できるようにする必要がある．並外れて猛烈な洪水への考慮を排除するのではなく，設計においてすべてのインフラを統合してあらゆる可能性に対処できるようにすることが望ましい．

　この必要性を示す例として1988年に50年確率降雨により深刻な被害を受けたフランスの Nimes で発生した大洪水が挙げられる．都市中心部で9人が死亡し，街の95％の小規模店舗が倒壊し，2000世帯が居住不能となり，4万5000世帯が半壊し，6000台の自動車が壊れ，7億ドルもの損害がでた．ある地域では3.5m以上の水や泥で埋まり，稀に見る大損害が生じた．水理学上明らかに不備のある構造により，大洪水が坂道を流れてしまう事態を招いてしまったのである．そして，積み重なった自動車の残骸，道路標識，バス停，道路の装飾品などがこれらの坂道を塞いでしまった．このような被害の発生頻度を減少させるためには水に関するインフラの改善が必要であっただけではなく，駐車状態や建物にほんの少しの考慮を加えるだけでコストや社会への悪影響を最小限にすることができたはずである．

4.4 飲料水の供給

4.4.1 水需要と水資源

4.4.1.1 水需要の予測

都市用水の需要量は国によってかなり異なる(Valiron, 1995). 家庭の最少必要量については1人1日当り24〜36L程度である. 21世紀には1人1日当り最低40Lになる見通しである(Commission Mondiale, 2000). しかし, 西ヨーロッパ諸国間でもこれらの数値はかなり異なる(**表-4.6**). 西ヨーロッパ諸国の家庭用水の消費量は, 米国のそれより非常に少ない. これらの数値は, 先進国の水消費量を表しており, 世界中の都市が最終的に達すると考えられる消費量を示している.

表-4.6 ヨーロッパの家庭用水消費量と全水消費量(Centre d'information, 1998)

Country	Domestic Consumption* (litres/person/day)	Total Consumption * (litres/person/day)
Switzerland	264	402
Italy	220	293
Norway	199	300
Denmark	194	291
Sweden	175	350
Luxembourg	171	259
Netherlands	159	195
Spain	158	217
Finland	156	288
France	147	211
Germany	146	196
Austria	131	271
Great Britain	132	267
Belgium	108	166

* "Total consumption" includes "domestic consumption" (home water use) and community consumption venues such as schools, hospitals, street cleaning, work environments, and businesses.

実際にブエノスアイレスのような大都市近郊でも, 水消費量が既にこれらの値よりも大きくなっている. さらに, 多くの大都市の周辺地域では公共水道システムと連結しておらず, 最小限の水供給を行うための配水管の敷設が必要である. ひとた

第4章　インフラ統合に関する問題

びこれらの不便な地方がヨーロッパと同じように公共水道システムと連結され，家庭電化器具・衛生設備を保持するようになればヨーロッパと同等の水消費率に達するであろう．家庭電化器具は，できる限り水の使用量が小さくなるよう設計されてきているが，大都市とその周辺地域，開発途上国の中小都市，あるいは将来の大都市，特にアフリカやアジアなどでは増加し続ける水利用に備えなければならない（Cosgrove and Rijsberman, 2000）．

水に関する新たな事業を実施する際に，その計画が過大あるいは過小とならないように信頼性のある水需要量を予想することが必要である．また，新たな水資源開発事業を計画する前に既存の資源をより有効に利用する方法を考える必要がある．

4.4.1.2　新しい水資源への投資を回避する方法

水はその管理過程または生産過程で一部が失われるが，輸送・分配過程でも大量の水が失われる．実際の分配量と等量の水がこれらの過程で失われてしまうケースもあり，最も効率の良いシステムでも全く水の失われないものはない．良質の配管網では80％程度の水の分配効率が維持可能である．パリのシステムでは，配管網へのアクセスを容易にすることにより漏水修復が簡単にできるようにさせており，90％以上の分配効率がある．

新規水資源の開発や配水するための本管，ポンプ施設，貯水場，分配ネットワークなどの輸送システムへの投資を節約するためには，次のような水の消失に対する取組みを行わなければならない．

・配管システムは，入念に整備し，腐食から守り，古いものは取り替え，漏れやすい箇所には十分な注意を払うこと．
・生産過程において本管部分と配管システムの特定の場所，また可能であれば建物と建物の結合部分の水位を測定すること（英国などの国々では水道料金を固定しているが，各顧客の使用量に応じて料金を徴収する方がより効率的な水管理が可能であることがわかっている．なぜならば，各顧客に水使用量に応じた経済的責任を自覚させることができ，需要量を制限するのに効果的であるからである）．

しかし，多くの国々や国際当局は単に新しい水資源の開発を制限することが水管理の仕事だとしているようであるが，その本当の役割は，個人消費量を抑制させる方法を見つけ出し，水の節約を促進することである．配管の漏れを防がなければな

4.4 飲料水の供給

らないのは明らかであるが，もし水の価格が適正であれば，建物の居住者は水道メーターに関心を持つはずである．どのような場合でも，必要な配管システムが整備され運営されれば，水道料金は支払われるはずである．

このような簡単な経済的インセンティブによって，風呂や家庭用電化製品，庭園の手入れ，プール，洗車などに使用する水の節約を促すことができ，一方で使用したい分だけ使用する利用者の意向も保持できる．水の価格に十分なインセンティブを与えて，利用者に使用量の選択に責任を持たせている国々では，水の需要量はいくらか減少してきている．

OECD(1999)による最近の研究の結果によれば，実際に水道料金体系が整備されている場合には，効果的に水需要を制御することが可能である．水使用量に応じて価格を設定することが消費者の行動に変化を与えられるほどの十分なインセンティブになりうるか否かについては，疑問が残るかもしれない．このような料金体系が水の消費を抑制するために効果的ではない要因は幾つかある．

- 全消費者に対して経済的に平等な水の価格を設定することは不可能である．例えば，高収入者にとっては多少の価格上昇は1ヶ月の予算のうちのわずかなことであり，取るに足らないものとなる．
- 消費者が生活していくためには最小限の必要水量があり，これに対しては，どのような料金体系であっても支払いがされることになる．
- 料金システムを複雑にすると，消費者がそれを把握したうえで適切な使用量の選択をすることが難しくなる．
- 消費者が水を節約し排水量を減少させるための技術に関して，経済的あるいは技術的な知識を十分に持っていない場合がある．

以上のような要因があるにもかかわらず，正常な状態では価格変動は需要制御に効果を見せている．

近年では，家庭用水の価格は，OECDの国々では上昇してきており，特にデンマーク，フランス，ハンガリー，チェコ，ルクセンブルクでは顕著である．これらの国々では様々な理由で水道料金は上昇しており（これらの国の3ヶ国は助成金の減少が大きく影響している），これに伴って家庭用水の消費は減少している．

価格の上昇率と消費の減少率の関係は，緩やかに価格が上昇している国では成立しにくい．例えば，イングランドやウェールズでは実際にメーターのある家が比較的少なかったため，（このような家は使用量と料金を関係付けられない）料金が長い

間上昇を続けてきたが，家庭用水の消費量は上昇し続けている．

　OECDによる研究結果によれば，水道メーターの導入後は使用量が明らかに減少することが証明されている．料金体系に季節の項目を組み込むことにより，平均使用量よりピーク時の使用量に効果を発揮させることができる．ヨーロッパの公共水道事業では，以下のような弾力係数に変動があった（弾力係数は，メーター導入前後の価格の比率と導入前後の使用量の差との積である）．

　　東ヨーロッパの216の地方自治体：-0.22
　　Gironde局（フランス）：-0.17
　　スウェーデンの282の地方自治体：-0.20

　これらの数値は，経済的なインセンティブが需要を制御していることを示している．

　OECDによる研究は，水道メーターが設置されている場合，基本使用料を超えて水道を使用した時に水道料金を高くする料金体系は，水の使用量を引き下げることになるとしたイタリアの研究結果（Instituto per studie ricerche sui servizi idrici, 1998）を再確認している．弾力係数は，価格の上昇速度，社会経済的特性，気候，価格変動以前の消費量に依存する．このような理由から，国によって弾力係数には大きな差異があり，価格改正による需要（すなわち，弾力係数）に関して信頼性のある予測をすることは困難である．

　国によって統一性が極端に欠如しており，これが漏水発見や主配管修理などの重要性を強調している（IWSA, 1999）．配管システムに関しての技術的情報が得られないと，新しい投資の計画の必要性があるか否かを決定することができない．

　4.4.1.1と**4.4.1.2**では，新施設導入を計画する際には投資リスクの過大あるいは過小評価が伴うことを強調したが，それでもやはり将来のための最適投資手段として，技術的・経済的研究の必要性を強調したい．特に以下のことは留意しなければならない．

- 取水場や浄水場は，計画策定後2年以内に建設可能なものとすること．
- 配管システムは，需要の増加や配管網の拡大に対応できるように数学的モデルを利用して本管とブースターを設計すること．

水資源とその利用に関する問題　　将来の水需要に対応するために水資源開発を計画することは，需要予測をすることと同じぐらい複雑・困難である．水資源開発のためには以下のような点を考慮しなければならない．

4.4 飲料水の供給

- 汚染，洪水，旱魃，停電などの緊急事態に対応させるためには何が肝心なのか．
- 一つの水資源を都市用水のみならず農業用水などに使用できるようなシステムの設計をしてもよいのか．
- 良質の水資源にかかる負荷を軽減するために，特定の目的に応じて高塩分濃度の水や処理排水処理などの今まで使用されていなかった水資源を開発すべきか．

システムの設計において安全性をどこまで追求すべきか　緊急事態においても飲料用水の供給を継続することは公衆衛生の主要な問題であり，地域の経済にも大きな影響を与える．需要量の安定している先進国では，システムの結合，貯水容量の拡大，保護帯水層からの緊急用井戸などへの投資がその大半を占めており，これらはいずれも水供給が停止するリスクを軽減させるためのものである．人口密度の高い地域では，緊急対策のため警報システム，表流水や地下帯水層の汚染の拡大をシミュレートするコンピューターモデル，複雑なネットワーク解析などの精巧な技術を駆使しているが，飲料水システムの操作上の安全性を分析するための方法や最適な投資決定を行うための明確な手段は存在していない．

特に，灌漑用水の設計において体系的に利用されている容認リスクの概念については，極端な旱魃が起こった場合を想定した飲料用水システムの設計に取り入れられることはほとんどない．

地中海沿岸や乾燥地帯の都市では，水消費量の50％までが景観維持に使用されていることから，旱魃に対してもある程度の柔軟性がある．このような危機は，芝生に水をやったり，洗車したりすることに対して地方で制限をしたり，順番に取水制限をしたりして切り抜けることができる．南カリフォルニアでは，停止する可能性がある際には低料金を設定するといった，電力供給で使用されているシステムに類似した料金システムを提示することで，水消費をコントロールしている．これに加えて，旱魃の間の水供給には追加料金を請求することもある．

公共の水供給システムの信頼性がないベイルートやマニラなどの都市では，公共のシステムからの水供給に加えて個別の井戸を使用することによって対応している．しかし，このような都市では帯水層からの過剰揚水により，将来の水供給が不安視されている．

水資源は複数用途に使用されるべきか　二番目の問題は，水資源統合管理の概念に関するもので，都市用水と農業用水との間の水のやりとりの問題である．このような水の交換の必要性は，流域の地理的要因に加えてインフラの整備状況によって

181

第 4 章 インフラ統合に関する問題

も左右される．乾燥地方では巨大な水輸送システムが確立しており，南アフリカ，イスラエル，米国南西部，ウクライナ，スペインなどの半乾燥地域では，広域な水輸送システムが存在しており，地方レベルあるいは国家レベルの規模で水を共有している．これらの国々では，中東で見られる水供給や地政学に関する問題や，環境破壊などにより，天然資源の枯渇が問題になっている．農業は最も水を消費（一般に水資源の 3 分の 2 以上）している．これは増加し続ける都市用水の補填には農業用水を流用することが必要であることを意味している．共同あるいは個別に利用している灌漑設備を近代化したり，水の使用効率を改善したりできるような経済的な援助を行えば，農業生産へ悪影響を与えずにこのような輸送ができるようになる．米国西部やチリでは，既に自発的に水利権が売買されている．また，スペインでは，現在似たような仕組みを取り入れた法律が施行されつつある．

南半球における大都市の成長を考慮すると，都市から離れた場所に位置する新しい水資源の開発が必要となるだろう．人口 100 万以上抱える世界の 70 の都市では，次の水資源は 50 km 以上離れた場所に位置することになると考えられる．このような規模になると，水資源開発計画は，市町村ではなく地方の仕事になる．したがって，この対象地域に存在する田舎の人々や農家で使用する水もシステムの計画に含まれていなければならない．

水の再利用にはどんな可能性があるのか　　理論上は，あらゆる問題の解決法としてこの選択（水の再利用）はあり得ないことではない．しかし，建物や都市内に飲料水以外の水のための二次的な分配システムが必要となり，公衆衛生当局にとっては考えたくない問題を抱えることになる．灌漑や庭園の水撒きに使用されたり，地下帯水層に注入したりするために，公衆衛生局や WHO が定めた新しい水質基準を満足するためには，利用者（産業用水を除く）だけでは負担できないほど高い処理コストがかかってしまう．経済的可能性を考慮すれば，飲料水用のネットワークを使用しているものは，再利用水ネットワークのための費用を負担するといった方法もある．このような理由から排水の再利用に関する具体的な事例は少ないままとなっている．しかし，以下のような成功例は将来の動向の始まりとして注目されている．

・パリでは未処理の河川水の分配システムがあり，公園や庭園の給水や側溝の洗浄に使用されている．

・クウェートでは，塩分濃度の高い水を分配するのに未処理水（第 2 級水）の分配システムを利用している．また，ジブラルタルでは，同様の方法で海水が供給

4.4 飲料水の供給

されている.
- 日本では洗面所,風呂などからの家庭排水をその建物内で処理し,水洗トイレに使用している.
- アラビア半島では,下水処理水を利用して多くの景観地域やゴルフ場の灌漑を行っている.
- 南カリフォルニアでは,工業利用のために膜処理などを含む高度処理を利用して,排水を再利用するためのシステムが発達してきている.また,地下への海水浸入を防ぐために再利用水を帯水層へ注入している.
- 最後に,直接的な水の再利用の例がナミビアに存在する.ナミビアのWindhoek市の飲料水需要の4分の1は,過去25年間,再利用水でまかなわれてきた.ラグーンや活性炭利用技術,オゾン殺菌処理などが使用されている.この独特の例から様々なことが浮かび上がってくる.
  - 厳しい制約の都市計画を実行してこそ,このようなことが可能となる.工業地帯は独立した地域に密集しており,工場排水は別途に集められ再利用はしない.
  - 新しい水と再利用された水を混合して供給している地域では,公衆衛生上の問題は発生していない.

4.4.2 新しい法律の遵守と副生成物の抑制

新しい飲料水基準はより厳しいものとなっている(表-4.4参照).したがって,様々な処理方法を最大限に活用し,それらのシステムを統合的に制御することが重要である.それゆえに,最近の研究は,処理システム全体を考慮したうえで,各処理技術の基礎的制御方法に重点が置かれて実施されている.

コンピューターモデリングの発達によって,凝集,沈殿,ろ過のような伝統的な水処理方法の制御がより発展した.このような技術は,以前は統合することが困難であった水処理における水力学的要素を最適化することを可能とした.このような方法によって,望ましい水質を達成するために,注入/混合する化学物質やその量などを厳格に制御することが可能となった.また,不必要な副生成物の発生を最小限にすることが可能となり,コスト面でも改善が見られている.

オゾン処理を利用することにより,*Giardia*や*Cryptosporidium*のような原生動物を制御することができると同時に,発癌性のある臭素酸塩のような副生成物の生

成を抑制することができる．同様に，沈殿，ろ過，消毒施設は，現在これらのきわめて重要かつ本質的な基準のもとに設計され，改善されている．急激に発達してきた各種センサーを利用することによって処理施設のオートメーション化を推進し，信頼性を向上させ，新規の規制に対応するための労力を軽減させるようになってきた．神経回路を利用したコンピューターネットワークにより，浄水処理をリアルタイムで最適制御することが可能となり，それによって水質を保証し，維持することができるようになっている．処理技術そのものに関しては，新しい水質基準に適応するための興味深い新技術の開発が見られる．例えば，膜処理（精密ろ過，限外ろ過，ナノフィルトレーション），酸化処理，紫外線処理技術などがある．これらの技術は，消毒時における副生成物の形成を抑制するなどの効果がある．これらの新規処理技術は，従来の方法と組み合わせて導入することが可能である．

最近の処理技術に関するこれらの進歩は，処理方法ガイドラインや実行マニュアルなどに文書化され整理されており，これらは飲料水を提供する処理施設において水質を保障するための具体的な手段を開発し，実行するために使用されている．

4.4.2.1 処理水質のさらなる改善

新しい飲料水基準の設定により，既存の凝集，沈殿，砂ろ過などの処理技術に加えて，新しい処理技術の開発が必要となる場合がある．これらの伝統的な方法は，殺虫剤や有機塩素化合物などによる汚染を除去することはできず，酸化処理と活性炭吸着処理を組み合わせた技術を採用する必要がある．活性炭吸着処理は，殺虫剤や微量有機汚染物質を除去する方法としては最良のものであり，常にオゾン処理後に実施されなければならない．沈殿過程あるいは限外ろ過のような膜処理と組み合わせる場合には，粉状活性炭が利用される．また，膜処理や吸着塔で利用する場合は，粒状活性炭が使用される．これらの方法を制御するために開発されたモデルを使用することにより，目的に応じて施設の大きさは決定される．粉状活性炭投入量やその頻度，粒状活性炭の再生時期に関しても現在では最適化されていて，水質制御とコスト低減といった2つの目的を満たすことが可能である．

4.4.2.2 浄水処理における膜処理の利用

近年，膜処理の利用が拡大してきている．最新の飲料水製造のための膜処理技術としては，精密ろ過，限外ろ過（NF；nano-filtration），低圧膜処理が挙げられる．

4.4 飲料水の供給

フランスで最初に限外ろ過膜を利用した処理が導入された1988年以来(Anselme et al., 1990；Anselme et al., 1993)，限外ろ過はブームになり，世界で70以上の処理施設が存在している．

浄化と消毒　精密ろ過と限外ろ過は，無機物，有機物，藻類などの生物の粒子を除去することができる．これらは両者とも消毒剤を使用せずに *Giardia* や *Cryptosporidium* などの原生動物やその包嚢などを高水準で除去することが可能である．精密ろ過とは異なり，限外ろ過では約 $0.01\,\mu\mathrm{m}$ のより小さい孔径を持つため，ウイルスをも除去することができることは特筆すべきことである．限外ろ過は，水資源の水質の善し悪しに関わらず，現行あるいは将来施行されると考えられる飲料水基準のすべてを満たす処理方法であることがわかってきた．従来の浄化・消毒方法では，処理効率と信頼性において限界があり，水資源の水質や施設の操作条件に影響されてしまう．

限外ろ過は，水の有機物濃度がそれほど高くない場合，これのみで飲料水の製造をすることが可能である．しかし，有機物濃度の高い表流水では，限外ろ過は望ましい水質が得られるほど効率的ではない．限外ろ過は，既存の処理方法(吸着処理，凝集処理など)と組み合わせて使用することで，以下で記述する新規の水質基準を満たすことが可能となり，限外ろ過の適用範囲は広がることになる．

微量汚染物質と有機物質　限外ろ過(UF)に先立ち凝集／沈殿処理を適用する方法は，特にかなり高濃度の有機物質を含む表流水を対象とした場合に有効である．なぜなら，このような場合，UF 膜は目詰まりの可能性があるため，直接原水に対して用いることができないからである．これらの処理方法の組合せは，現在および将来の規制(濁度，*Cryptosporidium*，*Giardia*，消毒副生成物など)を満たすために砂ろ過と限外ろ過からなる従来の処理施設を改良する際にも考慮に値するものである．

粉末活性炭吸着(PAC；powdered activated carbon adsorption)と限外ろ過を組み合わせた飲料用水の革新的な処理方法は，非常に大規模に使用されてきている．その最初は Vigneux(5 万 $5000\,\mathrm{m^3/}$日)と Apié(2 万 $8000\,\mathrm{m^3/}$日)で，その後 Kopper(1 万 $\mathrm{m^3/}$日)，現在では Lausanne(6 万 $5000\,\mathrm{m^3/}$日)でも使用されている．凝集沈殿／限外ろ過処理は，工業規模で米国テキサス州 San Antonio で利用されている．この 3 万 $4000\,\mathrm{m^3/}$日の水を製造する工場は2000年1月に操業が始まったところである．この事業では，現在の2倍の量を処理することを目的として第2期の事業が計画されている．この第2期事業では，UF 膜処理と粉末活性炭吸着処理(PAC)を組み合わせて

利用することになっている．この組合せは，有機物質と微量化学物質を除去するために，粒状活性炭ろ過(GAC；granular activated carbon filtration)あるいはオゾン処理といった従来法の代わる有効な方法の一つである．

膜によってPACの通過を防ぎ，その結果，PACによって吸着された有機化合物を保持する物理的障壁ができあがる(Baudin & Anselme, 1995)．これら化合物は，有機物質，農薬，味やにおいに影響を及ぼす物質，消毒副生成物の前駆物質などである．この処理方法は，限外ろ過と粉末活性炭吸着の利点を組み合わせたものである．この処理方法が従来の方法より優れている主な点は，以下のとおりである．

- 有機物質と微量有機化学物質間の競合作用を抑制することができる．
- 柔軟性がある：粉末活性炭の投与量や種類は流入水質の種類やある特定の汚染物質に適合するように決定することができる．
- この方法によって有機分子のPACへの移動・拡散を促進することができる．
- これまでの粒状活性炭(GAC)処理とは違い，破過することがない．

ナノフィルトレーション(NF)　　ナノフィルトレーションは，非常に低濃度の浮遊物質を含む一方，総硬度，色度，トリハロメタンおよびその他の消毒副生成物の形成前駆物質を高濃度で含有する地下水を処理するために主に米国で利用されている．このような性質の水は，約 $2 \sim 3 \, g/L$ の全溶存固形物(TDS)濃度と，場合によっては $5 \sim 20 \, mg/L$ の全有機炭素(TOC)濃度の存在によって特徴付けられる．ナノフィルトレーションが硬度の除去だけでなく，有機物質の除去にも適しているということがプラント実験で証明されている．ナノフィルトレーションで使用される膜のほとんどは400ダルトン以上の分子量の有機化合物を除去することができる．

ナノフィルトレーションによって有機物質は非常に高い割合で除去されるが，農薬の除去を保証するためには酸化と吸着といった処理法を組み合わせることが一般的である．この高度処理に代わるものとして，限外ろ過と吸着の組合せ処理がある．4.4.4.2で記述した処理方法によって高い割合での有機物質の除去が可能である．そのコストの低さに加え，ナノフィルトレーションより優れていると考えられる2つの利点が存在する．すなわち，すべての農薬を除去できて塩類が残留しないこと．さらに地表水の処理に直接応用することができることである．

総合的な多目的膜処理システム：UF前処理とNF/RO処理　　最近では，非常に低い圧力($<10 \, bar$)で使用可能な複合薄層膜(TFC；thin film composite)が開発され，これによってエネルギー消費を削減することが可能になっている．しかし，このよ

4.4 飲料水の供給

うな膜は目詰まりに弱いので，期待されるエネルギーの削減を生み出すためには，効率が良く信頼性の高い前処理が必要である．ナノフィルトレーション(NF)あるいは逆浸透(RO；reverse osmosis)システムを利用する場合には，目詰まりによる処理可能量の減少や水質悪化，有害な汚染物質や洗浄用化学物質による膜寿命の減少などを防止するために，前処理は欠かすことができない．

総合的な膜処理システム(IMS；integrated membrane systems)は，マイクロフィルトレーション(MF)あるいは限外ろ過による粒子除去機能と，ナノフィルトレーションあるいは逆浸透)の有する物質選択性を組み合わせたものであり，これにより，消毒副生成物(DBPs)や合成有機化合物(SOCs；synthetic organic compounds)を除去することが可能なナノフィルトレーションあるいは逆浸透の目詰まりを最小限にくい止めることができる．孔径の小さいNF膜は，トリハロメタン(THMs)やハロ酢酸(HAAs；halo acetic acids)の95％以上，また全硬度の95％を除去することができる．

現状では，前処理には以前からよくある複数の水処理方法を組み合わせて実施されている．その水処理の方法は，消毒とそれに続く残留消毒剤の除去，凝集，砂ろ過，スケーリング防止剤の添加などである．これらの従来の前処理方法は，膜性能の低下と水質の悪化が生じることもあり，必ずしも効率的ではない．したがって，前処理に膜を使うことは非常に魅力的な選択肢であり，RO膜を確実に目詰まり原因となる物質から保護し，凝集剤を除去し，システムの操作を円滑にするといった素晴らしい利点を有する．これらの前処理は，河川や集水池，灌漑用水路のような汚れた水を原水とする場合に，特に有効であるといえる．

脱　窒　UF膜と生物反応槽の組合せ，あるいは膜を利用した生物反応槽(MBR；membrane bioreactor)では，生物反応槽で脱窒が起こりやすくなるとともに，浮遊物質や消毒剤が除去されやすくなる．また，合成有機化学物質を吸着除去するために，繊維状中空膜を備えた生物反応層にPACを加えて処理する方法もある．

フランスDouchyにあるUFプラントは，1989年から運転されてきている(Anselme *et al.*, 1993)が，飲料用水の製造にこの処理方法を工業的に適用している一つの例であり，濁度と消毒剤の除去といったUF膜の利点とMBRによる硝酸塩の除去が可能である．

結　論　飲料水製造用システムにおいて膜技術を使用するためには2つの重要な因子が存在する．それらは原水水質と処理水の目標水質である．異なる種類の膜に

よる処理水の水質は，流入水が以下のどの状態にあるかに依存する．
- 海水あるいは汽水,
- 低濃度の有機物質を含む地下水,
- 高濃度の有機物質を含み塩類の含有量が変動する河川水のような地表水.

限外ろ過は，主に粒子除去(浮遊物質や微生物)が必要な地下水の浄化に適している．限外ろ過は，PACあるいは他の処理方法と組み合わせて利用することにより，微量汚染物質によって汚染された地下水の処理や，高濃度の有機物質を含む地表水の処理に良好に使用することができる．

ナノフィルトレーションあるいは低圧逆浸透は，軟水化が必要とされる非常に硬度の高い硬水の処理に使用することができる．その単独処理により有機物質と硬度を除去することができる．さらに，海水あるいは汽水を飲めるようにするために逆浸透が必要であるが，一方でナノフィルトレーションは軟水化や汽水の部分脱塩に十分な能力を有する．しかしながら，地表水に適用する場合には，両者ともに前処理が必要である．

4.4.3 脱塩処理技術の利用

今日，海水を脱塩する方法として数種の技術が用いられている．下記で詳述するが，これらの脱塩技術は主に2種類(蒸留と膜ろ過)に分類される．蒸留方法としては，機械的蒸気圧縮蒸留(MVC；mechanical vapour compression distillation)の有無にかかわらず，多段フラッシュ蒸留(MSF；multi-stage flash distillation)と多効蒸留(MED；multiple-effect distillation)の2つの方法が用いられる．また，膜ろ過には，逆浸透(RO)，限外ろ過(NF)および電気透析(ED；electrodialysis)といった方法がある．

4.4.3.1 蒸　留

蒸留は，海水を脱塩するために最も古くから利用されてきた技術である．その原理は，すべての方法において共通している．まず，ある温度と圧力で海水を沸騰させ，蒸発した水をセルあるいはステージと呼ばれる反応器で液化する．今日最も頻繁に用いられる蒸留方法は，MSFであるが，小中規模施設ではMEDの方がよく用いられている．

4.4.3.2 多段フラッシュ蒸留（MSF）

この蒸留プロセスは，海水を次第に圧力と温度が低くなるようにセットした一連の反応器を循環させるものである．これは各反応器入口で外部から熱を補足する必要をなくすためである．外部からの熱源（ボイラー）により水蒸気を発生させ，この水蒸気によって第1段階に入るまでに海水の水温を約110℃とする．その後，水温は，最終段階に達するまでに約40℃まで徐々に下がっていく．発生した水蒸気は，各反応器の最上部で処理前の海水が循環する熱交換器により液化される．この海水は，最終的には110℃となり，第1段反応器に送り込まれる．各反応器で液化された水は，筧を利用して集められ，最後の反応器に残った濃縮海水は，ポンプで引き出される．また，目詰まりやスケーリングを抑制するために，熱交換器の上流に沈殿析出防止剤や消泡剤を添加する．

4.4.3.3 多効蒸留（MED）

この蒸留プロセスは，一連の反応器による蒸発と液化という点ではMSFと同様の原理である．MSFと異なり，海水は，その内部に蒸気が循環する管状あるいは板状の熱交換器に噴霧される．熱交換により，管の中の蒸気は液化し飲料用水となり，管の外表面に噴霧された水は蒸気になる．この新たに生成した蒸気は，次の熱交換器へと移流されるのである．熱圧縮機を導入することで熱効率が最適化されうる．この熱圧縮機は，系外の蒸気によって動く熱圧縮機によって最後の反応器で生成する蒸気を圧縮する．そして，この圧縮蒸気が第一段階の熱交換器の動力源となっている．系外に蒸気源がない時は，熱圧縮機の代わりに機械圧縮機が使われる．この場合，このプロセスは，機械的蒸気圧縮（MVC；mechanical vapour compression）といわれている．進歩した沈殿析出防止剤や最高温部温度を一般に65℃に制限しているおかげで，スケールが形成する問題は制御可能となっている．

4.4.3.4 逆浸透（RO）

脱塩処理方法や膜は，処理する水の種類と達成されなければならない水質レベルによって選択される．今日，市場にずらりと並んだ入手可能な多様な膜によって，除去しなければならない汚染物質の種類に基づいて膜を選択することが可能となった．膜ろ過処理のうち，ここでは逆浸透のみを取り上げることとする．逆浸透では，水だけが通る半透膜を使用する．逆浸透では，ごくわずかの小さいサイズの分子を

除き，ほとんどすべての溶質が除去される．塩水から経済的に淡水を生成するためには，原水(海水)の浸透圧を少なくとも2倍にしなければならない．したがって，2～3 g/L の塩類を含む塩水を脱塩するためには，5～30 bar の圧力が必要となる．海水に至っては，50～80 bar の圧力が必要である．

4.4.3.5　蒸留と膜ろ過

MSF と RO が脱塩の主要技術である．最新の調査(Wanggnick, 1998)によると，世界中の脱塩処理施設で生産される2 000万 m^3 の水のうち，1 900万 m^3 の水が RO あるいは MSF によって処理されている．しかし，ここで1990年以来の処理量の増加率を見ると，MSF が30％以下であるのに対し，逆浸透が50％以上であることは注目に値する(**図-4.35**)．RO は，あらゆるタイプの水に用いることができるが，MSF は，海水の脱塩処理にのみの利用に限られている．RO は，主に塩水に用いられてきたが(50％)，膜価格の低下と消費エネルギーの削減により近年では海水の脱塩においてもその利用が増えてきている．それでもやはり膜は，非常に目詰まりが起こりやすく，原水に浮遊性物質が多く含有する場合は複雑な前処理が必要とされる．これら2つのプロセスのコストを直接比較することは困難である．なぜならば，原水水質により必要エネルギーや化学薬品コストなどが異なるからである．しかしながら，この2つのプロセスのコストは，ほぼ同程度となってきている．処理プロセスに関係なく，容量が2万 m^3/日の最近の事業における水処理コストは，およそ0.8ドル/m^3 で，1日当たりの投資コストはおよそ1000ドル/m^3 である．

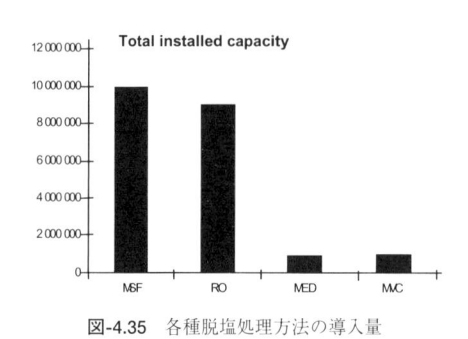

図-4.35　各種脱塩処理方法の導入量

脱塩処理におけるエネルギー消費　　装置の容量は，脱塩処理によって消費されるエネルギー量にほとんど影響しない．全く同じプロセスでも，エネルギー消費量は，その設備の効率によって決まるのである(**表-4.7**，**図-4.36**)．高効率設備を導入することによりエネルギー消費は削減されるが，初期の設備投資額は大きくなる．経済的評価のためには，地域的条件を考慮した最適解を求めることが必要である．

4.4 飲料水の供給

表-4.7 各種脱塩処理によるエネルギー消費(Wade, 1993)

Process	Vapour consumption kJ/kg	Electricity consumption KWh/m^3	Primary energy consumption	
			Single process kJ/kg	Co-generation process kJ/kg
MSF	290.6	3.9	380.9	175.8
MED*	193.8	2.9	368.9	120.2
MVC	—	8.0	80	—
RO**	—	6.5	65	—

* With thermo-compressor
** With turbine for energy recovery
The conversion factor for converting electricity into primary energy (fuel) is 10.
85% efficiency for the boiler/turbine and 36% efficiency for co-generation.

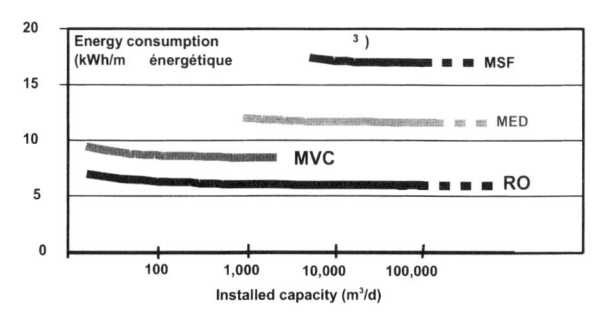

図-4.36 導入量によるエネルギー消費量の変化

4.4.4 浄水処理に伴って生じる排水と廃棄物の処理

　飲料水を生産するために天然水を処理すると，自然環境に放出するためには処理を施さなければならない排水が発生する．厳しい環境要求は，排水処理技術分野の進歩を促す．現在，砂ろ過の逆洗水は処理され，浄水処理プロセスへと戻される．また，浮遊物質は処理後，処分されている．浄水処理施設で生成される汚泥は濃縮され，下水道に排出されるか，脱水後に埋立て処分される．地域的条件により，高度処理(高度分離技術：高速沈殿槽にフィルタープレスあるいは遠心分離を組み合わせた技術)あるいは最終的な処分(酸化池)が用いられる．ナノフィルトレーションや逆浸透のような膜ろ過によって生じる高い塩分濃度の排水を制御し再利用するための研究開発は，今なお進行中である．これらの研究では，再利用することを念頭に，

問題となっている排水は，もう排水として考えないものとしている．脱水汚泥は，今や建築材料あるいは路盤材料として利用することができるのである．

4.4.5 水分配システムの多様性

4.4.5.1 はじめに

世界中の都市における水分配システムは非常に多様なため，これらに共通の問題を定義することは難しい．しかしながら，先進国と途上国との間の明白な相違に加えて，その地域特有の状況が存在する一方で，次のような幾つかの基本的概念が存在する．

システムを全体として捉える　水分配システムの正確に捉えるためには，その地域の物理的構造とシステムを運転し発展させるための方法が考慮されなければならない．

消費者のためのサービス　消費者は，サービスを受けるために可能な限りの料金を支払っているのであるから，その最終目標は，常に消費者に十分なサービスを提供することである．

長期的持続性　水供給では考慮しなければならない2つの重要な点がある．それらは，まず，十分な量を有する水源を確保し，その水質は維持されなければならないことである．次に，安全なサービスを維持するために，システムの維持と交換が必要不可欠であるということである．

最後に，全世界の都市に飲料用水を供給できるシステムを導入するためには，財源の確保という問題を解決しなければならない．そして，このためには相当の努力が必要であることはいうまでもない．

4.4.5.2 先進国における水分配システム

大部分の先進国と一部の開発途上国の都市部における水供給システムは，長い間維持されてきている．水に関する現行の法律，規制や制度化された体制により，全員の役割，すなわち，水消費者の義務，地方当局によって課される制限，料金システムや資金調達機構などが十分かつ明確に定義されている．

- 現在使用されている水源は，水質，水量のコントロールが実施されている．すべての地域住民に水を供給し，行政的，商業的，工業的需要（自主水源を持たな

4.4 飲料水の供給

い人々すべての需要)を満たしている．事故を除けば供給されるサービスは，継続的で高品質を保っている(消費量がピーク時を迎えたとしても，適切な圧力で24時間体制で飲料用水を供給している)．

- 多くのケースでは，これらのシステムは，メーター料金システムを採用している．大型メーターは，生成水量や分配ネットワーク入口の配水量を測定するために用いられている．個別消費者を測定することは，ヨーロッパ(英国を除く)では一般的であり，米国でも次第に実施されるようになってきており，この結果，世界的に広く採用されている均一料金システムが代わりつつある．

- ここ10～15年間に水道料金は大きく上昇している．現在では2～4ユーロ/m^3に達している．同時に消費者1人当り消費量は，安定化あるいは減衰してきており，今ではおよそ200～300 L/人・日である．

- 水分配システムは，以下のような幾つかの共通の特徴を持っている(水資源管理と処理の問題については後述する)．

  - 輸送－貯蔵　分配の最高位にある貯水池に水を輸送するパイプは，ピーク日の平均負荷量をもとにつくられている．貯水池は，その容量が日平均生産量の約50 %となるように設計され，生産量調節機能(流量変動が輸送・生産システムに悪影響を与えないように)を有している(平均流量に対するピーク流量の比は，しばしば2を超える．夜間にはこの比は，しばしば4あるいは5を超える)．

  - 分配システム　以下のような特徴を持つ．

    規模：ピーク流量と消火用の備蓄を考慮しなければならないが，流速が低いと水質が悪化する可能性があることから，必要以上に大きすぎることは避けなければならない．

    設備／維持管理：分配ネットワークの拡張と新規導入を想定して実証済みの材料[例えば，ダクタイル鋳鉄，ポリ塩化ビニル(PVC；polyvinylchloride)，高密度ポリエチレン(HDPE；high density polyethylene)など]を選ばなければならない．また，古い幹線を徐々に交換することも必要である．さらに，交換時には，十分な安全基準を満たすために，土と配管との相互作用に特別な注意を払うべきである．

    操作圧力：圧力は，水道局の規定に応じた特定範囲内に調整される．最小限度は，数階の建築物に供給するために過度の圧力にならずかつ十分な圧力

になるような値とし，最大限度(約5～6気圧)は，配管を摩耗したり破裂させたりしないように決定される．地形状況によるが，圧力ゾーンをつくったり，圧力調整装置を設置したり，ある場合にはラインの末端に可変速度ポンプシステムや昇圧機基地を設置するなどのように，適切な圧力を得るためには様々な処置が必要になる場合もある．

分配水の水質：特に水と配管材料との相互作用に起因する処理施設から消費者の蛇口に届くまでの間に生じる水質の変化には大きな注意が必要であり，研究，開発が必要な分野である．

末端配水管：古い鉛製の配水管の交換が大きな問題となっている．新しい配水管は，一般に飲料水に適したポリエチレン製である．

- 先進国都市部の水分配システムには投資が必要である．先進国都市部では，人口増加率が低く，1人当りの消費量が減少傾向にあるため，システムの補強や拡張のための投資が低くなる傾向にあるが，水分配ネットワークに主要な以下の2つの目的を達成するためには，頻繁に大きな投資がされなければならない．
  - 事故(水資源の汚染，本管の破裂，電力の長期間中断など)を防止するために，分配ネットワークの安全を確保すること．
  - ほとんどのケースで非常に古くなっている(50年以上経過)現存の構造物などを取り替えること．
- 施設の管理といった領域では，水分配の主な課題は次のようなことを含んでいる．
  - 物理的な損失を削減し，水道メーターを増設することによって無収益水道水率(Roche, 2000)を削減する努力は引き続きなされている．無収益水道水率は，一般に30％以下であり，20％まで低下している場合もある．目標としては，この値をさらに改善するというよりも，むしろ既に達成されているこの低い値を維持していくことであろう．
  - 集中管理システムを利用して施設の技術的管理を最適化しようといった努力が続けられている．集中管理システムとは，安全性を改善し，コストを削減するために，意思決定ソフトを導入することや，リアルタイムモデルをも組み込んだものである(Bos & Jarrige, 1990)．
  - 現存の構造物の維持管理を改善するために，GIS(地理情報システム)の潜在能力をすべて利用する手段が発展しつつある．

4.4.5.3　開発途上国の都市環境における水分配システム

　開発途上国の都市の水分配システムは，先進国のシステムに匹敵する状況から，満足できる質の水源から十分な水を容易に入手できる人口が非常に少ない状況まで広範囲にわたっている．毎年増えつづける急速な人口増加によって，最も基本的な都市サービスを享受できない住民の数が増えているという困難な問題が一層悪化してきている．このような状況は，一部には立法措置や規制，適切な法令が欠けている結果として生じたものであるが，それだけでなく，水分野における人材不足と財源不足から生じたものでもある．また，水道料金がしばしば低すぎたり，時に料金の徴収が徹底されていないために，必要な財源を確保することができなくなっている場合もある．

　水資源に恵まれた場所(大河川の河岸)から，既に水資源が不十分であるうえに重税がかけられていたり，都市排水汚染や産業排水汚染により水質が悪化していたり，塩水の浸入の危険があったり，といった危機的な状況にある地域に至るまで，水資源に関しては極端な相違が存在する．地下水の枯渇は，多くの場合，きわめて深刻である．このような水資源の量と質における極端な相違が存在するのと同様に，消費水準についても大きな相違がある．豊富な水源の近くに水分配システムを構築するために主な投資が行われた地域では，ネットワークの物理的損失と消費者の無駄使いのために1人当りの消費量が例外的に高い．これに対し，水資源が不足し，水供給システムへの投資が小さい地域では，1人当りの消費量は低く，水不足によって水分配システムにつながる人々への供給がしばしば中断されることにもなっている．

　大多数の現存の都市水供給システムにとっての最大の問題は，水供給をすべての人々へと拡大することである．公共の水分配システムを直接あるいは間接に利用している人々の割合が100％であることは稀であり，極端な場合には，この値は50％以下にもなりうる．そのうえ，水供給を享受している人々の中で供給末端に届けられる水を直接利用しているのはごく一部だけにすぎず，これ以外の多くの人々はその他の様々な方法(最もよく見られるのは公共蛇口などを通じて)で水を得ている．公共の水供給を得ることができない人々は，水質管理が不十分なその他の水源(自家井戸や小川など)に頼らなければならない．

　システムの多くには，水製造地点の流出口に大規模なメーターが備え付けられている．しかしながら，これらのメーターは正確とはいえず，信頼することはできない．多くの場合，消費者への料金請求は，均一料金システムによって行われている

第4章 インフラ統合に関する問題

のが現状である．全消費者にメーターが導入された場合でも，メーター制が完全に管理されることは少なく，実際より少なく数えがちで，それゆえに請求額が低くなることが多い．収益が見込めない水の割合[*1]は，大規模メーターの不確実性などのために明確にすることが困難である．したがって，供給量をもとにして料金が設定される均一料金システムの場合には，大きな問題点である．しかし，一般に無収益水の割合は約50％であり，これには2つの主な要因[ネットワークやメーター測定における物理的損失，あるいは供給水量の過小評価(消火栓，道路洗浄などの無料提供サービスを含む)]があるとされている．

技術的な課題に関しては，開発途上国の都市部の水分配システムには，以下のような特徴がある．

- 水源の水質と水量は必ずしも制御されておらず，深刻な水不足が起こる場合もある．既存の伝統的な処理方法が一般に採用されている．
- 消費者は，個別の「貯水」機能を有している．これは，分配システムがそのように設計されていたり，水供給が時々途切れることを想定して消費者が必要な水を貯蔵するからである．
- 配水ネットワークは，一般にあまり大きくなく，郊外には供給されていないことが多い．
- 耐腐食性が十分ではない鉄や，腐食性の水によって劣化することがわかっている石綿セメントのような不適切な配管材料が使用されていることがある．
- 多くの要因(貯水方法，不十分なネットワークサイズ，主要な物理的損失，消費者の浪費)によってたびたびの時間ピーク値を抑制している．1.15あるいは1.10未満のピーク時間と平均時間との間の比が観測されるのは稀ではない．
- 操作圧力が低くすぎることがある．圧力がない(供給中断)時には，分配水の水質がシステム内への汚染物質の流入によって影響を受けることがある．
- 最後に，既存施設の維持や交換を実施するための資金が十分ではないことがある．

現存するシステムを最大限利用できるように管理努力がされなければならない．その意味で無収益水を削減することが優先項目(UNESCO, 1999)である．なぜなら

[*1] 割合 $= (V_D - V_B) / V_B$
 $V_D =$ 配水により供給された水量
 $V_B =$ 利用者に請求された水使用量

4.4 飲料水の供給

これにより財源を増やすことや，供給不足の消費者に行方のわからない水や漏水を供給することができるからである．しかし，以下に示す全項目を同時に保証することが不可欠であることを考えると，莫大な投資が必要となる．

- 新しい水資源の開発(時に遠距離で高コストである場合がある)．
- 劣化した現存構造物の一新．
- 現在の問題に取組み，新しく住民に供給するための製造・輸送に必要な基盤施設の補強．
- 現在水供給を享受していない，あるいは人口の増加に伴って増えた住民への分配システムの拡張．
- 供給の際の質の向上．

これらの要求は，広範囲に及び，各状況に合わせて考慮される必要がある(Mathys & Chambolle, 1999)．21世紀における都市部への飲料用水供給に対するチャレンジに答えるためには，革新的な解決策を広く利用できるようにしなければならない．その結果として，消費者の要求と期待に添うような供給ができるようになる．これらの解決策の一部，例えば，貧しい消費者への供給網を提供するための政策や，管理者に維持管理を任せる有料配水口，あるいは社会的・経済的に恵まれない人々のための特別な解決策などは，既に実行されている．このような解決策を実行するためには幅広い分野における考慮が必要である．すなわち，政府組織，水管理者，とりわけ消費者を含む全関係者の協力と義務の遂行が必要である．水は，無料で供給することはできない．料金は，浪費を削減するために必要な条件である．おそらくよくいわれていることとは逆に，多くの消費者はこのことをよく知っているはずである．公共の水分配システムを享受できない人々は，しばしば消費する少量の水1 m^3 当りに対して過当な料金を支払っていることは広く知られている．消費者は，これらの問題に対処するために必要な資本の整備と将来の維持管理に関して十分に考慮し，これに参加する必要がある．そうなった時に初めて支払う意思と能力が確保され，長く供給し続けることが可能となる．すべての考えられる財源は流通されるべきである．既にシステムを利用している消費者による浪費の発生を抑え，消費者を飲料用水供給システムの一新と発展を見守る第三者とするために，料金システムと高性能のメーターシステムを導入することがきわめて重大である．

4.4.6 水質─運営─維持

4.4.6.1 分配水の水質

　最善の状況は，すべての家庭に供給される水が消費者個人のシステムへの流入口のメーターで読み取られ，その地点で高い質の水が保証されることである．しかし，水質は，一般に消費者の蛇口で測られ，それゆえに建物内部の配管システムに関連して起こる質の変化を何も反映していないことが非常に多い．

　人の消費のために供給される水は，それぞれの国やヨーロッパでは欧州連合(EU)の基準(ただし，より厳しい基準を設ける場合は，EU加盟国が独自の基準を適用することがある)を満たさなければならない．WHO(1999)による指針を反映した基準は，最大限の安全性を保証し，今ではごく微量の化合物の検出に使用されている分析方法から得た科学的データからの外挿されたものも含んだ研究に基づいたものである．分析条件は，非常に重要である．例えば，水道管(鉛製や銅製など)からの金属の浸出があると，蛇口をひねってすぐにとった試料の評価と，建物内の配管網にあったすべての水を流してしまうのに十分な長い時間を経過した後にとった試料の評価を直接比較することはできない．

　最も重要なことは，水から病原菌(細菌やウイルス)を除くこと，すなわち，消毒である．安全性という点から考えると，非常にきれいな汚染されていない水源からの水でさえも消毒しなければならない．味や健康への影響があるために，特に塩素や塩素化合物を使った消毒による消毒副生成物の生成を防ぐことが望まれる場合もある．しかし，このような場合でもよりよい消毒技術を使わなければならない．オゾンを使用したとしても，分配システムの中でのいかなる細菌の成長をも排除するためには，軽く塩素殺菌しなければならない．

　近年では，病原性の原生動物($Giardia$, $Cryptosporidium$)が知られているが，これらの寄生生物は，消毒だけでは除去できない．したがって，消毒する前には完全にろ過する必要がある．すなわち，これらの病原生物の除去には，補足的な水処理方法の適用が必要なる．

　したがって，公立の試験所を利用することができることに加えて，分配システムの運営者は，最も新しい分析(特に微生物に関する分析)を行うために専用の研究所を持たなければならない．可能であるならば，高度な分析が必要とされるパラメーターの分析のために，中央研究分析所がすべての一単独会社の運営者に利用可能で

あるべきである．一運営者の実験所と中央研究所とによって得られた結果の比較検討が重要となる．また，分析結果の保証認可プロセスも通過するべきである．

4.4.6.2 運　　営

　消費者が何よりもまず欲していることは連続した供給である．すなわち，消費者は常に適切な圧力の良質の水を必要としている．必要な補修やその他の作業のために供給が途切れる回数は限られた数で，短い期間でなければならない．また，可能であれば前もって計画されていなければならない．電気なしでは水を処理し配給することができないので，特に水処理施設の電力供給は非常に安定していなければならない．ほとんどすべての施設の作動に電気は欠くことができないのである．

　水処理施設は，不調になりやすく，綿密に監視しなければならないが，分配施設は，一般的に非常に安定で，ほとんどが自動化されている．それにもかかわらず，それを操作する技術を持った経験のある人がいまだに必要である．なぜならば，他の方法で質の高い供給（システムに適度の圧力で良質の水を供給すること）を提供することができないからである．

　分配システムは，システマティックにチェックされなければならず，支障箇所の補修や消費者の苦情に応じた修理の間は監視を続けなければならない．このような監視は，以下の項目を含む．
・水道管：使用年数，破裂とその原因，内側と外側の被覆の状況．
・その他の構造物：構造物や付属品に関する事象．

　システムの出力もまた監視されなければならない．管理者は，供給水がISO9000やISO14000に合致した水質であることを保証しなければならない．

4.4.6.3 水道メーター—顧客管理

　水供給の利用者は，請求書にそのサービス料が記載されている衛生サービスも含めて，供給事業の経営・財政状況をよく知っている．利用者は財政的なことであれ，技術的なことであれ，生じうるあらゆる新たな状況や水質に影響するあらゆる変化を聞きたい，知りたいと思っている．

　地方当局に代わって供給事業を任されている私企業は，顧客管理に注意を払っている．遠隔操作によるメーターの読み取りは次第に増加しており，これにより労働コストを削減でき，メーター検針者が顧客の住宅へ立ち入ることがなくなる．しか

し一方では，メーター検針者の存在は，顧客に過剰な水の使用を知らせたり，メーターを凍結から守る方法を伝えたり，といった顧客とのつながりを維持するという利点もある．

将来，検針と集金の間隔が短くなり，検針者が請求書を作成し，集金すると同時に業務の処理結果を記録することさえできるようになるかもしれない．

顧客はすぐに情報を貰えて，技術的な問題（新しく供給網を加えたり，公共分配システムの漏水を修理したり，顧客の要求があった時には個人所有の配管に関するものなど）を解決する手助けをしてくれる人で，可能であるならばいつも相談できる同一人物が必要である．この人は，顧客の請求書の状況を知り，支払い方法（自動支払い，窓口支払い，あるいは分割払いなど）を変更することができる人でなければならない．

顧客に支払能力がなく請求を清算することができない時には，顧客は滞納したまま水を享受するのではなく地域の社会サービスを通して財政援助を探さなければならない．しかし，顧客の建物内部で水漏れ修理に関する請求は，その一部を支払い，残りの支払いを延長・分割することが最良の方法である．

行政サービスは，集金に細かい注意を払うことも含んでいる．滞納者や注意を無視する顧客には催促状を送らなければならない．最後の手段として，事業者は，水の供給を止めることを警告し，支払いを得ようと試みることができるが，これは最も極端な場合にのみとるべき方法で，こんな場合でさえも，単純に供給網への水の供給量を削減することが最も良い手段であるかもしれない．

4.4.6.4　維　　持

4.4.1.2で強調したように，たとえたびたび刷新されていても，施設は，注意深く維持管理されなければならない．

地下水を汲み上げている場合には，時間の経過とともに必然的に老朽化する水道管の電気化学的な腐食や細菌による腐食が進み，井戸が機械的・化学的・生物学的に詰まってくる．そして，井戸を一新する前に，その井戸の特徴を完全に知り，水文学・化学調査が実施されなければならない．

地下水は，恒久的にあるいは一時的に汚染されうるので，地下水質を維持する（近傍および遠隔周囲環境の境界線を守る）ために注意が払われなければならない．また，表流水と地下水との間の水の流れを妨げないように，海岸沿いでは塩水の混入の危

険性が生じる可能性があるので，地下水を搾取しすぎないようにすることも重要である．

表流水から飲料水がつくられる場合，事故による一時的な汚染に備え準備しなければならない（必要ならば，取水地点の上流部に警告発信地点を設置する）．源水を汲み上げることをやめて，水処理用の化学薬品の投与量を変える必要がある場合もある．水質を保証するためには，管理者は，厳しい予防的維持管理法を適用し，これを明確に記録しなければならない．

一般的原則として，すべての施設は，以下のようなことをなされるべきである．
・予防的維持管理スケジュールをつくる，
・維持管理および修理工場を継続する，
・無線機によって呼び出すことが可能な緊急スタッフによる危機回復システムを組織する，
・起こりうる事件・事故に対して，それらの危機を防止し管理するための計画マニュアルを作成する．

4.5 排水と雨水の集水

4.5.1 システム設計

水処理施設の新しい規制は，信用性と安全性に関する要求がますます強まっている．これは，慢性的な汚染の影響からだけでなく，雨や事故による工業排水の流出のために起こる断続的な汚染の急増からも，環境を保全することが目的であるためである．また，排水処理の管理コストは，急激に増大しており，厳しい制限方法と汚染物質の総合的追跡機構を備えるとともに，最終的な廃棄物の削減目標あるいは利用方法を設定する必要がある．これらすべての理由から，下水道システムの総合管理こそが必要とされており，次の3つがその構成要素である．
・集水ネットワーク，
・処理システム，
・廃棄物と余剰生物汚泥の削減と利用（リサイクル）．

したがって，排水処理システムが最適に作用するためには，現在では分流式下水

道システムにすることを意味している．この分流式下水道システムにより，処理施設へ流入する排水の選択性を増加させ，集水システムを監視することができる．もちろん新しい衛生計画を新しい町のネットワークに導入することは，既に合流式下水道システムを有する現存の町で新しい衛生計画を策定するよりも簡単であろう．

多くの場合，交通機関や既存の排水管や，地中の他の多くの管やケーブルのために大きな町の古い中心街にある合流式システムを変えることは，コストの面で難しい．このような理由から，中心街では合流式ネットワークとし，郊外では分流式ネットワークといった混合システムも多く存在する．

一定の流速と汚染負荷といった処理システムに何の危険もない理想的な集水システムを実現することは難しい．汚染水が処理施設に直接運ばれないようにする調整システム（流式システムからの流出水の一時的な貯留，処理施設流入部の調整槽，可変堰など）である．

降雨量が比較的少ない地域では，処理施設が十分な能力を持っているのなら，投資，運営コストを比較分析することにより，合流式システムを選択することになるであろう．しかし，例えば，地中海地方では大雨がよく降り，分流式ネットワークの方が好ましいものとなる．

4.5.1.1 合流式システム

合流式システムは，一般に直径の大きい下水道管によって以下のようなものが集められる(Valiron & Affholder, 1996)．

- 家庭排水，
- 工業排水（前処理済あるいは前処理無），
- 地表面流出水，
- 道路洗浄水．

これらの石やコンクリートでできた下水道管（工場で生産されたものあるいは現地で成型されたものにかかわらず）は，非常に摩耗しやすく，裂け目ができやすい．また，次のような問題も存在する．

- 内壁の腐食，
- 地表面流出水とともに流入する瓦礫や巨大ごみの沈殿，
- 硫化水素発生の危険が伴う緩勾配箇所に沈殿した有機物，
- 豪雨による負荷の増大，これは極端な場合にはマンホールを持ち上げ，交通事

4.5 排水と雨水の集水

故を引き起こす可能性もある，
- 雨期における環境中への放流，
- 多くの場合，維持管理のために下水道に入らなければならない作業員の危険性（毒性のある気体，水位の急上昇，欄干の老朽化など），
- 排水管中では，乾期に貯留，雨期に流送するといった水量の変化による汚染負荷の変動．

新しいネットワークを設計する際に，路盤を急勾配とし，自浄式の下水道を設置することによりこれらの問題のほとんどは回避することができる．下水管の勾配や配置は，無機物や発酵性堆積物ができるだけ少なくなるように設計されなければならない．現存の緩勾配のネットワークでは，このような問題点を削減するために以下のような特別な手段をとることができる．
- 地表面流出水中の瓦礫や巨大ごみをこれらが下水管へ流入する前にトラップするための固定仕切りを有する沈殿槽を設置する，
- 上流の緩勾配部に砂や固体を除去するための水溜めを設置する，
- 負荷変動を小さくするために，モーター可動式の堰を設置する．

同様に，作業員の危険性を考慮して，構造物内に出入りする方法を考慮しなければならない．いかなる検査の前にも必ず大気の成分を検査しなければならない．突然の豪雨や水供給システム内の事故(貯水池の水位低下，パイプの崩壊など)時における安全性は，ネットワーク内に作業員を派遣することによってではなく，遠隔監視センターにより確保されなければならない．作業員入口部や大量の堆積物が存在する場合には，排水輸送量を確保するために機械式の洗浄装置を導入する必要がある．そのような装置には，移動式のもの(水門を出るボート，水圧を搭載したトラックによる清掃，巻上げ機，水圧バルブ)やヒドラスバルブ(Hydrass valve)などがある．下水道管内の堆積物は，水平方向に移動して取り除くだけではなく，鉛直方向にも移動させなければならない．これには，水圧ジェットや真空吸引装置を搭載したトラック，あるいは単純に機械ショベルやバットを用いることによって解決することができる．

4.5.1.2 分流式システム

このシステムでは，雨水や道路洗浄水は，家庭排水や工業排水と分けて集められる．このシステムでもまた，以下のような幾つかの機能不全が発生する．

- 堆積固形物質やレストランからの油脂による部分的な閉塞,
- 接合箇所を突き抜ける木の根,
- 道路上の交通や地殻の運動によって起こる圧砕や破損,
- 新規枝管の設置,
- 地下水面以下の深部に埋められた下水道管中への清浄な水の一時的浸透,
- 雨水排除の目的で個人あるいは企業による枝管の違法設置,
- 雨期における排水の環境中への放出,
- 合流式システムと同様な貯水／放流による突然の流速と負荷の変動,
- 工業地域における排水水質の変動.

これらの不調のうちのほとんどは，主要管や接合管が，地盤，接合部の質，通常の勾配と枝管接合といった技術的な点で良好に設置されていれば，削減することができる．できるだけ長い寿命で供給するために技術者がはっきりととるべき予防措置がある．それらは，管を設置した請負業者と一致する質の許認可を得ること，作業を厳しく管理統制(埋戻し圧のテスト，専用テレビモニターによる監査，厳重な水質，大気の検査)することである．

4.5.1.3 雨水管ネットワーク

都市の拡大や大きな街の不透水性地盤率の増大によって降雨時に急激な流量の上昇が起こり，財産と生命が危険に晒される洪水の危険が生じる．合流式ネットワークでは，一般に雨水管の直径が大きくなっているが，以下のような障害が発生しやすい．

- 砂で閉塞する,
- 排水口入口への巨大なごみの流入,
- 高降雨地域の下水道への過剰負荷.

降雨用の貯水槽や地下タンクをつくることによって地域的に危険を減らすことができる．しかし，地方当局の関心は，例えば，浸透性の道路や貯水池道路のようなかなりの資金か必要な対策に向かう前に，個人に地表の雨水を地盤に透過させるように仕向け，強制することにある．

環境中に放出される浮遊物質の年間量に関する研究によれば，例えばマルセイユ(**表-4.8**)では，次のようなことがわかっている．

- 合流式あるいは分流式の下水道システムから流入する浮遊物質の80％以上が処

4.5 排水と雨水の集水

表-4.8 マルセイユの雨水管ネットワークにおける浮遊物質の挙動

Type Of System		Volume ($10^6 \times m^3$)	Suspended solids	
			Entering (tonnes)	At outlet (tonnes)
Dry Weather	Combined	66	11,900	
	Sanitary	36	11,000	5,150
	Stormwater	78	2,150	2,150
	Total	180	25,050	7,300
Wet Weather	Combined	7	800	700
	Sanitary	0	0	0
	Stormwater	18	2,400	2,400
	Total	25	3,200	3,200

理場で除去される．ただし，流量が少ない場合にはこの値は70％に低下する．
・雨水管ネットワークは，年間発生浮遊物質量の47％を集め，雨期のそれの44％を集める．

　多くの場合，他に雨水排水を処理する方法はない．集水ネットワークや処理場を設置するといった努力にもかかわらず，処理場出口における浮遊物質の除去率は，年間平均で，例えば，マルセイユとその流域のように，わずかに50％を上回るにすぎない．このことは，雨水排水や合流式システムからのオーバーフローを処理するために今なお努力がなされていることを表している．

　そのうえ，降雨時に起こる汚染の急上昇問題がある．道路からの洗い流しや土壌を透過する間に集められた汚染，下水道に蓄積した沈殿の再浮遊などによって，都市の雨水排水は，乾期の排水10倍以上にまで汚染されることがあるのである．このような結果的には表流水に負荷される汚濁物質の急増は，ほんの数時間の間に起こりうるものであり，これを防止するために年間を通してとられるすべての措置の利点を環境中に洗い流してしまう．特に，脆弱な自然環境の場合，雨水排水は必ず処理されなければならない．雨水排水を処理するための新しい物理化学的な技術的解決法（汚泥循環を使った層状沈殿方法）は，今や非常にコンパクトとなり，利用することができる．この乾期と雨期における総合的な汚染管理の問題は，合流式下水道システムと分流式下水道システムを比較する際に論議となる．

　現在の設計者は，どちらの方向に向かっているのであろうか．もちろん，分流式ネットワークの方がとても高価である．特に雨期の汚染変動から環境を守るために雨水排水を処理しなければならない場合は高価になる．しかし，排水処理（生物学的

に有機物汚染を除去すること）の技術的解決法と雨水排水処理（物理化学的に浮遊物質を除去すること）の技術的解決法は，大きく異なっている．もちろん一般的な解答を出すことは非常に困難である．というのも，以下のような地域的特性が考慮されなければならないからである．

- 降雨強度，
- 放流先の環境の脆弱性，
- 既存のインフラ整備．

4.5.1.4 減圧・加圧ネットワーク

減圧状態下あるいは加圧状態下の下水道システムは，伝統的な重力式の排水集水システムに取って代わるものを提供する．以下に挙げる幾つかの条件のうち，一つ以上が当てはまる場合，このシステムの利用が考えられるべきである．

- 地形上，勾配が不十分である，
- 地下水面が地表面に近い，
- 人口密度が低い，
- 地盤が排水溝を掘るのに適していない，
- 排水が断続的に発生（キャンプ場，季節的な活動など）する，
- 環境規制が厳しい，
- 補修コストが高い幹線道路がある，
- 現存ネットワークによって地盤が塞がれている．

加圧システムは，主要な幹線に流出あるいは注入装置を装備した支流を持った複合システムである．幾つかの種類があり，設置方法や注入装置のタイプ（空気放射式またはポンプ）によって本質的に異なっている．

減圧システムでは，減圧ポンプを装備した中央タンクがある．このタンクは，閉じた集水ネットワークに直通する．家庭排水は，大気圧でこのシステム上流末端の貯水槽に流入する．貯水槽が一杯になった時，バルブが自動的に開けられ，水がシステムの中に吸引され，中央タンクに輸送される．

どちらのシステムを選択するかは，技術的・経済的比較に基づいて決定される．減圧下あるいは加圧下のシステムが重力システムより勝る利点は設置の容易さである．初期導入コストと運営コストは，消費者の人口密度に大きく依存する．

4.5 排水と雨水の集水

4.5.2　家庭下水接続

　下水道への各家庭からの接続は，家庭排水を集め，公共下水道へ運ぶために設計される．分岐連結管を設置するためにはいくつかのルールがある．
- ネットワークが完全に自然の地下レベルまで達している場合，圧力に耐える能力がなければならない．
- 高速道路の近傍では，維持スタッフが容易にアクセスできるようにできるだけ近くに調査穴を設けなければならない．
- 堆積物の排出を容易にし，沈殿の生成を抑制するために，内径は 0.2～0.3 m，直線経路で縦方向に 3％の勾配を有しなければならない．
- 公共下水道への連結部は，排水の流入を容易にするために 45～60°の角度にしなければならない．

悪臭の逆流を防ぐために，2 種類の連結装置を利用することができる．
- 水封を利用した連結分離サイホン，
- 悪臭遮断シールを用いた直接連結装置．実際には，詰まりやすいという欠点を持たないために管理の問題をほとんど生じない．

　公共下水道ネットワークを保護し，次々起こる維持管理操作を最小化にするために，家庭下水接続の公共マスの管理もまたネットワーク管理の責任となっている．連結が申請され，綿密な調査が行われた時，そのシステムの供給事業者は，公共衛生下水道に雨水が流入することを防ぐために，家庭下水システムが雨水から正しく分離されていることを確認しなければならない．

　このような協力調査は，一般的に 2 段階で行われる．まず初めに，分流式ネットワークに煙を注入し，煙が再び現れる所を見つけて，雨水(排水溝，格子付溝)が流入する場所が確認される．調査チームは優先順位を付け，影響のある地域を評価する．次に，家庭下水接続を許可できない消費者に行政的に接近(許可範囲内での取付けの指導，必要とされる措置の種類の教示，延滞通知の発送など)しなければならない．最後に，ネットワークは，化学物質，薬品物質，とりわけモーター廃油を排出することを意図されたものではないことを消費者に定期的に知らせる情報キャンペーンを組織しなければならない．

第4章　インフラ統合に関する問題

4.5.3　工場排水接続

　工場排水が公共下水道に接続流入されることはよくあることである．フランスでは，家庭排水以外の工業施設は，幹線下水道に接合することは義務付けられていない．それゆえに，地域社会の許認可を得なければならない．地方自治体の長あるいは水処理会社は，ネットワーク運営者が定めた特別な条件(例えば，オンサイトでの前処理，毒性物質の発生源での排出防止，流量調整池の設置あるいは公共ネットワークに接続する会社による自己分析調査など)を含む特別の排水負荷協定にサインする．フランスで適用されている規定は，他の国でも容易に応用することができ，以下のような幾つもの利点を持っている．

- 経済的利点，特に小規模工場において有利．個人で処理するよりもずっと経済的であるゆえに，大規模施設よりも，小規模施設でより効果的である．
- 前処理施設が必要な場合，ネットワーク運営者は，排水の水質を管理しやすい．
- 公共処理施設や環境への影響のある負荷を指示に従わないまま排出する事業者に直接に責任を問うことができる．

　工場排水の接続によって，厳密な監視がされていないと，様々な不調が起こりうる．

- 遊離酸や，冷えると公共ネットワークの内壁面を油脂が覆うことによって，下水が劣化することがある．
- 生物処理プロセスは，毒性物質，化学物質や有機汚染負荷の変動によって悪化し，機能しなくなる可能性がある．
- 処理汚泥の質は影響を受け，有機物質や微量無機元素が処理汚泥の農業利用を不適当なものにするかもしれない．
- ネットワーク内に入る下水道作業員は危険に遇うかもしれない．

　一言でいうと，工場排水接続はネットワーク管理者によって厳密と制御されなければならない．この制御の本質は，主に工業の種類によって異なる．会社の事業内容や水の使用法，流出汚染物質の種類の調査を経たうえで認可を与えることにより制御が行われる．家庭排水に匹敵するような工場排水にするための技術的項目をクリアした場合にだけ認可が与えられることもある．これは，一般に，pHの調整，毒性物質の排出抑制，砂や油脂の除去，浮遊物質の流出前の沈殿除去を行うことを義務付けた前処理を行うことを意味する．ネットワーク管理者は，申請企業の技術

4.5 排水と雨水の集水

的・財政的約束事項を決定し，これらを特別な接続認可条項に追加しなければならない．そして，ネットワーク管理者は，排出水がこれらの事項に合致しているかを定期的に検査しなければならない．

皮革なめし業や表面処理業のような厳しい制限は，明らかに食品工場からの排水には必要ではない．発生源で工業負荷を制限することは，おそらく制御されないままの負荷を与えた場合に発生する結果に業者が気付きやすくし，前処理や自己分析をするようにさせ，ネットワーク管理者があらゆる調査結果に基づき認可を更新・解除することを保証する唯一の方法である．

4.5.4 ポンプ場

ポンプ場は，重力ネットワークよりも低い位置にある地域に必要である．輸送管の長さや吐出し高さは，地形によって時には非常に大きく変化する．設計の欠陥によって，ポンプ場は以下の危険に晒される．

- 合流式システムの場合，巨大ごみの流入による管あるいは吸入部スクリーンの目詰まり，
- 貯水池底部の砂の堆積，表面の油脂の蓄積，
- 嫌気性発酵による硫化水素の発生，流出地点での不快臭，
- 電気的・電気機械的故障．

これらの問題のほとんどは，設計段階で，タンクとポンプ容量を適切な大きさに設計し，ポンプと輸送水路を適切に選択することによって解決することができる．

合流式ネットワークでは，タンク流入口にバースクリーンを設置することがポンプを故障から守る一つの方法となる．貯水池底面の形状によって砂や堆積汚泥を回収することが容易になる．大きなタンクには機械撹拌機を設置することによって砂と油脂の蓄積の問題を見事に削減することができる．自動制御装置に関しては，超音波圧力水頭測定センサーを(流出水に接触しない位置に)設置することによって表面の油脂と接触し，普段から維持管理を要する水銀球水位制御装置よりも長期にわたってずっと信頼できる値を得ることができる．

最後に，硫化水素発生のリスクは，下流での下水管の侵食を防ぐために必要である．硫化水素臭が発生する条件は，今ではよく知られている(水路やポンプ内での長い滞留時間，腐敗しやすい物質の流入，不十分な管路流速)．同様に，推薦される対

処法も現在完全に修得され，臭気の問題も解決できる．水路の滞留時間が長い時は，次のうちのいずれかを使用する排出水処理システムを導入しなければならない．
- 空気注入によるエアレーション，
- 酸化剤の添加，
- 硫化鉄の沈殿を生成させる鉄を基本とする添加剤（硫酸鉄や塩化鉄）の添加．

4.5.5　質，維持管理と運営

継続的に流量を維持し，環境中への流出を防ぐ，つまりネットワークの収集率を改善するように下水道システムは運営しなければならない．維持管理の質は，以下の指標で評価することができる．
- ネットワーク1km当りのパイプの妨害物発生件数，
- 分岐管の異常発生件数，
- 環境中に流出された未処理水の収集率もしくは量，
- 排水溝の状態あるいは不快臭に関する苦情件数．

供給の質を制御するために，次に挙げる方法は，ネットワーク管理者にとって欠くことのできないものになっている．
- 現場からの全遠隔監視データを記録する集中制御システム．
    - 汲上げポンプの状態，
    - 主要集水路あるいは主要雨水排水口の流量，圧力水頭，
    - 流域降雨量．
- 構造物のアップデートを簡単にすることができるデータベースと直結したコンピューター化された地図．計画の抽出，縦断面の視覚化が可能となる．
- 手順を標準化し，不認可箇所を明らかにし，修復活動を実施し，管理指標を制御するために，ISO9000やISO14000のような基準と匹敵する質の高い管理．

これらの必要不可欠な運営補助手段の数は増加する傾向にあり，下水道管の清掃予防の方法と効率を最適化するのを助けるように設計されている．年間，ネットワークの全長の10～20％を予防的に維持管理することで，下水道1km当り年間0.5件の障害発生率に抑えることができる．同様に，管の勾配や過去の事件の履歴を考慮することは，ネットワーク管理者の注意を「問題」部分に集中させ，診断行動をとり，必要業務を計画し，過去の清掃操作を修正するようにさせる．

最後に，政策決定者が診断的な調査を進めることは，ネットワークの修復を計画の際や，事業や新しい連結地域を拡大しようとする時には絶対に必要である．このような分析は，第三者のコンサルタントあるいはネットワーク管理者によって実施される．

4.6 排水処理

4.6.1 概　　論

排水処理は，基準を遵守し，処理水放流先の環境を最大限に保護するように設計，実施される．周辺環境の特性を考慮して，処理水中に残存する汚染物質を処理水放流先下流が吸収できる範囲内になるように処理方法が選択される．

処理水が飲料水としてではなく，冷却水などの工業用水として再利用される場合には，二次処理が適用される．また，海岸部における塩水や都市部における汚染雨水排水が地下水に浸入することが懸念される場合には，処理水は地下水涵養のために利用される．さらに，公的なものも私的なものも含めて，灌漑用水や景観保護のために利用される場合もある．いずれの場合も，水資源が枯渇している場合に処理水の再利用が考慮されるのはいうまでもない．処理水の再利用に関するケーススタディとして West Basin Project（米国）の例が挙げられる（Levine & Lazarova, 1999）．

West Basin Research and Development Program は，水処理施設を技術的および経済的により効率よく管理運営することを目的として，処理水を安全に再利用する方法を開発するために組織されたものである．このプロジェクトは，West Basin Municipal Water District（WBMWD），UCLA, UWS, LYONNAISE DES EAUX（CIRSEE）の4つの主たる関連機関によって組織されている．すべての研究活動は応用研究の分野からなり，研究結果は，処理水の再利用を目的として技術や分析方法を改良するために利用されている．主な研究活動は，以下のとおりである．

・逆浸透，限外ろ過，ナノフィルトレーションなどの膜処理技術を利用した品質の良い水の製造，
・膜の洗浄，
・水の地下浸透に関するモデリング，

第4章　インフラ統合に関する問題

・腐食の評価,
・膜および紫外線による滅菌処理の評価,
・水質モニタリング.

　水質モニタリングに関する研究活動の結果，再利用水の水質は，ロサンジェルス地域の3箇所でモニタリングされることになり，各処理場から放流される処理水と周辺の自然水の水質を比較検討されることになった．また，膜と逆浸透を組み合わせた処理と石灰による軟化と逆浸透を組み合わせた処理の効果を比較することになった．通常の水質指標(TOC，窒素など)に加えて，CIRSEEによって提案された新しい指標(微量有機汚染物質，人体汚染につながるホウ素同位体，微量有機スズなど)も測定されることになった．

　様々な研究プロジェクトによりこれまでにも多くの研究成果が蓄積されているが，多くのプロジェクトが現在も進行中である．排水処理方法は，格段の進歩を遂げ，より安全に，より効率的に，そして都市や自然環境により適したものとなってきている．

　今後より高い質のサービスを提供できるようにするためには，固形廃棄物処理(砂，瓦礫，油分，残留汚泥)や排水処理プロセスから発生する最終産物の問題を解決するための努力が必要である．

4.6.2　より安全な処理方法へ向けて

　現在の排水処理方法は，その第1段階として浮遊性物質を除去することを目的としている．さらに，処理水が環境上有用な地域に放流されたり，工業用水として再利用されたり，あるいは地下水涵養に利用されたりする場合には，窒素やリンを一部あるいは最大限に除去するための努力がなされる．

　雨水を同時に集める合理式下水道システムでは，降雨に伴って発生する一時的な大量の水理学的負荷や有機物負荷に対処できるように設計がされている必要がある．そして，流入水量は，処理システムの水理学的・生物学的機能をだめにすることがないような範囲に，すなわち過負荷係数(降雨時流入水量と無降雨時流入水量の比)が3以内となるように設計する必要がある．

　海岸地域や夏のリゾート地では，人口の極端な季節変動が考えられる．オフシーズンの10倍以上の過負荷が発生することも稀ではなく，この場合には特別な処置が

4.6 排水処理

必要となる．処理水質を維持しつつ大きく変動する負荷に対処するためには，柔軟性があり安定した処理方法が適用されなければならない．家庭排水を処理するための活性汚泥を利用する通常の生物学的処理方法では，レスポンス時間が長いことから，流量変動に合わせて処理水水質を基準値以内にするように対処するのは困難である．この場合には，処理水の基準に合わせることを目的として，流量変動に短時間で対応することができる物理化学的処理方法が，単独あるいは既存の生物学的処理方法を補助するために活用されている．

多くの場合，多様で複雑な処理システムが利用されており，これらを継続的に監視する必要がある．現在では，新しい設計（並列システム）が考案され，連続的にモニタリングできるセンサー，分析機器の開発が実施されている．これらのセンサーや分析機器は，信頼性が高く維持管理が容易であり，リアルタイムで曝気量や返送汚泥量を制御するといったような様々なプロセスを連続的に制御するために利用されている．

このような総合的なモニタリング CIRSEE のプログラムで開発中である（Caulet *et al.*, 2000）．C3A（衛生処理におけるセンサー，制御，命令）研究プログラムでは，排水処理場の世界的管理システムを構築することを目的として，以下の事項についての研究開発を実施している．

・流入変動にリアルタイムで対応可能な排水処理システムの開発，
・処理効率悪化を防止するための診断プログラムの開発，
・処理水質を監視するためのセンサーの開発，
・検査データの取得，処理，転送方法の開発，
・データを抽出しモデルや自動制御システムに導入するためのデータ処理方法（ファジー，神経ネットワーク）の開発，
・処理効率悪化状況を想定したシミュレーション方法の開発．

この研究開発プロジェクトは，最初にフランスの Morainvilliers の SARO（Syndicat d'assainissement de la région d'Orgeval）処理場で実施されているが，排水処理システムの自己モニタリングに関する新規基準に合致するように，部外者にも開放されている．

4.6.3 より良い処理のために

上述のように，排水処理は，浮遊性有機物質を除去するための処理から発生し，処理水の再利用や自然環境への放流水基準を考慮して，現在では，以下のような処理が実施されるようになっている．
- 工業排水処理，
- 窒素・リンの除去，
- 微生物汚染の処理(紫外線，オゾン，その他)，
- 膜処理の組合せ(MF，UF，NF，RO)．

通常の組成を有する家庭排水では，伝統的な簡単な重力沈殿による浮遊性物質の除去，標準活性汚泥法による有機物分解で十分である．主な汚染物質に対する一般的な除去効率と処理後の残留汚染物質濃度を**表-4.9**に示す．

近年の研究(Ginestet, 1999)により，排水処理システム(サイズ，モデル，リスク評価，処理法の選択やその効率)を最大限に利用するためには，処理水(残留水)に関してより多くの知識が必要であることがわかってきた．従来の処理水のパラメーター(BOD, COD, SS, NTK, P, TAC)にとらわれず，水処理工程と汚泥処理工程の両工程における汚染物質の挙動を追求していくことが必要である．排水は，このような観点から考慮することを通じて，以下のように分類できる．

物理化学的タイプ：沈降性，非沈降性・凝固性，非沈降性・非凝固性の画分．

生物学的タイプ：易生物分解性，易加水分解性，生物遅分解性，生物難分解性の有機物質，これらすべては異なる生物分解，脱窒，脱リンポテンシャルと速度を有する．

全体の目的は，残留水の特性を現地の状況だけでなく，水の特性試験の結果から設計される関係施設の操業リスクともより良く調和させることである．

必要に応じて，標準活性汚泥法とともに一次処理での沈降を促進させるための物理化学的凝集沈殿が用いられる場合がある．この方法は，特に浮遊性物質の濃度が高い時，あるいは容易に生物分解されない有機汚染物質を除去するために適用される．処理水の水質をより上げるために膜処理を併せて用いることで，これらの物理化学的処理は不溶解性リンの沈殿除去するため利用することができる．水浴や貝の産卵地域での排水基準を満たすため(**表-4.9**)には，断続的あるいは継続的に処理水を消毒しなければならない．こういった場合には，オゾンや紫外線のような様々な技

4.6 排水処理

表-4.9 主な排水処理プロセスの処理効率(Valiron, 1994)

	Treatment process	SS	BOD5	COD	NK	NGL	Total P	Total Germs	Fiability	Recei-ving water
0	Raw water	350	300	600	60	15	10^8/100 ml			
1	Primary settling	50-65% 120/175	25-35% 195-225	25-35% 390-450	weak 55-60°	weak 55-60	Very weak 12-15	week < 1 log	unfair	
2	Physico-chemical Treatment	60-90% 35-140	50-70% 90-150	50-70% 180-300	weak 55-60	Weak 55-60	80-95% 1-3	weak < 1 log	Very good	Non sensible
3	Activated sludge high load (3 kg DBO5 m3/j)	70-92% 30-100	65-87% 40-100	60-83% 100-240	< 10 % ≥ 55	< 10 % ≥ 55	< 20 % ≥ 12	1 log.	Bad	Non sensible
4	Activated sludge medium load	88-95 % 15-30	90-93 % 10-20	85-88 % 70-90	35-60 % 25-40	30-40 % 35-40	< 20 % ≥ 12	1 - 12 log.	Good	Normal
5	Activated sludge low load	90-95 % 10-30	93-97 % 10-20	88-92 % 50-70	40-90 % 6-35	30-85 % 10-40	< 30 % ≥ 12	2 log.	Good	Sensible for nitrogen
6	Lagooning	70-90 % 30-100	65-90 % 30-100	60-85 % 90-240	Partial reduction	Partial reduction	> 20 % ≥ 12	2 - 4 log.	Good	Non sensible to normal
7	1+Extended aeration	90-95 % 10-30	> 90 % 5-20	85-90 % 50-70	> 90 % > 5	> 80 % ≥ 10	30 %	2 log	Very good	Sensible for Nitrogen
8	4+Phophorus precipitation	90-95 % 15-30	90-95 % 10-20	85-88 % 70-90	35-60 % 25-40	30-40 % 35-40	80 % < 3	1 - 2 log	good	Sensible for Phosphorus
9	7+biological Phophorus removal	90-95 % 10-30	90-95 % 15-20	85-90 % 50-70	> 90 % < 5	> 80 % ≤ 10	≥ 80 < 2	2 log	Very good	Sensible for Nitrogen and Phosphorus
10	(2,4 or 5)+tertiary filtration/s and or expanded clay like Biolite	> 95 % < 5	> 95 % < 10	92-95 % ≤ 50	60-90 % 5-35	40-90 % 10-35	40 à 90% 2-9	1 – 2 log	Good	
11	9+Tertiary Phophorus removal	> 95 % < 5	> 95 % < 10	> 95 % < 50	> 90 % < 5	> 90 % < 10	99 % < 1	2 log	Very good	Sensible for Nitrogen and Phosphorus
12	2+Biofiltre	90 % 20-30	90-95 % 5-20	85-90 % 50-70	30-50 % 20-40	< 10 % 55	80-95 % < 3	1 – 2 log	Very good	Normal sensible for P
13	2+Biofiltre C, N, DN	> 90 % 10-20	> 90 % 5-20	> 90 % 50-70	> 90 % ≤ 5 ≤ 10		80-95 %	1 - 2 log	Very good	Sensible for Nitrogen and phosphorus

術を用いた方法が適用可能であるが，塩素消毒は副生成物(細胞毒性のある有機塩素化合物)が生成することから避けるべきである．

最近，精密ろ過，限外ろ過，ナノフィルトレーション，低圧逆浸透膜ろ過といった膜処理技術の併用により処理水の水質は，塩害の恐れのある地下帯水層への涵養や灌漑用水，様々な工業用水に再利用可能なレベルにまで上がってきている．膜処理技術の新しい変化により，多くの範囲で技術的・経済的に好ましい結果が得られるようになってきた．

4.6.1で記述したWest Basinの例では，豊富な水資源のない地域における膜処理技術の適用の仕方について，希望が見出される．

4.6.4 都市環境のための簡易・低影響装置

広い面積を必要とする処理プロセス(酸化池や長時間曝気)を用いるか，あるいは小面積だけでよい処理プロセス(物理化学的処理や生物膜処理)を用いるかの選択は，処理場周辺の環境に依存する．設計者は，コストや処理場から発生する被害(騒音や臭気)，都市地域に関連したパラメーターの効果(土地代や地形など)を最小限にするための解決法を模索する際には，様々なパラメーターについて考慮しなければならない．特に，維持管理を含めた運転コストや固形廃棄物の処理コスト(砂や油脂，瓦礫，余剰汚泥)について考慮する必要がある．

土地代のとても高い地域，山などによって特別な制約のある地域，人口の密集した沿岸部のような地域では，コストは一般的な場合に比べて30〜50％程度高くなる．

そのうえ，以前からの土地利用計画とは異なった形で，処理場近隣に住宅地が建設されるケースもあるようである．これらのケースでは，処理場構造物をカバーし換気を行い，さらに場合によっては消臭も実施されなければならない．沈殿池に傾斜板を設置したり，高い浄化能力と適切な容積負荷を有する生物膜処理法を導入するといったように，構造物の小型化を図ることも考えられる．

ここ数年間続いてきた研究プロジェクトでは，どのような処理場が周辺住民に与える影響(騒音，臭気，廃棄物)が少ないかを決定することに焦点が絞られてきた．

近年，建設され委託されたフランスのパリのSeine中央処理場は，このような総合的考慮がなされた良い例である(Chèze & Gousailles, 1998)．このSeine中央処理

4.6 排水処理

場は,フランスのコロンブスという都市の中心部にあり,都市総合計画のモデル例である.ここでは傾斜板を用いた薬注沈殿による一次処理と生物膜ろ過処理が用いられている.これらの処理方法の選択は,動的な装置制御,排出環境に必要とされる条件に合致する処理法の選択の必要性,厳しい環境制約(特に臭気に関する被害)の3つの理由に基づいたものであった.

1998年に委託運転が開始されたのであるが,$2.8 \sim 12\,m^3/$秒の範囲の流入量を想定している.晴天(低流量)時には炭素,窒素,リンを除去し,雨天時は有機汚濁物質の処理が主となる.

このシステムには,リンと粒子物質の処理のために傾斜板沈殿($9 \times 140\,m^2$)を利用した前処理が用いられている.溶解性汚染物質は,炭素除去用(第1段階)の$24 \times 10^4\,m^2$,硝化用(第2段階)の$29 \times 112\,m^2$,有機炭素源を添加して最終脱窒を行う(第3段階)$12 \times 10^4\,m^2$の3段階の生物膜処理槽によって処理される.晴天時の通常の運転では処理効率は最大になる(リンは80%,NGLは70%,アンモニアは95%除去).また,流入量に応じて生物膜の数は調節される.コスト削減のために薬品注入量を少なくする場合には処理効率はやや低下するが,それでも(1994年以前の)基準を満たすことが可能である.

さらに,晴天時には,以下の3つの補足的オプションが利用可能である(**図-4.37**).

・最大あるいは部分脱窒処理:脱窒水(第2段階流出水)の一部を第1段階流入口に返送し,有機炭素や硝酸の処理を実施する前脱窒処理を実施する.通常,第3段階(前脱窒処理)で添加されるメタノールは不必要となる.しかし,最も効率良く硝酸を除去するために前・後脱窒処理が同時に行われれば,より厳しい水質基準も満たすことができるであろう.

・脱窒を用いない処理:水理学的滞留時間は遅くなるが,3つの生物膜が同時並行で同じ機能を達成するように運転する.

・脱窒あるいは脱リンを用いない処理:薬剤(第2塩化鉄とメタノール)注入を必要としない処理方法である.第1段階と第3段階は有機汚染物質を除去するた

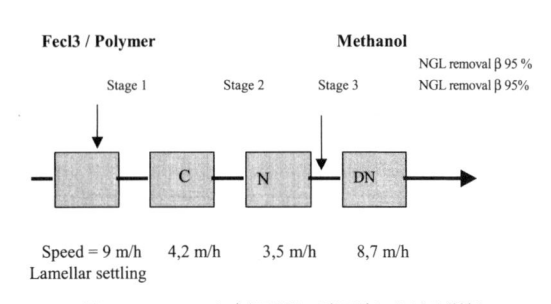

図-4.37 Seine中央処理場の晴天時における運転

めに並行で運転し，中間の第2段階で硝化反応が進んでいく処理である．

雨天時(1年間に推定80日)では，2種類の処理方法が用いられており，脱窒は行わない(図-4.38)．

- 雨天時流量が8時間の間 $8.5\,m^3/$秒の場合：これは晴天後の降雨時に適用され，第1段階と第3段階を並行運転(炭素処理)し，第2段階で硝化を実施する．
- 雨天時流量が $12\,m^3/$秒の場合：3つの生物膜相を並行運転し，硝化反応を35%に抑制する．

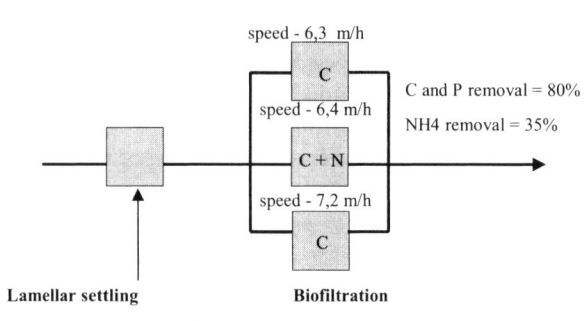

図-4.38　Seine 中央処理場の雨天時における運転($12\,m^3/s$)

この処理場は1年以上運転されており，考えられるすべての状態がテストされ実証されてきている．これは，時間の経過につれて変動する水質基準に技術を適合させた明らかな例である．このような状況では，最適の技術・経済条件を考慮し，利用可能な技術を柔軟性を持って検討・活用する必要がある．

4.6.5　プロセスの統合（汚泥，廃棄物，エネルギー）

排水や雨水の収集や処理のプロセスでは各処理工程において様々な種類の廃棄物が生じる．したがって，各処理工程では周辺環境を最大限に保護するために，廃棄物やその地域の特色を考慮して処理システムが設計されなければならない．これらの廃棄物は，そのすべての汚染度が非常に高く，その処理は，汚染物質の最終的な除去を目的として特別に設計されなければならない．

廃棄物は，処理場において無駄に過負荷の状態での運転を避けるために，簡単な収集方法(砂のトラップ，油脂遮断タンク，スクリーン)を用いて，処理場システム内で除去・処理するということで一般的に意見が一致している．

4.6 排水処理

　排水処理に適したプロセスは，都市地域社会からの発生する廃棄物［衛生廃棄物（汚泥や油脂）とその特徴が類似している家庭固形廃棄物（家庭ごみ）を含む］の処理にも適している場合がある．したがって，規模の節約を達成し，共通の設備を利用することで，建設費や運転費用を削減できるような解決法を探るべきである．これらの解決法を見つけるためには，最初に実行可能性を調査する段階で，様々な可能性を考慮することが必要である．

　道路砂を収集することなしに排水を収集することはできない．配水システム上流部の様々なトラップで収集される道路砂と収集システムの通常の清掃作業の結果得られる固形物は，特別な方法で処理されなければならない．このように収集された砂は，パイプ取付けの地盤など，様々な用途に再利用することが可能である．また，その処理過程から発生する洗浄水は，排水処理場に送られなければならない．これらの目的のためには，特別な処理装置が取り付けられなければならない．フランスの Evry に拠点のある工業プラントでその良い例が存在する．

　下水処理場（排水と雨水が流入）は，その容量を保持するために常時に清掃しなければならない．この清掃過程による固形残留物は，清掃副生成物と呼ばれる．2002年にヨーロッパの国々で予定されているごみ処理場の閉鎖問題から考えると，現在ではこれらの副生成物は処理されなければならない．

　その処理法は，有機物を含む液体相からその種類（砂や植物の死骸，大きな廃棄物）に応じて固形物を分別する作業からなる．

　Evry にある清掃副生成物処理場では，砂を洗浄するのに排水処理場からの処理水を用いている．洗浄後の砂は有機物含有量が 5 % 以下となり，溝を埋め立てるためのリサイクル材として利用することができる．

　処理場には名目上 1 時間当り 11.5 トン（年間 1 万 7 500 から 2 万 3 000 トン）の処理能力があり，フランスの Essonne 全域の清掃副生成物を処理することができる．

　その設備には，以下のようなものが含まれている．

・トラック計量ステーション，
・3 つの貯蔵槽と砂洗浄設備のある消臭機能付きの建物，
・洗浄水処理のための物理化学的設備，
・汚泥脱水設備．

　500 L の容量を持つバケットを装備した自動装填ステーションでは，回転スクリーンにより固形物を分離・分類（砂利，10 ～ 30 mm の廃棄物，30 mm 以上の大きな廃

棄物)し，貯蔵することができる．

　水を含んでいる砂や植物の死骸を取り除くために，まずハイドロサイクロンに，次に密度分離器へと入れられる．その後，第2段のハイドロサイクロンに入れられた後，向流洗浄によって洗浄された砂がサイロ(120 m³)に貯蔵される．

　処理後の洗浄水には，重金属含有量が多い浮遊性物質を沈降させるために，物理化学的前処理が施される．この過程により得られた汚泥は，脱水され処理場の生物活性汚泥とは分離して保存される．

　洗浄水は処理場の生物活性汚泥で処理される．

　スクリーンによって分離された廃棄物は，通常，発酵しない様々なものを含んでいるため，家庭固形廃棄物と一緒にして，浸出水発生を抑制するために水分を切ったり圧搾したりした後，埋立て処分される．

　油脂は，配水システムの管連結部に取り付けられた特別なトラップで分離されたり，排水処理場で収集されたりするが，これも適切に処理しなければならない．通常，大きな処理場で用いられている方法は，焼却と，油脂の低い生物分解性に合わせて特別に設計された生物処理施設による方法である．これらの処理過程で発生する汚泥や液体廃棄物は，排水処理場から発生する同様の廃棄物と混合される．

　余剰汚泥は，有機汚染物の分解により生じるが，その組成から非常に除去困難な性質を持っている．また臭気問題も発生しやすい．排水処理過程においては，異なった性質(濃度，組成，発酵性)を持つ様々な汚泥が生じるが，汚泥の最終的な除去を行うにはさらなる処理が必要である．

　今日では，以下に示す3つの処理法が利用されている．これらの中から，現地の状況や汚泥の質を考慮して適切な方法が選択されなければならない．

・農業用リサイクル，

・焼却処分，

・埋立て処分．

　汚泥発生量(図-4.39)に関する研究(ADEME，1999)によると，EUに属する15の国々が3億8000万人当り750万トンもの乾燥固形物を排出しており，また北アメリカの国々では3億人当り800万トン以上が発生している．産業汚泥量のこの違いは，どのように説明できるのであろうか．

　農業を通じてリサイクルされている下水汚泥の量は，国によって大きく異なっている(図-4.40)．オランダの4％とフランス語圏ベルギー(Wallonie)の90％という両

4.6 排水処理

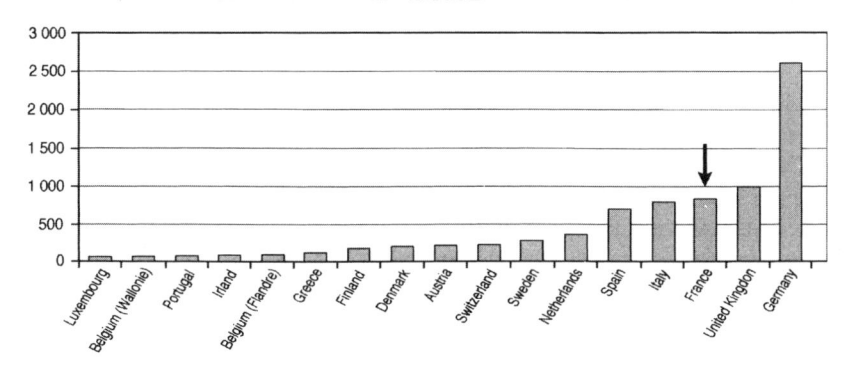

図-4.39 汚泥発生量(乾燥汚泥1000トン/年)

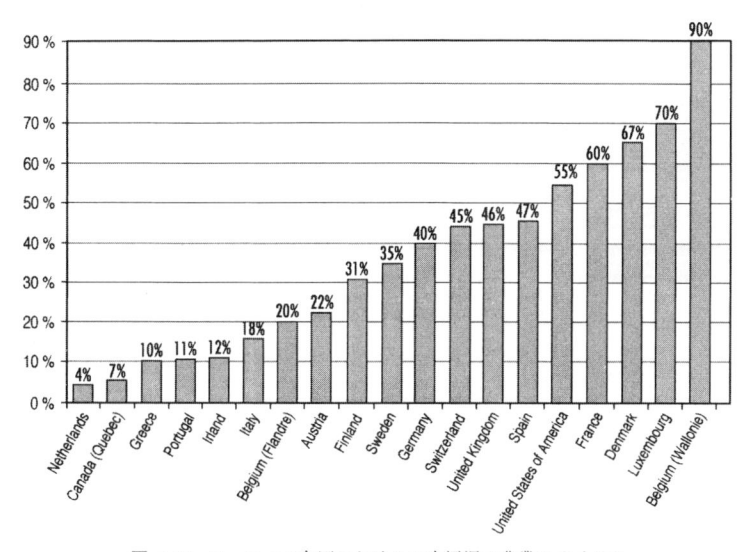

図-4.40 ヨーロッパ各国における下水汚泥の農業リサイクル

極端な例を除いては,平均して30～50％の下水汚泥が農業用にリサイクルされている.しかし,この国家平均値には,農業に関する異なる習慣,気候,規制などから生じる多大な地域あるいは地方による格差が隠されていることはいうまでもない.

1986年の残さ汚泥に関するヨーロッパ指令(86/278/EEC,1988年に修正)では,汚泥の質に関するパラメーターや農業へのリサイクルのための条件に関して,改訂が続いている.将来,重金属の基準値はかなり低く設定されるであろうし,新しい有

第4章　インフラ統合に関する問題

機汚染物質(エストロゲン，多環芳香族炭化水素，PCBなど)が加えられるであろう．汚泥の由来追跡の義務化に加えて，農業への再利用のための条件に関しては，農業に使われるすべての汚泥の消毒という要求も含まれている．

これらの対策は，農業に利用される汚泥の質に関して農場経営者や消費者を安心させるために計画されているものである．しかしながら，家庭残留汚泥の土壌還元に関する新規制を設けたフランスのケースのように，そういった対策が不幸にも逆効果になる可能性もある．異なる立場の人々が持つ汚泥の社会的容認性についての研究は，国家による規制が，この問題を考慮するには必要不可欠な地方の人々の同意を促進する役目をほとんど果たしていないという事実を明らかにしている．

このような状況では，今は地方自治体に汚泥の除去技術を教えることはかなり難しく，おそらくリスクを伴うであろう．「多様な再利用」という概念(図-4.41)は，必要な投資をしてもらうための方法の一つかもしれない．エネルギー源(共燃焼，ガス化)や肥料として利用する前に，汚泥は乾燥塊や粒子にする必要がある．また，埋立て処分すると，質におけるちょっとした偏りが公衆衛生における汚染連鎖の原因になってしまう．

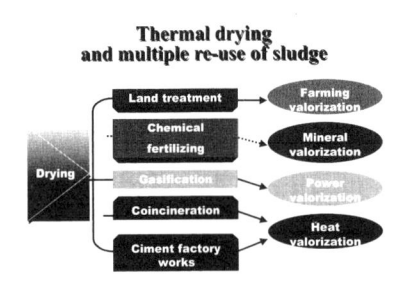

図-4.41　汚泥の多様な再利用

汚泥を除去する努力と他の都市ごみを除去する努力とを結び付けることが可能であるというケースが幾つも存在する．高度分別と家庭ごみの再利用とともに，焼却プラントの焼却能力をより上げ，家庭ごみと一緒に汚泥を焼却するといった方法を採用したBordeauxでは，重要な相乗効果を達成することは可能であるようだ．

Greater Bordeauxの10の処理場には，全体で80万PE(人口当量)の処理能力がある．そこでは年間2万3000トンもの汚泥が発生する．この汚泥は1997年まで，農業用に再利用されるか，あるいは埋立地に送られるかといった選択が可能であったが，微量汚染物質の基準値超過により土壌還元プログラムが一時停止になってしまった．しかしながら，Bordeauxの混合式下水道システムが非常に複雑であり老朽化していること，多くの異なる工業排水が流入していることなどから，診断を行い，微量汚染物質をコントロールすることは不可能であった．それゆえに，新しい解決法が探索され，Greater Bordeauxは家庭ごみ焼却計画の枠組みの中で，都市残留汚

泥を焼却する可能性について考慮したのである．

　1997年にGreater Bordeauxは2つの焼却プラントを建設した．

　Cenon：年間12万トンの家庭ごみを焼却する能力を有する2つの焼却炉からなる．

　Astria：年間25万トンの家庭ごみを焼却する能力を有する3つの焼却炉からなる．

　1999年には，Greater Bordeaux排水処理場から発生する汚泥の85％が焼却処分された．埋立地処分は代替案として残っている．

　5つの焼却炉は汚泥を焼却炉に投入するのにDegremontの方法を用いている．Cenonでは年間1万8000トン，Astriaでは年間1万7000トンの汚泥を処理する計画である．汚泥は，1日に140トンの割合で，トラックで毎日運ばれてくる．汚泥は閉鎖された場所に貯蔵され，臭気汚染を防ぐために可能な限り消臭処理が行われている．投入される汚泥の割合は，乾燥固形物18〜28％に対して約10％程度である．

　この大規模の例は，処理設備設計段階での利用可能性や流量を考慮に入れた体系的な固形廃棄物管理政策が必要であることが明確に示している．

4.7　結　論

　本章を結論付けると，都市の外の地域の責任者とのやり取りを含めて，都市の異なった部署間での綿密な連携が促進されるべきであるということである．そしてもちろん，使用者との連携も必要である．**表-4.10**に重要な点を強調して示す．

第4章 インフラ統合に関する問題

表-4.10 総合管理のための対話の必要性

Improvement purpose	Action required	Dialogue to be established
Water supply		
Catchment protection	- waste water and stormwater discharge - agricultural work (fertiliser, pesticides)	- water and drainage - town and outside area
Limitation of groundwater over-abstraction	- transfer of groundwater needs to surface water - recycling industrial water - reuse of waste water - reduction of wastage	- town and outside area - water and drainage - water and industry - water and user
Protection of sheets of water	- control of all waste: waste water, stormwater, industrial and agricultural water	- town and outside area - water and drainage - water and industry - water and farming - water and user
System leaks Wastage on user's premises	- geology - soil settlement (groundwater oversupply) - internal system leaks	- water and town planning - water and user
Distributed water quality improvement service safety	- interconnection	- design and maintenance between systems
Low revenue city service	- maintenance - organisation with local officials	- new works and maintenance - water and user
Sanitation		
Unit separator system	- connecting control	- water and roads department
Environmental protection	- control of all waste	- town and outside area - water and industry - water and maintenance - water and waste - water and user
Connection	- connection control	- water and roads department - water and town planning - water and user
Reuse of waste water	-waste water treatment	- water and town planning - water and industry - water and farming
Individual drainage	- disposal and final waste control	- drainage and groundwater protection - water and town planning - water and user
Flooding and overtopping	- flood forecasting - rain control - protection of inhabited areas	- town and outside area - water and town planning - water and drainage - water and user
Technical management		
Measures and controls	- groundwater - sheets of water - systems	- water and drainage - town and outside area
Plant output	- all structures including pipes	- structural design and maintenance
Maintenance	- all structures and systems	- design and maintenance

4.8 参考文献

ADEME (1999) *Situation du recyclage agricole des boues d'épuration urbaines en Europe, et dans d'autres pays du monde*, ADEME, Paris.
Anselme, C., C. Cabassud & M.R. Chevalier (1990) Journées Informations Eaux, pp 1–13, Poitiers.
Anselme, C., I. Baudin, & M.R. Chevallier, (1993), *Aqua* **42** (5), 295–300
Azzout, Y., S. Barraud, F.N. Cres, & E. Alfakih (1994) Techniques alternatives en assainissement pluvial, Agences de l'Eau et STU, Lavoisier Tec et Doc, Paris.
Baudin, I. & C. Anselme, (1995) Membrane Technology, 65, pp 6–8
Bos, M. & Jarrige, A., (1990) Specialised Conference IWSA, Amsterdam, pp 143–147
Bourrelier, P.L *et al.* (1999) Natural risk prevention policy, rapport de l'instance d'évaluation des politiques publiques de prévention des risques naturels, documentation française, Paris.
Caulet, P., B. Bujon, & J.M. Andic, (2000) Optimisation of Carlon and Nitrogen removal infull scole Wastewater treatment plant (IWA 2000 – Paris – special report)
Centre d'information sur l'eau (1998) Les usages de l'eau en chiffres, Paris.
Chèze, J.M. & M. Gousailles, (1998) La station d'épuration de Seine Centre, SIAAP, Paris.
Commission Mondiale sur l'eau pour le XXIème siècle (2000) Rapport au Forum de La Haye, Conseil Mondial de l'Eau, Marseille.
Cosgrove, W.J. & F.R. Rijsberman (2000) World Water Vision. Making water everybody's business. Conseil Mondial de l'Eau, EARTHSCAN, New-York.
Dégardin, F. & P.A. Gaide (1999) Valoriser les zones inondables dans l'aménagement urbain, repères pour une nouvelle démarche, CERTU, Lyon.
Ginestet, P. (1999) Typologie des eaux résiduaires urbaines, CIRSEE, research report, Paris.
GRAIE (1998) Innovative technologies in urban storm drainage, 3rd. International Conference proceedings, Novatech, GRAIE, Lyon.
Haeringer P. (1998) La mégapolisation, un autre monde, un nouvel apprentissage, in *De la ville à la mégapole: essor ou déclin des villes au XXIème siècle, Techniques, Territoires et Sociétés*, n°35, Ministère de l'Equipement, des Transport et du Logement, Paris.
IAURIF (1997) Eau, ville et urbanisme, cahiers de l'IAURIF, n° 116, Paris.
Instituto per studie ricerche sui servizi idrici (1998) Le Tariffe Idriche, Pro Aqua.
IWSA (1999) International Report No. 5 and the 18 Contributions and National Reports, Water Demand Management and Conservation including Water Loss Control, ISWA general assembly, Buenos-Aires.
Levine, B. and V. Lazarova, (1999) The West Basin Water Quality Research Program, CIRSEE research report, PEP Process 00.01, CIRSEE, Paris.
OECD (1999), The Price of Water – Trends in OECD Countries.
Roche, P.A. & P.L. Bourrelier (1998) Prévention des risques naturels, in PCM-Le Pont, n°10, Paris.
Roche, P.A. (2000) L'eau au XXI ème siècle: enjeux, conflits, marchés, in Ramsès 2001, IFRI, Dunod, Paris.

STU - Agences de l'eau (1994) Guide technique des bassins de retenue d'eau pluviale, Lavoisier Tec Et Doc, Paris.
Valiron, F. & J.P. Tabuchi (1992) Maîtrise de la pollution urbaine par temps de pluie, Tec. Doc. Lavoisier.
Valiron, F. (1994) Mémento du Gestionnaire de l'Alimentation en eau et de l'assainissement, Lavoisier, Paris.
Valiron, F. & M. Affholder (1996) Guide de conception et de gestion des réseaux d'assainissement unitaires, Agences de l'Eau et STU, Lavoisier Tec et Doc, Paris.
Valiron, F. in IAURIF (1997).
Valiron, F. (1999) Gestion des eaux, Coût et prix de l'alimentation en eau et de l'assainissement, Presses de l'ENPC.
UNCHS (1999) Managing water for African Cities, jointly with UNEP, Nairobi.
UNESCO & Académie de l'eau (1997) Proceedings of the symposium on water in cities and urban planning, Paris.
UNESCO & Suez-Lyonnaise des Eaux, (1999) Solutions alternatives à l'approvisionnement en eau et à l'assainissement conventionnels dans les secteurs à faibles revenus, Paris.
UNEP (2000) Global Environmental Outlook 2000, Earthscan, New York.
Wade, N. M. (1998) Technical and economic evaluation of distillation and reverse-osmosis desalination processes, *Desalination*, **93** (1993) 343–363
Wanggnick, K. International Desalination Association, report n° 15
WHO (1999) World health report, Genève.
World Bank (1999) *World development report 1999/2000: Entering the 21st Century*, Oxford University Press, New York.

第 5 章　水供給と衛生の新たなパラダイム

Saburo Matsui, Mogens Henze, Gohen Ho and Ralf Otterpohl

5.1　水に関する都市基盤の新技術パラダイム変換の必要性

5.1.1　21 世紀の水

　2000 年 3 月 17 ～ 22 日にハーグで行われた第 2 回世界水フォーラムでは,「水を得ることは皆の仕事である(Making Water Everybody's business)」との世界水ビジョン(World Water Vision)が出され, 議論された(Cosgrove & Rijsberman, 2000). それは, 2025 年までにより賢明な水資源管理を行い, 地域社会の協力を強め, 農業生産を高めることで, すべての人類がより良い栄養条件で健康になるように, 水環境の根本的な改善の目標を定めている.

　またそのビジョンは, 地球環境の持続性のため水分配の重要性を強調している. 都市の水消費量は, 開発途上国では急激に増加し, 先進国では現状維持もしくは減少するという 2025 年までの新しい水利用のシナリオを描いている(**表-5.1**). 水問題がこれまでのように通常の仕事(business as usual)として, 現在の水消費の傾向が続く場合, 目標の達成も現状の維持さえも困難であるため, 大幅な水資源の分配の変化の必要性を強調しているのである. 予測されている人口増加に対して, 水の需要量を持続可能な方法でまかなうことは非常に困難であろう. 農業は最大の水消費分野であるが, 都市の水利用へより多くの水を分配する場合には, 灌漑農業の活動を制限せざるを得なくなる.

　ビジョンは, 都市水利用の質と量の両面で効率を劇的に改善することを必要としている. しかし, 将来の水分配の大きな変化が必要なことは明らかにしているのだが, どのようにして水利用の効率を高め, 管理していくかということは十分に示し

第5章 水供給と衛生の新たなパラダイム

表-5.1 世界水ビジョン（World Water Vision）で示された再生可能な水利用の形態 (Cosgrove and Rijsberman, 2000)

In the Vision the water for irrigated agriculture is drastically limited, with 40% more food produced (partly from rain-fed agriculture) consuming only 9% more water for irrigation. Industrial use goes down in developed countries, but the decline is more than offset by increases in the developing world. Municipal use goes up sharply in developing countries, to provide a minimum amount for all, and down in the developed world. Recycling and increased productivity lower the ratio of water withdrawn to water consumed for all uses.

User	Cubic Kilometres 1995[a]	Cubic Kilometres 2025[b]	Percentage increase 1995–2025	Notes
Agriculture				
Withdrawal	2,500	2,650	6	Food production increases 40%, but much higher water productivity limits increase in harvested irrigated area to 20% and increase in net irrigated area to 5–10%.
Consumption	1,750	1,900	9	
Industry				
Withdrawal	750	800[c]	7	Major increase in developing countries is partly offset by major reduction in developed countries.
Consumption	80	100	25	
Municipalities				
Withdrawal	350	500[d]	43	Major increase and universal access in developing countries; stabilization and decrease in developed countries.
Consumption	50	100	100	
Reservoirs (evaporation)	200	220	10	
Total				
Withdrawal	3,800	4,200	10	
Consumption	2,100	2,300	10	
Groundwater over-consumption	200	0		Increase recharge of aquifers makes groundwater use sustainable.

Note: Totals are rounded.

(a) The 1995 uses are provided for reference.
(b) World Water Vision staff estimates.
(c) For industry it is recognised that developing countries need a major expansion in industrial water use. For the roughly 2 billion people in cities in developing countries that need livelihoods (both the current poor plus the increase in population) an average of 200 litres per person per day is used. This means a 400 km^3 increase in diversions for industry in developing countries. At the same time, diversions for industry in developed countries can be drastically reduced. Better management and reduced losses the ratio of water withdrawn to water consumed.
(d) Residential water use of people in developing countries needs to be drastically increased. Residential use in developed countries stabilised and is reduced.

ていない．ビジョンは水を利用する側での大きな技術革新を期待しているだけなのである．このようにして，都市水管理の問題は，将来，世界的な環境問題へと発展していくのである．

5.1.2 都市衛生は水質汚染制御の第一歩

　都市水管理は，まずは安全な飲料水である．もし我々が地下水や表流水からの飲料水源を汚染や過剰利用から守ることができなければ，適切に都市の水問題を管理することはできない．先進国は進んだ技術を導入し，公営化などの財政的な対策によって飲料水の汚染を解決したり，水の利用に制限を加えたりすることができるかもしれない．途上国は，水管理のすべての局面で困難に直面しており，その問題はより複雑である．

　先進国は，問題解決のために19世紀中頃から下水処理事業を導入している．西洋の国々ではそれを改善するのに1世紀を要した．下水処理は，衛生面の対策から水洗トイレを伴う単管の下水道をもたらした．適切に取り付けられている場合，ほとんどの先進国では，都市排水を下水処理施設に輸送する単管の下水道設備に雨水までも受け入れている．果たして，この下水道システムだけが問題解決の唯一の方法なのであろうか．受水域の環境を守るには，下水処理施設の性能は十分でない可能性がある．その一つの例が湖沼や貯水池，湾部や閉鎖性海域の富栄養化を抑制するための窒素とリンの除去である．また重金属や難分解性有機物の汚染や内分泌撹乱化学物質，病原菌やシアノバクテリア（藍藻類）の毒素など，解決の必要な問題は他にもある．それらの問題を解決するために，水の経済性と，水供給と排水の高度処理における省エネルギー化の問題というような，相互に関係する問題についても見なければならない．このような複雑な国際情勢の中の新しい都市の水管理の状況で，今は途上国における新たな社会基盤の導入のためにも，先進国における老朽化した水に関する社会基盤の再建にとっても，新たなシステムや技術について考えるための好機なのである．

　持続可能な社会は，栄養分と生物資源（バイオマス）のリサイクルのための都市と農村間の強い連携を必要とする．最も重要な問題は，持続可能な方法の食糧の生産と消費であり，食糧を消費した後にいかに屎尿を処理し，栄養分とバイオマスのリサイクルに組み込むかということである．現在の西洋の手法（下水処理）は，栄養分のリサイクルの観点から持続可能な方法とはいえない．今が再考する時であり，21世紀の社会に向けての新しい社会設備と技術の始まりの時なのである．

　途上国は，まず衛生問題を解決せねばならず，その問題解決には水資源の保全技術と，水供給と衛生を併せるような技術が必要である．その解決策は，先進国と途

上国が共有できるはずである．

5.1.3 富栄養化対策のための下水道からの尿の分離

強い可能性を与え得る一つの解決策が，既存の下水道からの屎尿の分離もしくは尿のみの分離である．特に都市部では，尿を資源に転換することができればさらに好ましい．尿を別のパイプを通して近くの貯留タンクに移し，そこからバキュームカーが尿中の窒素やリンを化学肥料に変える施設まで輸送することができる．そうすることで，トイレ洗浄水を大幅に節約することができるともに，下水処理の生物学的な窒素除去やリン除去の効率を上げることができるのである．**図-5.1** はそれぞれ，WM-Ekologen ab（スウェーデン），BB-Innovation（スウェーデン），Roediger（ドイツ）による屎尿分離トイレを示しており，それらは，尿と屎が洗浄水と一緒に別のパイプで集められる．

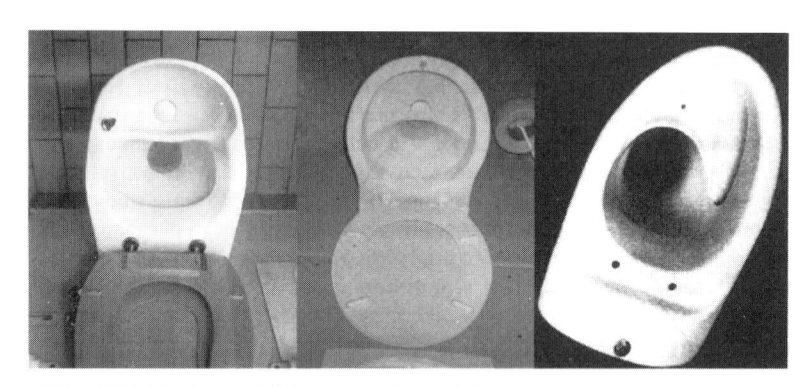

図-5.1 各種の屎尿分離トイレ．尿を分離するパイプは，下水管に流される屎とその洗浄水とは別に，尿と尿の洗浄水を収集する（WM-Ekologen ab-Sweden, BB-Innovation-Sweden and Roediger-Germany）

多くの人が考えているのとは異なり，尿は屎よりも多くの栄養分を含んでおり，屎尿中の窒素の88％，リンの67％，カリウムの71％が尿中に存在する（**表-5.2**）．また，尿中には屎中に見られる病原菌は存在しない．また排水中の屎尿による汚濁負荷について評価することも重要である．家庭雑排水は，屎尿よりもBOD負荷やCOD負荷の多い原因となっているが，窒素，リンに関してはその逆である．**表-5.2** と**表-5.3**の値を合わせて見てみると，下水に与える1人当りの汚濁負荷のうち，尿を資源として下水道から分離することで，尿に含まれる窒素66％，リン50.3％を減

5.1 水に関する都市基盤の新技術のパラダイム変換の必要性

表-5.2 屎と尿の栄養成分の割合 (SEPA, 1995)

Parameter	Urine		Faeces		Total Discharge	
	g/person/day	%	g/person/day	%	g/person/day	%
Wet weight	900–1200	90	70–140	10	1000–1400	100
Dry weight	60*	63	35	37	95	100
Nitrogen	11.0	88	1.5	12	12.5	100
Phosphorus	1.0	67	0.5	33	1.5	100
Potassium	2.5	71	1.0	29	3.5	100

* この乾燥物の大部分はすぐに生物分解され, 輸送管中でほとんどが分解される

表-5.3 1人当りの下水の汚濁負荷 [日本の建設省の下水ガイドライン (1996) を修正]

Item	Average g/person/day	Std. Deviation	No. of Data	Urine+Faeces %	Grey water %
BOD_5	58	18	99	32	68
CODmn	26	9	96	36	64
SS	44	16	99	47	53
Nitrogen	11	3	9	75	25
Phosphorus	1.0	0.2	8	75	25

Note: In Table 5.3 SS means suspended substances; CODmn means COD measured with potassium permanganate.

らすことができるのであり, 都市下水処理施設から非常に多くの栄養分を減らすことができる. **表-5.3** から, 平均的な下水の汚濁負荷は, BOD_5, 窒素, リンを100：19：2の割合で含んでいることがわかる. 現在の生物学的な下水システムで処理する際, それらの理想的な比は, 100：5：1であり, BODに対し, 過剰の窒素, リンを含んでいることを示している. これまでに下水技術者は, 既存の生物学的処理法を改良し, 様々なタイプの脱窒処理方法を発展させてきており, 現状の負荷比の時には最大80％の窒素を除去することができている. しかしながら, 多くの環境水の状況の中で, これでは富栄養化を抑えるには十分ではない.

下水技術者は, 脱窒と同様に, これまでに微生物を用いた既存の生物学的処理法を改良し, 汚泥が高いリン吸収力を持った細菌を持ち得るように, 強い嫌気性と好気性の状態を処理過程に組み込むことによって, 生物学的なリン処理プロセスを発展させている. そうしてリンは, 水中から高濃度のリンを含む汚泥中へと除去される. このシステムでも強い嫌気性にするプロセスを導入するため, リンに対し高いBOD負荷が必要となる. 高いBOD負荷を持った工業排水と都市下水を一緒に処理する場合には, そのようにリンに対して高いBODにすることができるが, 一般にそ

第5章 水供給と衛生の新たなパラダイム

ういった状況は起こらない．

もし，さらに窒素やリンを除去する必要があるとすれば，そのことでBODを増やすプロセスやBOD負荷の高い産業排水のようなさらなるBOD負荷を下水に流さねばならない．

もう一つの解決法が，尿を下水から分離することであり，そのことでBOD：N：Pの割合は100：8.2：1となり，下水の負荷の状態を大幅に改善することができ，処理場での脱窒，脱リンの効果を飛躍的に高めることができる．

5.1.4　いかにして尿の回収が栄養分のリサイクルに利益をもたらすか

化学肥料の使用は，現在の農業を続けるにはなくてはならないものである．1960年代から1970年代にかけて農業に緑の革命(Green Revolution)と呼ばれるものが起こり，それにより我々は広がる飢餓をくい止めることができたのだが，それとともに富栄養化や農薬汚染といった新たな水環境の問題がもたらされた．都市部から農業地帯へ栄養分を再利用するということは，特に可採年数の限られているリ

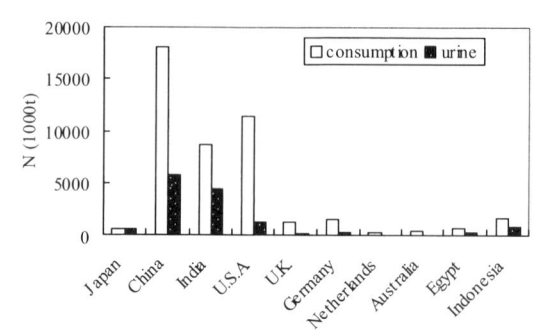

図-5.2(a)　肥料としての窒素消費量と尿による窒素供給可能量(1993年)

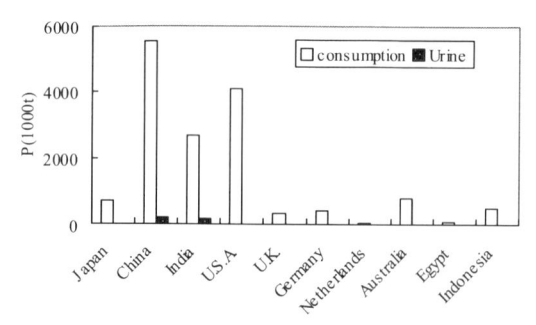

図-5.3(a)　肥料としてのリン消費量と尿によるリン供給可能量(1993年)

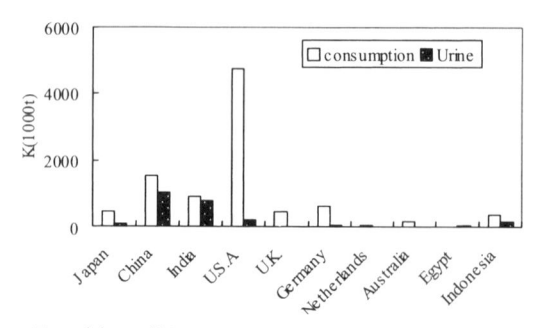

図-5.4(a)　肥料としてのカリウム消費量と尿によるカリウム供給可能量(1993年)

5.1 水に関する都市基盤の新技術のパラダイム変換の必要性

ンを節約するという効果もある．図-5.2, 5.3, 5.4 に各国における窒素，リン，カリウムの消費量と，それらの尿中の成分による供給可能量の割合を示している（FAO Country table, 1995）．日本での窒素とエジプトのカリウムを除いて，ほとんどの国において，肥料の消費量を尿からの成分の再利用によってまかなうには不十分なのだが，それは尿の再利用により農業の必要量を供給することができるということを示している．また，富栄養化と硝酸塩による地下水汚染を抑えるために現在の化学肥料の過剰利用は制限されねばならない．世界水ビジョン（Cosgrove & Rijsberman, 2000）では 1995 年から 2025 年の間に，世界の人口が 55 億人から 75 億人へと 36％増加する間に，農業水の年間消費量を 1 750 km^3 から 1 900 km^3 までのたった 9％の増加しか予測していない．これは，農業の水使用がより激しい汚染水を排出するようになるかもしれないということである．もし現在のような水管理（business as usual）が続くとすると，将来，表流水の富栄養化と硝酸塩による地下水の汚染も同様に激しくなるであろう．つまり，こうした分析は，下水からの尿の分離の効果の必要性とその多大な可能性を示しているのである．

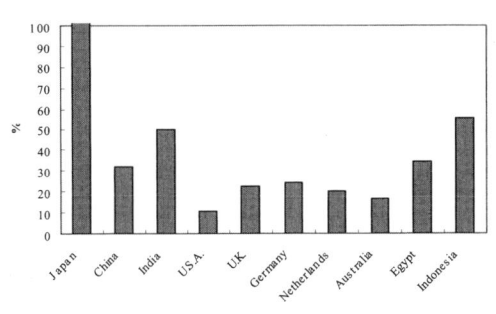

図-5.2(b) 肥料としての窒素消費量に対する尿による窒素供給可能量の割合（1993 年）

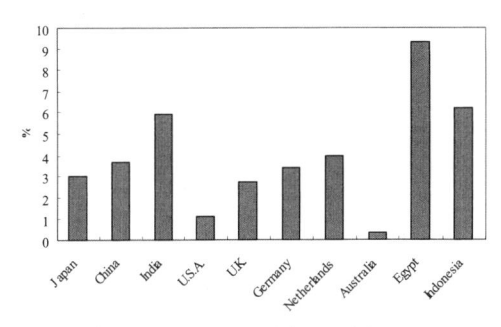

図-5.3(b) 肥料としてのリン消費量に対する尿によるリン供給可能量の割合（1993 年）

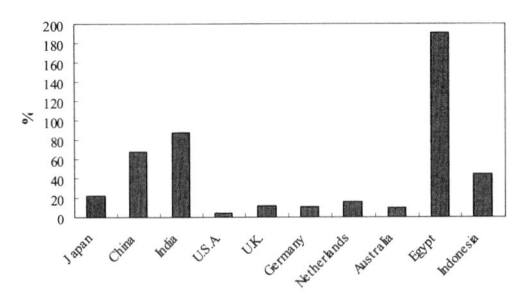

図-5.4(b) 肥料としてのカリウム消費量に対する尿によるカリウム供給可能量の割合（1993 年）

5.1.5 緊急な課題：環境中の内分泌撹乱化学物質と人のホルモン分泌

「環境ホルモン」とは，動物の恒常性を狂わせる内分泌撹乱化学物質を表す新しい言葉であり，その特徴的な撹乱は，脊椎動物，無脊椎動物にかかわらず性の発達に関係し，生殖機能とともに生殖器の発達に害を与える．そのため，内分泌撹乱化学物質の中のエストロゲン（女性ホルモンの一種）様物質，アンドロゲン（男性ホルモン）様物質は，魚や野生動物と同様に人間にとっても大きな関心事である．また，動物を用いるこれまでの毒性試験は，内分泌撹乱化学物質を評価するには十分ではない．

今では多くの生物異物物質(xenobiotics)がエストロゲン様物質もしくはアンドロゲン様物質の類に入るだろうということがわかっている．エストロゲン様物質の中には，DDTs，DDEs，塩素系殺虫剤や除草剤も含まれる．オクチルフェノールやノニルフェノールのような界面活性剤もエストロゲン様物質の可能性がある．ビスフェノール-Aやジ-2-エチルヘキセルフタレートなどの建材のプラスチックや可塑剤に用いられる物質も，エストロゲン様物質もしくは他の内分泌物質様のものである可能性がある．それらは，下水や工場排水の処理施設，農業排水などから排出されるのである．それらの化学物質の濃度はとても低いが，新しい分析方法や遺伝子的に操作されたバイオアッセイによって河川や湖沼中からよく検出される．しかしながら，我々の内分泌撹乱化学物質の視点を魚にまで広げる必要がある．自然に存在するエストロゲンである 17β-エストラジオールやエストロンは下水処理場の放流水から環境中にかなりの量が存在している．そういった自然のエストロゲンは男性でも女性でも尿中に排出する．それらは人間にはもちろん無害であるが，高濃度下では魚類の生殖能力に害を及ぼす．

松井(1999)は，酵母を用いたエストロゲン様物質のスクリーン法(yeast oestrogen screen method)と 17β-エストラジオール(E2)ELISA法を下水や湖沼水中のエストロゲンとエストロゲン様物質の濃度評価に適用した（**図-5.5**）．酵母エストロゲンスクリーン法は，人間のエストロゲン受容体を持つように遺伝子を組み替えた酵母を用いており，エストロゲン様物質は，エストロゲンと同様に受容体によって検出される．17β-エストラジオール ELISA アッセイは，17β-エストラジオールと微少のエストロゲン様物質を検出する免疫学的な分析法である．**図-5.6** は酵母スクリーン法とELISA法を用いて評価した下水処理過程の水中の 17β-エストラジオール換算濃度(ng/L)を示しており，生物学的な処理後の排水中のエストロゲン活性は，主に人

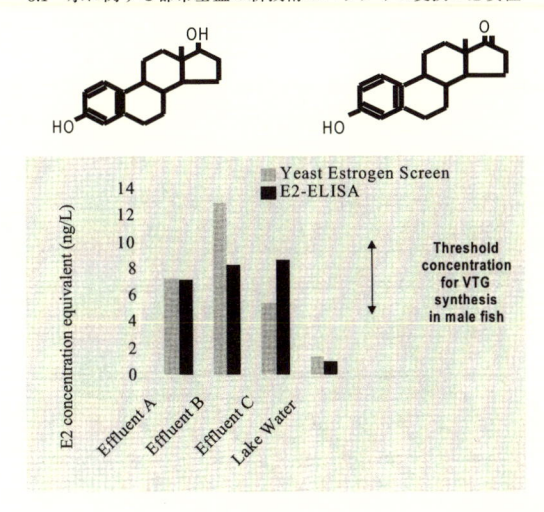

5.1 水に関する都市基盤の新技術のパラダイム変換の必要性

図-5.5 人間のエストロゲンが下水処理排水中に残るエストロゲン活性の原因となる

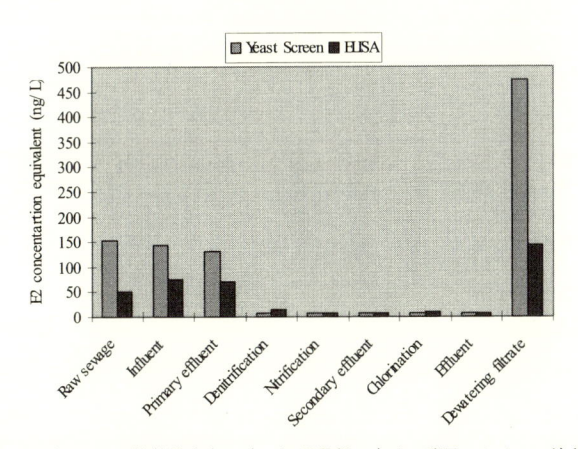

図-5.6 処理過程中の下水中の E2 換算濃度(ng/L). 処理過程の水は，酵母スクリーン法と ELISA 法によって測定された

間の尿由来の 17β-エストラジオールとすることができた．オスの魚は，排水中の 17β-エストラジオールやエストロン(エストロゲンの一種)やオクチルフェノールやノニルフェノールのような他のエストロゲン様物質に冒され，精巣中の精子の間に卵子を持っている．ビテロジェニン(VTG)とは卵子をつくる際の卵黄中のたんぱく質だが，汚染されたオスの魚の血液中に見ることができる．水中のエストロゲンとエストロゲン様物質が血液中に VTG の生成を促す際の閾値は，およそ**図-5.6**に示した

処理下水の濃度程度である．人のホルモン剤（エストロゲン剤）の使用が広まったことにより，尿からのエストロゲンによる下水の汚染が大きくなっている．

自然食物中には，人間と同様に動物が過剰に摂取した場合，有害となりうる植物性エストロゲン（phyto-oestrogen）というものも存在し，それらも尿中から排出される．また，抗癌剤や抗生物質を含む薬剤についても考える必要がある．生体内で解毒され結合態となって腎臓を通過し，尿から排出されていくためである．それらの多くは，下水処理の生物学的処理過程で結合態から元の形に戻されて，環境水中に排出される可能性がある．尿中の肥料成分に加えて，上記のような尿中の物質を分析するために新しい科学技術が必要なことは明らかであり，適切な処理技術の発達のための新しいアプローチが，今後のより大規模な尿回収のために必要となってくる．

5.1.6　都市衛生の重要な選択肢－エコロジカルサニテーション

途上国の主要都市での都市化は現在のような早いペースで進み，全市民へ十分な水と衛生を供給することは困難になるだろうと予測されている．そのような状況の中，他の選択肢を用意しなければならない．エコロジカルサニテーション－尿尿を資源として分離する非水洗型トイレ（dry toilet）は，その一つの選択肢である（Winblad *et al*., 1998）．今では，この概念は徐々に途上国に受け入れられ，試験的なプロジェクトが行われている．もしエコロジカルサニテーションが実施され，尿尿が収集されて農業に用いられたならば，下水の性質もグレイウォーター（graywater）といわれる家庭雑排水に変化し，現在の下水処理プロセスでの処理が容易になる．また，家庭下水の収集には，現在の下水道のような管渠のシステムは不必要かもしれない．下水のパイプは，高層ビルの排水の収集には必要になるだろうが，最低限の状態として道路沿いに下水を受け入れうる開渠がある場合，下水道の管渠は必要ない．集められた家庭排水は，地域ごとに処理することができ，近隣の表流水域に放出される．このようなアプローチは，先進国の基準からすれば不十分だろうが，途上国の都市の水環境の現状を大きく改善するものであり，新たに水に関する社会基盤を導入するための財政的な負担を減らすことになる可能性がある．エコロジカルサニテーションのアプローチは，衛生技術者が複雑な都市水問題を解決するための重要な一つの選択肢なのである．

このパラダイムの変換が，旧来の下水管理から，新たな下水処理技術，尿からの

栄養分の回収，尿中の薬物とホルモンの結合態の処理，病原性大腸菌 O-157 やクリプトスポリジウムを含む病原菌の高度処理，といった様々な選択肢を持った排水管理への新たな枠組みを生み出すことができるのではないだろうか．

5.2 老朽化した水社会基盤の再構築と関係する環境問題

5.2.1 はじめに

老朽化した水に関する社会基盤は，複雑な悩みを持っている．それらは滅多にシステムが壊れることはないが，それらの機能はゆっくりと低下しているためである．そのうちに，ある時点で何らかの決定がなされるのだが，ここで幾つかの問題を示す．それらは技術的，経済的な問題であったり，社会学的なものであったり，直接環境に関するものであったりする．それらの問題を以下に示すが，すべては最終的には環境問題につながる．

考慮すべき内容
・1 人当りの負荷の開発，
・未来の排水のタイプ，
・節水の効果，
・排水計画，
・公衆衛生，
・排水中の化学物質のリスク，
・排水を受け入れる環境水の汚染，
・土壌汚染，
・大気汚染(騒音と悪臭)，
・地域特性，
・代替技術，
・資源(エネルギー，土地，水資源，鉱産資源)，
・経済，
・社会と文化の局面．

5.2.2　1人当りの負荷量の展開

下水集水域に住む1人当りの負荷量(PL；Person Load)は，大幅に変動する(**表-5.4** 参照)．このばらつきの理由として，集水域外に位置する職場，環境を配慮した生活スタイル，ごみ粉砕機のような装置の家庭での設置などが含まれる．今後，水社会基盤施設の新たな発展の中で，1人当りの負荷量の展開は重要である．

表-5.4　1人当りの負荷量のばらつき(Henze *et al.*, 2000)

Component	Level
BOD g/(person·d)	15–80
COD g/(person·d)	25–200
Nitrogen g/(person·d)	2–15
Phosphorus g/(person·d)	1–3
Wastewater m^3/(person·d)	0.05–0.40

5.2.3　将来の排水のタイプ

将来に処理されるほとんどの下水は，従来の混合下水と同じ性質だと考えられている．しかし，分離することによって**表-5.5**で示されるような排水の分類がつくられる．

表-5.5　排水の色分け(家庭用排水の分類の記述) (Henze and Ledin, 2000)

Type	Content
Classic	toilet, bath, kitchen, wash
Black	toilet
Grey	bath, kitchen, wash
Light grey	bath, wash
Yellow	urine
Brown	faeces

5.2.4　節　水

節水と下水道の修復によって，**表-5.6**の中央の列に示される値を得ることができる．将来は供給される水の一部だけが，右の欄に示されているように飲料水(一次系の水)となる必要がある．残りの用途で使用される水の量は，二次系の水(雨水や処理された雑排水)によって補われる．

様々な用途の水の使用量を大きく削減することが可能である．大きな努力をすることなく，家庭での水の使用量は50％削減でき，下水システムの修復によってさらに削減することができる．古い設備の交換が必要な時，節水用の設備を導入することは現実的な方法である．先進国では，すべての設備が導入されるまでに，20年から40年かかるであろう．

5.2 老朽化した水社会基盤の再構築と関係する環境問題

表-5.6 水の使用の用途別割合（北ヨーロッパの値）(L/人・日)(Henze and Ledin, 2000)

Water consumption	Today	With savings (new installations, sewer rehabilitation)	Primary water consumption with savings and use of secondary water (for toilets and laundry)
Toilet	50	25/0	0
Bath	50	25	25
Kitchen	50	25	25
Laundry	10	5	1
Infiltration	80	25	—
Total	240	105	51

節水には社会的に2つの意味がある．一つは，上下水道に使われるエネルギーの消費を削減することであり，もう一つは，淡水の利用量を削減することである．トイレや洗濯に利用される水は，現実的に雨のような二次系の水と交換できる．エネルギー消費の視点からみれば，少量の水の消費は多量の消費に比べて持続可能である．

節水によって下水の汚染物質の濃度は高くなる（汚染物質の質は同じである）が，処理される水が減少するため，削除されるべき汚染物質の量を増やすことなく，処理にかかる費用は削減される．

5.2.5 家庭下水のためのデザイン

前述したような節水を組み合わせた家庭での下水処理技術を一つ以上導入することは，特定の構成要素を持った排水のデザインを可能にし，そのさらなる処理を最適にする．もし，下水の汚染負荷を軽減することが目的ならば，**表-5.7** は，異なる方法を提案することによって下水の汚染負荷を軽減させる可能な方法について示している．

表-5.7 家庭における異なった技術による下水への汚染負荷の軽減(L/人・日)(Henze and Ledin, 2000)

Technology →	Present	Toilet separation[+]	Cleantech cooking[#]
COD	130	55	32
BOD	60	35	20
Nitrogen	13	2	1.5
Phosphorus	2.5	0.5	0.4

[+] water closet → compost toilet
[#] part of cooking waste from sink → solid waste

表-5.8 トイレの分離とクリーンテク・クッキングによる生下水の汚染濃度(無リン洗剤の利用を前提)(Henze, 1997)

Wastewater production		250 l/cap·day	160 l/cap·day	80 l/cap·day
COD	g/m^3	130	200	400
BOD	g/m^3	80	125	250
Nitrogen	g/m^3	6	9	19
Phosphorus	g/m^3	1.6	2.5	5

節水と負荷軽減の組合せは,与えられた下水の構成要素をデザインするため1段階以上の選択を与えている.その結果を**表-5.8**に示す.

5.2.6 公衆衛生

表-5.9 未処理の家庭下水中の微生物の濃度と割合(個体数/100mL)(Henze and Ledin, 2000)

Type	High	Low
E.Coli	$5·10^8$	10^6
Coliforms	10^{13}	10^{11}
Cl.perfringens	$5·10^4$	10^3
Faecal streptococcae	10^8	10^6
Salmonella	300	50
Campylobacter	10^5	$5·10^3$
Listeria	10^4	$5·10^2$
Staphyllococus aureus	10^5	$5·10^3$
Coliphages	$5·10^5$	10^4
Giardia	10^3	10^2
Roundworms	20	5
Enterovirus	10^4	10^3
Rotavirus	100	20

固形物や浮遊する廃棄物の処理は,公衆衛生に大きな影響を与える.現在の技術は,廃棄物の処理を通じて感染する病気を最大に防止するために発展してきた.**表-5.9**に示されているように,下水は多くの微生物によってひどく汚染されている.**表-5.9**は未処理の家庭排水中の微生物の濃度を示している.

5.2.7 水,空気,土壌汚染

下水処理は,空気,土壌,水の汚染を引き起こす.利用される技術によってその汚染度合いは様々である.集中型下水処理水は,点状源汚染を引き起こし,分散型下水処理水は拡散汚染を引き起こす.家庭排水は,金属,ホルモン物質,内分泌撹乱化学物質,他にも多くの物質を含んでいる.すべての家庭の近くの土壌や地下水路を少量のレベルで汚染するのか,一つの大きな下水処理施設によってひどい汚染を引き起こすのか,どちらが良いのか簡単に決定することはできない.多くの個別処理システムは,その廃棄物を最終的に下水や廃棄物の集中処理施設か,可能なら

5.2 老朽化した水社会基盤の再構築と関係する環境問題

農地に堆積させる．

5.2.8 地域の条件

地域によって，最適な水と廃棄物の処理システムや技術は様々である．最適なシステムを決定する時に，人口密度，気候，都市近郊の農地，廃棄物の移動距離，文化，快適さなどのすべての要素がその役割を果たす．最適な解答を得るためには，細かな評価がされることが必要となる．下水処理の最適方法の持続可能性を評価するための構造が**図-5.7** に示されている(Eilersen *et al.*, 1999)．大切な要素は，環境分析，利用者分析，解決のための代替技術のリスト，（政治的な）最終決定を受けた多様な基準の評価や優先事項のリストを含んだ現地の状況の評価(現地の分析)であ

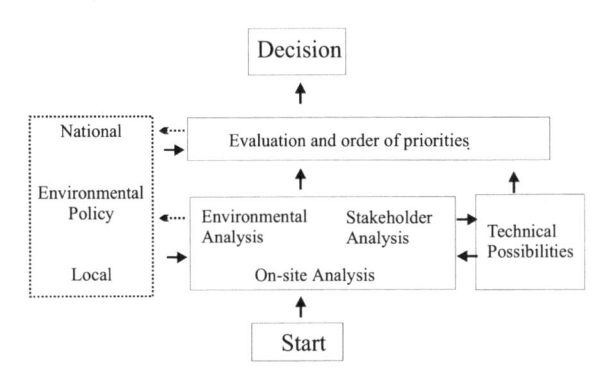

図-5.7 評価方法の基本的概要(Eilersen *et al.*, 1999)

る．現地の分析と評価は，地方と国の両方の法規に基づくが，その評価枠は，反応を行政に伝えるべきであり，最終的に必要な法規を変更するといった結果を導く．

多様な基準の評価や優先事項は，数量的な方法で点数の割当てとそれぞれの基準への重み付けを基準にするべきである．与えられたシステムの評価に重要な基準の長いリストをつくることは容易である．しかし，重複，過大評価や過小評価を避け，それぞれに独立した基準のグループに分類することはより困難である．すべての割当てに関係する基本的な基準群があり，それらは 5.2.1 に示されている．既に議論されたことに加え，社会・文化的要素も考慮しなければならない．以下のことが考えられる．

第5章　水供給と衛生の新たなパラダイム

- 透明性と実践の効果，
- システム操業への使用者参加，
- 地域物質循環の透明性．

　基準群は，地域に依存した評価がされる明確な核心を構成したものである．他の基準と相対的に適切な採点の選択とともに，それぞれの判定基準の点数の割当ては相対的である．分類基準は，考慮される影響が広い範囲に及ぶため，異なる要素を比較したり，より性質に関する基準への重み付けが断定的になるといった結果が起こる．採点システムは，ハードとソフトのどちらのデータも似たような形で受け入れられるべきであり，重み付けシステムは，使用者によって変更可能な値と初期値から成り立つべきである．賢い利害関係者は，地域に依存した評価基準に重み付けすることが可能であり，すべての重要な問題点を対象にすることを確実にするために基準の追加の必要性を発見するかもしれない．下水処理における異なった代替技術の性能は，基準性能である標準状態と比較される．まとめでは，評価の構造は透明で地域に基づいたものであり，技術の選択に関して総合的な視野を持ち，最終的に強固で柔軟であるべきである．

5.2.9　方　　策

　老朽化した水処理施設の対処にはいくつかの方策がある．
- 改装．
- 新しい技術に向かっての段階的な開発．
- 現存の技術を破棄し，新しい技術の適用．

　すべての状況に通じる一般的な解答はない．上記した要素が評価されるべきである．
　新しい技術を導入する時，それが十分に開発されていない可能性があるといった危険性を伴う．故障により新しい技術に妥協しないために，解決方法に高い安全性や信頼性を考慮することが重要である．
　同時に技術は柔軟であるべきである．多くの水処理システムの寿命は30年から40年であり，多くの境界条件は，投資が償却される前に変化するかもしれない．
　ほとんどの場合，現存するシステムの即座の廃棄は，持続可能ではない．新しいシステムへの段階的な開発や建造の可能性を探し，新しい技術が成功ならば，それは段階的に組み込まれていくべきである．

5.3 パラダイムシフトのための新しいバイオテクノロジーと物理化学的方法

5.3.1 エンド・オブ・パイプ処理のための新バイオテクノロジー

　公共下水処理施設の処理方法は，100年前のそれと大して変わっていない．大きな変化は，リンや窒素などの栄養除去の導入である．多くの国で無リン家庭洗剤の導入成功が顕著である．これは，明白な水質汚染に対して大規模な公衆の介入により可能になった．多くの国での硝化・脱窒処理方法の広まりは，藻の異常発生(例えば，北海)と国際政治的合意によるものである．しかし，大半の小さな下水処理施設は，栄養素除去をする必要がまだない．現在の論点は，微量汚染物質(Matsui et al., 1999；Daughton and Ternes, 1999)であり，特に近年では，公共下水処理場(WWTPs)を通じて抗生物質耐性菌が広がっている可能性があり(Feuerpfeil et al., 2000)，より医療向上に逆行するような影響を与えている．生物学的反応器は，微生物のDNA情報交換のための完璧な環境であり，抗生物質耐性情報でさえプラスミド交換によりバクテリア間で簡単に移動される．

　処理方法に関して，簡単な活性汚泥システムは驚くほど高い能力がある．地価が比較的安く，あるいは他の方法の操業費が高い場合，生物学的好気性ろ床の導入は，経済的競争力が高い．活性汚泥反応槽は，より効果的な酸素の摂取と費用効果を高めるため深くに設置される．最新方法では，活性汚泥システムと膜技術の組合せで，最終沈殿池とそれ以降の処理方法を変更する．最初の大規模な実施は成功している．経済性は結局付加的な浄化能力の問題になる．それは公衆衛生の問題を含み，CODとリンをかなり削減する．もし規制がこの技術開発を特定すれば，このタイプのシステムの将来は期待できる．この技術の強みは，小さな分散型の処理施設でも導入でき大きな規模のものでも何らかの制限をされることはない．今日著しい節約可能な内容は，処理タンクを追加することなくプラントの性能を向上できることである．別の市場では，下水の再利用や雑排水の処理である．微量汚染物質を懸念する時，産業や家庭用化学物質を発生源管理するための費用のかかる追加処理施設を建設するより意味がある．

　暖かい地域の国で大きな技術の変革は，上向流嫌気性汚泥床法(UASB)を組み合わ

第5章 水供給と衛生の新たなパラダイム

せることである(Zeemann & Lettinga, 1998). 排水の温度が高ければ, 生物学的処理によって発生し蓄積された物質や, ろ床の中に残留した物質を嫌気性処理することができる. 液体が反応装置の中数時間だけ通過する間に, 固体は長い滞留時間を要する. このプロセスは, 産業プラントで使われているが, 公共下水処理施設での利用も増えてきている. バイオガス中の硫黄からの臭いに関して主要な問題が幾つかあるが, バイオガスや嫌気性消化装置の中に少量の空気を加えることによって解決できる. 別のより深刻な短所は, 多くの場合, 後処理が必要となることである. もし, 下水を肥料を含んだ灌漑として利用すれば大きな問題にはならない. しかし, 公衆衛生問題の対策はこのプロセスには含まれていない.

上記した主要な変革とともに, 汚泥処理に関する大きな進展がある. これ以上のエンド・オブ・パイプ処理の著しい進歩は明らかになっていない. 公営の活性汚泥システムへ特別な微生物の導入があるとしても, それは小さな影響である. この導入は, 優良なプロセスが実施できる工業排水に限定されるようである. このような条件において, 多数の微生物の小さな増殖率によって, 嫌気性システムの飛躍的な発展が期待されている.

低コストでの公共下水処理プラントのさらなる発展の可能性は制限されている. 解決策は, 新しく建設された住宅地域で, 発生源管理を行うことから期待される. 現存するインフラの改善のための時間は長くかかる.

5.3.2 発生源管理の衛生施設と処理選択肢

栄養素と下水の効果的な再利用は, 適切なシステムを可能にするため, 新しい衛生施設のデザインを必要とする. 今日の技術は, 基本的に一つのシステムの変種を生産している. 水洗型下水管, 機械的, 化学的, 好気性生物処理など. 例外は暖かい気候での低濃度の都市下水の嫌気性処理を可能にしたUASB技術であるが, 再利用に関しては十分にデザインされていない. 伝統的な下水処理システムを再利用の効果的な方法とするには, 尿を除いた生活排水(graywater)や都市下水の処理に有効である. 伝統的システムの弱点は, アンモニア, リン, カリウム, カルシウム, マグネシウムのような溶解性の物質の処理や再利用に対する不十分さである. 下水汚泥の成分は, 土壌起源の少量の無機物を含むが有害物質を濃縮している.

発生源管理システムは, 新しい高・低技術に対し大きな可能性がある(Henze *et*

5.3 パラダイムシフトのための新しいバイオテクノロジーと物理化学方法

al., 1997；Otterpohl et al., 1997, 1999 and 2000；Winblad et al., 1998). 低希釈のブラックウォーター(blackwater)や尿からの高濃縮物質は，安全な再利用が可能な生産物を目標とした処理が求められ，できれば売り物になる．そのため，違った種類の肥料，土壌改良品，エネルギーなどを生産する製造施設ができるだろう．その現物を無料で得るだけでなく費用も取得できる産業として考慮されるかもしれない．経済的効果のある解決方法が存在し，他の方法もそれに従うだろう．新しいバイオテクノロジーや物理化学的処理法はある程度まで予測できるが，明確な方法はまだ見つかっていない．現在，多くの試験事業が既に存在し，その発展段階であり，実際の方法から学び調査する機会が与えられている．

発生源管理の衛生対策とともにいわゆる「下水」は存在しなくなる．既に確立された分類は，ブラックウォーター(トイレ排水)とグレイウォーター(ブラックウォーターを除いた雑排水)となっている．どちらも再利用のためには原材料であるが，ブラックウォーターの希釈は，エネルギーや肥料の生産のために制限すべきである．グレイウォーターは，トイレで使われた水でないため再利用に適している．栄養素が低濃度である(無リンの洗剤利用を前提として)から，なるべくろ過方法を含んだ簡単な生物学的方法で処理される．ブラックウォーターが屎尿分離トイレでさらに分離されると，「ブラウンウォーター」と「イエローウォーター」の2つの分類になることを提案する．

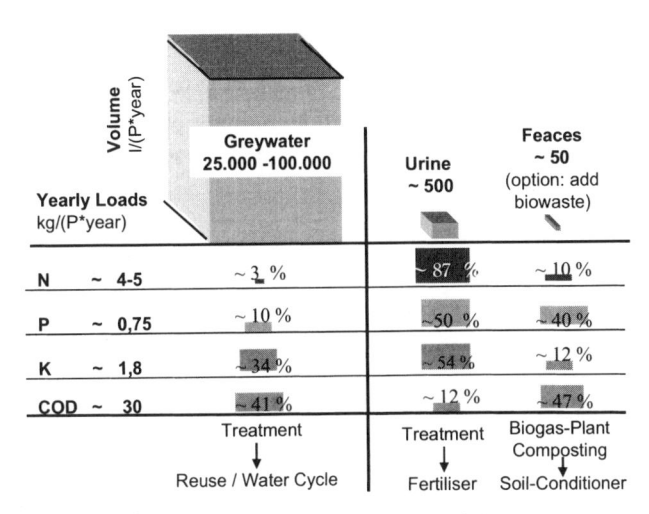

Yearly Loads kg/(P*year)	Greywater 25.000 -100.000 Volume l/(P*year)	Urine ~ 500	Feaces ~ 50 (option: add biowaste)
N ~ 4-5	~ 3 %	~ 87 %	~ 10 %
P ~ 0,75	~ 10 %	~ 50 %	~ 40 %
K ~ 1,8	~ 34 %	~ 54 %	~ 12 %
COD ~ 30	~ 41 %	~ 12 %	~ 47 %
	Treatment ↓ Reuse / Water Cycle	Treatment ↓ Fertiliser	Biogas-Plant Composting ↓ Soil-Conditioner

図-5.8 発生源対策の理由．家庭排水の負荷流れ

第5章　水供給と衛生の新たなパラダイム

　この2種類は，それぞれの衛生概念によって生産される．この方法の設計は，地理的や社会的状況を考慮すべきであり，経済最適化によりどのように集中型か分散型の下水道や下水処理場になるべきかといった解決方法を導く．より少ない下水管の利用によって持続可能な節約が達成される時，処理方法は小規模で経済的となる．

5.3.3　家庭排水の部分別処理方法の選択肢

　高濃度の排水の処理方法は，工業排水に一般に利用されている方法に似ている．グレイウォーター(雑排水)のみが従来の都市下水と性質が似ており，栄養素が低濃度のため処理が比較的簡単である．ブラウンウォーターやブラックウォーターは，土壌肥沃度を向上させる可能性を持つ．現在，世界各国で土壌の質の低下が大きな問題となっている(Pimentel, 1997)．以下のリストは，可能な処理システムに関する概要である．

5.3.3.1　ブラックウォーターの処理

　希釈がほとんどされない時に限り，ブラックウォーターの分別回収が有効となる．この場合，特に台所生ごみと混合が可能な時，嫌気性消化法は良い選択である．寒い地域では，経済性がある程度の規模を要する時，消化方法はある程度高度技術の解決策である．熱帯では，消化方法は単純で，エネルギーの産出はより効果がある．バイオガスプラントの後の脱水は，肥料として有益なものと有害な溶解性の物質がともに溶け出してしまうため不都合である．そのため，ほとんどの場合において，水なしで収集，運搬することが解決されるべき主要な問題である．従来の水洗便所は，その希釈度が高いため禁止されるべきである．高度技術の下水設備として，真空でブラックウォーターを運搬する真空トイレが適している(Otterpohl et al., 2000)．尿と尿を混合しないトイレは良い選択である．どちらもの管がつながっていても，希釈度の低いブラックウォーターが産出される．最も経済的な解決法は，少量の洗浄しか必要としないトイレをバイオガスプラントの側へ設置することである．

　新しいバイオテクノロジーは，有効なブラックウォーターに対して消化施設を設置のために役に立つ．ブラックウォーターの嫌気性消化処理に関する障害は，高温処理を抑制するアンモニアやアンモニウム濃度の高さである．しかし，生物廃棄物プラントは，このような濃度でも運転できている．念入りな起動と操作が必要である．

5.3 パラダイムシフトのための新しいバイオテクノロジーと物理化学方法

物理的，化学的処理は，ブラックウォーターの処理に関して利点がないようである．乾燥処理は，エネルギー消費が大きく，膜処理は糞便とともの運転が困難である．新しい材料の導入が解決方法になるかもしれないが，窒素，リン，カリウムなどを引き止める必要がある．そのためには，逆浸透膜の多段階のろ過が必要になる．明らかにブラウンウォーターやイエローウォーターの分別回収にさらに単純な方法があるだろう．

5.3.3.2 ブラウンウォーターの処理

尿を取り除いた希釈度の低い糞便は，単純な処理が可能である．処理の選択は，嫌気性消化，堆肥化，暖かい気候では乾燥である．収集と運搬の後，乾燥トイレやコンポスターなどの処理施設に最も単純に自然投下する．もし，1年中十分な日光が得られるなら，乾燥はすばらしい選択である．優秀な衛生対策と大幅な量の削減を合わせた処理方法となる．優良な処理成果を導くために，2槽が1年ごとに交換されながら使われる．槽に水や尿が入ることをできるだけ避けるべきであり，肛門を水で洗浄する国では，問題が起こり得る(Winblad, 1998)．

一定の距離の運搬をしやすくするために，尿と尿を分離するトイレがある．糞鉢は4～6Lの水で洗浄されるが，この洗浄は糞便のためだけである．大半のトイレ利用は排尿のためであり，ブラウンウォーターの適度な希釈は好ましい．適度な傾斜の管によって便と水の混合物の運搬ができる．余分な水の分別は，溶解性栄養分が回収された後であるから容易である．「Rottebehälter」(**図-5.9** 参照)と呼ばれる2つの槽の中では，コンポストや嫌気性の生物的処理が好ましい．このタイプが生態学的，経済的に有効だと考えられることから，下水と衛生対策のコンセプトに関して真剣な調査や試験計画の必要性がある．

高密度の地域のための小型システムは，分別式バキュームトイレか水の消費の少ないトイレが基本になる．高濃度のブラウンウォーターと水を使用しない尿収集の合併が可能になる．消化は5℃の好

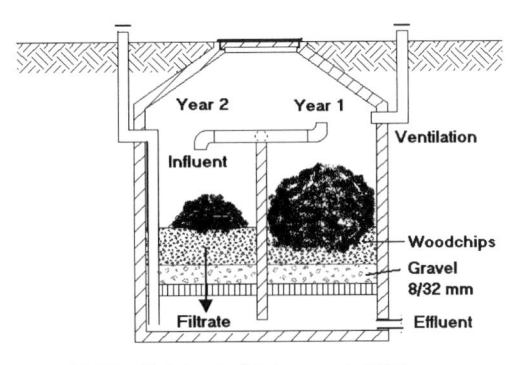

図-5.9 脱水とコンポストユニットの結合

熱性か，それ以上の高温での極限性微生物の集団を利用する．衛生対策が含まれ，このような技術の大量生産とバイオガスになる．

5.3.3.3 イエローウォーターの処理

尿やイエローウォーターの大きな利点は，基本的「処理」が6ヶ月間貯蔵することで可能である．この期間中，最初に少量の病原菌が減退し，その後，医学的残留物が分解される．その自然構成物により，イエローウォーターは，流出によって失われた有効な成分を土壌に戻すバランスのとれた液化肥料である．荒廃地への適用や，表層土との混合は，窒素損失を最小限にする最も有効な方法である．植物に直接に利用するなら，植物への被害を防ぐために希釈するべきである(Hellström, 1998)．

多様な状況において，イエローウォーターの直接的な再利用は経済的である．しかし，さらなる濃縮によって，貯蔵，運搬，利用を簡単にする(Hellström, 1998)．従来の方法は，尿を吸収する多孔性壁へ直接流れ落とす．水は蒸発し，何年か後にその表面に塩は結晶化し収穫されるする(Winblad, 1998)．pHの値を低く保つことが必要であるが，その知識はいまだに限られている．熱による高濃度物質の生産は，窒素の大きな損失の原因となる．真空を用いた低温の方法が可能である．農業者の観点からは，他の塩の濃縮は利用量の決定を難しくするため，尿は希釈なしか，栄養価の高い肥料として固体化されるべきである．

5.3.3.4 グレイウォーターの処理

グレイウォーターの分別回収と処理の利点の一つは，安全で簡単な再利用の可能性である．一般的な雑排水は，過剰な栄養素を含まない．そのため単純な生物学的処理が適用される．しかし，COD濃度は，混合都市下水と同じくらい高い．前処理として，台所排水から固形物と油を分別する必要がある．汚泥の沈殿分離を必要とする活性汚泥システムにおいて，栄養分の不足が問題になるかもしれない―汚泥はフロックを構成する能力を失う．そのため，散水ろ床法，生物ろ過法，回転円板法，人工湿地(生物―砂ろ過)のような生物膜方法は有効である．分散型処理では，庭への散水と地域の土壌や植物の適用実験を合わせることが提言される．グレイウォーターはトイレ排水を含まないが，シャワーや洗濯により，一定の糞便性病原体を含んでいる可能性がある．これに対して，砂ろ過や膜処理を処理方法として適応することが望ましいとする．グレイウォーターは，高濃度の家庭用化学物質を含んでい

る(Ledin et al., 2000). 高性質の処理水や制限のない再利用のために，化学物質が分解するだけでなく，容易に無機物化できるものでなければならない.

5.4 開発途上国の要求を解決するための新しい方法

5.4.1 はじめに

　上記したパラダイムシフトの要求は，その大半が先進国の経験に基づく.同じようなパラダイムシフトが開発途上国によって要求されることは明確である.発生源管理や資源分別の必要性,資源のリサイクルは広く適用できる.開発途上国のインフラが初期段階であることに対して，先進国のインフラはその修復交換まで何年もあるため，開発途上国での新しいパラダイムの実行が議論されてきた.途上国は,「貧困，人口増加，公害」などの問題が負荷となっている事実を心にとどめるべきである.この中の一つを(本書の内容から公害を)解決しようとすると，貧困や人口といった同様に大きな問題と真正面からぶつかる.これらは広く議論され環境健全技術として，国連環境計画-国際環境計画技術センター(UNEP-IETC；United Nations Environment Programme-International Environmental Technology Centre)(Ho, G.E., 1997, 1999)やIETC(2000)のいくつかの出版物の中に記録されている.

　先進国で切羽詰まったパラダイムシフトに気付くことなく，途上国の専門家達は,先進国で使われている技術を「最良の技術」だとして，彼らの国で導入をすると矛盾が起こる.この新しい概念を先進国と途上国で力強く促進すべきであり，先進国は新しい解決方法を例証すべきである.特に新しいパラダイムシフトと論理的につながる貧困や人口増加といった問題のために，途上国がパラダイムシフトの必要性に気付き始めたことは，希望の兆しである.このシフトの部分は，小規模システムの導入であり，パラダイムシフトの実行を支持する彼らの本質による.このような新しい技術の例として，支持されるために必要な調査とともに，南アメリカで開発適用された例が記述されている(**5.4.3** 参照).

5.4.2 開発途上国が直面する問題

5.4.2.1 水不足
- 特に大都市やその近郊での人口増加と高密度による水不足．
- 家庭下水，産業排水による公害が引き起こす現存する水資源の質の低下．
- 緊張条件：1人当りの水使用量と排水量を増加させる電化製品の促進といった結果を導く近代化の波．

5.4.2.2 資金不足
- 低国民総生産や低所得，しかし一般的には改善され，近代化への欲望．
- 緊張条件：高い優先順位は，近代的な利便性の供給と居住施設の改善であり，衛生設備（廃棄物，雨水，排水）は優先順位が低い．この例として，衛星放送受信アンテナは付いているが，家庭用廃棄物の粗末な収集，不適切な雨水の排水，洪水が頻繁に起こる大邸宅が挙げられる．

資金不足は，資本投資だけでなく，その運転や維持管理にも影響を与える．例えば，1950年代以降に独立した多くの国では，植民地時代から利用されていた衛生施設は悪化し，処理施設は基準に基づいて運転していないか，全くその役割を果たしていない．また，専門知識不足や対外援助への「依存」の文化なども関係している．

5.4.2.3 専門知識不足
- 水，雨水，下水を収集，処理，処分の維持や運転，正しい技術の選択をするための知識技術をもった訓練された人材が十分でない．
- 緊張条件：近代技術の適用に対して願望があり，それは，従来の衛生システムや活性汚泥システム（開発途上国では，一般的に利用されている）と同等であるが，多大な費用がかかり高度な知識を要する．

5.4.2.4 公共機関による援助の不足
- 公共機関は，上下水処理施設を計画，導入し，そして運転，維持，監視する義務がある．開発途上国では，これらの機関は一般的に発達していない．都市近郊の開発では，適切な計画がされないため「違法」で不適切な定住の結果を導いている．衛生に対する推進は不十分である．地域社会は，地域に基づいた衛生

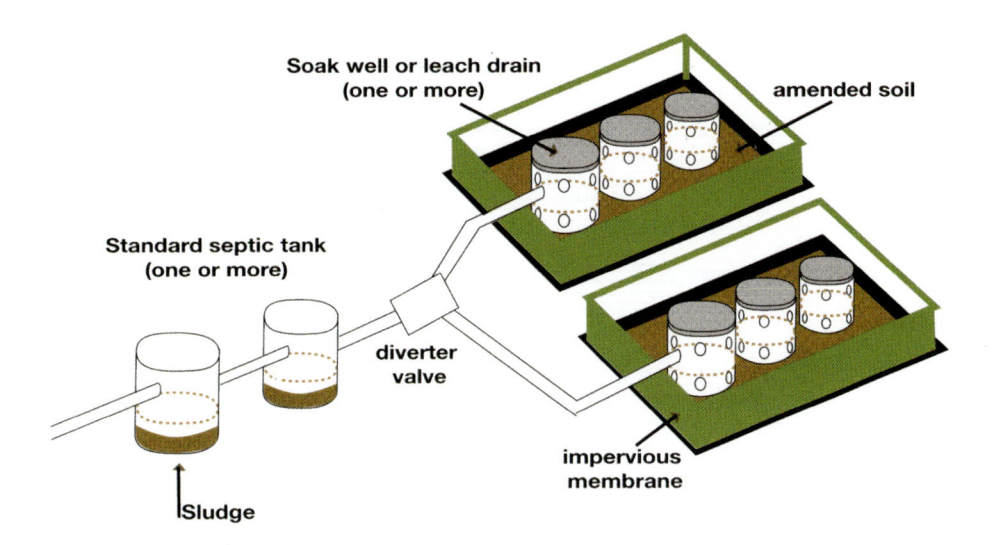

プレート 5.10（a） 現地型 Ecomax 下水処理ユニット．地下水汚染の削減のための排水管からの浸出の改善（全体図）

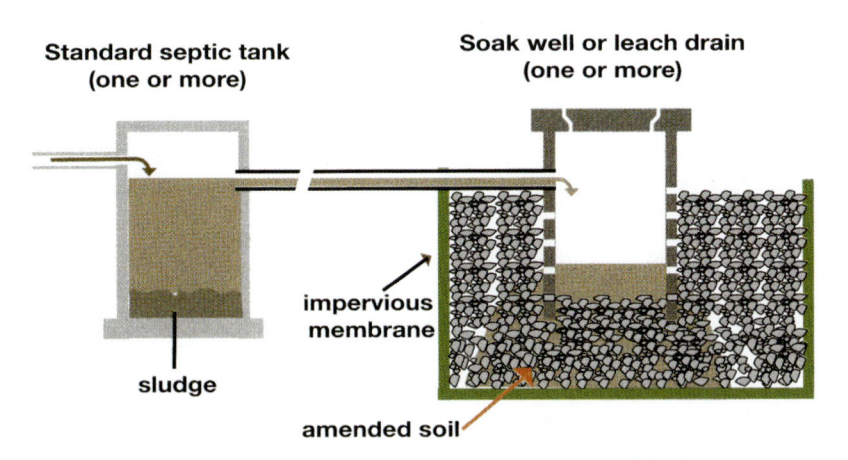

プレート 5.10（b） 現地型 Ecomax 下水処理ユニット．地下水汚染の削減のための排水管からの浸出の改善（断面図）

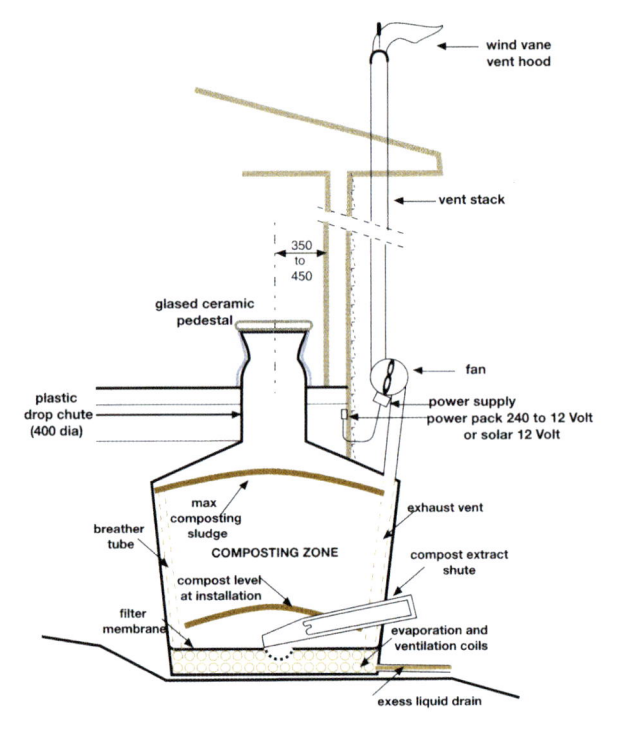

プレート 5.11　コンポスト型トイレ

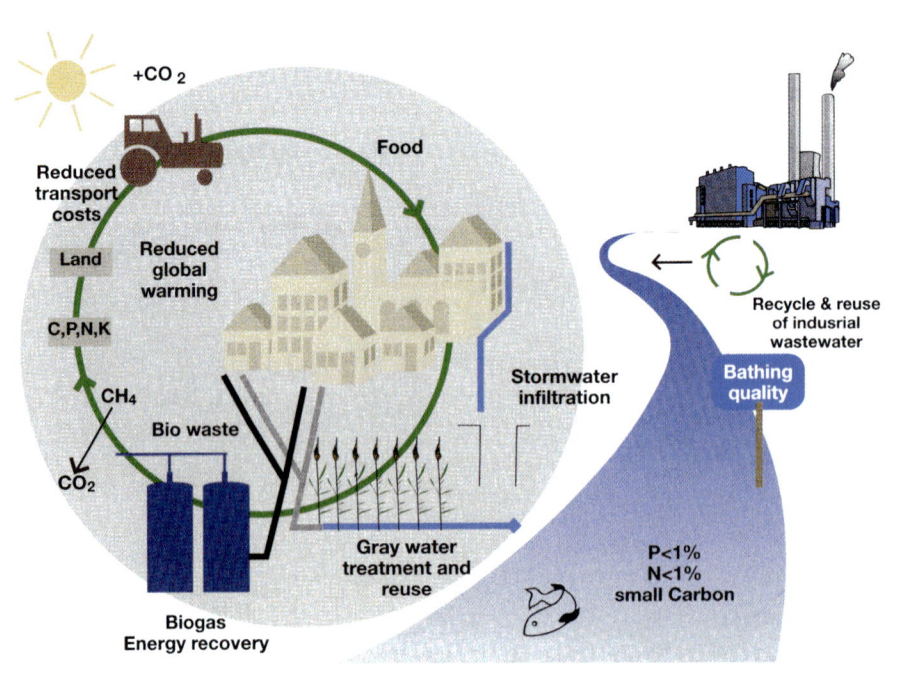

プレート 5.12　持続的発展を達成するためのブラックウォーターとグレイウォーターの分離

5.4 開発途上国の要求を解決するための新しい方法

施設の導入に関して力がなく，その優先順位は，健康（病気），教育，住居などに比べて低いようである．
- 緊張条件：先進国で使用されるモデルは，きわめて構造化された政府によって，高い教育や訓練を受けた監督者や人材を要求する．

5.4.3 開発途上国における現在の解決法

現在，開発途上国で利用されている解決方法は，採用されている方法の緊張条件を強調することによって記述する．

a.従来の下水設備と活性汚泥法　この解決に関連する問題は周知である（5.3.1 参照）．このシステムは，開発途上国の首都でのみ財政上継続できる．その延長として，都市近郊では，財政上の視点から問題にもならない．従来のシステムの持続可能性は先進国でも疑問視されている（5.2, 5.3 参照）．

b.低費用の下水管
- 浅い下水管と沈殿後下水管を含む．浅い下水管は，従来の下水管と同様，下水を運ぶが，表土近くに設置され，直径は小さい．共同管理体制が使われる．南アメリカには例が多くある．沈殿後下水管は，腐敗槽で沈殿させられた下水のみを運び，満管の水が流れる．南アメリカでその例が見られる．実行のためには高度の地域社会の参加が必要となる．
- 緊張条件：ソーシャルワーカーとエンジニアの共同チームとしての作業が必要となる．

c.低費用の衛生設備（John Pickford-WEDC, 1995）
- システムは，一般的に種々の方法のおとし穴便所を用いる．換気性が改善されたおとし穴便所やその応用の例はアフリカ，サハラ砂漠で見られる．
- 緊張条件：低費用の衛生設備により地下水の汚染が発生する．おとし穴便所は，地下水脈が表層に近い時や岩の多い地層では利用できない．代替方法は，蒸発散床などが可能である．衛生促進と維持と取扱いの訓練が必要である．

d.エコロジカルサニテーション（Winblad, 1998）　尿と糞の便器での分別．このシステムで必要な衛生訓練を十分に発展させる必要がある．試行が幾つかの地域でなされている．

e. 家庭中心衛生設備
- 政府や政府機関が指示した衛生設備より，草の根で衛生施設の導入を試みる．
- 緊張条件：このモデルは西洋の民主主義モデルタイプに頼ったものであり，その方法は，多くの開発途上国で試行される必要がある．

f. 分散型下水システム
従来の下水システムと活性汚泥システムを利用する集中型システムを打開するために提案された概念と案である．基本的な前提は，開発途上国での解決方法として適していない従来のシステムに関連する問題を避けるために開発される．

上記のb.とf.で概説された解決方法の大半は，開発途上国のために先進国で発展された解決方法である．開発途上国でも先進国でも適する方法を探すことが必要であり，そのため人工的な二分法による分裂を避け，持続可能性の概念を考慮することによって克服することができる．

5.4.4 希望の兆し

下水管理の持続可能性は，農業や養殖への下水や栄養素の再利用によって達成される．この方法では，下水の中の有機炭素や養分による汚染が防止され，炭素，窒素，リンが循環する．これを達成するためには，工業用水は，分離処理され家庭用排水とともに排出されるべきでない．雨水排水は，自然水路や運河を流れる．家庭下水は，分別回収されて処理や再利用される．

分別システムの例

現地処理システム
- Ecomax（浄化槽後の修正土壌ろ過）[**プレート 5.10(a)，(b) 参照**]．
- Dowmus（ブラックウォーターのミミズによるコンポストプロセス）（**プレート 5.11 参照**）．

敷地外処理システム

ブラックウォーターのコンポスト，グレイウォーターのための湿地（Otterpohl, 2000），養殖に続く潟．
- ブラックウォーターとグレイウォーターの分別処理は，持続可能な開発を達成する（**プレート 5.12 参照**）．

・養殖のための下水の再利用(図-5.13参照).

廃棄物中の病原菌,ソフトウエアや衛生訓練の監視,設備の維持は,取り扱う必要のある問題である(水洗便所と下流のシステムのための十分に発達した習慣,清潔な材料,清潔な物質と同等である).

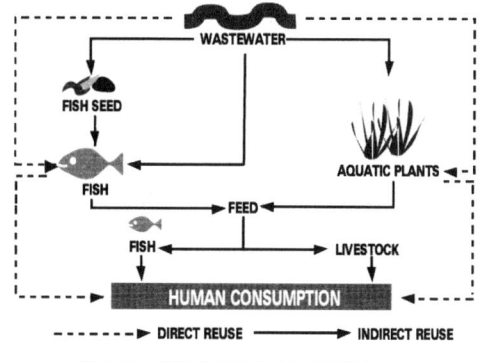

図-5.13 養殖を通じた下水の再利用

5.4.5 将来的なシナリオ

水や水中の栄養分のリサイクルや再利用を達成するために,幾つもの案が試行され,システムが開発されるだろう.したがって,水が閉鎖循環され,環境の持続可能性が達成される.これは,健全な発展である.成功する技術は,環境の持続可能性を可能にするだけでなく,受け入れられやすい(利便性,物質や設備の利用可能性,維持の容易さ)必要なソフトウエアによって達成される.試行は,開発途上国と先進国のどちらでも行われる.そして,持続可能性の概念は,どちらにも適応される.低費用のシステムは,開発途上国で利用されるために現地の材料や労力によって展開する.

5.5 調査と開発の必要性

5.5.1 発生源管理と栄養分のリサイクルに必要な調査と開発

都市と農村部の衛生施設の発生源管理に関して,調査が十分でない.現在,おおよそ10種類の主な下水処理方法を見出してきたが,100年以上前からの慣習的な方法に対してだけ研究が向けられている.現在の深刻な状況やより悪化する70%の人類の将来に対して早急な改善に焦点を合わせなくてはならない.多数の研究機関が最新技術だが,再利用でないシステムを開発している.これから得られる小さな利益を単純に最適化するための方法だけの研究に取り組んでいる.発生源管理を目標とすることは経済的であり,広い範囲を含んだ段階的飛躍を可能にすることになる.

第5章 水供給と衛生の新たなパラダイム

下水道研究者は責任を持ち，ゼロエミッションの完全な再利用システムを持つ節水に向けて取り組むべきである．他の技術分野と比べ，まだ始まったばかりである—工業排水のための新しい解決方法や再利用技術の数は増えていて，これらは低希釈度のブラウンウォーターやイエローウォーターに適用できる．

グレイウォーターを基本にした新しい物理化技術は，清潔で安全な水の供給に必要である．無制限の水道水の利用は，事前に尿尿を混合することを排除すべきである．尿や糞便の中には人間が摂取すべきでない物質が混入されている．もし，10倍の再利用が経済的な技術によって達成されれば，1人1日10Lの淡水で生活が可能になる．このような少量で限られた資源であれば，人口増加に対応する．これらの技術は利用可能である－広い社会経済の条件において機能するためのリサーチはされるべきである．

実行計画は，現実的な結果を得るために必要であり，その多くは工業国から始められるべきである．開発途上国は「西洋」を模倣する傾向にあり，そのため，改善はそこで促進されるべきである．過去のモデルをコピーしたものでなく，適切な解決方法が利用可能であれば，多くの方法は，責任感のある公私提携にとって利用可能である．リサーチは最新の技術知識とともに，新しい可能性の道を導く．

5.5.2 開発途上国の問題のためのリサーチ

新たに発生した問題の解答を得るために，リサーチの必要性は，技術，公衆衛生，社会文化要因に分類される．

5.5.2.1 技　　術

従来の処理施設と活性汚泥法は，何十年の間発展されてきたものである．トイレの設計(低希釈や二条管水流)，水槽の設計，洗浄装置，洗浄物質，下水管システム，その建設と維持，活性汚泥の微生物学，曝気システムなどに関する新たな研究とその開発の努力を忘れてしまっている．科学的理解の進展は，技術の発展と進歩という結果を導いた．同じような努力がこの上記された解決方法を援助するためのシステムに必要である．

この目的を提示するために与えられた2つの例．
・コンポスト型トイレ技術は，その性能を最適化するためさらなるリサーチが必

要である(気温の影響，曝気システム，水和反応，発酵度，ミミズによるコンポストの最適環境)．
・土壌ろ過植性システムは，ろ過器としての土壌，BOD，窒素，リンの削除に関するリサーチが必要である．気候の影響や現地に適した植物．

5.5.2.2 公衆衛生

提案された技術の中で，グレイウォーターやブラックウォーター中の人由来病原菌に関して研究が必要である．閉回路を達成するために必要な水や生物物質の再利用のため，再利用された物質の中の病原菌の生存や生存可能性の優良な科学的データが必要である．安全な製薬や尿中の自然ホルモンは，尿が集合的に処理され，新しいタイプの肥料に変換される時，調査されるべきである．

5.5.2.3 社会文化的要素

新しい技術の導入は，地域社会による技術の支持が必要である．円滑な支持を受けるに，上記されたように，維持の容易さ，既存の技術より良い性能，他の方法と比較した費用などが考えられる．

5.5.3 情報の貢献と自動化技術からバイオテクノロジー

以下の分野で新しいバイオテクノロジーへの情報技術の貢献は重要である．
① 経験の交換や新しい技術に関する情報利用の可能性の改善，
② より良い監視と管理設備による処理施設のより良い実績，
③ 遠隔からの監督とサービスのための価格付けによる操業の向上．

都市水管理分野における自動化技術と情報への可能性の探求は重要である．水と下水エンジニアは，下水システムや水管理や操業のための伝統的な自動化技術を有効利用する．近代的な情報技術の発展により，低費用で性能の段階的開発が可能である．これは専門家による監視の不足が最新の管理技術や解析ソフトウエアによって解決されるようになって，より小さな分散型ユニットに適するのである．機能向上の手がかりは，下水処理技術と情報技術の最先端技術の可能性や必要性が議論される総合的な研究による．簡単に下水管理に適応できる．水や下水の水質管理に利用できるようなバイオセンサー技術が他分野で大きく進歩している．

5.6 参考文献

Cosgrove, W.C. and R. Rijsberman (2000) World Water Vision-Making Water Everybody's Business, *the Second World Water Forum, the Hague*, 17-22 March.

Daughton, Ch.G. and Th. A. Ternes, (1999): Pharmaceutical and Personal Care Products in the Environment: Agents of Subtle Change? *Environmental Health Perspectives*, **107**, Supplement 6, Dec., pp. 907.

Eilersen, A.M., S.B. Nielsen, S. Gabriel, B. Hoffmann, C.R. Moshøj, M. Henze, M. Elle, & P.S. Mikkelsen, (1999): Assessing the sustainability of wastewater handling in non-sewered settlements. In: Kløve, B., Etnier, C., Jenssen, P. & Mæhlum, T. (eds.): *Proceedings of the 4th International Conference Managing the Wastewater Resource. Ecological Engineering for Wastewater Treatment, Ås,* June 7-11, Jordforsk, Department of Agricultural Engineering, The Agricultural University of Norway & IEES, Ås.

FAO Country Tables – basic data on the agricultural sector, Reve, Roma, 1995.

Feuerpfeil, I., J. López-Pila, R. Schmidt, E. Schneider, R. Szewzyk, (1999): Antibiotikaresistente Bakterien und Antibiotika in der Umwelt (Bacteria with resistances against antibiotics in the environment) *Bundesgesundheitsblatt - Gesundheitsforschung – Gesundheitsschutz ISSN: 1436-9990 (printed version) ISSN: 1437-1588 (electronic version)* Springer, Volume 42 Issue 1 pp 37-50 (in German)

Guideline for the investigation of a basin-wide sewage works, *Ministry of Construction, Japan* (1996).

Hellström, D. (1998): Nutrient Management in Sewerage Systems: Investigation of Components and Exergy Analysis. *Department of Environmental Engineering, Division of Sanitary Engineering.* Lulea, Lulea University of Technology.

Henze, M. and A. Ledin (2000) Types, characteristics and quantities of classic, combined domestic wastewaters. *Chapter 4 in: Decentralised Sanitation and Reuse (Lens P. and G. Lettinga , Eds)*. IWA Publications, London 2000.

Henze, M. (1997): Waste design for households with respect to water, organics and nutrients. *Water Science and Technology,* **35** (9), 113–120.

Henze, M., L. Somolyódy, W. Schilling, and J. Tyson, (1997): Sustainable Sanitation. Selected Papers on the Concept of Sustainability in Sanitation and Wastewater Management, *Water Science & Technology,* **35** (9).

Henze, M., P. Harremoës, J. la Cour Jansen, and E. Arvin, (2000): *Wastewater Treatment - Biological and Chemical Processes. 3.Edition,* Springer Verlag, Berlin 2000.

Ho, G.E. (Ed.) (1999): *Proceedings of the International Regional Conference on Environmental Technologies for Wastewater Management* held at Murdoch University, Perth, Western Australia, 4-5 December 1997. UNEP International Environmental Technology Centre, Osaka (ISBN 0-86905-708-1).

Ho, G.E. (Ed.) (1998): *Workbook for Training in Adopting, Applying and Operating Environmentally Sound Technologies.* Implemented 8–13 December 1997 in collaboration with Murdoch University. UNEP International Environmental Technology Centre, Osaka (ISBN 92-807-1478-0).

Ho, G.E. (Ed.) (1998): *Proceedings of the Workshop on Adopting, Applying and*

5.6 参考文献

Operating Environmentally Sound Technologies for Domestic and Industrial Wastewater Treatment for the Wider Caribbean Region. Implemented 16-20 November 1998 in Montego Bay, Jamaica. UNEP International Environmental Technology Centre, Osaka (ISBN 0-86905-679-4).

IETC (2000) *International Source Book for Environmentally Sound Technologies for Wastewater and Stormwater Management.* To be published by UNEP International Environmental Technologies, Osaka.

Ledin, A., E. Eriksson, and M. Henze, (2000) Aspects of groundwater recharge using grey wastewater. *Chapter 18 in: Decentralised Sanitation and Reuse* (Lens, P. and G. Lettinga, Eds). IWA Publications, London 2000.

Matsui,S., H. Takigami, T. Matsuda, J. Taniguchi, H. Adachi, H. Kawami, and Y. Shimizu, (1999) Oestrogen and oestrogen mimicas contamination in water and the role of sewage treatment, *Proceedings of the International Symposium on Development of Innovative Water and Wastewater Treatment Technologies for the 21st Century*, Hong Kong,8-10 October.

Otterpohl, R., M. Grottker, and J. Lange, (1997): Sustainable Water and Waste Management in Urban Areas, *Water Science and Technology,* **35** (9), 121–133 (Part 1).

Otterpohl, R., A. Albold, and M. Oldenburg (1999) Source Control in Urban Sanitation and Waste Management: 10 Options with Resource Management for different social and geographical conditions, *Water, Science & Technology,* **39** (5), 153-160.

Otterpohl, R. (2001) Design of highly efficient Source Control Sanitation and practical Experiences in: *Decentralised Sanitation and Reuse* (Lens, P. and G. Lettinga, Eds). IWA Publishing, London, UK.

Pickford, J (1995) Low-cost sanitation: *A survey of practical experience. Intermediate Technology Publications.* London.

Pimentel, D. (1997) Soil Erosion and Agricultural Productivity: The Global Population/Food Problem, *Gaia* **6** (3).

SEPA (1995) report 4425 *What is the content of sewage from households?* Swedish Environment Protection Agency.

Winblad, U., Eds. (1998) Ecological Sanitation, *SIDA,* Stockholm, ISBN 91 586 76 12 0

Zeemann, G., G. Lettinga (1998): The role of anaerobic digestion of domestic sewage in closing the water and nutrient cycle at community level, *Water Science & Technology,* **39** (5), 187-194.

第6章　開発途上国の問題

David Stephenson

　本章では，低開発国（LCD；Less Developed Countries）において，都市水管理，特に水道供給および衛生に関して直面している共通の問題について簡潔に記述し，それらを解決するためのアプローチを何点か指摘する．

6.1　様々な制約

6.1.1　人口爆発

　20世紀末の人口成長率は比較的高かった．世界人口の60億人のうち，貧困層に分類されるのは75％(45億人)であり，その収入は世界の全収入の20％以下である．これら貧困層のうち，15億人は栄養と健康を維持するのが困難な極貧層である．現在，極貧層の大多数はアジアに分布しているが，25年以内には大多数(10億人)はアフリカのサハラ砂漠周辺に分布することになるだろう．

　さらに，15億人の人々がまだ安全な飲料水を得られず，30億人が適切な衛生設備のない状態にいて，400万人以上の人々は毎年水に関連する疾病がもとで死んでいる．1993年にUNCEDは，開発途上国の水道設備および衛生設備に対して年間200億ドルが必要であることを示した(UNCED，1993)が，これは年間1人当り5ドルに相当し，これだけではおそらく標準的な設備に改善するのには低すぎると考えられる．1980年代は希望の10年間とみなされていた．この10年間に新たに16億人の人々が安全な飲料水を飲めるようになった．飲料水を手に入れることのできる都市部の人数は80％に，衛生設備を利用できるようになった人数は50％に増加した．しかし，

第6章　開発途上国の問題

それでも衛生設備のない都会人口の数は7000万人も増加した．

BhatiaとFalkenmark(1993)は，開発途上国の都市部の水道設備や衛生設備といった社会基盤整備のためには，110億～140億ドルが必要であるとしている．都市人口は1990年では世界の人口の45％を占めていて，2000年には50％以上になる．このように都市の人口成長率は増加している．今後，大部分の都市人口の増加は開発途上国の都市で起こる．現在，人口が100万人以上の都市は320ある．これは2025年までに約2倍の600都市になると予想される．

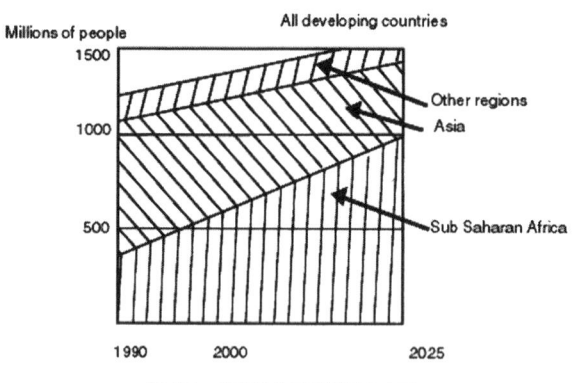

図-6.1 開発途上国貧困層の人口

貧しい国々は，先進国との歴史的な関係によって悪影響を受けてきた．国によって異なるが，その理由として以下が挙げられる．
- 期待を抱かせ社会習慣を破ることを誘導する植民地化．
- 対外援助政策．
- 最初の世界貿易商が不公平な商業取引を設定したこと．
- 援助を効率的に扱うための制度が整備されていなかったこと．
- 現代医学の発達の結果，寿命が延びたため人口が増えたこと(たとえ今，特にアフリカで猛烈なエイズが発生したとしても)．

アフリカの人口成長率は世界で最も大きいが，ケニアで実証されたように人口成長率は制御することができる．ケニアでは，1977年の総出産率(TFR；total fertility rate)(1人の女性が産んだ子供の数)は7.9人で，人口成長率は4.0％だった．1989年にはTFRは6.7に減った．さらに，同じ期間に平均家族数(ADF；average desired family)は5.8から4.4にまで減った．しかし，ケニア以外のアフリカ諸国(TFR：6.3，

6.1 様々な制約

ADF：6〜9)にも同じことがいえるとは限らない．米国および英国のTFRが1.9であるのと比べて，エチオピアとマラウイの値は7.5，ルワンダでは8.3と際立って高い(Petersen, 1993)．

アフリカの都市人口は，1990年の1.4億人から2020年には50億人までに増加すると予想されていて，公共事業には概算で470億ドルを必要とするだろうとされている(Marshall, 1996)．政治の不安定や崩壊，そして財源の問題は大きな障害になるだろう．

世界銀行(World Bank)の試算によると，10年間に地方の水道設備および衛生設備に100億ドル以上を投資したにもかかわらず，開発途上国の地方人口の65％は安全な飲料水を得られず，75％は満足な下水処理設備がない状態だった．

現在，投資額が増えている以上に，アフリカの人口は増加している．アフリカの人口は，年間120億人，すなわち年間2％以上の割合で増加していて，水道設備への投資に年間100億ドル以上が必要となっている．

表-6.1は，1980年から1994年の間に地方の水道設備の普及率が30％から70％ま

表-6.1 1980, 1990および1994年に開発途上国で安全な飲料水を飲める人の数(単位：百万人)
(WHO, 1996 ; Gleick, 1998)

Region and country	1980 Population	Percent with access	1990 Population	Percent with access	1994 Population	Percent with access
Africa						
Urban	120	83	201	67	239	64
Rural	333	33	432	35	468	37
Total:	453	46	633	45	707	46
Latin America & the Caribbean						
Urban	237	82	314	90	348	88
Rural	125	47	126	51	125	56
Total:	362	70	440	79	473	80
Asia & the Pacific						
Urban	549	73	829	83	955	84
Rural	1823	28	2097	53	2167	78
Total:	2373	38	2926	61	3122	80
Western Asia						
Urban	28	95	45	87	52	98
Rural	22	51	27	63	29	69
Total:	49	75	72	78	81	88
TOTAL						
Urban	933	77	1389	82	1594	82
Rural	2303	30	2682	50	2789	70
Total:	3236	44	4071	61	4383	74

で増加したが,都市では人口が7億1800万人から13億1500万人へと増加しており,その水道設備普及率は80％とほとんど一定だったということを示している．衛生設備は,1990年の67％から1994年の63％へと減少し,さらに悪化する傾向にある.

6.1.2 財政的な限界

開発途上国の負債は,1995年には約1.7兆ドルにのぼり,それを返済するあてもないまま1年に5％ずつ増えつづけている．実際に,状況はある一定の割合で悪化している．1980年代まで,先進国による援助は,大部分はより貧しい国家への資本援助の形式で行われていた．イギリス連邦およびフランス植民地や,スペイン人やポルトガル人が移住した領土は,それぞれの母国から優先的に援助を受けた．援助された資本は,大部分は主に母国の国外在住者が使う社会基盤を構築するか,植民地を支配するのに役立つことに対して使われた．植民地支配が終わると,同時に大部分の資金援助も終わった．植民地支配後の援助の大部分は名ばかりの援助だった．ある地域では戦争の危機があったため,経済投資はさらに魅力的ではなくなった．**図-6.2**は,世界収入の相対的な分配を示す.

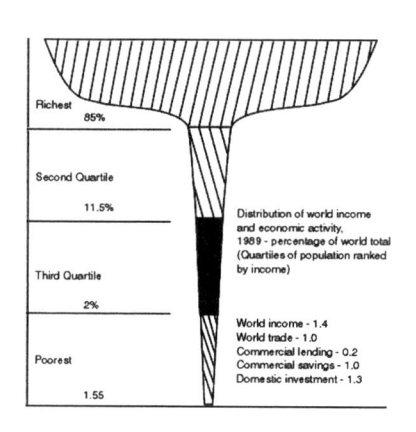

図-6.2 世界の収入および経済的不均衡 (UNDP, 1992)

現在,援助形態はさらに大きく変わった．東ヨーロッパの新たに独立した国々が西ヨーロッパやアメリカから多くの援助を得るようになり,それに伴い多額の投資先として,アフリカの戦略的重要性がなくなった．極東は経済開発の兆候があるため,依然として資本を引き付けている．アフリカ,中東,極東以外のアジアおよび南アメリカに投資する経済的なインセンティブは一般的になくなってきている．多くの場合,貧しい国々は現在,国内生産よりはるかに多額の公共事業負債が残っている．世界銀行は,1992年に開発途上国へ1570億ドルの資本が流入していることを示した．このうち60％は公的援助に対抗するものとして個人組織から出されたも

6.1 様々な制約

のである.

　資本流入量は依然として，1986年の1370億ドルから1992年の1790億ドル(年間約4％増加)へと増えている負債額を下回っている．スーダンとソマリアの未払い金額は，これらの国の輸出総額の2000倍である．よって，これらの国が弁済することができるとは思えない．

　さらに，アフリカに対する援助は1年当り約20億ドルずつ減少している．アフリカの51ヶ国のうち半分は，GNPの額以上の負債を抱えており，これらの国々の経済は非常に弱い．例えば，モザンビークはGNPの400倍の負債がある．ラテンアメリカの負債はさらに多く，例えば1992年では6160億ドルである．

　IMFの資金を得るための新しい構造調整政策は，開発途上国の混乱を引き起こす一方，依然として作物を買収している先進国に好まれている．

　資本から制度上のプロジェクトに援助の焦点が変わることは，より大きな崩壊の源であり，短期間の労働者の収入を減らす原因になるかもしれない．それはアフリカの多くのモラルの退化への処方箋となってしまうかもしれない．というのは，これらの国々のエリートは，輸送，食物，福祉等に対する補助金には比較的手を付けずにいるので，この崩壊とは完全に切り離されるからだ．

　世界銀行(1988)の調査により，サハラ以南でのアフリカのプロジェクトの失敗率が平均の2倍の20％であることがわかった．平均の収益率は，アジアのプロジェクトの半分だった．制度上のプロジェクトの成功率はさらに低く28％だった．

　一般的に，プロジェクトの評価がなされるのはその期間の終わりである．しかし，5～10年後に，アフリカのプロジェクトはすべて生産性が低下し，平均年間収益は10％から3％へと低下した．家畜とプランテーションのプロジェクトは，全く成功しないか負債を残すかであった．

　20世紀前半に，水に対して資金を提供する機関は，灌漑と水力電力に専念した．1970年代になると水供給に力点は変わった．1980年代の国連の水対策10年(UN Water Decade)はこれに拍車

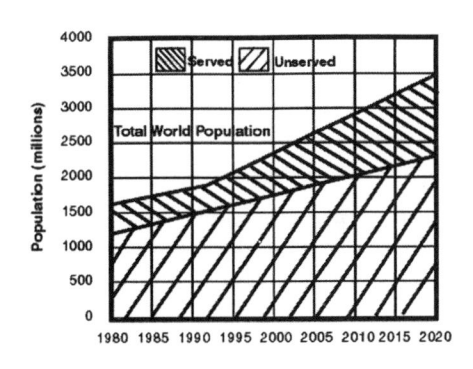

図-6.3　開発途上国での都市人口および水道普及率
(Bhatia and Falkenmark, 1993)

をかけ，すべての人々に少なくとも1日当り20Lの水を供給することを目標とした．しかし，財政上の収支は満たされず，その結果，残念ながら期待された水供給量を満たすことはできなかった．

6.1.3 制度上の問題

貧弱な制度に関する問題点としては，以下が挙げられる．
- コミュニティに応じることに対する抵抗（公務員の立場を悪くさせる場合）．
- 民衆の意見を優先するべきであるにもかかわらず，代替技術はより良いものだという先入観．
- 財政的な持続性を減少させる費用回収能力不足．
- 補助金交付額が多くて交付する側を悩ませていること．
- クロス補助金は，支払い能力の高い事業体に使われなくなり，支払い能力の低い事業体にたくさん使われるようになる（クロス補助金：採算の取れない事業を他事業の収益によって維持する補助金）．
- 公益事業が収集のコストを回避するために無料サービスを提供する可能性があること．
- 貧困層の貢献度が低く，供給側にサービスの拡張や維持する必然性を感じさせないこと．
- 官僚が，貧しいユーザーより，より豊かなユーザーや国民の収入を優先すること．
- 金を払っていない人に対するサービスを停止することは，資本投入額を浪費し，最終的に，公衆衛生的としてではない代替案をユーザーに選択させるという結果になるということ．

6.1.4 水供給の必要性

1人当りの水消費量は，記録がない場合，居住者への聞き取り調査によって評価することができる．しかしながら，供給システムの改良によって消費量は変わる可能性がある．消費量は**表-6.2**および**表-6.3**を用いることによって試算できる．

同じ地域における既設の水供給システムを調べることにより，その試算の値はさ

6.1 様々な制約

表-6.2 典型的な地方の家庭での水使用量(IRC, 1981)

Type of water supply	Typical consumption (litres/capita/day)	Range
Communal water point		
Well or standpipe at considerable distances (> 1000m)	7	5–10
Well or standpipe at medium distance (250 - 1000m)	12	10–15
Well nearby (< 250m)	20	10–25
Standpipe nearby (< 250m)	30	20–50
Yard connection	40	20–80
House connection		
Single tap	50	30–60
Multiple taps	150	70–250

表-6.3 人々が水を得るために必要な移動距離(Tejada-Guibert, 1998 ; WHO, 1996)

Distance (Metres)	No. of countries	
	Urban	Rural
50	20	10
100	6	1
250	3	6
500	8	17
1000	1	4
2000		4

らに改善される．

　WHOは1人1日当り最低15〜50L(平均20L)の水が必要であると試算した(Tejada-Guibert, 1998)．しかし，衛生上安全な水が確保されさらに調理用の水が必要であることから考えると，必要な水の量は，1人1日当り約50Lにまで上昇するだろう．

　家庭以外で使用される水の需要量を試算することは困難で，可能であるとしても現地調査が必要である．

　Narayan(1994)は，貢献度，影響，共有力，支配，資源，利益，知識，技術といった参加度合いを調査した．これにより，資本投資が有効であるかあるいは単なる空論にすぎないかがわかるわけである．関連当局が組織的に管理した場合，あまり効率的ではないことがわかった．Sarahら(1998)は，有効な方法として需要対応型のアプローチを以下のように定義した．

・水を社会的な財と同様に経済的なものとして扱うべきである．
・管理体制は必要最低限のレベルにするべきである．

- 水資源への全体的なアプローチが必要である．
- 女性が水を管理するのに重要な役割を果たすべきである．

最近20年間，コミュニティへ飲料水を供給することに多くの関心が払われてきた．特に，1981～1990年の10年間は，国連によって国際的に飲料水を供給し，衛生設備を整えるための10年であると宣言された．この10年間に，飲料用に適した水のないすべての人々に対して適切な供給量を分配する試みから多くのことを学んだ．世界中のすべての人々に飲料用に適した水と衛生設備を供給することが目的だった．しかし，体系的な計画がないプログラムであったため，実行に至ったのは30％弱であり，調査段階であったもののほとんどが不履行であった．

このプログラムでは，最初はできるだけ多くの村へ供給できるように規模を小さくし，少量の水供給計画をつくるという考え方だった．エンジニアおよび計画者の大部分は先進国の出身であり，彼らは確かにすさまじい学習経験を積んだが，これに加えて，単に設備を設置することよりも多くの要素が考慮されるべきだということがわかったはずである．その主な要素は，信頼性を含めて，修理の容易さや，さらには社会的影響やその計画を管理する制度の能力が十分に考慮されなかったことであった．

6.2 水質および健康

水不足により死ぬ人の数より水質が悪いせいで死ぬ人の数の方が多い．しかし，人々は水を浄化したり，そうでなければ水の安全性を確かめたりするより，水を得ることの方に熱心になる．

人が生きていくには1人1日当り最低2～3Lが必要であるといわれている．人が体を洗えばさらに多くの水が必要となり，食器などを洗えばますます多くの水が必要となる．社会が発展するにつれて，より多くのきれいな水が必要となり，散水や洗車やプールへの水の補給など贅沢な使い方をするようになる．高度に発達した社会になると1人1日当り300L以上の水が必要となる．

貧しい社会にとっては水質の方がより重要になってくる．そこでは水を沸騰させるための燃料がないかもしれないし，汚染された水が健康上有害であることにも気付かないかもしれない．世界中のすべての疾病うち80％近くは水質汚濁が原因であ

6.2 水質および健康

る．開発途上国，特に熱帯地域では，住血吸虫症(ビルハルツ住血吸虫)，マラリア，盲目バエのような疾病が特徴的である．蚊やカタツムリやハエのような昆虫によって疾病が伝播する場合もあれば，さらには魚や水を吸収したその他の食糧から伝播することもある．しかし，コレラ，腸チフス，赤痢，肝炎を伝播する水から直接伝染する病気が多く，それ以外にも人から人へ感染する病気もある．したがって衛生施設と水資源は非常に重要になる．その他の疾病(例えば，害虫や寄生動物と同様の皮膚病，シラミ，胃の疾病，熱)は水不足によるものと考えられる．

しかし，貧しい社会では，水道設備からパイプを引いて飲料用に適した水を送り出す前にもっと注意深く考える必要がある．特に供給される側の立場で考えると，上水道設備のコストはかなり高い．浄化・給水・貯蔵設備に加え衛生設備には1人当り何千ドルもかかるだろう．規模の影響は非線形であるため小さな社会では1人当りのコストは増加する．したがって，都市化によって都市部の人口の割合が大きくならない限り，世界全体の半分以上の地域ではそのような設備の供給が経済的に不可能である．開発途上国はこの資金を独自に調達することができず，また，それほどの多額の無償援助を得る可能性はないであろう．

大量の水を輸送する別の方法(例えば，カートや輸送車)でさえ，手で運ぶのと比べれば安価な解決手段である．実際，そういった手段を通じて将来の経済的発展の可能性が生じてくる．上水施設から管をつないで給水し衛生設備を整えるのに相当のお金がかかるが，例えば1万ドルの輸送車を買えば何百人もの人々に水を供給できるだろう．さらに，輸送車は学校に子供を運んだり，農産物を市場に運んだりすることもできる．

場合によっては，水の供給水準(例えば，1人1日当りの供給量)は，西欧諸国の基準をそのまま適用する必要はない．ただし，水質については考慮が必要である．

標準的な水処理は，貧しい人々の経済的能力を越えていて，また彼らにとって理解できない技術である．水質悪化の問題を解決するためには，健康に対する教育や水資源管理や別の水資源の開発といったことを考える必要がある．消毒装置さえ使えそうもなく，もし使えるとしても本質的な問題が出てくる．燃料を使って湯を沸かすのは高すぎるし，ボトルに入った水も高すぎる．水の汚染は貧しい社会にとって特別な問題である．

Mwabu(1999)は，発展途上のコミュニティの健康状態を決める要素として次の10項目を挙げた．

- 個人レベルの変数(例えば，教育，年齢，性別).
- 家庭レベルの変数(例えば，安全な水の有無，社会基盤の有無，医療施設の使用).
- 薬の購入，住宅の有無.
- その地域に特有の健康に影響する疾病・気候・自然災害などの特定要因.
- 人口規模や人口増加率といった社会統計的な変数.
- 都市や貿易を含めた社会構造や形態.
- 武力衝突.
- 外部からの経済的圧力.
- 人口の移動
- 食糧，収入，医療を含めた社会保障制度.

アフリカに関して横断的に分析すると，水供給の整備が他の要因以上に幼児の死亡率を低下させるということがわかってきた．安全な水の供給量が10％改善すれば，IRMを5％減らすことができる．これに続く他の要因としては中等教育，収入といったものが挙げられる．

PritchettとSummers(1996)は富による影響を確認し，Sen(1995)は開発による影響を確認しているが，これらの要因の中には水による影響を含んでいることは明らかであり，その重要性について上述のとおりである．

6.2.1 汚染水の影響

人口密度が高く，経済的にも貧しいコミュニティでは汚染が避けられない．水の汚染原因物質としては，以下のものが挙げられる．
- 浮遊性物質：浮遊性の残骸，沈殿性の底質，浮遊性藻類．
- 固体とは無関係な水質：温度，酸度，色，芳香，味．
- 溶存化学物質：健康，設備，毒性などに影響を与える様々な陽イオンや陰イオン．
- 微生物，病原性細菌，ウイルス，微量有機汚染物質．

こういった水質悪化の原因はさらに細かく分類されている(例えば，栄養塩類はリン酸塩や硝酸塩に分類される)．有機汚染物質はTOCとして測定されたり，BODやCODによって酸素要求量と結び付けられたりする．

6.2 水質および健康

6.2.2 公衆衛生の保護

水に関連する疾病を減らすことができるかどうかは，統計的に病原性細菌またはウイルスの濃度と関係がある．実験技術が改善されたことにより有害な有機物や無機物を識別できるようになった．こういった水質汚染は，自然由来のものもあるが，工業や農業が原因となるものもある．DDTのような殺虫剤や発癌性物質と同様に水銀，カドミウム，鉛といった重金属も健康に影響を与える物質として重要である．

特に熱帯地域では，カタツムリのような水棲宿主や，蚊のような媒介動物によって疾病が伝播する可能性がある．

病原性のバクテリアに関連した疾病として，コレラや腸チフスや赤痢があり，バクテリアより小さいウイルスは宿主を必要とし，これに関連した疾病として肝炎がある．水中のバクテリアを発見することは困難であり，排泄物による汚染の証拠を見つけるために，大腸菌群数のような指標が用いられている．

6.2.3 水に関連する疾病

水に関連する疾病は，以下のように分類することができる．

6.2.3.1 飲料水を媒体とする疾病

飲料水を媒介とした疾病は，主として汚染された飲料水によって広げられるものである．主な感染媒体は，バクテリア(*Vibrio cholerae, Salmonella typhi, Shigella*)，ウイルス(A型肝炎, orgiviruses, ロータウイルスおよび腸内ウイルスなど)，原虫類(*Giardia lamblia, Histolytica*)．水の汚染は流入水中の糞便が原因である．つまり衛生設備の不備が原因である．

6.2.3.2 流水を媒体とする疾病

これらの疾病は，主として家庭や個人の衛生状態の改善によって著しく抑制することができる伝染病である．それらは，水質に依存するのではなく，利用可能な水の量に依存する．例えば，腸チフスやコレラといった糞便性の汚染水を摂取することによるすべての病気はここに分類される．その他の疾病として，皮膚や目の病気(皮膚敗血症やトラホーム)やシラミなどの皮膚表面に寄生する動物によって感染す

る病気がある．線虫，蟯虫，鞭虫をはじめ，腸にいるほとんどの虫もこれに属している．

6.2.3.3　水を媒体とする疾病

これは，病原体が水中でそのライフサイクルの一部を過ごす種類のものである．最もよく知られているのは，住血吸虫症（ビルハルツ住血吸虫）である．熱帯地方で何百万もの人々を感染させたのはこの水に接触することによる疾病であり，人間の排泄物中の住血吸虫卵（それらは感染した水で孵化する）によって広げられる．その結果発生する幼虫は適切な宿主であるカタツムリに侵入し増殖する．

6.2.3.4　水に関連する昆虫を媒介とする疾病

水は，疾病を運ぶ多くの昆虫の成長に必要な環境を提供する．マラリアは特定の水棲の蚊を宿主とした疾病である．他にもフィラリア症および象皮病（これも蚊によって感染する病気）や糸状虫症（黒ハエによって感染する病気）といった疾病がある．

疾病の感染経路は複雑なので，水供給や衛生改良と疾病の発生の間に直接的な関係を見出すことはできない．しかし教育とともに，以下のような方策を実施することによって水に関連する疾病の発生を著しく減少させることができる．

- 家庭に供給された水を消毒する．
- 衛生的に設計，構築されたトイレの設置する．
- 家庭での水使用量を増やす．
- 洗濯設備を導入し，屋外にある水との接触を減らす．
- 適切な排水設備を整備し，排水を処理する．
- 開水路水面を管理する（例えば，水位の変動，散水など）．

水質は，水に溶けているか浮遊している物質や生物に関係する．家庭用に使われる水は完全に純粋な水である必要はないが，味に影響しないように溶けている塩類の量を制限する必要があり，また水が腐食する可能性を最小限にしなければならない．有害なバクテリアは2万個のうち1個の割合しかないと推測されていて，飲料水中にバクテリアがいるだけでは病気の原因であるとはいえない．したがって，水供給プロジェクトの水質管理に対するアプローチとして次のことが必要である．

- すべての構成要素（原水，貯蔵タンク，パイプラインを含む）を考えられる病原性細菌から保護すること．

6.2 水質および健康

- 浮遊性物質などの一般的な汚染物質を除去すること．
- 感覚的な受容性（濁度，臭い，味）を確保するために既存の水質を改善すること．
- pH，温度，硬度などを中和すること．
- 水の収集，貯蔵，使用に関する基本的な注意事項を消費者に教育すること．

疾病とは別に水には危険な要素が幾つかある．塩類濃度が高い水を飲むことによって高血圧になる可能性がある．アルカリ性の水は動脈に影響を及ぼし，皮膚病を引き起こす可能性がある．重金属や有機汚染物質は，食物連鎖によって濃度が上がり，致死濃度に至る可能性もある．癌の原因となる要因はまだ完全に解明されていない．

物理的に危険な要因として，洪水，溺死，地下水圧による地すべり，管の破裂，ダムの崩壊，波による影響，温度，旱魃などがある．

6.2.4 水質基準

水質だけがコミュニティの健康に関する唯一の決定要素ではない．水がどれだけ利用できるか（上水道の整備），衛生設備の有無（下水道の整備）なども重要な要因であることからもわかるだろう．先進国では社会基盤の整備が進んでいるのでこれらの要素は比較的重要ではない．**表-6.4**に相対的重要度を比較して示す．

表-6.4 健康に及ぼす水に関連する活動の重要性

Infections	Water quality	Water availability	Dispose excreta	Excreta treatment	Hygiene cleanliness
Agents:					
Viral	2	3	2	2	3
Bacterial	3	3	2	2	3
Protozoal	1	3	2	2	3
Poliomyelitis and Hepatitis	1	3	2	2	3
Worms:					
Ascaris	1	1	3	3	1
Hookworms	1	1	3	3	1
Enterobius	1	3	2	2	3
Tapeworms	0	1	3	3	1
Worms aquatic:					
Schistomiasis	1	1	3	2	1
Guinea	3	0	0	0	0
With 2 stages	0	0	2	2	0
Skin, eye and hair from lice	0	3	0	0	3
TOTAL	14	22	24	23	22

6.3 市街地およびその周辺地域の構造

6.3.1 構造形成の理由

　コミュニティの形成の理由は様々であるが，近年の開発途上国の都市近郊の急速な成長の理由はそれほど多くない．経済的な理由としては，就業機会を得る可能性が高いこと，市場へのアクセスが良いことがあり，他にも貧しいため他の選択肢がないこと，都市で生活できなくなった者の流入，不法滞在者が隠れて生活していること，都市へ移動する人々の一時的な流入などの理由がある．

　これらのコミュニティにおいて発生している問題には，住宅供給の不足，サービスの不足(特に水と衛生)，雇用機会の不足，急激な人口増加率，疾病の発生，犯罪，健康・自然災害(洪水，汚染，浸食など)のリスクへの曝露，権威や組織の不足，財政難などが存在する．

　都市近郊部とは比較的高収入の郊外在住者が生活している場所を指すのではなく，開発されている地域の周りに急速に発展している非体系的な居住区を意味するものである．

　典型的な都市周辺地域の町として，リオデジャネイロやサンパウロのスラム街，ブエノスアイレス，ジャカルタ近郊の部落，ポルトープリンス(ハイチの首都)のスラム，リマのインディアン部落，ヨハネスブルグ周辺の町，インドやアジアの都市スプロール現象などが挙げられる．こういった地域はランダムに発生する．土地の不動産権利書があることはほとんどなく，土地所有者は，安全性，施設に対する配慮はほとんどなく，不法に利益を得ている．

　立地や公共サービスの対象区域や街のレイアウトなどについて対策が講じられているが，多くの場合，人口の移入率が公共事業の拡張率より大きい．

　こういった状況では，公共事業を導入し設置することは困難である．上下水道などの公共事業が必要不可欠であることがわかっていても，アドバイザーはコミュニティの能力についての適切な知識がないかもしれない．(サービスを)占有していないため，公共事業に対してお金を払おうという意欲が表面にでることが少なく，公共事業の実施によって立ち退きを要求される危険を感じている人々によってその実施が妨げられる場合が多い．そういった人々は，不当あるいは不法的に富を得てい

6.3 市街地およびその周辺地域の構造

表-6.5 都市周辺地域の発展形態 (Habitat & UNEP, 1996)

Characteristic	Evolution			
	Informal	Developing Intermediate	Quasi-formal	Formal
Description	Scattered dwellings, poorly constructed	Numerous dwellings, better constructed	High density with scattered formal housing	Formal housing
Infrastructure	Non-existent	Alleys etc. develop, community organisation created	Street systems develop, strong community organisations and informal governments	Infrastructure exists, municipalities formed
Need for investment	High	High	Moderate	Low
Source of investment	External	External: Cash Internal: Labour	Becoming internal	Internal
Land tenure	None	Very few land owners	Some land ownership	High level of ownership

ることに気付いているかもしれない．公共事業は，不適当であるかもしれないし不健全でさえあるかもしれない．故障や維持管理は誰の責任でもないように見えるかもしれない．人々は，経済学についての知識がなく，しばしば水は無料で利用できるものだと考えている．

　計画コンセプトに対する態度に問題があるだけではなく，建設に対する物理的な障害がある．計画を実施するうえでの困難はあるかもしれないが，立地の悪い建物の存在により不可能であるといった状態は存在しない．多くの開発途上の地域では，物理的な問題(例えば，山の傾斜，湿地，岩，泥など)がきわめて大きいといえるかもしれない．実際，そういった場所は都市のごみ廃棄場として使われていることが多い．

　降水量や温度といった気候条件の方がさらに厳しいといえるかもしれない．熱帯地方で流行している疾病は，地元の労働者より外部からの移入労働者に広がるだろう．食物，住宅供給およびその他の設備へのアクセスは難しく，輸送や通信といったコミュニケーション手段は一般に貧弱である．設備が盗まれることがあったり，労働者団体による反対があるかもしれない．

　これらの要因により通常以上の管理が必要で，さらに社会相互作用と絡んだ要因により，サービスにかかるコストはかなり上昇することになる．

第6章 開発途上国の問題

　UNDP および世界銀行（1998）は，多くの国から水開発の参加者を集めて，需要を満たすためのアプローチ方法や権利委任についての議論を実施し，また多くの事例研究について論議したが，結果的にはどの計画も成功の青写真を描けないということがわかった．

　ボリビアの PROSABAR という低コストの衛生プログラムと，ブラジルの PROSANEAR というプログラムは，低コスト技術や革新的なアプローチや健康教育を結合したものである．Yacupaj にサービスを供給するプロジェクトは，投資目的の要素と技術援助的要素の2つに分割される．規則の施行，情報の普及および金融政策が注目されることとなった．例えば，5％の金銭的な貢献に加えて労働・物資を要求する規則は，必ずしも執行されなかった．コミュニティは，モニタリング機関を選択し契約業者をコントロールすることを望んだが，このための制度上の準備をすることは大変であることを理解し，その結果，試験的なプロジェクトが構築され，さらにそのプロジェクト用のガイドラインが示されることとなった．他方では，水道オペレーターは，よく責任を全うしていることは明らかであった．

　中国では，UNDP の枠組みで3つのコミュニティ参加型プロジェクトが実施された．中国では都市人口は比較的低く，9億人中の約16％である．また，水道設備，衛生および衛生教育の不足といった問題は地方に集中している．個人やコミュニティから多くの責任を奪ってきた政府案，省による調整，社会支援・個人参加の施策は，現在の世界銀行の考えに結び付くのに多くの時間を要するであろう．トップダウン形式の意思決定をしたため，提供されたサービスの形態に対する不満が現れるとともに人材配置を強調しすぎるという結果になった．調整手続きが複雑であったため，ある意味でプロジェクトが制約されるようになってしまった．

　参加型プロジェクトの成功例はアフリカ（ガーナと南アフリカ）で報告されている．成功の理由は，おそらくこれらの国々が政府組織を改良している途中であるということであると考えられる．南アフリカの Mvula Trust は，コミュニティが援助を申し込む場合，コミュニティはその組織的な能力を実証しなければならないという要求を出した．彼らは実行可能性を調査するためにエンジニアを選任し，さらにサービスの水準を選択しなければならなかった．このアプローチには，資金調達がすぐにできない場合にコンサルタントに給料が支払われない可能性があるといったことを含めて，多くの危険性が存在する．コミュニティによる弁済（例えば，労働による弁済）は，労働者が給料を要求するため，本質的には成功しなかった．他にも，人々

には清潔な水や衛生施設を持つ権利があるという政治家の姿勢にも問題があった．

インドでは，原価回収する政策に最初は抵抗があったが，政府や NGO や水や衛生に関する委員会が連携することによってこの初期の抵抗を克服することができた．世界銀行の地方水道・環境衛生プロジェクトのもとの Swajal プロジェクトでは，中央政府をサービス供給の責任者から排除したことによって政府の発言権が低下し，また女性の発言権も低下した．結果的には，このプロジェクトもその実行プロセスの不備により挫折してしまった．

インドネシアでも類似した問題に遭遇した．インドネシアでは，良くも悪しくも中央政府による統制は，おそらくインドより強いであろう．また訓練はされているが責任に欠けているといえるだろう．

アフリカでの問題の評価では，次のような固有の問題が明らかとなった(Mwanza, 1997)．

- 責任の所在が明確でない組織が多いこと．
- 収入が低く，他の収入源もないため財源が不適当であること．
- 資格がある人材や経験を積んだ人材の不足．
- メンテナンスや管理の技術が乏しいこと．
- 消費者のモラルの低さ．
- 料金の請求・徴収率の低さ(平均 50 % 未満)．

これらの要因は繰り返し非難されるが，責任感の欠如といった根本的な問題は初期の植民地化政策や収入の低さによるものかもしれない．これは長い時間をかけて解決していかなければならない．

6.3.2 インドの経験

スラム街と排水の問題を解決する新たなアプローチが Parikh(1999)によって報告された．インドール・ハビタットプロジェクト(Indore Habitat Project)では試験的なプロジェクトが成功したことを示され，その後 Baroda と Ahmedabad で続行されている．

すべての都市には強力な自然の排水路がある．これらの排水路がなければ，都市に成長する以前に，町や村は廃棄物であふれ返るだろう．こういった排水路は排水の自然な処分方法であり，もし適切に開発されれば下水・雨水管・水供給設備・道

第6章 開発途上国の問題

路の都市の人工的な社会基盤の理想的なルートになる．都市緑化や水自体の環境上の骨格も同じ経路上にある．インドやその他の国々の都市での研究は，スラム街が一貫して自然の排水路などの経路に沿って位置することを示している．いったんスラム街と都市の社会基盤と環境の関係が把握されれば，都市を再編するためにはスラム街をどのように扱うべきかが容易に理解できるはずである．

スラム街の構造は，都市全体の状況とともに把握することができ，プロジェクトで提案された対策はスラム街にとってもその他の地区にとっても有益である．スラム街特有の問題を解決することだけが目的ではなく，スラム街と他の上流階級が居住する地域との統合を計る方策を探ることが目的である．スラム街が都市の機能低下の原因ではなく歪んだ都市開発の結果であるのと同様に，解決のためにはスラム街を都市化の徴候の一つとして扱い，その問題の根源が都市構造の歪みを是正することによって解決されなければならない．

スラム街の配置と都市の自然な排水路の間には高い相関がある．これは，根幹となる低コストのサービス（特に重力を利用した下水や雨水排除システム）の構築を支援するとともに，汚染された川の浄化，歩行路の緑化，ウォーターフロントの機能回復といった水に関連した環境の改善を支援する．都市の水準を改善すればスラム街は自然と利益を得ることになる．都市にとってもこのような共生のプロセスにより改善する機会を得ることになる．

地形学的な管理，土地勾配の改変，建設景観といった新しい概念が導入されている．このような水路とその周りの土地という観点からスラム街の位置関係を結び付けた概念のほかにもこれを変形したような概念がある．川沿いや低地はスラム街の核を形成する傾向がある．こういった土地への繊細な対処には，いくつかの利点があると考えられる．

第一に，氾濫や浸水に弱い地域は，土地に勾配をつけることによって少ない費用で永続的に改善することができる．

第二に，自然の排水路は都市排水にとって最も効率的な経路であり，導入時には通常の場合に建設予定地で遭遇する用地獲得や破壊という問題が回避できるという利点もある．インドールでは，スラム街間に必要な連結をつくることだけで，衛生工学部局が提案していた従来のシステムの半分以下のコストで都市規模の下水道を構築することができた．下水道の導入によって水の汚染が防止できるようになっただけではなく，周辺の水や公園を形成することも可能となった．

6.3 市街地およびその周辺地域の構造

　規模やネットワークに固有の活動の両者を統合することによって，他の開発戦略では考えられない興味深い可能性が見出されるようになった．最初は，ミクロのレベルでは達成できないと考えられていた解決法が，経済的に成り立つようになる．インドールでの比較研究によれば，各家庭を管でつないでネットワークを組むためのコストは，1戸当り1500ルピー，管網から離れた家庭からの収集および処理には1戸当り1000ルピー必要であることが示された．これに対して，UNDPがつくった共有の穴式のトイレ（これは開発途上国では最も適切であると考えられてきた）のコストは1戸当り2500ルピーである．さらに，下水道では台所や風呂からの排水も処理できるが，UNDPのトイレではこれらは処理できない．ネットワーク化された下水道の利点としてほかにも，各家庭がすべて個別の設備を持ったことや，スラム街以外の家族は，オフサイトに対するコストを払うことなく同じシステムに接続することができるということである．つまり，下水道設備を利用する家族が増えれば，1家族当りのコストは下がることになる．こういったミクロレベルでの概念を拡張して，道路や雨水排水路や下水管を調整配置することによって機能や経済性がより改善することになる．道は可能な限りすべて最短距離になるように配置し，高い地点から水流に沿って下り坂になるようにする．整地や高価な舗装材料を使う代わりに，勾配を設け，公園を配置することによって，道路端をきれいに保全することができる．社会基盤を単純化して修正したため，共有でない個別設備をスラム街に低コストで提供することができた．このように，コミュニティは周辺の環境への知識や繊細な配慮を持っているはずであるから，社会基盤整備に参加することができるのである．それと同時に，メンテナンスに対する負担は減り，地方自治体から個々の世帯主へと責任が移動することとなった．

　1991年のインドール市の人口は125万人で，それ以外にスラム街居住者が35万人いた．インドールのスラム街には，混雑や住宅供給の荒廃，不衛生，基本的なアメニティの不足，都市の配置の無計画さや，交通の悪さといった特徴があった．こういった地区にはコミュニティの中でも経済的に貧しい人たちが住んでいて，臨時のサービス業に従事している．インドールのスラム街の家庭のうち3分の2以上は貧困ライン（貧困であるかどうかを決める水準）以下の収入しかない．スラム街居住者の非識字率は40％で，女性の非識字率はさらに高く53％あった．多くの人が調査前に2週間以内に病気になっていたことが報告されていた．就業日数が減ったうえ月収の約8％が医療費に費やされたとも報告されている．

インドール開発当局によって実行され，英国の海外開発管理 (Overseas Development Administration U.K.) によって融資されたプロジェクトでは，スラム・ネットワーキング (Slum Networking) という概念がインドールの都市内で成功したことが実証された．6年以上の期間に，都市内の45万人を占めるスラム街の基盤は，健康や教育や収入源の創生といった広範囲なコミュニティ開発計画とともに，環境や衛生設備を改善することによりその質が向上した．各スラム街からの肉体労働による貢献はそれぞれ小さいかもしれないが，**表-6.6** を見ればわかるように，全体としての都市への影響は大きい．

都市の貧困層のために設計された他の開発案の場合，その効果がスラム街の境界を越えてまで波及することはめったにない．これとは対照的に，スラム・ネットワーキングの副次的効果として，インドールでは，地下の下水道がなかったスラム街以外の地区に90kmの下水道本線が設置されるようになった．結果的には，都市内

表-6.6 1990年代のインドールのスラム街の改善

Total length of new roads	360	km
Total length of new sewer lines	300	km
Total length of new storm drains	50	km
Total length of new water lines	240	km
New trees to be planted	120,000	nos
Total area of grassing/shrubbing	500,000	m^2
New community halls	158	nos

の汚染された河川は次第にきれいな湖に変わり，歴史的な川辺の設備は回復され新しい歩行者道路の緑地が形成された．最近の研究によれば，この地域の井戸水の水質が改善したこともわかった．

スラム街につくられた360kmの道路のうち約80kmは，その周辺に既にあった幹線道路の交通混雑を減らすために都市部につなげられた．同様に，スラム街の雨水管は都市部の洪水をも抑制するように連結されたのである．

6.3.3 アフリカの経験

ナイジェリアのラゴス (Lagos State Government) (1997) は，アフリカの典型的な都市である．人口は独立した1963年の110万人から，2000年には1010万人まで増加し，2025年には2890万人になると予想されている．目標は120L/人・日の水を提

供することである．2000年に水を供給されている人の割合が35％であったことを考えると，この目標は高望みであるといえるかもしれない．これらのうち，10％は公的な給水管から，14％は庭に設置した給水管から，6％は家庭間のツテで水を得ている．残りは店(37％)やその他の供給源から水を得ている．

西側諸国と比較すると，ラゴスの都市衛生設備は貧弱である．住民の30％は穴式のトイレを使用していて，53％は便器に水を流す方式(pan flush)のトイレを使用し，12％には水洗便所があり，1％は公衆トイレ[その使用料は10ナイラ(ナイジェリア通貨)，利用するには平均6分歩かなければならない]を使用している．他の衛生手段としては潅木に排泄する方法がある．またビニール袋に排泄する場合もある．

アンゴラのルアンダは戦争や国際的な孤立によって荒廃した都市の代表例である．多くの浄水プラントは戦争中に破壊され，30％しか機能していない．水供給システムの修復に5億5000万ドル，衛生サービスには2億1200万ドルが必要であり，住民1人当りに換算すると100ドルが必要であるということになる．制度上の枠組みや住民意識，財源，物理的な財の補修・管理などを含めたより長期的な戦略が立てられた．

6.3.4 環境の悪化

低収入地域では，汚く，不衛生で，危険で，管理できない状態にあるということが一般に認識されている．改善するきっかけがほとんど見当たらない．都市の環境悪化の根本的な原因は，次のとおりである．
・土地を所有していないことや，その逆で財産に対する誇り．
・健康に対する統合的なアプローチの欠如．
・供給者側が適切に資金を使っていないこと．
・税収不足による，適切なサービスを提供しようという意識の低下．
・高所得者層への支出の偏り．
・排水による汚染がもたらす影響を考えない結果，衛生施設の重要性を無視し，支出が水供給に偏ること．
・家庭用サービスに資金を使い，排水処理などに資金を使えないこと．
・サービスや技術のレベルが低いこと．
・その日暮らしで生活しているため，持続性を無視して資源を過剰に消費するこ

と．
- 景観や自然環境への優先順位が低いこと．

6.4 水供給の選択肢

6.4.1 水資源

水資源や配水方法には地域によって大きな違いがある．これはとりわけ以下のことによって決められる．

水資源から消費者末端までの距離／水源池での水質／源水のコストと配水方法／供給規模／利用可能な代替案／下水放流の方法／衛生処理の方法／消費者の好み／水と土地の所有権／供給不足・停止・汚染のリスク．

水資源には以下のものがある．

湧水／河川／湖／地下水／雨水／融雪／処理した排水／淡水化した海水．

6.4.1.1 表流水

河川水は，水道水の水源として最も容易なものといえる．しかし，多くの問題点も挙げられる．
- 河川は，旱魃や季節によって干上がる可能性がある．
- 河川は，上流部の排水や人間・家畜の汚水によって汚染される可能性がある．
- 表流水は，病気の発生源となる可能性がある．
- 水位が洪水や渇水によって変動する可能性がある．

これらの問題の幾つかはダムの建設によって解決することができる．しかし，ダム建設は，小さなコミュニティにはコストがかかりすぎる．基礎や放水路は，ダムが小さくても規模を小さくする（コストを削減する）ことができない．

6.4.1.2 地下水

消費される水のほぼ13％が地下水由来である．もし水文学的状況が適切であれば，小さな街に供給される水量ぐらいは第二帯水層からでも得ることができる．

ほとんどの降水は地中に浸透し，これは地下水の大きな源であり比較的安定して

いる．しかしながら，水源を開発できる可能性というものは制限されているかもしれない．高地や岩盤地域では一般に地下水は存在しない．岩脈が地下水脈をとらえているような場所にある沖積土壌のような透水性の高い帯水層の中にある井戸では，より多くの地下水を産出する．地下水が自然に地表まで出ている場合もあるが，その他のケースでは地下水位は深い所にある．水文学者の助力によって湧出量の少ない不効率な井戸の掘削は避けるべきである．また湧出量の持続性も見積もる必要がある．

地下汚染を考慮することも必要である．また，堀込み便所や廃棄物集積場や海などの塩分を含む水域の付近は考慮が必要となる．

6.4.2 配　水

水源の持続可能性については，恩恵が少ない人々の関心事ではないかもしれないが，計画者や供給者は十分に考慮しなければならない．地方の小さい水源は，旱魃，環境被害や汚染の危険にさらされる傾向にある．配水の方法は，次のとおりである．
　コンテナによる人力での輸送
　自動車輸送：コンテナやタンカー
　パイプラインによる輸送：重力やポンプの利用
　水路
　水源地での利用，例えば洗浄
　目的地へのパイプライン輸送

水供給を計画する際には，水資源の位置，輸送方法，居住地，液体・固体廃棄物処分場，障害物などについて十分考慮しなければならない．

消費者サイドでも，供給水量と消費水量とのバランスを保つための，また緊急事における様々な方策がある．

パイプ輸送は最も人々が好む方法である．パイプ輸送は安全で，埋設すると目立たなく，長寿命で容易に管理できる．また比較的経済的であるが，個人では負担不可能なくらいの大きな資本投資が必要である．このような理由から，通常，自治体や政府，もしくは援助団体といったところがその基本システムを供給しているのである．

近年，持続可能性とユーザー参加がかなり強調されてきているが，その最初のコ

第6章　開発途上国の問題

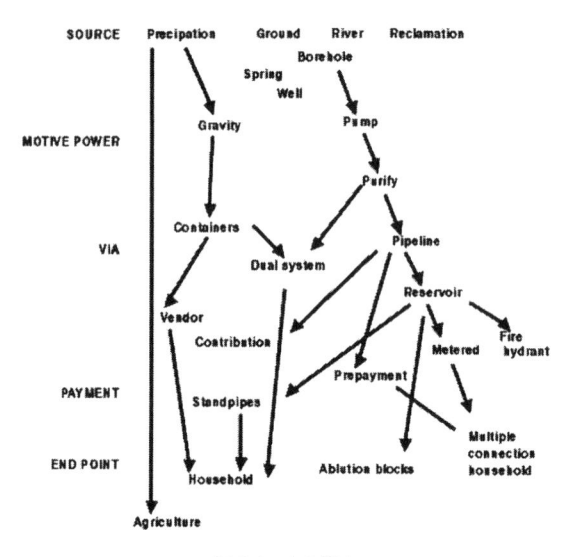

図-6.4　水の配水

ストは輸送システムであり，そして地域コミュニティが担う最終的な負担の一つはパイプの設計と建設である．地理学もしくは人口統計学上の開発パターンは設置するパイプの容量に影響を与えるであろう．それは，特定の地域・人口や生活水準だけをまかなうのか，もしくは拡張，住宅の密集化や生活水準の向上を見越しておくかどうかということである．後者の場合には，受水システムだけでなく消費量に影響を及ぼす．共同給水パイプシステムでは，将来的には各世帯に供給することを想定している場合には，その容量を考慮しておく必要がある．地域の住宅数が多く道路が密集している場合には，パイプ交換をする際，高価となり扱いにくくなる．

6.4.3　サービスレベル

地域社会の出資や要求によって異なった供給レベルが計画される．**図-6.5**に様々なレベルの選択肢を示す．それらは，以下のいずれかである．
① 簡易水源と消毒：汚染に備えて水源(特に泉と河川)を保護することは，水資源システム保護の最も基本の形式である．水の輸送は容器による輸送となる．
② 貯水池や共同給水パイプへのポンプやパイプによる輸送：共同供給場所を設

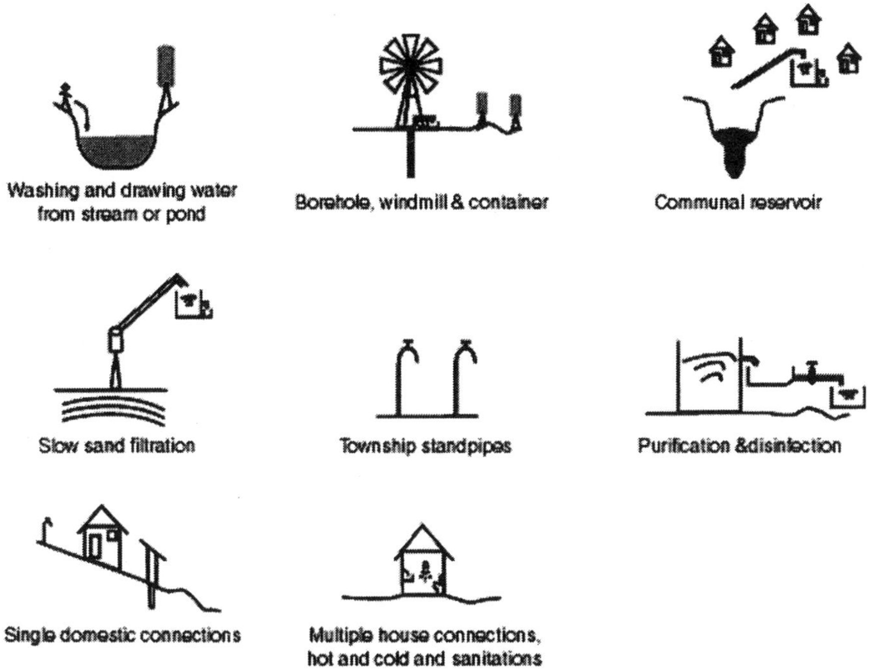

6.4　水供給の選択肢

図-6.5　水供給の進歩

けることによって個人による水の輸送距離を短くすることができる．給水パイプの数は，順番待ちの長い列もしくは容器に汲み上げるための貯水池というものをなくすのに十分であるべきで，このような場合では消毒は重要である．

③　個別給水パイプあるいは個別接続：各家庭もしくは隣り合っている家々への給水パイプの設置により，より便利となる．さらなるステップを経ると，洗濯場や台所へも供給されるようになる．この段階までくると，共同トイレからの排水を考慮することが可能かもしれない．

④　個人世帯への供給：この段階では，世帯は台所，浴室やトイレなど様々な所に供給できる．もし供給量や圧力がピーク時に不十分であるならば，雨水を貯めるためのタンクを屋根に設置することも考えられる．一般的にこの段階では，最終的に供給量と需要量のバランスをとり，かつ最適にパイプを使用するために共同貯水槽が設けられる．

もし水が手に入りにくい場合には，水要求量は 5 ～ 10 L/日 となる．パイプによっ

て水が供給されている場合，共同給水パイプを利用している場合の消費量は 10 〜 20 L/日に増加し，最小限の水回り設備とともに個々の世帯へ個別給水している時は 30 〜 50 L/日になる．1 人当りの消費量は，最低生活水準の給与よりも多くの所得を得ている地域社会においては，それ以上に増加するであろう．また，地域社会の中心部や商業の発展のための給水も必要である．もし水が経済的に安価であるならば，限定された農業目的に利用できるかもしれない．しかし一般的には，パイプ輸送される浄水は，経済的な理由から灌漑に利用されることはない．

また，特に標準以下のシステムでは大量の損失がある．漏水や不法接続による損失は水使用量の最高 50 % に達する場合もあるが，現実的な目標値は 10 % 以下である．

Durban では 20 年以内に約 20 万戸の家庭に水を供給するためのプログラムを開始した(Macleod, 1997)．共同給水パイプを導入する際の問題点は，もし水を得るのに 200 m も歩かなければならないならば居住者が支払いを拒絶するであろうということであった．

そこで Durban では，以下の 3 つの選択肢からなる計画を採用した．
- 貯水槽システム：家々の隣に 200 L タンクを設置し，これに小径パイプで供給する．タンクを満タンにした時に水の料金を支払う．
- 半圧力システム：水はおのおのの家の屋根上タンクに制限しながら供給される．これによりピーク値が減少する．
- 完全圧力システム：通常の供給状況で複数の接続に対処する．

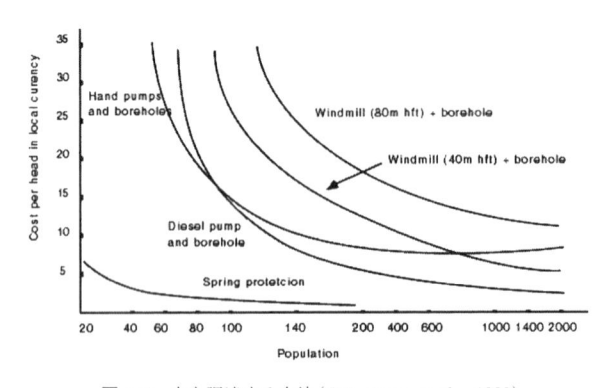

図-6.6　水を調達する方法 (Cairncross *et al.*, 1980)

6.4 水供給の選択肢

この導入計画には，幅広い協議と情報提供プログラムを含んでいた．

水代金の滞納は初期の問題であったが，滞納者には供給量が 200 L/日に制限された結果，滞納率は 0.1 % となった．

6.4.4 代替システム

コストを削り，水供給システムをより柔軟なものにすることで，以下のことが可能となる．

洗浄や散水のための B グレードの水(下水の一部処理水)を供給するためにパイプを設置する．その際，その水を飲用する可能性を減らすために，屋内にはこのパイプを引き込まない．飲用の水は，タンカー，コンテナやボトルもしくは別の供給パイプネットワーク(デュアルシステム)によって供給する．しかし，煮沸されることなく実際に飲まれている水の量を考えると，コンテナが最も適しているため，コストが問題となる．西側世界では，ボトル入りの水は当然のごとく高価なものである．これは瓶詰め，輸送やマーケティングのコストのためである．水をコンテナ化するための助成金の額は，多くの場合，すべての水を飲用できるように浄化してくまなく供給するための費用も少なくて済むはずである．

小口径の水供給パイプによる輸送は，供給量を，そして最終的には人口密度さえもコントロールする方法である．経済的に裕福ではない地域社会では，彼らは料金を払っていないか，もしくは何らかの方法で助成を受けているため，税金などを課すといった経済的な方法での需要コントロールは適さない(Stephenson, 1999)．もしルーフタンクを利用するならば，小口径システム(時により貯水を分配)は共同給水パイプによる分配から，ゆくゆくは各世帯への個別分配へと拡張することができる．そうすることで，24 時間体制でパイプは一定流量を供給し，ピーク時にはタンクから供給することが可能となる．これはコストを最小限に抑え，段階的に開発していく方法の一つである．また，これは水理学的圧力勾配が高いことによるパイプ圧を下げることにもなる．コンテナによる分配が支払いをさせるための一つの方法であり，これによって地域社会における義務を生み出す方法でもある．

代替供給方法を組み合わせて利用することでコストを削減することができる．例えば，地元の泉が干上がっても遠くの泉や貯水池が利用できる．もしくは，もしパイプ供給が不十分ならば，ピーク時の供給のために雨水を集めることもできる．

6.4.5 開発段階

昔からの郊外に居住者が増えてきたような場合でも，元々からほど良く網目状につくられてきたため，人口の密集によりシステムに過負荷を与えることはない．また，個人当りの消費量が少ないことやピーク量の減少により，人口増加の影響は相殺されることになる．

漏水，不法接続や意図的損害といった損失コントロールの問題は，居住地が拡大するにつれてより大きなものとなる．

新たにサービスを行う街区では，パイプサイズは適切なものを選択できるが，将来の最大人口密度や水準がどのようになるかということを十分に考慮しなければならない．もしも街区が避難民もしくは他の場所でより良い生活を手に入れようとする一時的な居住者によって構成されている場合には，これに応じたサービスレベルを設定する必要がある．理想的には，新たなパイプ網はアクセス，安全性や拡張性を考慮して計画されるべきである．

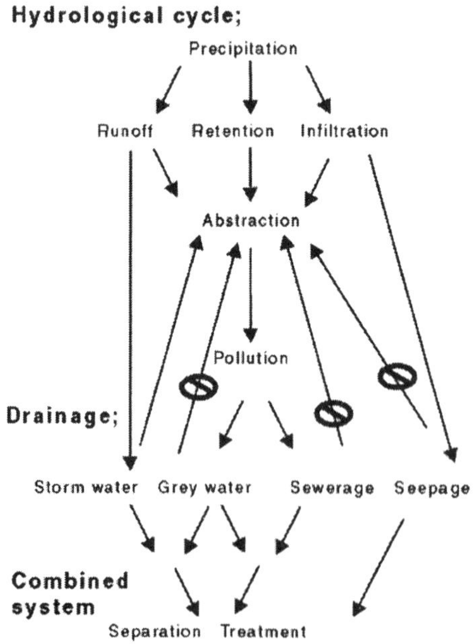

貧しい地域への水供給システムの導入割合は，スポンサーもしくはその地域の人々自身からの財源に制約される．多くの既存都市においては，水道幹線の導入には数百年要した．さらに後に共同下水設備が開発され，以下のように段階的に徐々に普及してきたのである(Lyonnaise des Eaux, 1998)．

- 汚水浄化槽や汚水槽といった個別下水処理システムによる雨水や家庭排水の収集．
- 処理量が増加した場合の下水収集ネットワーク．
- 環境および下流域の水資源を保護するための排出点における下水処理．

図-6.7 水の流れ

6.4 水供給の選択肢

Lyonnaise des Eaux は，水供給の選択に影響を与えている要因を以下の3つに分類した．
① 制度的な要因：土地の所有，行政機構や財政．
② 人口的な要因：収入，住宅，社会，行動および既存供給設備．
③ 技術的な要因：規模，人口統計，都市レイアウト，資源，地勢，代替案．

土地の所有は，態度，財政の容易さ，供給方法や請求可能性に影響を与える．**表-6.7** に可能なシナリオと欠かせない予防策を示す．

表-6.7 土地の所有形態と低収入層(Lyonnaise des Eaux, 1998)

Examples of possible courses of action according to the attitude of the authorities		Public land			Private land	
		Inalienable	Alienable	"Available"	Registered	Un-registered
Attitude towards an area	"Officially accepted occupation"	Rare case ... Caution	Possible case ... Possible intervention	Highly possible... Possible intervention	Rare case ... Clarify or steer clear	Possible case ... Caution
	"Implicitly" accepted or rejected occupation	Analyse, evaluate with care, do not make any commitments, even verbally, without an official decision being made by the authorities [1]				
	"Officially" rejected	Steer clear, if the communities concerned are large, analyse and evaluate so as to be in a position to react in the event of a change of status				
Attitude towards a specific status	Land with recognised title deeds	Extreme caution	Caution	Possible intervention	Avoid	Clarify or steer clear
	Land with unlawful title deeds	Avoid	Clarify or steer clear	Clarify or steer clear	Avoid	Avoid
	Occupation with no title deeds	Only intervene by area (see above)				

6.4.6 供給の問題点(Lyonnaise des Eaux, 1998)

遭遇する状況による複雑さや多様さを考慮して，ここでは問題点を大幅に簡素化し，2つのケースを考慮するだけにとどめる．
① 整備される必要のある貧しい地域：これらの地域は，市街地あるいは都市域近郊に存在する．そのような地域では最小限の道路システムやネットワークが整備されている．居住者の境遇は，法律に従っているか当局によって統制され

第 6 章　開発途上国の問題

ているかである．このカテゴリーには，アルゼンチンの barrios humildes（貧しい地域）やボリビアの El Alto のほとんどの地域などが含まれる．

② 急に発生した一時的な居住地域：これらの地域も市街地あるいは都市域近郊に位置する．これらの地域の特徴は，土地の不法占拠や公共サービスの欠如である．

　たとえ長年にわたり存続しているとしても，状況が統制されるまでは厳密な法律のもとに設立しているとはいえない．

　後者のグループはきわめて混沌としており，特に地域の社会組織を考慮すると，多くの小グループに分割される．例えば，街路が計画されており，家は固定されているが，土地の占有は（わずかな間でも）違法であるといったように高度に組織された"zonas invadidas"や，建物が一時的なもので公共サービスが存在しない Port-au-Prince の堀立小屋グループを一つにまとめるということは馬鹿らしく思えるかもしれない．

　敷地の個人的所有権は当局から公式に提供されることはないし，また街が計画しているサービスを代行することもできない．しかしながら，適正なサービスを提供することでこれらの地域社会を公式な枠組みに入れると，計画しているサービスをサポートしてくれるようになる．

　一般に，貧しい地域には 2 つの大きな難題がある．

i 　接続コストが高すぎる；例えば，ブエノスアイレスの拡大している地域では，利用者は法当局によって設定された社会基盤料金を支払わなければならない．浄水接続には約 500 ドル，下水道接続には約 1 000 ドルが必要である．一部の地域では，平均的な月収は 240 ドルである．

ii 　顧客管理コストが高すぎる；これには様々な理由がある．そして常に貧しい地域に特有のものではない．関連する問題点は，
　・料金が未払いである割合が高いこと，
　・不明もしくは不正な消費の割合が高いこと，
　・比較的高い収集コストの結果として消費量が低くなること，
　・ネットワークの維持コストが高いこと．

③ 消費者の水獲得戦略：個々の都市は，それぞれの社会経済的そして文化的背景によってもたらされた特定のケースであると考えるべきである．しかしながら，**表-6.8** は新興国における大都市の中心部で頻繁に見られる状況を示してい

6.4 水供給の選択肢

る．水の供給に関しては，住民は以下のような状況であろう．
・ネットワークによって供給される．
・他の方法で供給される．
・中継媒体の有無の相違はあるが共同給水パイプ，井戸で供給される．
・水配達人によって供給される．
・供給されず，未制御の水源(池や河川)もしくは井戸に行く必要がある．

表-6.8　水を確保するための方法(Lyonnaise des Eaux, 1998)

Supply method	Conditions for producing water	Use	Consumption (l/c/d)	Water quality	Payment method	Cost of water per m³
Individual service line	Private tap in the home or close by (yard)	All use	40 to 250	Generally good	Monthly billing	P
Public fountain	Carrying, waiting at water supply point	Food	10 to 50	Possible contamination at water supply point	Payment in cash	10*P
Delivery	Delivery to the home	Food	50 to 50	Variable	Payment in cash	30*P
Private well	Access close to dwelling	Toilet, washing etc.	50	Variable (user is not always aware of risks)	Individual maintenance	"Free" (except electricity)
Uncontrolled sources (pond, river)	Access close to dwelling or carrying	Toilet, washing etc.	50	Bad (contamination)		"Free"

6.4.7　代替アプローチ

ネットワークに接続していない人にとっては，水が調達できるか否かという問題とサービスコストの問題が存在し，適正な消費水準を常に追求するようになる．したがって，利用者は可能な限り複雑な苦労を減らすように，また必要不可欠な水の要求量と経済的な許容量のバランスをとるようになる．このような戦略は，しばしば利用用途に応じた水質の水を他の供給源に求めるようになる．そして，好みによ

って供給方法が選択される．
- 無制限の無料水源(個人井戸，池，河川など)が家の近所にある場合には，人の消費以外の目的にこれらの水源を利用する．
- 毎日必要な飲料水を購入(家庭配水，給水車，共同給水パイプや小売りなど)する場合には，コストを抑えるため節約して利用する．

ネットワークによる供給サービスがある場合でも，それが断続的なものである時は，他の供給方法も利用される．デリーにおける最近の研究では，ネットワークに接続されている利用者は，ネットワークによる水供給が信頼できないと考えていることから，他の方法により水を確保していることが明らかにされた．多くの戦略が存在し，各世帯では平均2つ以上の方法を利用していた．水を確保するための最良策は代替方法を並列して利用することである．

6.4.8 支払方法

郵便を利用した請求方法は，その日暮らしをしている地域社会では全く受け入れられない．他方，前払いはしばしば受け入れられる．南アフリカでは，プリペイドカードとタンク補充制度の導入に成功している．カードは制度として利用されており，小売りはタンクもしくはコンテナシステムが利用されている．あいにく，水の単価はこれらの方法によって増えることになるが，裕福な消費者に比べてかなり少ない消費量は月支払額がより少ないことを意味する．代替の財政解決策を**表-6.9**に示す．

表-6.9 財源を確保するための方法(Lyonnaise des Eaux, 1998)

	Connection meters	Infrastructure (secondary networks)	Water tariff	Work on private property
Cross subsidies			*	
Welfare price			*	
Payment method	*	*		
Labour participation	*	*		
Grants	*	*		*
Welfare connections	*			
Work funds		*		
Micro-loans	*	*		*
Pre-payment			*	
Tontines, mutual aid funds, etc.		*		*

6.4 水供給の選択肢

6.4.9 都市域の貧しい人々が水に幾ら支払うか？

水供給サービスが欠如している問題は，開発途上国における大都市のスラム街の貧しい人々に大きな影響を与える．家に接続する余裕のない低い所得世帯の唯一の選択肢は，比較的高い値段，時には当局から供給されている100倍以上もの金額で小売りから標準的な水質の水を買うことである．価格歪曲の例を**表-6.10**に示す．

公共水を供給する際の料金体系を再考する必要がある．水を無料供給すると乱用されてしまうであろうが，全コストを支払わせるのは混乱と健康危害を引き起こすであろう．そこで，貧しい人々のためにライフライン料金の徴収が実施されている．

表-6.10 小売り料金と公共料金の比較 (Bhatia and Falkenmark, 1993)

Country	City	Ratio	Source
Bangladesh	Dacca	12–25	1
Columbia	Cali	10	2
Ecuador	Guayaquil	20	2
Haiti	Port-au-Prince	17–100	1
Honduras	Tegucigalpa	16–34	1
Indonesia	DKI Jakarta	4–60	3
	Surabaya	20–60	1
Ivory Coast	Abidjan	5	1
Kenya	Nairobi	7–11	1
Mauritania	Nouakchott	100	2
Nigeria	Lagos	4–10	1
	Onitsha	6–38	4
Pakistan	Karachi	28–83	1
Peru	Lima	17	1
Togo	Lome	7–10	1
Turkey	Istanbul	10	1
Uganda	Kampala	4–9	1

Sources: World Bank, 1989; Whittington *et al.*, 1989.

表-6.11 水供給のための代替方法 (Lyonnaise des Eaux, 1998)

Type	Description	Average water supply (l/c/d)	No. of households supplied	Advantages	Disadvantages	Examples
Communal open wells	A bucket attached to the end of rope is used to draw water from a well.	10–50		In principle, cheap source of water (but can be fairly expensive, taking into account the cost of ropes, buckets, etc.)	High risk of contamination	Dhaka

第6章　開発途上国の問題

Type	Description	Average water supply (l/c/d)	No. of households supplied	Advantages	Disadvantages	Examples
wells/boreholes	attached to the top of a pipe which is sunk into an aquifer.			is available.	of pumps. Can be expensive to sink.	Jakarta
Water vendors	A vendor delivers water to the home.	5–50		Water is brought to the home.	Expensive quality of water supplied.	Jakarta, Maroua, Ho Chi Minh
Public tanker trucks	Trucks deliver water to the home.	5–50		Water is brought to the home or close by.	Expensive	Phnom Penh
Water kiosks	An operator sells water from a kiosk, from where users have to carry it home.	5–20	100	Clean water is available. People only pay for water they use. Very high payment rate.	Expensive. People have to walk and carry long distances.	Port-au-Prince, Ouagadougou
Communal standpipes	A tap shared by many homes	10–50	25	Cheaper installation than other systems - low bills.	People have to carry their water. Different methods of payment.	Jakarta, Ouagadougou, Delhi
Yard or roof tanks	Water is drawn from tanks installed at each home; the tanks are filled daily.	30–50	1	Water is always paid for. People can judge the amount of water they use.	Tank may empty if consumption is high.	Durban
Yard taps	Service pipe delivers water to tap situated in the yard.	30–100	1	Water is available on-site.	High investments.	Kliptown
House connections	Service pipes are laid to supply water direct to taps inside the home.	40–250	1	Very convenient	Water use escalates. high investment costs.	City centres

6.5 排水の解決

6.5.1 下水道

　水のパイプによる供給が一般に圧力下で行われるのに対して，排水はすべて重力によって流れる．したがって，排水路の配置は重要であり，障害のない流れを確保する必要がある．またこのことはより太いパイプと雨水排水の流入に対しより大きな余裕が必要であることを意味する．排水は汚水槽や流れの分岐によって妨害されることがあるため，ポンプを利用したシステムは適当ではない．

　先進国の街では(雨水と下水の)2つの流れしか存在しないが，これとは対照的に，低コストの街区では排水のために3つの異なる水の流れが存在する．

6.5.1.1 雨　水

　雨水排水は不規則ではあるが，しばしば最も大きな流れとなる．したがって，雨水の収集と運搬のための排水路は，構造上，最も高価となる．多数の流入部を設ける必要があり，特に工事では道路のかなりの幅を占拠することになる．地下の雨水用排水管は，地上のスペースが希少である場合は好ましいが，デザインおよび取付けコストは最も高価で，メンテナンスは困難である．マンホールが通常100 mおきに必要で，屈折部や合流部にも必要である．

　地上の水路は低コストだが，かなりの場所を占有することになり，また交通や人間にも危険を及ぼすことになる．しかしながら，排水溝は砂利などを取り除くのには好都合である．

　雨水排水の汚染は貧しい地域で特に重要な問題である．汚染源はトイレや排水の流出，表層堆積物，液体および固体廃棄物，大気由来の固形物(煙，風から)が含まれる．汚染状況は幅広く変化する．浮遊物質はプラスチック袋であったり，家庭ごみであったり，建築廃材であったり，生物由来の物であったりする．

　固体廃棄物が地上に廃棄され収集がほとんどないような貧しい地域からの表流雨水に対しては，流入口におけるスクリーンの設置が最低限必要である．また，定期的なスクリーンの洗浄とスクリーンによって除去された固体廃棄物を取り除く作業が必要である．

沈降により固体粒子を除去することができるが，開放系の沈殿池とより複雑な沈殿除去技術が必要となる．BOD(生化学的酸素要求量)の除去には曝気が必要であり，処理水を川に放流するには消毒をする必要を考えなければならない．

腐敗槽とその後の浸透設備は曝気槽に代わるものもしくは補足するものである．これはある環境下では安全であるが，漏出の調査あるいは保護が必要となる．

溶質の除去は，上記のように簡易処理法としては非常に高コストである．降雨表流水の消毒はめったに行われない．

雨水の排水は2つのシステムが考えられる．すなわち，大規模なものと小規模なものとである．地下のパイプは，5年に1度程度の小規模降雨に対応しており，大きな降雨は道路上を流れる．道路上での適切な雨水排除が期待されるが，貧しい街区では困難である．したがって，これに代わる雨水管理方法が必要である．

雨水排水を貯留するためには広い場所が必要であり，これは不可能であるかもしれない．また，水が浸透する地域と不浸透性の地域を分離する方法も現実的ではない．道路のレイアウトと勾配の設定を注意深く行うことが大惨事を避ける数少ない方法の一つである．標高の高い地域から流入してくる雨水排水にも注意が必要である．建設中の地域では特有の洪水警戒システムを計画することができるが，最も貧しい地域では洪水問題とその対処計画が深刻な問題となっている．

気候変動が激しい地域では，降水率と降水量の変動が大きいため，水を貯留する方法を採用することは賢明ではない．5年確率降雨によって発生する水量の50％を貯留することができる貯水池は，20年確率降雨の場合にその5％，100年確率降雨の場合にはわずか1％の量しか貯留することができない．この場合の貯水池は，単に洪水の頻度を減らすのみで，大規模な洪水には対処することはできない．すなわち，便利な構造物ではあるが，生命を守るためのものではない．

6.5.1.2　家庭雑排水

家庭雑排水は，風呂やシャワー，洗面所やその他の洗い物をした後の排水で，トイレ排水は含まない．主な汚染物質は石鹸であるが，生物由来物質や砂も含まれており，雨水排水システムと合流することになる．下水管が整備されている所では，家庭雑排水は自動的に下水道に流れ込む．家庭雑排水が分別され庭の散水用に利用される場合，特に乾燥した地域では，人間由来の汚染の可能性を常に考えなければならない．

6.5 排水の解決

　家庭雑排水が雨水排水に直接流れ込む(合流式下水道システムのタイプ1)場合には，下流部での分離や処理を実施することが可能である．処理方法としては，ごみをすくい取ったり，沈殿物を除去したり，スクリーンの利用といったような簡単な処理であることもある．重力分離(重い固形物を分離する堰と浮遊物や油を分離する堰の利用)が最も簡単である．遠心分離も密度の大きい汚泥を除去するのに効果的で，通常沈殿槽よりも少ないスペースで処理することができる．濃縮固形物は定期的に除去され，下水中か沈殿池に排出される．

　家庭雑排水のみを分離して輸送することは滅多に考えられない．しかしながら，家庭雑排水の場合は下水管のような大きいサイズのパイプは必要ではない．家庭雑排水では下水のように最小沈殿速度を維持する必要はなく，詰まりを防止するためにパイプを清掃することも必要ではない．しかしながら，各家庭の排水口にスクリーンを設置することが必要不可欠である．下水管より細いパイプ(例えば，50 mm のパイプ)の使用の可能性が考えられ，マンホールはほとんど必要ない．

　家庭雑排水だけを対象として計画するならば水で輸送される下水処理を考慮する必要はない．つまり，地域社会は堀込式もしくは化学処理トイレや手で運ぶ施設を使用しなければならないということである．屎尿を分離し堆肥として使用しているコミュニティもある．小さな下水管から大きな下水管に変更することは困難で高価であるので，より注意深い思考と議論が将来の計画には必要である．

6.5.1.3 下　　水

　下水は，地下のパイプを流れ，雨水とは完全に分離されるべきである．より古い都市では合流式システムがまだ多く存在するのに対して，発展中の都市の場合，合流式システムの問題が悪化している．ごみの流入により下水の流れを妨げている．さらに，熱帯地方やその他の厳しい気候地帯にある発展中の都市では，大きな洪水が頻繁に発生するため，下水と雨水の分離が困難となっている．洪水時には，下水が非常に希釈されるため分離が困難となる．雨水排水管は下水管に比べて大きいため，乾期の流速は遅くなり，固形物が沈殿し堆積することとなる．熱帯では臭気は最悪で，疫病が発生する可能性がある．

　ほとんどの都市の標準的な下水道では，パイプ最小径および最小勾配が決められている．これはつまりを最小限にし，その除去を容易にし，通常時での固形物の水流による輸送を保証するものである．最も細い下水のパイプは100 mm で，一般家

庭につながっており，直径 150 mm のパイプが街路に使用されている．これは家庭用が 12 mm で街路用が 25 mm である上水用のパイプ（消火栓は別）とは大きく異なる．このように下水管は上水管より大きいため高価となる．マンホールの設置もまた下水道のコストを引き上げることになる．

そこで，他の下水処理システムが考えられるようになってきた．それらの一つに腐敗槽などの利用がある．固形物は上澄みと分離・分解され，上澄みは細い下水管に流される．定期的な腐敗槽の清掃がこの方法を魅力的でなくしているが，もし清掃の費用を地域社会で負担するようになれば，状況は変化するであろう．腐敗槽の清掃は吸い上げてトラックで輸送，もしくは手動で実施し，汚泥は埋められるか堆肥として用いられる．

腐敗槽の利用は密度の高い都会の施設としては有効ではない．スペース的に不効率なだけでなく，汚染物質の漏出が健康問題を引き起こす可能性がある．

海への下水の直接排出は沿岸都市で一般に実施されている．希釈率が 1/500 より大きければ必要条件を満たすために適切な中和と酸化が必要であるが，浮遊物が景観上良くないのと同時に，特に海岸での深刻な健康被害が予想される．

6.5.2　処理と再利用

都市における経済的な下水処理や再利用の可能性に関する広範囲な研究は，IDRC で Rose(1999) によって実施されている．

乾式下水処理と湿式下水処理は区別される．固体と液体の分離の程度は下水の流入量に依存する．乾式技術は排出物の水洗下水処理が導入もしくは利用されていない家庭レベルでより効果的である．

下水処理水を灌漑用に再利用する利点は次のようである．
- 収穫量の増加．
- 化学肥料使用量の減少．
- 土壌の保全と再生．
- 下水放流による汚染の低減．
- 水資源の保護．
- 下水と配管修理費の削減．

短所は，汚水の取扱いと作物に関する注意が必要であることである．しかしなが

6.5 排水の解決

ら，適切に汚水を取り扱うことによって，伝染病の危険性は深刻ではない．問題はむしろ社会的な受入れ状況にあり，適用先の土地を総合的に考慮する必要がある．

乾式屎尿処理は，水洗トイレが一般的になるまでは多くの国で習慣的に行われてきた(Niemczynowicz, 1996)．

田舎の堀込穴トイレの場合，屎尿は分解され土壌に吸収される．もう少し人口密度の高いコミュニティの場合には，屎尿はバケツもしくはタンク車で運搬され，ある程度の処理が施される．AsanoとLevine(1996)は，屎尿の分解と再利用が理解され適用されればより短い周期でのリサイクルが可能であるとしている．

堆肥用トイレは，微生物処理を利用した再利用の例である．2つの貯留槽を持ったトイレは再利用を容易にする．おのおのの貯留槽は十分に堆肥化するために1年間屎尿を貯蔵できる容量が必要である．堆肥は地元の庭園に，もしくは大規模な農業事業に利用できる．液体(尿や家庭排水)を蒸発させることも可能である．

ヨシ帯を利用した下水処理は，未処理または一部処理されている下水に向いているが，農業用としてデザインされてはいない．

Dry Alkaline Family Fertilizer(DAFF)のトイレでは，土と石灰または灰を最適な湿度を保つために加える．これにより乾燥した汚泥ができるが，安定までに要する時間が長くなる傾向にある．

特に人口密度の高い地域社会では，屎尿を取り除き貯留槽で安定させることによって，スペースが増す．またこの方法は美的にも優れている．この代替案は屎尿を下水処理施設に運ぶことである．

下水汚泥の再利用は，ほとんど管理されていないアフリカよりも人口密度の高いアジアでより一般的である．

農業は都市近郊の地域での成長産業である．遺棄された土地，氾濫した土地もしくは遠方の土地を利用することができる．生産量は自給に必要な量を上回れば，余剰分を都市で販売することで農業を収入源とすることができる．このことはまた下水処理方法の一つの手段となる．しかしながらこの場合，健康影響を考慮する必要がある．すなわち，適切な取扱いと事前の処理が重要となる．例えば，中国の大都市の18%は野菜を自給自足している．

6.5.3 実質的な処理システム

　従来の下水処理方法は比較的高コストであり，地価の高い都市部の土地を占有する．また，エアレーションに用いられるエネルギーも大きい．これに対して，機械をほとんど使わない簡便なシステムが存在する．

　嫌気性消化は固形物の体積を減少させ，土地改良剤となる腐植土を産出する．上向流式嫌気性フィルターやバイオ生物ガス反応器は集中型のシステムであり，個々の家庭よりも地域社会のスケールでより経済的である．土壌帯水層処理はもしかすると経済的かもしれないが，前処理とこれに適した帯水層が必要となる．

　水系を利用した処理技術も一般的ではあるが，これに適した場所が存在する大都市にのみ適用可能である．湿地帯にヨシ床を形成することによって成功している例もある．

　浮遊性の大型水棲植物には，ヒヤシンス(*Eichnorniacrassipes*)，浮き草(*Lemnacea* sp.や *Spirodella* sp.)がある．浮き草は，特に家畜や魚の飼料として栄養があるが，暑い気候では温暖な気候ほど良く生育しないため，注意深い収穫が必要である．

　下水を魚の養殖に利用することは数世紀にわたって続いているが，中国，日本，台湾ではこれをやめる動きがある．下水は養殖池に排水される前に安定型酸化池(1日の嫌気性処理と，その後5日の通性嫌気性処理)で処理する必要があるためである．

6.5.4 下水：シンデレラサービス

　2000年現在，人口1000万人を超える巨大都市が23ある．そのうち18は開発途上国にある(Black, 1994)．都市部の300万の世帯に下水道はひかれていない．これらの地域では，排水問題の方が水供給の問題よりもかなり大きい．

　下水処理コストは，堀込穴トイレの100ドルから通常の下水道処理システムの1000ドルまで幅広く，同様のレベルの水供給コストを上回る．水洗トイレは都市部の家庭水使用量の20～40％を占め，貧しい郊外地域ではこれ以上となる．UNCED (1992)はAgenda 21でこの問題を指摘している．

　Rose(1999)によって提案された解決法は，下水処理問題を解決し，堆肥を農業に提供し，同時に水も提供するものである．

　最も適切な下水処理は，以下の事柄に依存することになる(Alaerts *et al.*, 1993)．

6.5 排水の解決

- 下水道システムと上水道の状況．
- 現場の特殊な条件，すなわち，人口密度やパターン，土壌の透水性，傾斜，気候．
- 地下水と表流水の汚染の兆候．
- 施設の維持と資金調達の能力．
- 社会的な要素，習慣，姿勢，保健教育．
- 経済と財政上の可能性．

現場処理は家庭レベルで実施され，現場以外での下水処理は都市レベルで実施される．この中間のレベル，例えば地域別にそれぞれ適切な技術を利用する地域レベルも存在する．

下水処理はプライベートな問題でありしばしば慣習の一部であるため，形式の変化は社会的に受け入れられないことがある．**表-6.12** に様々な下水処理方法を示す．新しい技術は現存するものに取って代わるべきではないが，採用される可能性はある．事前協議は必須条件である．特に人々が下水処理に対する支払いに慣れていない場合には，コストは大きな問題である．

慣習は下水処理方法の選択に影響を与え，地域社会が洋式か和式のどちらが好みか，そして男女別のトイレを設置すべきかどうかといったことを含む．清掃の方法は拭き取るか洗い流すかであろう．臭いや景観，プライバシーも考慮に入れる必要がある．

表-6.12 屎尿処理の方法(Lyonnaise des Eaux, 1998)

Type	Description	Average flush water volumes (litres)	Advantages	Dis-advantages	Examples
Ordinary pit latrines	A pit with a seat, in a shelter.		Basic enough for people to construct themselves.	Often badly built. Problem with flies and stench.	Dar-es-Salaam, Tanzania
Bucket sanitation systems	A bucket is placed under a seat in a privy.			Problem with flies and stench. Bucket soon fills when many people use the	

第6章 開発途上国の問題

Type	Description		Advantages	Disadvantages	Location
VIP latrines	Reinforced pit with concrete cover and seat. Air vent with screen and anti-mosquito baffle.		Easy to construct. Cheap. Hygienic.	No good if ground is rocky or groundwater table is near surface.	Zimbabwe
Aqua-privy with on-site disposal	Water enters digester to be processed by bacteria. Liquid effluent soaks away.	1	Cheap. Easy to install.	Water tank needs frequent filling. Digester requires periodic emptying. Effluent can contaminate the surrounding ground.	India
Septic tank	As aqua-privy with onsite disposal, except that this is a full flush on-site disposal system.	10–20	Can be installed where there are no sewers.	Expensive to install. Reserved for large sites. Cost of emptying. Sludge disposal.	
Aqua-privy with solid-free sewer or simplified network	Waste enters a digester to be processed by bacteria. Liquid effluent is evacuated by sewer pipe.	1	Small value of water needed for flush. No soakaway required.	Digester needs periodic emptying.	USA, Australia, Brazil
Intermediate flush sanitation (with sewer)	Similar to a full flush system but uses less water. All waste goes to a sewer	3–6	Full flush system is convenient. Uses little water. Smaller pipes.	Needs to be designed and installed correctly. Conservancy tanks costly.	
Full flush sanitation (with sewer)	Full flush system with on-site sewer to transfer waste to main sewer	10–20		Most expensive system to construct. Uses the most water.	Developed cities

300

6.5 排水の解決

表-6.13 屎尿処理の方法(低コストのものから高コストのものまで)

Facility	Removal	Treatment
Behind trees	None	Decompose
Pit in ground	Burial	Decompose
Privy and bucket	Carry	Drying beds/compost
Privy and tank	Truck	Chemical
Privy and septic tank	French drain	Anaerobic
Pour flush and tank	Small bore pipes	Reed bed
Cistern	Sewers	Works
Hydraulic valves	Sewers	Works (settler, filter/aerator)

下水の処理や処分方法を選択するのに最も大きな要素は健康である．特に排水が灌漑に使われるのなら，腸に寄生する線虫の卵が1L中1個未満で，大腸菌群が100 mL中1 000コロニー未満でなければならない(Mara and Cairncross, 1989)．

表-6.13に処理方法をコスト順に並べて示す．

6.5.5 支 払 い

一般に，下水処理にお金を払うのは上水道に払う場合よりも気が進まないものである．Wright(1997)は計画世帯のたった約10％しか接続してない下水道を幾つか取り上げている．下水処理は，水が不足することによる長期的な健康への影響と比較すると，それほど生活に必要であるとは考えられていない．一方，豊かな都市の住人による貧しい人々への下水設備への助成が迫られており，下水道事業は上水道事業よりも大きな社会事業になりそうである．

上水道料金には下水道をまかなうための費用が上乗せされている．実際，下水道のコストは上水道のそれより高く赤字であることが一般的で，その結果，管理体制の崩壊を招いている．

6.6 結　論

6.6.1 コミュニティの参加

開発への地域社会参加の構想は1950年代に小さな規模で始まった．その後1960

年代に多くの巨大プロジェクトが失敗したことに刺激されて，1970年代にはこの構想は広がり成長していった．現在ではこの構想は開発の重要な要素になっている．植民地時代直後における開発初期のモデルは，単に経済優先で，1つの地域で経済の発展や利益(例えば，都会の産業の発展)が結局は田舎の経済のような他の方面に拡大するだろうという仮定に基づいたものであった．このモデルは妥当ではないことが証明され，むしろ逆の現象が発生してしまっているのが事実である．つまり一部のエリートが成功する一方で大多数の田舎の人々はより貧しくなってしまったのである．

これには例外があって，ある地域への大規模な投資(一般には農業など)がその地域の大部分に確実に利益をもたらすこともある．タイはこのケースの一つである．しかしながらタイの例は，その利益がその周辺の地域には拡大せず，最終的な結果として，国全体の金持ちと貧乏人の溝を深めただけであった．

コミュニティの参加には，通常次の4つの主要な目的が掲げられている．
・地方でのニーズ，選択，優先事項の確認．
・すべての代替案や推薦案がもたらす悪影響の鑑定．
・目的の理解，支援，問題解決の促進．
・水資源の開発によって影響が及ぼされる人々への発言機会の提供．

一般の人々の見解は，開発途上国のそれも地方において重要であり，なかなか抽出することができないものである．これはコミュニケーションの不足に由来し，主に以下のことによっている．
・何が優先であるかに対する国家と地方との間の意見の相違．
・地方に影響を与えるほとんどの水資源開発計画が都会の住人や国家政府によって実施されていること．
・ほとんどの水資源開発計画に国外企業やコンサルタントが参加していること．

6.6.2 費用負担能力

一般に開発途上国の地方の人々はあまりに貧しすぎて上水道や下水道料金を十分に支払えないと考えられているが，Churchill(1987)は，支払い能力と良いサービスを享受したいといった希望は低く見積もられているとしている．ある場合には，人々は収入の10%までを支払うかもしれない．生活レベルの非常に低い村は減少し，

6.6 結論

豊かになりつつある兆候が実際あちこちに存在する．それは携帯ラジオ，自転車や衣服として現れている．

多くの場合，計画は失敗する．なぜならば人々は各家庭に接続された場合の支払いを準備しているにもかかわらず，個々の住居から離れた場所に共同利用パイプしか整備されないためである．注意深い需要の調査と供給方法の検討が必要である．

水供給のための適切な技術の導入は，それが将来にわたって使用されるか否かを決める重要な鍵となる．ポンプ，風車やハンドポンプなどのハイテクシステムは次第に劣化する．スペア部品の供給源なしでは全体の計画は数年で役に立たなくなってしまう．したがって，維持管理がそれほど必要でない重力を利用したシステムや効率があまり良くないシステムも考慮されなければならない．あるいは，ハイテクシステムを採用する場合には，定期的なメンテナンスと緊急事態に対する配慮が重要となる．

6.6.3 経済的改善

水管理を経済的観点から改良する試みについては，世界銀行の Briscoe(1997)が発表した教訓から学ぶことができる．
- 改革は大きな必要があった時にのみ開始するべきである．
- すべての利害関係のある人々を考慮するために，明確な戦略と効果的な情報が必要である．
- 異なる制度と環境に対する敏感さが必要である．
- 水市場による効率の良い経営を認める．
- 新しい環境下で予備的なプロジェクトを開始する．
- 悪影響を被る第三者を経済的に効率よく補償する．

都市の水の供給は高い供給コストと安い初期投資コストとで特徴付けられる(**図-6.8**)．経済の最適化に際しては結果的に技術的側面が重要視され，経済的な商品である水の売買よりも供給費用が優先される．Briscoe は柔軟性を欠くために改革が滞っているインドを例に挙げたが，カリフォルニアやオーストラリアでも改革は始まっていない．

ベトナムの首都であるハノイでは，計画を断念した極端なケースが見られる(Le Van Duc in UNESCO, 1997)．下水道のネットワークは都市の 1/7 しかカバーして

303

第6章　開発途上国の問題

いない．さらに，水の70％は用途不明である．このことは多くの開発途上国は危機的管理状況にあること，そしてサービスの自然な拡大に加えて市全体でのサービスを復旧させるための緊急計画が必要であることを示している．

乾燥地帯の国々では制御できない都市化に伴って大きな問題が生じている．水資源は十分ではなく，例えば脱塩処理や遠くから水を引く必要があるなどの理由により，極端にコストが高い状況である．

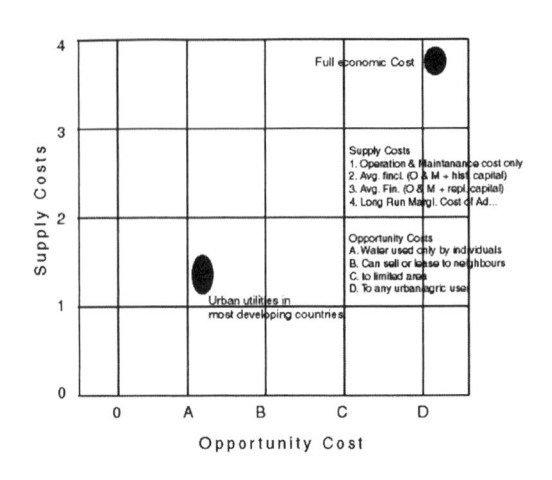

図-6.8 都市における水供給のための供給コスト，機会コストおよび全コスト(Briscoe, 1997)

6.6.4　政　策

要約すると，少なくとも受益者に責任があり支払うことが可能なコストと方法でサービスを提供できるような開発中の社会事業計画に焦点を当てるべきである．公的な財政が十分ではない場合，他の資金源を地域コミュニティに求めることが可能であることもある．貧しい人々が望むサービスの水準を突き止め，何が実行可能かを議論し，支払い能力に見合ったサービスを確実に提供することが重要である．

世界中の政府(開発途上国だけでなく)は，ある1つの局面(例えば，技術，健康被害の予防，衛生教育など)にのみ注目してプロジェクトを実施するのではなく，インフラの供給や健康の向上のために統合的なプロジェクトを実施することが必要である．

このような主眼点の変化は，特に次に示すような重要な変化とともに起こるべきものである．

- トップダウンの手法からトップダウンとボトムアップの融和したものへ．
- 施設建設時のコストを重視したものから将来的な施設運営コスト(管理や維持を含む)を重視したものへ．

6.6 結論

・持続可能な財政と環境の確保することが重要であることを認知したものへ.
開発途上国の都市部に関する WSS の結論(Walls, 2000)は,以下のとおりである.
・サービス供給者は,その行為が商品を売ることであり,利用者が受益者であることを理解しなければならないし,利用者の状況を理解しなければならない.コミュニティとの交流と受益者教育が必要不可欠である.
・維持・更新可能であり,財政的・環境的に維持できる方法で現存のシステムを改良する方がよい.
・水資源は貴重であり,水量・水質と経済効率および継続可能性を考慮したうえで管理するべきである.
・これらの「個人的」サービスは人々が望み喜んで支払いをしようとするもの(水の供給,屎尿,下水や廃棄物の回収)であり,社会的な要因を熟考したうえで供給されるべきである.貴重な公共基金は,広く公共に利益を供給するサービス(特に屎尿,下水や廃棄物の処理・処分)にのみ使用されるべきである.
・地域社会の組織や民間セクターが大きな役割を担うとともに,サービスの供給を行うために柔軟で責任ある制度・機構を発展させるべきである.
・サービスの供給は,サービスレベルと財政的な制約の間の隔たりによってたびたび妨害されてきた.政府・政治家や受益者は,この隔たりがまだ供給されていないサービスの可能性を減少させることを認知していない.
・プロジェクトが目標を達成するためには,すべての方面での努力を結集する必要がある.したがって,公衆と個人の健康を改善するためには,上水と下水処理整備は,廃棄物処理,道路,雨水排除,洪水防止,上水や下水利用に関する教育,予防健康管理,全般的な健康管理に関する教育,居住環境の向上,栄養状態の改善や雇用改善のための対策とともに総合的に考慮されなければならない.
・サービス提供の状況を改善する試みを実施する際には,技術,財政,機構改革や社会といったすべての要素を十分に考慮しなければならない.
・上記のものに焦点を当てるためや,管理,資本投資,助成金や価格,限りある水資源に対する需要の競争取引といった困難な問題を解決するためには,よりよい政治的意向が必要である.
・都市における水供給や下水設備の状況や必要性に取り組むための決まった政策決定方法や,プロジェクト,プログラムデザインは存在しない.実際に事業では,多様な個々の状況に適切に対処することが必要である.

第6章 開発途上国の問題

選択の自由が存在すべきである．人口増加率，移民や資源枯渇の変化によって無駄な投資に終わるかもしれない．しかし，何十億もの貧しい人々が存在し健康が脅かされている状況は，都市貧困者のニーズに対する注意を引き付けるのに十分である．適切な投資方法だけが唯一の問題である．

6.7 参考文献

Alaerts, G.J., Veenstra, S., Bentvelsen, M. and Van Duijl, L.A. (1993). Feasibility of aerobic sewage treatment in sanitation strategies in developing countries. *Water, Science & Techn.*, **27**(1), 179–186.

Asano, T. and Levine, A.D. (1996). Wastewater reclamation, recycling and reuse: Past, present and future. *Water, Science and Techn.* **33** (1) 1–14.

Bhatia, R. and Falkenmark, M. (1993). Water Resources Policies and the Urban Poor: Innovative Approaches and Policy Imperatives. UNDP-World Bank, Water & Sanit. Prog.

Black, M. (1994). Mega-slums: The coming sanitary crisis. London, *Water Aid*.

Briscoe, J., Feachem, R.G. and Ahaman, M.M. (1986). *Evaluating health impact: Water supply sanitation and health education.* UNICEF-ICDDR-IDRC.

Briscoe, J. (1997). Managing water as an economic good: rules for reformers. *Water Supply*, **15**(4), 153–172, Blackwell Science Ltd.

Cairncross, S., Carruthers, I., Curtis, D., Feacham, R., Bradley, D. and Baldwin, G. (1980). *Evaluation for Village Water Supply Planning*. John Wiley and Sons, N.Y., 179 pp.

Churchill, A.A. (1987). Rural water supply and sanitation. World Bank discussion paper, Washington, D.C.

Gleick, P.H. (1998). The Consequences of Water Scarcity : Measures of Human Wellbeing. *Proc. Intl. Conf. World Water Ress. at the beginning of the 21st Century – Water: a looming crisis.* UNESCO, Paris 3-6 June 1998. Addendum to IHP-U Techn. docs in Hydrology No. 18, UNESCO, Paris.

Habitat-UNEP (1996). Proposals for a multi-agency programme for integrated water resources management in Peri-Urban areas. Discussion paper for sub-com. on Water Resources.

Ilemobade, A. (2000). Private communication.

I.R.C. (1980). Public standpost water supplies – a design and construction manual. International Reference Centre for Community Water Supply and Sanitation, The Hague, The Netherlands, Technical Paper No. 14, 91 pp.

IRC (1981). Small community water supplies. International Reference Centre for Community Water Supply and Sanitation, The Hague, The Netherlands, Technical Paper No. 18, 413 pp.

Khouri, N., Kalbermatten, J.M. and Bortane, C. (1994). The reuse of wastewater in agriculture: A guide for planners. UNDP-World Bank. *Water and Sanit. Prog.* Washington DC, the World Bank.

Lagos State Government (1997). *Urban Services Improvement: A Willingness to Pay* Study.

6.7 参考文献

Ministry of Environ. And Phys. Planning.
Lyonnaise des Eaux (1998). *Alternative Solutions for Water Supply and Sanitation in Areas with Limited Financial Resources*. Paris.
Macleod, N. (1997). Tariffs and payment for services – The Durban Story, *Civil Engg., SAICE*, June.
Mara, D. and Cairncross, S. (1989). *Guidelines for the safe use of wastewater and excreta in agriculture and aquaculture*. Geneva, UN Environmental Programme/WHO.
Mara, D. and Pearson, H. (1998). *Design manual for waste stabilization ponds in Mediterranean countries*. European Investment Bank, Leeds, Lagon Technology Ltd.
Marshall, K. (1996). Water, Welfare and Institutions. Care challenges for Africa. *EDI/WUP Conf. Instl. Options in the Water Supply and Sanitation Sector. Private Sector Participation.*
Mwabu, G. (1999). *Health development in Africa* African Development Bank, Economic Research paper 38.
Mwanza, D.D. (1997). Case study on institutional options for urban water and sanitation services in Africa - The Zambian case. *Proc. Intl. Consultations on Partnerships in he Water Sector for cities in Africa*. CapeTown.
Narayan, D. (1994). The contribution of People's Participation. Evidence from 121 Rural Water Supply Projects. *UNDP-World Bank Water & Sanit. Prog.* TWUWU & Social Policy and Settlement. ENVSP, World Bank.
Niemczynowicz, J. (1996). Megacities from a water perspective. *Water Intl.*, 21(4), 198–205.
Parikh, H. (1999). Slum networking, an alternative way to reach the urban poor. Keynote lecture, *Proc. Int. Conf. Urban Storm Drainage*, Sydney.
Petersen, M.S. (1993). Water for Africa, the Human Dimension. *Proc. Water – The Lifeblood of Africa, IAHR*, Victoria Falls.
Price, T. and Probert, D. (1997). Role of constructed wetlands in environmentally sustainable developments. *Applied Energy*, 57(2/3), 129–174.
Pritchett, L. and Summers, L.H. (1996). Wealthier Is Healthier. *J. Human Resources*, 30(4), 841–868.
Rose, G.D. (1999). Community Based Technologies for Domestic Wastewater Treatment and Reuse: Options for Urban Agriculture. Cities feeding people. IDRC report series CFP 27.
Sarah, J.M., Gam, M. and Katz, T. (1998). Some key messages about demand management approach. *Water Supply & Sanit. Conf.* UNDP- World Bank Water & San. Prog. World Bank.
Sen, A. (1995). Mortality as an indicator of economic success and failure. Intl. Child Dev. Centre, Innocenit Lectures, Florence.
Stephenson, D. (1999) Water demand management theory. *Water SA*, 25(2) 115–122.
Stephenson, D. (2000). Management of urban runoff in South Africa. *J. Hydrol.*
Tchobanoglous, G. (1991). Land based systems, constructed wetlands and aquatic plant systems in the US. An overview. In Elnier, C. and Guterstam, B. (Eds), *Ecological Engg. for Wastewater Treatment*. 110–120. Gothenburg, Sweden. Boskagen.
Tejada-Guibert, J.A. (1998). Water Supply in Small Settlements and Peri-Urban areas – Selected Aspects. *Proc. Intl. Symp. Suitable Water Management and Technologies for Small Settlements*, Polytechnic University of Catalunya, Barcelona.
UN Conference on Environment and Develpment (UNCED) (1992). *Agenda 21,*

Programme of action for sustainable development. Rio de Janeiro, Brazil.
UNDO (1998). *Community Water Supply and Sanitation Conf.,* Washington D.C.. UNDP-World Bank.
UNESCO (1998). *Proc. Symp. Water, the City and Urban Planning* Paris.
Van Damma, A. (1973). Water Supply to Developing Communities. *WHO Intl. Ref. Cr. for Community Supply.*
Walls, K. (2000). Private communication, Johannesburg.
WHO (1982). Activities of the World Health Organization in promoting community involvement for health development, Geneva.
WHO (1996). Water Supply and Sanitation Sector monitoring. Report 1/46. Sector studies as of 31 Dec 94, WHO Water Supply & San. Collaborative Conf. & UNICEF, WHO/EOS/96 - 5/Geneva
World Bank (1988). The challenge of hunger in Africa. Intl. Bank for Reconstruction and Development, Washington D.C.
Wright, A.M. (1997). Towards a Strategic Sanitation Approach: Improving the Sustainability of Urban Sanitation in Developing Countries. *UNDP-World Bank Water & Sanit. Prog.*

第7章　経済と金融の側面

Terence Lee, Jean-Louis Oliver, Pierre-Frédéric Teniere-Buchot,
Lee Travers and François Valiron

7.1　水資源社会基盤に必要な金融

都市化地域における水資源管理には，以下の3つの側面が含まれる．
- 家庭利用および都市的利用（道路維持，市場その他のための利用）への飲料水の供給．これにはサービス活動と手工業的・産業的使用も含まれる．
- 家庭下水と産業排水の収集，およびその自然環境への排出前に行う処理．公害対策の中心的課題である．
- 自然水および運河化された用水の管理，環境保護およびその発展（レクリエーションおよび観光利用，航海），洪水防止．

既に各章で言及されてきた都市水社会基盤に関する説明，例えば，給水に関するものや，雨水排水および排水の制御，自然水および運河用水の管理については説明を繰り返さない．環境の保護と開発についての一般的区別は，都市水社会基盤の地理的状況に関して描写していくつもりである．すなわち，社会基盤は，都市化地域の中にあるか，外にあるかという観点からである．

現実には，給水ネットワークと下水・雨水排水施設ネットワークは，常に都市化地域内にある．一方で利用可能な表流水源および地下水源は，市街拡大のためますます遠くに求めざるを得なくなっている．これは河川汚染コントロールや取水量の構造，あるいは上流の排水ないし集約農業による脅威からの地下水保護の構造と同じ状況である．こうしたことのすべては金融上の必要と大きくかつ重要な意味で関係を持っている．水運機構や上流汚染制御機構がますます密集地域の外にあるからであり，河川の上水下水制御施設機構や都市への供給機構およびそれを支える運河

第7章 経済と金融の側面

機構も同様である．このことは市街と上流域との間の緊張を導く．下流の排水についても影響の点では同様である．対立を回避するためには，都市の水経営者と上流下流で水経営に従事する人々との間に，量的質的な水資源の統合経営を通じた明確な交流経路がなければならない．

排水処理はしばしば飲料給水より高価であるが，衛生状況の低下とその結果として起こる伝染病を回避するために，速やかに実行されなければならないものである．

排水運搬システムで第一に考えなければならないのは，公衆の健康である．もしも下水処理が全くなければ，環境に破壊的影響をもたらす可能性がある．実際，都市の全体的汚染が下水処理システムの末端点から起こることはしばしばである．これは，密集地域の内側(一般に上流に位置する)と外側(下流)との間にある関係のもう一つの例である．

それゆえ，一般的には幾つかの浄化設備にかかる追加的費用を自然環境を守るために負担せねばならない．これらの投資はしばしば納税者負担となるが，そこから発生する運営コストの経済的影響はより重要である．これから見ていくように，こうした費用は，通常，水道料金か地方自治体予算でカバーされる．

下水処理施設から出る汚泥は濃縮された副産物をつくり出す．それは大都市で燃やされたり，貯蔵されたりするか農地に適用されねばならない．ここで再び公害地域との関係が時にデリケートなものになるが，その結果として再び追加的費用がかかるかもしれない．都市の周辺地域を考慮に入れずに都市水管理を考えるのは事実上不可能である．

同様に，地下水源および表流水源の保護開発も経済的に都市化地域の状況と外部条件への影響に依存している．

また，水運や洪水防止のための社会基盤に必要な投資は無視し得ない額になりうる．先の場合と違い，この場合には，通常，水道運営料金によってではなく，それ以外の国家，地域あるいは地方の予算によってまかなわれる．それにも関わらず，これらには注意を払わねばならない．こうしたことを実行することで，地球規模の都市水政策を発展させる駆動力が構成されるかもしれないからである．

都市化地域における水のための経済政策(そしてその補完物としての政治経済)は，それを含むあらゆる相互関係を様々なレベルで考察する技術である．

・資源：地下水(複数．幾つかの地下帯水層システムがありうるため)，表流水(淡水，汽水そして海岸線に位置する都市においてはしばしば塩水)，極端な事件の

7.1 水資源社会基盤に必要な金融

影響(低水位,洪水,例外的事件).
- 競合的利用(都市遠隔地域における灌漑農業,とりわけ産業・港湾地域)およびその結果としての国家的計画(諸経済活動の発展を図る均衡の取れた経営).
- 意思決定の構造的システム(誰が決定できるのか,資金調達するのか,責任をとるのか,そして総額は幾らなのか)および地方の資金能力(公的・私的政策決定者は水のためにいかなる財政上の犠牲を払う準備があるのか).
- 社会基盤の提供能力(国際的提供,所有者による制御,計画経営および外国ないし地方会社),ならびに社会基盤施設運営のために選択される形態(公営か民営か).

最後の諸点は最も挑戦的なものである.資源を評価することには技術が要求されるが,相対的に資金はほとんど必要としない.この理由により,この種の情報は通常,少なくとも部分的には利用可能である.水の代替・競合的利用のリストを作成することの方がむしろ一層難しい.この仕事においては利用される膨大な知識が,さらにその一部については質的に必要とされるものが欠如していることから時間の多くがとられ,そのうえ,それらの将来の発展を計画する場合,政治舞台にまで入り込んでしまう.ここでは,我々は研究活動から飛び出て,政治的勢力均衡において意味を持つ管理活動に関して具体的な決定をするための情報を(普通は非効率的に)得る必要がある.

一方,地域の政治・財政能力の制度分析は,統治技術を考慮する必要がある.しばしば矛盾する民意と私的利益(産業的な,時に農業的な利益),主要なオピニオンリーダー達(政治家,メディア,協会そして圧力団体),そして金融機関の意思を考慮に入れねばならないからである.

必要な行動を請け負う政治的意思が需要と合致していると考えるのは,思慮深いとはいえないだろう.水が質的にも量的にも不足していることは,そのまま財政上の優先権が受け入れられることや,そうなるよう奨励されることを意味しない.水道は,その本質が何であれ,他の目に付く投資,すなわち,短期で利益が上がり住民に最終的によりよく受け入れられるような投資と比較して,あまり魅力的でないことが普通である.

水経営者達は,彼らが都市のであれ,河川が属する流域のであれ,水需要を満たす資金的必要(それはほぼ常に能力を超えるものであり,したがって,ほとんど満足されることはない)よりも資金の有効性によって一層拘束されることの方が多いこと

に注意せねばならない．

（水道料金構造や租税に関する）支払い意思は，明らかに既に言及してきた必要な均衡を保証する重要なパラメーターを構成する．以下の考察は，実践活動におけるこのような均衡を促進発展させることに目的を置いたものである．

7.1.1　社会基盤整備費用の概略

図-7.1は住民当り平均費用（個別の住宅接続費用を除く）をドル建てで示したものであり，供給および排水・雨水排水のために必要な全社会基盤を含むもので，内部費用と外部費用を分離している．これらの費用は，年間水消費量180〜220 m^3 に対応している．

ネットワークに接続する工場に必要な投資は住宅へのそれと類似しており，使用した年報によれば，部分的には規模に反比例して低下している．排水処理については，これら接続した工場は，前処理によってネットワークに排出される家庭下水の基準に合わせる責任を持つ．非接続工場に対して要求される投資は，接続している場合に支払わねばならない額よりも低い値になる．

外部費用の一部は，特にダムの場合，多目的業務に融資される習慣であるが，これにより洪水防止，灌漑ないし河川の運河化といった他の利用のためになされる必要のある投資は軽減される．例えば，パリ（フランス）においては，ダムが水位を維持することで洪水を制御することから，ダム費用の約3分の1は水道料金に組み込まれている．このようなことは，ダムが給水と灌漑の両方に利用されているモロッコのような国々にも当てはまる．同様のことは排水処理に関連した外部投資についてもいえる．排水浄化装置が，河川汚染を減少させることに貢献しているのである．

7.1.2　これらの費用に与える多様なパラメーターの影響

費用は，投資家がそれに影響を及ぼすことが可能か否かによって3つの範疇に分類される．
- 地方の地理的，物理的ないし経済的状態に依存する費用．
- 投資家が制限された範囲内で行使する費用．
- 投資家が行使できる費用．

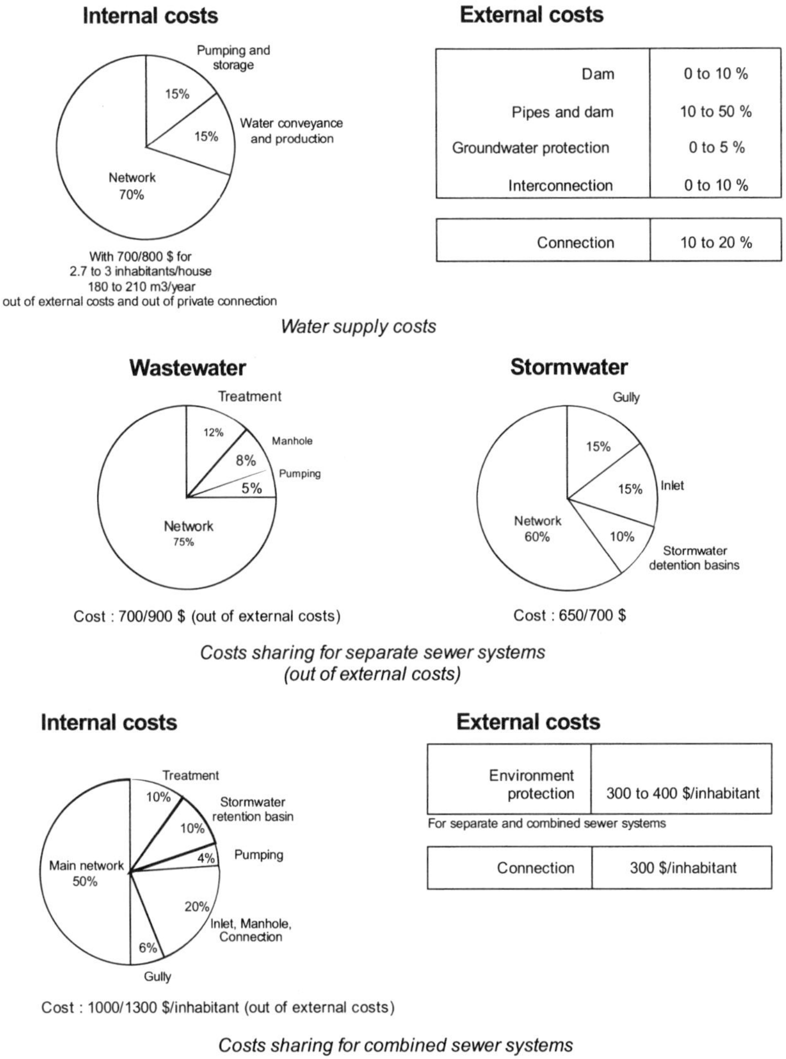

7.1 水資源社会基盤に必要な金融

Internal costs

- Pumping and storage: 15%
- Water conveyance and production: 15%
- Network: 70%

With 700/800 $ for
2.7 to 3 inhabitants/house
180 to 210 m3/year
out of external costs and out of private connection

External costs

Dam	0 to 10 %
Pipes and dam	10 to 50 %
Groundwater protection	0 to 5 %
Interconnection	0 to 10 %

Connection	10 to 20 %

Water supply costs

Wastewater

- Treatment: 12%
- Manhole: 8%
- Pumping: 5%
- Network: 75%

Cost : 700/900 $ (out of external costs)

Stormwater

- Gully: 15%
- Inlet: 15%
- Stormwater detention basins: 10%
- Network: 60%

Cost : 650/700 $

*Costs sharing for separate sewer systems
(out of external costs)*

Internal costs

- Treatment: 10%
- Stormwater retention basin: 10%
- Pumping: 4%
- Inlet, Manhole, Connection: 20%
- Gully: 6%
- Main network: 50%

External costs

Environment protection	300 to 400 $/inhabitant

For separate and combined sewer systems

Connection	300 $/inhabitant

Cost : 1000/1300 $/inhabitant (out of external costs)

Costs sharing for combined sewer systems

図-7.1 完全に供給された連結システムのもとでの給水・排水処理費用/費用分配

7.1.2.1 制限付けられたパラメーター

給水に関する限り，気候は水資源のタイプ，すなわち，水資源の位置，重要性(地下水か表流水か)，そして多様性に影響を与える．地形は，水資源の運搬，循環流の

必要性，そして排水排出システムに影響を与えるが，その場合，雨量が雨水ネットワークおよび関連ネットワーク(ネットワーク構造，雨水貯水池)に対して影響力を持つ．結局のところ，下流の水質を守るためには，完全に水(富栄養化)を浄化し，雨水排水処理をすることが必要のようである．最大可能変動範囲は**表-7.1**に示してある．

表-7.1 増倍率に関して示される多様な変数が及ぼす可能性のある影響の概略

	Climate and geographical situation	Size	Type of urbanisation	Service standards
Water supply	1–1.7; underground water 1–1.8; surface water	1–2	1–1.25	1 to 1.5
Purification - *wastewater* - rain water - combined system	20% 45% 25%	1–2	20–25%	20% 30% 20%

7.1.2.2 部分的に制限付けられているか順応性を有するパラメーター

ここには，市街の規模，単位費用が含まれる．単位費用は，住民数が1 000 〜 20万人の間では劇的に減少するが，住民数が30万を超えると，もはや減少しない．結局，住宅占有と単位消費の密度を通して，社会-経済的状態が決定的役割を果たすことになる．

都市化政策もネットワーク費用に重要な効果を持つ．都市化政策は，土地管理費用の60 〜 70 %を占める．水経営者が正確にその効果を分析するなら，都市化の用地を選ぶこと，住民の密度を適切に制御すること(集合住宅か個人住宅か)，土地利用の方法(道路網や建物のレイアウト，表面の舗装)，そして排水地域の重要性(**表-7.1**の効果を見よ)を政策決定者が理解する手助けをすることができるであろう．

7.1.2.3 順応性のあるパラメーター：サービス基準

これらのパラメーターは，サービスの正確な運営および利用者の要求を満たすことを確実にするよう固定されている．

- 第一に，新しい要求が起こった場合にそれを満たす追加的能力(ΔC)によって，利用者の排水排出要求にネットワークを順応させること．ここでの困難は，正確にΔCを算出することにある．というのも，使用されていない超過能力がサ

7.1 水資源社会基盤に必要な金融

ービスの財政均衡に影響を与えるからである．
- 第二に，相互接続経由のネットワークおよび貯水池の安全性確保．同時に有効な水圧をどこでも維持すること．しかしながら，水圧は高すぎてはならない．高すぎる水圧は，回避すべきロスを発生させるからである．
- 第三に，水質，味そして臭気の問題に取り組むこと．
- 雨水ネットワークの場合には，貯留施設の活用やパイプの直径の拡大で対洪水防御のレベルを選択すること．再起確率が5年から20年になることで，流量が20～25％から50～55％に跳ね上がることが知られているからである．
- 合流式システムの場合は，下水道管を変えずに余水路を大きめにせねばならない．

排水処理に関して必要なその他の決定は，河川の水質を守るために必要な排水浄化のレベルである．

これらの選択の効果は費用の1.5倍になりうる(**表-7.1**を見よ)．

これらの異なる変動要因は，自動的に互いに乗ずることで求められない上限値である．あるパラメーターの最高値は必ずしも別のパラメーターの最高値に結び付くわけではないということである．全体の3分の1も減少すると，通常それに直面する最高値の全面的な変動をもたらす．**表-7.2**に示されたデータがこれを導出している．この表では，開発途上国で環境配慮した信頼できるサービスに基づく値が示されている．

表-7.2 異なる下水システムのインフラ費用(住民1人当り．ドル)

Service	Sub-group	Min. / capita	Multiplying factor	Max. / capita
Water supply		450	4	1800
Wastewater treatment	Wastewater	650	2.2	1400
	Stormwater	970	3	1250
	Combined system	900	2.4	2200

本節の結論として，費用最小化の幾つかの方法が定義できるであろう．
- 第一に，水需要を正しく分析すること，そして投資をできる限り需要に近付けて計画すること．
- 第二に，特定パラメーターの効果を正しく分析すること．その結果について政策決定者に周知させ，また安全，都市化および洪水防御に関する彼らの決定の財政的結果を示す．

- 最後に，効率的かつ経済的な技術を採用すること．

この順序は経済的であるとともに，注意を促すものとして機能するものである．技術的な観点は重要ではあるが，決定的な経済要因ではないからである．

7.2 金融の方法と手段

7.2.1 方　　法

図-7.2 は 5 通りある金融方法間のつながりを示したものである．5 通りの方法とは，税，料金および課徴金，資本の投資，自己資金調達，そして借入のことであるが，これらは「市民」，「水利用者」および「サービス利用者」に関わるものである．末端段階では，これら 3 つのグループが財政コスト負担する．多くの人々が，支払いいかんによって 2, 3 通りの方法の影響を受けている．

- 国家ないし共同体への税：この場合には「市民」の範疇に属する．
- 処理料金のような，特殊な水利費用：この場合には「水末端利用者」の範疇に属する．
- 水道料金：この場合には「サービス利用者」の範疇に属する．

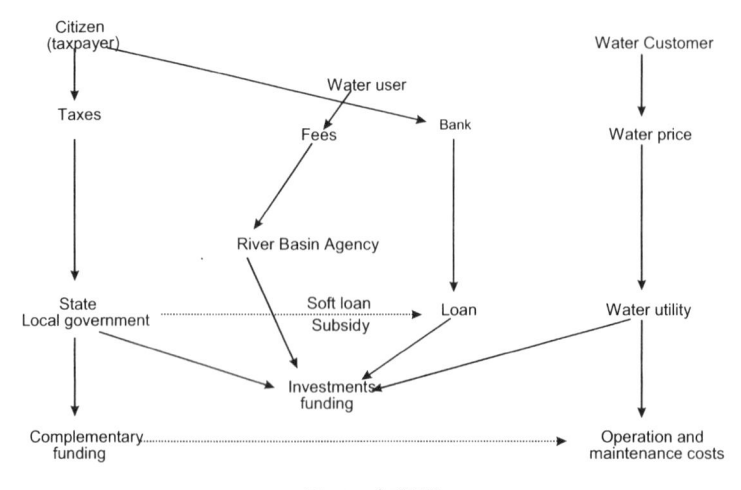

図-7.2　金融経路

3通りの経路がこの図によって示されている．
- サービス料金経由最短経路のものは，最も論理的かつ公平なものである．それは，雨水排水の料金で測定する設備がないということで，最貧者が負担する費用は減らされるべきである．
- 直接利用者を通じた経路もまた，費用と恩恵の結付きから論理的である．
- 税は，どのように表示されようと（所得税，消費税，製造物税あるいは財産税）便利なものであるが，恩恵と結び付いていないことから公平なものではない．

7.2.2 手　段

7.2.2.1 助成金および金利払戻し

　助成金や金利払戻しのうち税金によってまかなわれているものは，水道および下水排出のように利用者が支える事業に対しては支出されなくなる傾向にある．それらは代わって，雨水排水システムや主要灌漑施設，洪水防御ないし運河への融資に振り向けられている．低所得国の場合このようにはいかない．助成金や金利払戻しは悪影響を持つのであるが，過大な構造物をつくるようになりやすいからである．

7.2.2.2 受益者負担

　第一のルートは，不満と不便を他者にもたらす機能として利用者が負担する料金である．こうしたものには「汚染料」，「取水料」の料金があるが，これらは特にフランスでは水道局によって設定されたものである．この方法で集められた資金は，補助金，ないしローンを通じて一般的な利益を扱う業務に融資するために再分配されるが，これらはまた相互的な計画にもなる．

　第二のルートは，必要な投資の一部ないしすべてを投資に責任を持つ人々から生じさせることを要求するものである．これはm^3当り料金設定の場合であり，この場合には，水道ネットワークの構築ないし建設のためにその料金が必要とされるのである．雨水排除や雨水汚染を発生させる地域への課税も同様のケースであり，これは道路舗装の程度によって修正される．特にスウェーデン，スイスおよびドイツで雨水排水システムに融資するために用いられる．

7.2.2.3 借入と投資

このシステムは，銀行および特殊な機関によって広く用いられている．期間と利率は，融資を受ける業務や借り手の地位によって適用される．期間は10年から20年の間で変わり，25年ないし30年以上になることは，貸し手が国際機関でない限り稀である．利率は，これも特定国際機関である場合を除いて，インフレ率より1ないし2％高いのが普通である．

興味深い対応は，米国で運営者によって販売される「債権」である．これは未来の利用者の費用を軽減するが，現在の利用者は過度に支払わされている点で不利である．この不利は，この手の自己金融が業務の更新にのみ適用されるならば除去される．

7.2.2.4 自己資金調達

事業が財政均衡料金以上の水料金を適用できる場合，これは自己資金目的の基本財産を構成する．この財政方法は，利払い関連費用の節約になるため利益になる．これは将来利用者の費用を低減するが，現在の利用者は超過料金を課されることになる．この欠点は，もし自己資金調達が業務刷新のためにのみ適用されるならば除去される．

7.2.3　衡　平

表-7.3は，過去，現在および未来の金融についての様々なタイプの効果を示したものであるが，費用が現在あるいは未来の利用者によって生み出されるのかどうかを決定することを可能にするものである．

表-7.3　過去・現在・未来の末端利用者に及ぼす金融手段の効果

Means of financing	Effect on the past or present cost	Effect on the future cost	Remarks
Borrowing or capital contribution	0	↗ ↘	Cost passed onto future end users
Self financing	↗	↘	
Surcharge	↗	↘	Cost born by past or present end users
Fees	↗	↘	
Subsidy or interest rate rebate	0	↘	Cost borne by present users

7.3 水道サービスの費用

　水を獲得するために，人類は常に井戸を掘り，水路を開き，そして生産，運搬および貯水のために貯水池をつくった．輸送は簡単だが貯蔵の難しい電気と違い，水は地域的天然資源であり，しばしば一貫性がないものの，運搬や浄化をするには高くつくが，貯留しやすいものである．

　7.1で見たように，水道サービスの費用はかなり多岐にわたる．

- 物理的・地理的理由：費用は立地および利用する資源の質に依存する．例えば，地下水は，一般に河川から採取するよりも安価であるが，それは通常，地下水がより良質であることの結果として，生産・輸送および処理費用が低くなるためである．水源が利用地から遠くなるため，源水ないし処理水要求の変動を調整するために原水ないし処理水の貯留をしておく必要がしばしばある．輸送・分配費用も利用者の地理的分散に依存する．資源が効率的でない時，例えば，長距離輸送構造や多目的ダムのような高価な操業をせざるを得ない．それらは，開発された程度によるが，洪水を減らしたり（ダムが空の場合），水不足を補ったり（ダムがいっぱいの場合），あるいはレジャー目的の水域をつくったりする（恒常的レベル）ものなのである．
- 金融上の理由において，最も重要なものは水道ネットワークの築年数である．その建設費用は，平均的に見て処理施設の10倍に相当する．実際，ネットワーク構築は，しばしば20年以上の期間の借入を通した融資を受けるが，一方でネットワークの運営寿命は約100年である．それゆえ新しいネットワークと比較した場合，古いネットワークはきわめて低い金融費用しか必要としないが，これは減価償却引当金がしばしば厳格な方式で設定されないためである．もう一つの金融面の要素は，公的機関の助成金枠組みの多様性である．

それゆえ，水道サービス費用の算出は，多様な利用に水を供給することから，客観的で原則として測定可能な業務の帰結なのである．

7.3.1　理論的考察

　伝統的に以下のような区別がある．

第7章　経済と金融の側面

- 内部費用，すなわち経営ユニット内に位置付けられる費用(投資と運営)．
- 外部費用，すなわち経営システム内に位置付けられず，水利用の結果として地方政府に関わる．こうした費用が利用者によって負担される料金に導入される場合，外部費用が「内部化される」といわれる．

7.3.1.1　水道サービス費用の詳細

水道サービス費用は，以下の4つの成分からなる．

- 資本費用およびローン返済費用．ローン返済費用は返済部分と返済利息で構成される分割払込金からなる．資本に関する限り，ごく一部は毎年供給されねばならず，事業が財政均衡にある場合には，適切な報酬が付け加えられねばならない．これらの費用は強制的に固定された性質を持ち，一連の事業単位から独立している．
- 運営費用に含まれるのは以下のとおり．

　　　労働，経営および維持費用(a)，
　　　供給費用(電気，処理用化学薬品)(b)，
　　　直接維持費用(交換部分)(c)，
　　　一般費用(施設，経営，輸送手段)(d)．
　　　これらは，固定費用(aとd)と流動費用(bとc)とに分けられる．

　固定費用の減少は流動費用の減少と同じく効果的であるが，それは多少なりとも長期的なものである．例えば，正しいバランスを運営者が決定することは難しく運営者自身の経験に依存するものである．

- 更新費用は設備を良好な状態に維持するためになされる必要な交換を可能にするもので，借入に訴えることなく融資される準備によっている．

　良好な経営において一つ必要なのは，更新期間の最後において作業が本来の状態にあることを保証することである．これはつまりインフレを考慮に入れる(インフレは費用を増やす)ことを意味するものである．

- 税，課徴金，料金，給付金．これらは公共機関が設定する強制的費用である．給付金のみが借受人ないし譲受人によって支払われた場合，運営者の裁量に任される．

7.3 水道サービスの費用

7.3.1.2 費用構造

総費用 C_g は固定部門 C_f と変動部門 C_v を含み，サービス単位数 U に比例する．

$$C_g = C_f + C_v$$

C_f は，総費用の 70 ～ 90 % の間で変動しうる．事業単位当りの費用を削減する式は，以下のとおりである．

$$C_u = C_g/U$$

設備は，それが設計された額面能力にできる限り近いレベルで操業されねばならない．

- 個別費用の分類：総費用 C_g は，エネルギー費用，生産費用，容量コスト，そして一般費用の総計である．

  顧客費用は，接続利用者により負担され，需要からは独立している．一方，費用収入はサービス単位によって変化する．

  容量コストは，需要に対応する費用であり，一方，一般費用は，利用にも接続数にも依存しないものである．

- 限界費用と機会費用：限界費用は，最終供給単位費用のことである．短期の費用は，現行の業務に対応し，長期の費用はあらゆる必要な拡張ないし補強費用を反映している．

  機会費用は，資源流動費用，すなわち天然資源を減少させる費用および劣化費用の総計である．それはサービスを資源，量，そして質の面で当初の状態に回復させる費用に相当する．

- 加入者および住民にとっての費用：この費用は，総費用 C_g を利用者ないし供給を受ける住民の数で割ることで得られる．

7.3.1.3 費用の評価

- 帳簿上ないし見かけ上の費用は，水道会計システムの数字を反映するものであるが，財務会計では考慮されない項目を含む「実質費用」とは異なっており，その項目は，時に維持費，機会費用および特定外部業務費用などである．

  その異なる差分は 100 % にも達しうる．更新会計に 35 %，地方公共団体へ繰り越される費用が 20 %，機会費用が 20 %，そして接続費用が 25 % である．

- サービスのタイプに依存する費用：第一に，これは給水費用と浄化費用の区別を伴う．それは対象に下水および雨水を，合流式であると分流式であるとを問

第7章 経済と金融の側面

わず含みうるものである．このことは，例えばイングランドにおける下流域のように，コミュニティを集合した水理学的排水域に当てはまる．
- 実質費用の増加を明らかにするためにはインフレに対する費用変動を比較することが必要である．
- 費用変動は1から15の範囲かそれ以上になるが，平均費用は1から5である．投資費用と金融手段および維持の費用の間にある差を埋めることから変動が生じる．操業費用における差についても同様である．

7.3.2 給 水

ここでは，投資に依存する金融費用，つまり**表-7.4**に示された変動には戻らない．IWSA（国際水道協会；International Water Supply Association）の調査によれば，運営費用は5.6から13.8まで変動し，住民1000人当りでは0.45から1.3まで変動する．

表-7.4 給水－費用（100 m³/年）

Financial costs	$0–40	
Maintenance costs	$0–45	on average
Operating costs (of which 30% are labour costs)	$15–60	$85 for 100 m³ per year
Taxes and miscellaneous costs	$3–15	

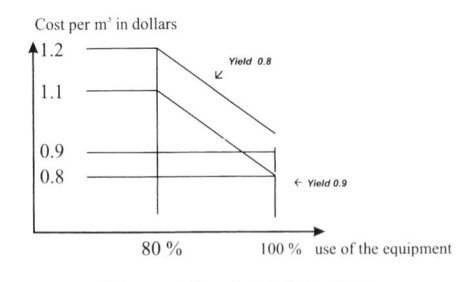

図-7.3 設備の費用と利用の関係

100 m³ 当り年間総費用（ドル建て）は，**表-7.4**のとおりの範囲にある．

米国においては，m³ 当り費用が0.2〜1.2ドルである．フランスでは，1990年の平均料金は0.7ドル/m³ であり，1から10の範囲の変動を伴う．固定費用を約40％としたうえで，以下の**図-7.3**では施設利用のパーセンテージに対する供給費用への影響を示している．漏水を減らすことと十分に活用した施設の重要性，そしてそれゆえに効率的な施設を持つことの必要性を図は実証している．

7.3 水道サービスの費用

7.3.3 排水処理

前節で金融および維持費用について述べた所見は，一般に排水処理にも当てはまる．**表-7.5** は，10万人の人口を持つ町の合流式システムないし分流式システムに関する 100 m³/年当りドル建て費用を示したものである．

表-7.5 排水処理費用(100 m³/年．ドル)

Type of cost	Combined system	Wastewater	Stormwater
Operating costs	35 ± 15%	25 ± 40%	15 ± 20%
Maintenance costs	13–25	8–15	5–13
Financial costs	15–25	10–16	9–15
Other costs	4	2.5	2
Total	60 (80) 95	35 (50) 60	25 (35) 45

これらの費用の約 60 % が労働費用に，20 % が電気および水処理薬品に，そして 20 % が設備および交換部品に対応している．より大規模な都市の平均費用は小規模都市より 20 〜 30 % 低いが，ほぼ 2 倍になる．これらの費用は，汚水処理が合流式システムと排水システムに 35 〜 40 %，雨水貯水池を伴う雨水システムに 20 % が相当する．これらの費用の多く(80 〜 90 %)は固定費用を構成する．これは水道供給の場合にいえることであるが，単位費用は m³ 販売量に高度に依存するということが導き出される．

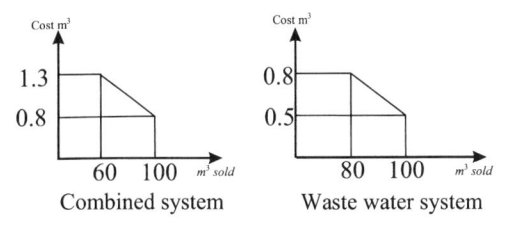

図-7.4 排水処理費用と売却量の関係

7.3.4 事業組織の影響

地方政府は飲料水供給や排水処理といった地方公共事業に責任を持たねばならない．そしてこのことが助成金原則の適用になる．

こうした責任を全うするため，地方政府はその規模を問わず追加予算を設定することについて重要な関心を持つ．追加予算は事業のあらゆる金融手段を明細に記す

もので，必要な会計情報，料金情報および経営指針を提供する．

地方政府，あるいはより大きな連合体は，法人としての地位と財務自立性を持つ特殊な自立的公社や，混合型企業法人を設立することができる．どちらの形態の解決法も，組織や計画，金融における一層大きな柔軟性という利点を持つ．実際，都市開発が続く場合，法令上または契約上，それらの法人は事業がカバーする地域を拡大することがより容易になるのである．さらに，水道と下水道処理事業の共同経営により以下の利点が提供される．

- 規模の経済，
- 類似の技術，
- より良い協調，
- 労働管理における，より大規模な配置と柔軟性．

これらの利益は，都市地域の規模によって変化するが，拡張ないしネットワークの複雑さが一定範囲を超えると不合理なものになる．

あらゆる種類の社会基盤施設網(鉄道，テレコミュニケーションなど)が発展するトレンドを維持する場合，一つの解決策は施設所有部門を引き離すことにある．設備所有は，従来の方法で資産として管理されつづけるが，運営は，民間部門の技術的金融的能力を一層適切に活用するように契約内容の中で管理されるものである．

7.4 水に関する契約

地方政府は，**表-7.6** に示したように，種々の契約を使ってできるだけ完全な責任を持たせた民間運営者を雇うことができる．

実際には運営方法はそれほど明確に定義されていない．事実，どの事業も独特であり，できるだけ実用本位で取り扱われるべきものである．

水道供給の責任は，共同体ないし共同体の集団がしばしば責任を負うが，その人口規模は，スイス，フランス，スペインおよびドイツでは平均1800〜1万人，スウェーデンやオーストリアでは3万〜5万人である．ベルギーや英国(17万〜100万人)は例外的である．

事業委任によって，一般費用を減らすことが可能になり，また改善された労働管理を獲得することや，排水処理の場合には必要な技術的基準(同一資源の利用，相互

7.4 水に関する契約

表-7.6 民間操業者に委任される責任

Type of contract	Concession	Leasing	Public ownership with private management	Management	Services
Who finances new works	franchise holder	local government	Local government	local government	local government
Who finances trading capital	franchise holder (participation)	lease holder	local government	local government	local government
Who sets the rates paid by the users	Public authorities via contracts	public authorities via contracts	local government	local government	local government
Body to which the users are contractually linked	franchise holder	lease holder	lease manager	local government	local government
With remuneration of the private operator	included in the rate	included in the rate	0% of costs plus a productivity bonus for the parameters	fixed rate, as a function of physical parameters	according to the contract
Cover for the costs of local government	surcharge	surcharge	income	income	income
Responsibilities of the private operator	very high	high	average	average	low
Financial commitment of the private operator	very high	high	average	average	low

接続など)を満たすことが可能になる.

　水道と下水道事業の地域一体化は，一般管理機構，共通顧客管理構造などを共有することで経済性をもたらしうる．これは英国では普通のことであり，ドイツやスイスでも見られるが，そうした国々では，下水道事業は共同体の責任に残されているものの，水道，電気およびガス事業がまとまって地方自治体の運営にまかされている．

　事業の法的地位も，その公私を問わず費用に影響する．公営は，直接であれ自立的であれ，地方条例か混合所有企業のようなより柔軟な構造によって経営される．混合所有企業には，委任運営かB.O.T.(建設，運営，移管)構造のみのものがあり，この場合，民間運営業者が契約上運営責任を負うが，他方完全民営化する企業もあって，この場合地方自治体はこれにも関わらず，提供される事業に対して支配と規制を維持しつづける．

　これらの様々な構造の長所と短所は，**表-7.7**に要約されている．長短所は，最終形態に何が選ればれるかに関わりなく，民間セクターに委任する際に導入される，支配や規制のためにとられる手段に大幅に依存している．

　公共機関が実行する支配は，合意や更新中の競争への開放の期間だけでなく，契

表-7.7 委託された管理契約の長所と短所

Type of management	Advantages	Disadvantages
Public management	No benefits	Rigid organisation Difficult to mobilise specialists Financing problems
Delegated management or B.O.T.	Specialists can be called upon Flexible organisation Setting up financing	Remuneration of the service providers, including a benefit
Private management	Specialists available Possible grouping together Flexibility in Financing	Benefits born by the cost

約が実行中期間中に遵守されることを保証することにも関わる．期間が遵守されなければ契約を終了させる可能性もあるからである．さらに，価格見直しの条件も厳しく支配される．

委任経営は，フランスにおいては水道事業(80 %)，下水道事業(50 %)で，その他の先進国においてもとりわけ英国(100 %)，スペイン(40 %)と，広く利用されている．

2000年3月のハーグにおける第2回世界水フォーラムで，このトレンドが進展すると予測している世界水ビジョン(World Water Vision)2025が提示された．それによれば，資本主義的な部門で必要に支えられて投資の顕著な増加があることから，民間融資は国際的規模で5～6 %から2025年には24 %に増加するとのことである．

7.5　水および下水の価格決定

7.3と7.4では，都市市民に与えるネットワーク上水道および下水道事業の提供費用について分析した．本節では，これらの事業に関係する主要な価格決定問題のうち幾つかについての探求を始める．議論の大半は，水専売(都市給水および下水の大半を占める)の価格決定に関係している．ここでは政府の規制が大きな役割を果たす．しかし，上下水道ネットワークの価格決定において，人々が水に対して支払う他の多くの方法を見落としていることを強調しておく．水道ネットワークの水質低下に直面した場合，都市市民は家庭で使うフィルターに投資したりボトル詰めの水を買ったりするのである．貧困国では水質が悪いために，家庭ではずっと多額の買い物を

7.5 水および下水の価格決定

せねばならない．その内容は，例えば保存用の瓶やタンク，給気圧ポンプ，フィルター，水を沸かすための燃料，あるいは売り水ないしボトル詰めの水などである．実際，都市貧困層にはしばしば水道ネットワークの水や下水事業が全く欠けていて，水のために例えば隣人の蛇口，公共のスタンドパイプ，水売りのような，私的ないし公私相半ばする解決法に全面的に頼っている．彼らの個人的衛生解決は，公共設備，仮設乾式トイレ，あるいは浸透式素掘穴にかかっている．開発途上国の都市の水や下水施設に関するこれらの特殊な性質については後節で述べる．

本節の残りの部分では，水道および下水道サービス価格決定の背後にある経済理論について簡潔に論じ，そのうえで実際の価格決定問題に立ち返る．サービス価格決定において大きくなりつつある幾つかの課題について焦点を当てることで，本節を締めくくる．

7.5.1 価格決定理論

経済理論は，上下水価格決定のための単純な指針を適切に提供している．すなわち，顧客に供給する水の限界費用および彼らの下水によって引き起こされる限界経費に等しい金額を顧客に負担させることである．理論上の動機付けも同じく単純である．つまり過剰な水消費量や下水排出量以下になるよう人々に料金を請求することである．より多く消費することが消費者自身ないし社会の利益にとってほとんど無意味になるように料金を請求するのである．

良い価格決定の実際は，今までのところそれから外れているとしても，この理論を認めている．上水と下水については，理論を十全に用いるうえで3つの原則的課題がある．第一に，上水および下水施設は，他の物品や事業と比べて非常に強い社会的側面を有する．第二に，理論を実行するには，効率的な消費の計量と限界費用についての十分な知識が必要とされる．そして第三に，例えば適切かつ安定した収入や単純で理解されやすい税制などのような他の必要性が，目標としての純経済的効率性を上回ることである．これらの課題は以下で論じるように，良好な国際的価格決定実務において重要な役割を果たす．

7.5.2 価格決定実務

7.5.2.1 計　　量

　計量がなければ公益事業とその消費者は消費をモニタリングできない．都市が無計量消費から計量消費へ移行すると，消費は落ちる．消費者の福利にはほとんど影響を与えずに消費が落ちるのである．計量されている家庭だけが埋設管の漏水を容易に知ることができる．計量されている家庭だけが節水トイレやシャワーヘッドの利用価値や，水道をすぐに締めることの価値を知ることができる．初期家庭消費が200 L/人・日（だいたい 75 m³/年と等しい）を超える都市においては，計量をすることで 25 % かそれ以上の減量を容易に導ける．しかし計器や計量の読取りには経費がかかり，また計器は改竄（かいざん）される可能性がある．このことより幾つかの規則が導き出される．まず大口利用者を計量し，しかる後に平均的家庭にまで広げること．最大利用地域を知るためにネットワーク区域を計量すること．また最大利用地域を計量すること．計量なしでは経費のかかる追加能力が要求されるところを計量によって消費ピークの抑制が助長され，季節ごとの消費に対する価格修正が可能になる．遠隔地の継続的な計量読取りについて値下げをすることで，価格決定構造における一層容易な需要変動が可能になる．例えば，値下げによって人は夜間に自分の貯水槽を補充することができるのである．これらのことはさしあたり高収入の国における高い水道料金の市場で意味を持つであろうが，すべての国々に将来的見込みを提供するものであろう．

7.5.2.2 水道水の価格決定

　人々は水道水消費を高く評価している．事実上すべての人がその収入水準に関わりなく，最低でも効率的に運営されている都市公益事業網の事業費用に見合った価格をきわめて自発的に支払う．水道料金を支払っている貧困層の人々はそれほど多くの水を消費していないかもしれない．WHO のガイドラインは，家庭における水洗トイレを除いて体の新陳代謝と衛生に必要な 20 L/人・日以上を消費することを勧めた．主として人々が水を求めて長距離を歩かねばならない田園地帯のみならず，気候が乾燥していて水売りに頼っている幾つかの都市地域など水が高価な所においては，消費量はおそらく 10 L/人・日にまで落ち込み，それに反して価格は水道事業価格の少なくとも 5 倍にもなる．都市部のネットワーク供給においては，水道水価

7.5 水および下水の価格決定

格よりも接続費用の方が利用するうえでの最大の課題である．また，注意深く消費することで水道料金を節約する必要があるので，富裕層よりも貧困層が，容量比例料金よりは固定費に依存した料金に苦しめられている．

効率目標を満たして水道料金が最も効率的に機能するのは，消費量に基づく場合と，例外的な状況を除いて資本費用を含む効率的運営のための費用を包含する水準である場合である．最大需要を満たす容量コストを含めた事業費用が消費者の階級の間で様々である場合には，水道料金も同様に多様であるべきである．十分な料金を課すことで消費を抑制することの効率的重要性は，多くの国家によって原則的に受け入れられてきたが，全面的にこれを満たしているのは今もってわずかである．例えば，OECD諸国のうち英国は水道に全費用の90％以上を課金しているが，一方でギリシャやスペインはわずか25～33％の課金にとどまっている．都市部においては全費用以下の課金でも可能で，なおかつ実行可能な有効性を維持できる．政府の助成金が資本投資の融資に使用されているか，借入税免除特権を都市が享受しているか，あるいは単に公共機関が利息の返済を積極的に求めていないからである．しかし，先進経済圏の一部および低開発経済圏の多くの都市では維持管理レベルを低下させることで料金を下げ，将来世代が支払う事業赤字の累積を加速させている（**表-7.3** 参照）．

国家の持つ水資源は，全費用料金の設定において大きな差異が生じうる．例えばOECD諸国内において，その範囲はカナダの0.8ドルからドイツの2.24ドルに及ぶ[*1]．現行において全供給費用料金がどれほどであるかにかかわらず，新たな水源を開発する必要に迫られている都市はしばしば**表-7.5**に示したような巨大な費用増加に直面するのである．

もし消費が現状の価格で増えるならば，近い将来新しい大きな投資がかなりの費用を増すことになる．そうすると正確な価格決定でその投資を回避するか遅らせるに十分なほどに消費減少をもたらすか否かについて理解することが政策課題となるだろう．投資の見込みがある中で料金を上げ始め，しかる後に反応を観察することによって，市場調査を行うのである．

[*1] ここで全コストは，水道供給に限られる．下水(従来対策)コスト，洪水対策コスト，自然保護コストは，含まれていない．もし含めるなら，少なくとも水道供給コストの2倍以上になる．

7.5.2.3 貧困層の保護

　生命に対する水の重要性によって，人々はしばしば水道料金を一つの社会政策の道具として利用する方へ導かれる．しかし多くの先進産業経済国においてすら，割引水道料金に関する社会保障を別の形態で補完する必要が感じられている．もしもこの問題が貧困層に制限されるか，WHOのガイドラインにある20 L/人・日が保障された水道使用量として堅持されるかすれば，このことは公益事業の実効性に対してほとんど問題を引き起こさない．多くの都市が「ライフライン」水道料金を義務付けている．これは低額料金を最初の少量水道使用領域に提供するものである．その水準を超えると，収入不足を埋め合わせる水準以上に料金を設定するのである．もしも先進産業経済国において，水道価格決定が貧困絶滅の手段として使用されれば，当該地域においては良好に資金調達された状態で公益事業は十分維持されるに足るだけの適格性を管理できるであろう．対照的に，貧困国の都市は最初の少量水道使用領域がすべての家庭消費者に適用されて多くなりすぎる(ある例では北欧の都市の平均消費を超える)ため，困難に直面する傾向にある．このようなことが起こった場合には，水道利用器具を持つ非貧困層が利益の多くを得ていることになる．

　「ライフライン」料金の設定は，水道料金表の中で逓増型と「定額料金」を活用する形態の一つである．これは一つの可能な財政的アプローチである(定額領域が効率的に低い時にのみよく機能するアプローチではあるが)．よく使用されるもう一つの手段は，家庭からの収入損失を相殺するよう十分な超過費用を産業・商業利用者に課金することである．この第二の方法は，逓増型料金表をますます利用するようになっていることから，最終的には同じ目的となる．

7.5.2.4 組合せ補助金

　家庭供給での損失を埋めるために産業・商業的組合せ補助金を利用することには成功の見込みがある．しかし，成功するかどうかは産業・商業利用者が水道ネットワーク供給から抜け出る能力を欠いていることにかかっている．彼らは自給する費用がネットワーク費用以下である場合には離脱するであろう．これは豊富な表流水ないし地下水がある地域でよく起こることである．こうした行動については多くの例が引用されうる．自給を禁止する規制は，しばしば実行を止めるうえで非効率である．事態の回避が不可能な場合，都市は新たな産業がそのような組合せ補助金のために都市での立地をあきらめると考えるかもしれない．新規産業のみならず，公

7.5 水および下水の価格決定

益事業自体が新たな家庭へのネットワーク接続構築をあきらめるかもしれない．新規接続は総収入の損失を導きうるからである．

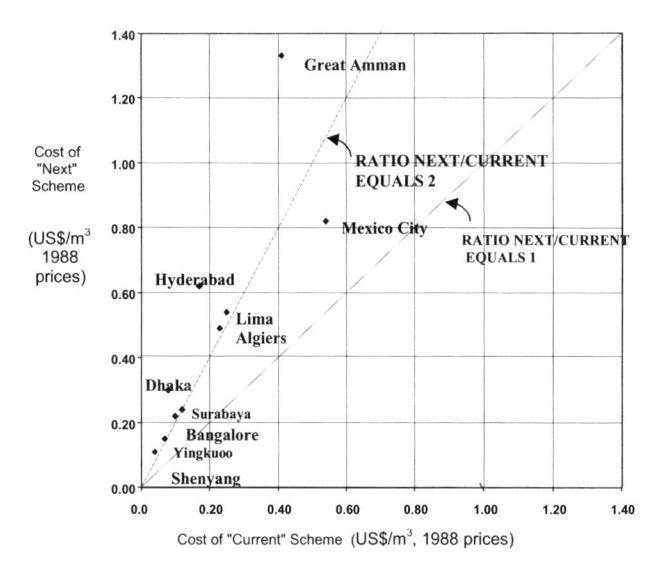

図-7.5 給水費用に関する発展の影響

定額料金の割合を増加させることは開発途上国の都市においては異なる種類の問題に直面する．そのような地域では多量消費の範疇に入る個別家庭はわずかしかないであろう．逆に定額料金は貧困層を傷つける傾向にある．貧困層はしばしば非貧困層に比して際立って大きな世帯数を持つことから，たとえ貧困層の個々の家庭に水道メーターを持っていた場合でも（これ自体が稀である），貧困層は非貧困層よりも一層高い消費階層に押し上げる基礎消費量に簡単に達する．自分自身の水道管がない貧困層が他の家庭から水道を買う場合，売った家庭の方は全消費量がより高い料金階層に押し上げられたことを知り，客にも一層高い値段で売らねばならなくなる．同様の問題は複数の家庭が一つの蛇口を共有している場合にも起こる．

7.5.2.5 直接政府補助金

直接政府補助金は OECD 諸国においてすら（**図-7.2** 参照）これによる消費効率損失については既に論じられているが，損失は供給者側にも起こりえる．供給生産者は

第7章　経済と金融の側面

補助金支払いの確実性に依存している．時宜に適った支払いがなければ，供給者はメンテナンスやその他の長期的効率に必要な施策をおろそかにするだろう．少しでも与えられるならば，補助金は操業費用にでも維持費用にでもなく，資本費用に振り向けられるべきである．貧困国においては，補助金を貧困層に対応させるためにまず貧困家庭用の接続費用か，最低消費基準をカバーする貧困家庭への請求料部分の直接支払いに対して出すべきである．

7.5.2.6　下水価格決定

　上水と異なり，下水価格決定は理想的には輸送や処理ではなく，引き起こされた被害に対応する．各家庭は下水を速やかに排除するために積極的に支払いをするが，下流域利用者の利益のための下水処理費用を支払うことには頑ななまでに不熱心であることが研究により明らかにされている．したがって，下水処理の決定は総合的な政治決定になりがちであり，そのような場合，自分の下水は自分で浄化することで負担を分け合うことに全員が合意するのである．おそらく政治交渉における理解と実行を容易ならしめるために，多くの国では処理を命じる場合，被害を地域の状況に応じて相対的に監査するよりも，むしろ固定された処理基準を設けている．金融の，したがって価格決定の問題はそういうわけで，地域の環境被害を埋め合わせるという理論的基礎から遠く隔たってしまう．

　処理について命じられた水準の費用は，処理されない下水が引き起こす被害を優に超えるかもしれないし，下回るかもしれない．この差は，特に貧困国では心配する必要がある．先進産業経済国では下水処理は一般に飲料水を提供するよりも費用がかかる．それゆえ，下水二次処理の実施によって水道料金が2倍以上にもなり得る．

　すべての国々の経験が下水価格決定のための明快な指針を提供してきている．下水処理施設は多すぎると，収入不足のためにきわめて悪い状態で操業されるか，さもなければ全く操業されない．こうしたことは，一般収入からの政府補助金に施設が依存している場合よりも，消費者が直接下水処理のために支払いをしている時の方が起こりにくい．したがって，料金は最低でも全操業維持費用を満たさねばならない(**表-7.5** 参照)．また環境保全を進める意味から排水処理施設を小規模にしておくことができるが(これは非常に大きな費用節約になる)，これを励行するため，料金は算出される下水量に基づくべきである．下水を直接計量することは財政的にはとんど意味をなさない(例外は巨大産業企業である)ので，請求書作成は上水消費量

に基づいてなされる．ガーデニングのように最終的に下水に流れ込まない用途を反映する目的で，幾つかの都市では下水料金が，アウトドアその他の水利用が最小になる冬季の使用に基づいている．

　価格決定が理論に従ってないかもしれないにせよ，諸原則に注意を払うことの価値は経験が証明している．飲み水は安いが汚れ，汚れた水の処理費用は高くつく．効率的操業のための費用をすべてカバーするよう価格設定された上下水事業は，上質なサービスの支援と環境費用の最小化という2つの価値を提供してくれるのである．

7.6　開発途上国の都市

　都市水管理の資金調達は，世界中の都市において絶え間なく見られる問題であるが，特に開発途上国の都市においてそうである．水道事業への資金調達という問題はますます重要になりつつあるが，それは世界の人口が現在主に都市にあり，しかもその数がますます増加しているからである．とりわけ貧困国において都市化率は現在も急速に上昇している．空前の規模で人口および経済活動の都市集中が生起しつつある．いわゆる巨大都市のうち17が開発途上国に存在するのである(World Resources Institute, 1998〜99)．新たな都市人口の巨大さが深刻な否定的影響を一般的には環境に対して，とりわけ水資源に対して与えることは何ら驚くにあたらない．このような膨大な人口集中から起こる一つの悲惨な事例は，飲料水を媒介とした病気の広範囲における継続的な発生である．多くの都市において流行の広がりは不十分な下水施設によって疑問の余地なく助長されている．

　都市人口の増大により，都市は水の利用者かつ消費者として，ますます重要になってきている．しかしながら，都市の水利用の重要性が増大しているにもかかわらず，都市の成長により危うくなった水資源を管理するようにも，水関連事業の効率的提供を保証するようにも制度構造は発展しなかった．それどころか多くの国においては既存の制度的システムが，過度の集中，官僚的非効率性および持続的財政の欠如のために，効率的な都市水管理にとって障害となっているのである．多くの機関は消極的に問題が増大するのを許し，結果的に解決策を考える空間を創造することに失敗しているようである．

7.6.1　水道事業への資金調達

　水道事業への資金調達は，初期資本投資を調達する問題であるのみならず，提供されるサービスのための操業および維持のために必要な資金を創出する問題でもある．それ以上に，都市人口が増加し，水源がますます遠くなり，水塊の汚染がひどくなり，そして洪水その他の水関係の自然災害に脅かされる居住区域が拡大するために，財政的必要は増大しつづける．都市水資源の効率的・持続的管理の経済的重要性について広範に認識が欠如していることによって，財政問題は複雑になり，悪化している．個々での議論は給水および下水事業に焦点を当てるが，用いられる主張は他の水道事業にも同様に当てはまるものである．

7.6.1.1　水の経済的価値評価の失敗

　多くの都市や社会一般において効果的，効率的かつ持続的な水資源管理の有する真の経済的価値の評価に失敗していることが，都市水管理事業の財政的持続性の欠如の主たる原因である．

　それゆえ，良き管理の価値を評価することについての，あるいはその欠如により引き起こされる被害領域，すなわち，かくも多くの都市においてかくも蔓延する貧弱な管理の費用を把握することについての失敗の理由が，この議論で述べられる最初の問題であらねばならない．自然災害であろうと流行病であろうと，長期にわたる破壊の経済的費用を不可避のものとして受容する顕著な潮流がある．だがそれらは多くの場合，貧弱な管理の結果なのである．そのほかに，水の関係する風土病や汚染によって強いられる水利用の制限など，貧弱な管理に絡んだ時価費用はまだある．これらも当然のことの一部として考えられている．

7.6.1.2　水の価格決定

　水の経済的価値を認識することに失敗した場合，費用をカバーできない水道料金政策が採用される結果となる．水道，特に給水および下水の料金は，操業費用，債務元利未払い金，そして適切な資本収益を含む資本の拡大を満たすようなすべての供給費用を反映せねばならない．十分な料金水準がなければ，水道事業が持続的な都市発展に必要な量と質を供給できないのは，あまりにも明白である．（World Bank, 1996）

7.6 開発途上国の都市

料金によって資源の効率的利用も励行されるべきである．さらに衡平の観点から，貧困層も含めたすべての人間にとってサービスが手頃な価格になるよう料金構造を構築するべきであると，多くの論者が主張するであろう．これらすべての目的の調和はほとんど達成できないが，不可能だとする必要はない．

料金率は2つの要素を持つ傾向にある．固定料金と，消費量に依存した容量料金である(**7.3.1**参照)．最初のものはしばしば固定費用を，二つ目のものは変動費用をカバーすることを目的とする．さらに，通常は消費が増えると容量料金は増える．商業・産業利用者にはより高く徴収する一方，公的機関には徴収しないといった，顧客を区別する傾向も一般にある．

料金差別は，ある集団から別の集団への組合せ補助金を提供する決定の結果であることがしばしばである．つい最近には，料金差別が水の保全を促進するという主張がなされた．この議論がどうであれ，料金差別は水利用において経済的な歪みを導入するものである．貧困層に対する低料金は公益事業の事業提供意欲を削ぎ得るし，徴収の失敗は現実的に高い水準で所在不明の水を出すことを助長する要素になる．

料金の水準および構造が恣意的に決定される場合，諸々の問題が起こる．こうした料金は実際のサービス提供費用も，サービス範囲ないし質のために定められた目的も反映しにくい．例えば，固定費用が高いためにいかなる組合せ補助金も無効になるかもしれないし，水道・下水道システムへの接続費用が多くの家庭の資力を超えるかもしれない(Artana, 1997)．

こうした困難に対する一つの解決策は，貧困層への何らかの形態の直接補助金を伴う単一の料金を設定することである．最貧国においては，助成金は公共蛇口を通じた低費用サービスの形をとるかもしれないが，それほど貧困でない国においては，料金支払いに対する直接補助金は一層合理的に思われる．

7.6.1.3 支払能力

最近，民間の水道・下水道事業への参加を奨励した世界銀行の政策採用に対して，強い否定的な政治的反応が見られる．最も衝撃的なのは，ボリビアのCochabambaにおける地方給水システムの国際民間コンソーシアムへの運営移管に対する暴動である．「民営化」拒否に用いられた主な議論は，水道料金が上がるというものであった(**図-7.5**参照)．たとえシステムを通じて適用される水道料金が増加するにせよ，

これは信頼するにあたらない主張である.

貧困層は適切なサービスに対して支払えないとする議論は立証されていない.多くの都市において,水道供給システムは都市区域部分においてのみ拡張する.例えば,Cochabamba においては住民の3分の1以下にしか普及していないし,ブエノスアイレスにおいては民営化以前には僅かに60%,セネガルの Dakar においては市の旧中心にしか普及していなかった.このことは常に,サービスを受けておらず,その結果として幸いにもシステムに接続された家庭が支払う料金の少なくとも10倍から100倍以上を常に支払っているのが貧困層であることを意味する (Lee, 1992).

貧困層に支払能力があるという議論は,貧困層が少量の水しか消費しないことによって補強される.例えば,チリのサンチアゴでは,4分の1以下を占める高収入世帯の消費量のごく一部しか貧困層は消費しないのである.水道消費は,明らかに所得弾力性を示してきた(Hirshleifer, 1960;Lee, 1969).このことは,水の消費と利用がバスルームや家庭器具,スイミングプールなどの設備を享受できる収入を持つことに依存していることに大いに拠っている.

7.6.2　水道事業を提供する機関の実行可能性に影響する要因

1992年のリオデジャネイロにおける国連開発環境会議において,参加国政府は Agenda 21 を採択した.その第18章に「水と持続可能な都市発展」の節がある.その議論では,貧困の減少,健康の改善および汚染の制御に貢献するための都市利用のための水管理が緊急に必要であることを強調している.

重要な国際会議に端を発する文書において出された声明はある程度懐疑的に受け取られるべきであるし,国際会議で取り決められた公約を満たすことに政府が失敗したとして貧困国の都市水管理を非難することはできない.この問題はずっと込み入ったものである.適切な政策を樹立する真剣な試みは一般に,ほぼ世界的に欠けていた.同様に,明白で効率的な責任分配が重要にもかかわらず,制度の調整はより良い都市水管理の鍵とはなっていない.一方,別の文脈において,水道機関のパフォーマンスの差は制度の構造にでなく(それが開かれた,透明性のある代理機関である方が良いのではあるが),管理のダイナミズムに依存することが観察された.動態的管理は適切な資金調達を伴って初めて実現され得る.これはきわめて重要な一歩である.適切な財政は,政府および利用者双方による都市水問題解決への実際の

7.6　開発途上国の都市

かかわりに関する最高の指標である．

　もちろん，制度構造の中にはより良い管理に貢献できる要素がある（**7.3.4** 参照）．第一に，それぞれ個々の管理業務を特定の機関に対してはっきりと割り当てること，これは非常に明らかであるにもかかわらず，常に達成されているとはいえない．例えば，1980年代後半にチリで水道・下水道部門が再編成された時，雨水排水処理の責任は当該部門から取り除かれ，しかも他のどの機関にも割り振られなかった．その結果，10年以上にわたって雨水排水処理についての提携政策の行政が全くなされず，雨水排水への投資はほとんどか，あるいは全くないということになった．

　第二に，水資源管理に責任を持つ機関と水道事業管理に責任を持つ機関との間の責任を明確にすることが良好な管理と適切な財政に対する重要な貢献になりうるということが，多くの研究の証言によって示されている．水道事業の管理責任を民間部門に移管することは，成功裏にこの区別を策定・維持するうえで有効な手段になり得る．民営化は必須ではないが，規制部門と操業部門が同一機関にある場合，2つの業務間の明確な区別を維持するのは一層困難である．したがって，業者への分権化を通じた分離は，公的部門であると民間部門であるとを問わず重要である．

　より大きな利用者の参加がより良い水管理を生み出すこともまた明らかである．その結果，具体的にどうするかはともかく，都市水管理における強固かつ熱心な公的参加の手段が見つかるに違いない．これはおそ地方自治体に重要な役割が与えられる場合にのみ達成されるであろう．あまりにも長い間，地方自治体は脇に追いやられ，すべて事業は中央政府から提供されてきた．現在，幸運にも多くの，とりわけ健康と教育の提供についての公共事業に関する政府の負担を軽減する方法として地方自治の役割が再考されている．水道事業の責任も地方自治体へ移管されてきたが，これは常に最適な解決策というわけではないかもしれない．しかしながら，地方自治体は，優先権の議論や都市水管理のための包括的政策枠組みの確立において，中心として行動する役割を担うことはできるし，またおそらくそうすべきである．

　汚染者と同じく利用者が自分達の水資源から享受しているサービスに対して適切かつ正当に支払わなければ，いかなる形の制度的改革もそれ自体では問題を解決することができない．これは水道事業提供における民間部門の役割を拡張することについての，もっと進んだ議論である．要するに，都市における水道事業の供給はできる限り自己財政であるべきなのだ．さもなければ，開発途上国の大都市近郊の水資源は，過去の水準にまで低下しつづけることが予想されうるのである．

7.7　幾つかの勧告

　水道事業(飲料水供給,下水,最終的な水資源保全,水関係の疾病の軽減)の経済・財政費用課題は,特に財政資源が制限されている地域において現実主義をもたらす.

　まず現実主義は,すべての人に対して無料の水をなどという夢を見ないこと,貧困国においては水問題の解決に達することなど不可能なのだという悪夢を抱くこともしないという立場にある.

　また現実主義は,本章を通じて記された原則を十分に考慮する立場にある.

- 特に現行料金では費用をすべてまかないきれない場合,すべての費用(包括的な費用,総費用)を考慮に入れること.
- 透明かつ明らかにアクセス可能な金融手法をとること.これによって討論,選択,および議論の信頼を促進する.
- 家庭,産業その他の利用について,特に地方レベルにおいては水道事業利用者の意思決定過程への参加を許容すること.
- これら利用者によって課せられる費用を水道料金に転換すること(水道利用者支払い).
- 経済的・社会的発展と水の利用可能性とを共存させるために,持てるものと持たざるものとの間に築かねばならない連帯に配慮すること.この問題については2000年3月のハーグにおける世界水フォーラムで検討された水のための社会憲章における勧告が参照できる.
- 最後に,技術,制度,およびもちろん経済・財政の舞台においても,水の開発および管理に関する選択が都市計画の観点から綿密に考慮されること,そしてその逆もまた真であることに注意すること.

7.8　参考文献

Artana, D., F. Navajas and S. Urbiztondo (1997) La regulación económica en las concessiones de agua potable y desaguas cloacales en Buenos Aires y Corrientes, Argentina, Interamerican Development Bank, Washington D.C.

7.8 参考文献

Hirshleifer, J., J. C. De Haven and J. W. Milliman (1960) *Water Supply, Economics, Technology and Policy* University of Chicago press, 1969.

Lee, T. and A. Jouravlev (1992) Self-financing water supply and sanitation services, *CEPAL Review*, N°48, December, 1992.

Lee, T. (1969) Residential *Water Demand and Economic Development* University of Toronto Press, Toronto.

World Resources Institute United Nations Environment Programme, United Nations Development Programme and the World Bank, *World Resources(1998-99)* New York, Oxford University Press.

World Bank (1996) Water and Sanitation Division of the Transportation, Water and Urban Development Department, Water and Wastewater Utilities, Indicators 2nd edition, World Bank, Washington D.C.

第8章 社会的，制度的，規制的問題

Jan Lundqvist and Anthony Turton, with contributions from Sunita Narain

8.1 本章の目的

8.1.1 都会の動態性は持続可能性のテストケースである

　一般に，都市と都市区域は，人間活動，希望，環境の劣化，そして失望に関する最も重要な舞台に急速になりつつある．強力な社会的影響力ならびに技術的財政的制約と環境問題との間の連携は，制度的・規制的処置に対して重大な課題をつくり出す．この観点において，水は，社会的指針との密接な関係という点だけでなく，経済的・環境的安定に対して持つ基本的な重要性という点でも，ますます決定的な役割を果たすのである．

　本章の目的は，生存条件の改善と同時に，水システム，ひいては環境の継続的悪化を改善することに貢献しうる戦略を論じることである．水管理の制度的取決めを変化させる必要性を解明するために現行管理システムに関するレビューが作成されたが，それは必要な変化をもたらしうるものであった．中央集権的な管理システムは，独占的な操業者により運営され，都市全体を覆うべく延長されるよう設計されている「ビッグパイプ─太い管路」を伴うもので，19世紀中に創始され，20世紀に広まり出した．それは，当時の都市の特性に自然に合わせて調整された（Newman, 2000）．だが今日，世界の大部分での都市環境および都市動態性は，これと顕著に異なっているようである．

　都市住民（とりわけ，南の途上国）を悩ます困難や途方もない難問は，市民社会のイニシアティブが真摯に受け取られず，重要な利害関係者団体が積極的に管理に関わっていかない限り効率的に取り組まれることはないであろう，というのが本章で

主張することの一つである．これは新しい主張ではない．利害関係者および「受益者」として時折言及される一般的な水道利用者の関与は，かなり頻繁に宣伝されてきた．管理業務において多用な利害関係者が関与しているにもかかわらず，この前提を伝統的に理解することでは，おそらく最も基本的なもののうちの2つの課題に取り組むのに不十分である．

8.1.2 市民社会イニシアティブには，真摯な熟慮が必要である： 嫌がらせではなく

課題の一つは，政治システムから市民社会イニシアティブに対する認識と支援の必要性を言及するものである．市民社会が成功のうちに管理へ関与することは，利用者と多様な利益団体が行い，それを社会が受け入れるような制度的準備がなされていることを前提とする．しかし政治的支援がなければ，これらの諸制度が効率的であることは，小規模かつ漸次的な方法で運用する場合ならともかく，困難なものになる．以下で論じられるように，融通の利かない支配と規制が普及している場合，水問題は効果的に対応されえない．例えば，都市地域における水および土地政策の独占的統制は，しばしば恣意的に用いられ，共同体に水道・下水サービスを提供することを，たとえそのようなサービスが公的な水道機関ないしその代理機関によって組織されてなくても，企業家は断念してしまう．これは例えば，アフリカの10ヶ国の研究から報告されたものである(Collignon and Vézina, 2000)．残念ながら，公共部門の職員は，共同体に必要なサービスを提供する人々を悩ませる傾向にある(ibid.)．Agarwal(2000)は，政府職員をとりわけ貧困層に対する汚職行為，意地悪さ，無能によって告発している．Tropp(1998)は，州議会議員の行動に典型的な性質として，NGOやCBO(Community based organization；共同体に基礎を置く組織)を軍の手の届く範囲にとどめておくことを見出した．

同時に，公的な規制制度なくして，巨大で複雑な都市システムに対しよく機能する管理処置を想像することなど考えられない．都市水道管理は，上流と下流の関係を考慮に入れねばならない河川流域の事情においてとりわけ複雑な仕事である．この点について，政府よりもより良き統治が必要とされている．この場合，公共部門および市民社会組織の役割と統治とが明確にされ，かつ支持されねばならない(Lundqvist, 2000)．市民社会組織およびイニシアティブにもまたきわめて多様な質

8.1 本章の目的

と目的があるが，そのことは公式・非公式の制度的取決めの集合が幾つもあることの重要なもう一つの理由である．

　都市的状況における水道事業には，幅広い業務の連鎖が含まれる．例えば，給水には，取水，輸送，貯留，処理，そして多様なセクター・団体および利用者への分配のための処置が含まれる．大量供給は，明らかに個々の家庭への配水とは異なる管理技術を必要とする．同様に，排水・排液管理は，多くの相互に連結した業務に関わる．この点で，適切な政策および管理戦略は，例えば，社会における生産・消費過程で生じる汚染負荷量のような廃棄物発生量を減少させる努力を含んだものであるべきである．また，廃棄物やヘドロなどの実際の処理・処分も含まれねばならない．水道事業に関わる様々な業務を効率的に取り扱うためには，以上で示された観点に照らして活動的役割を果たす，様々なアクターや利害関係者を包摂することが必須である．

　水資源管理についてこのような総合的視点を持った場合，当然ながら都市水管理に関する他の基本的課題にも注意が向けられる．それは水道利用者間の行動，およびこの関係における原動力に関わっている．住民の一部が過剰かつ不注意に水を消費することが，不幸なことに繰り返し起こる現象である．社会の一部による水の誤った利用により，他地域や他の階層の人々が安全な水に容易にアクセスする機会を奪われるかもしれない．水道利用者と管理施設において様々な立場を占める職員の双方が水危機を促進しているのである．簡単に言い換えると，水について問題なのは，水ではなく社会なのである．こうした観点からすれば，問題は水文学的ないし技術的見地のみに焦点を当てることでは，効率的に取り組まれない．

　人間と社会発展の関連，およびその生活支援システムへの影響が理解され，あらゆる階層の人々がそれに取り組むことが絶対的に重要である．水管理は，水の動態および他の自然システムが正当に考慮される方向性のうえで，人間の行動および社会資源を刺激・促進しなければならない(FAO, 2000)．教育上の努力や奨励策，および水の最も有益な使用や社会における水管理責任を奨励することを認可するのが決定的に重要である．管理が単に技術的・公的機構の問題にのみ結び付けられた場合，変化する社会・環境条件に適応し，新たな環境に敏感な解決策を展開するような人間の潜在能力について，十分な注意が向けられる可能性は低い．

第8章 社会的，制度的，規制的問題

8.1.3 管理システムの3類型

水道事業に手厚い補助金を手配してきた慈悲深き国家と技術的な解決の組合せに依存する伝統的な手法に信頼を寄せることは，最早適切な戦略ではない．しかしながら，多くの国々において政府が支援の減少に取り組んでいる事実にもかかわらず，依然として国家が給水事業をするべきだとの一般的態度が残っている．驚くべきことに，住民のうちかなりの割合の人々が国の水道事業を当然とみなす傾向にあり，例えば，政府を通じて引き続き手厚く支援されることを期待しているが，一方でとりわけ大都市においては，そのような事業を保障することがますます困難かつ高価になっている．公共部門ないしその他の外部慈善団体が増大する需要を満たすことを保証すべきだという期待は，共同体構成員を票田と見る傾向にある政治家や他の団体の約束を通じて刺激されてきた．こうした約束が満たされない（これは一般的である）程度に応じて，社会の不満は増加しやすく，代替アプローチの必要性が増大する．

水利用と，それが社会・経済発展および環境変化に対して演じる役割は，3種類の管理システムの結果として見ることができるであろう(図-8.1)．支配的なシステムは，公共部門が主要な役割を果たすものであるが，一方で，他の2つのシステムの重要性が増しつつある．本章では，管理における市民社会のイニシアティブ，そしてそこから成長していくであろう制度や組織の重要性が増しつつあることに焦点を当てる．制度や制度的取決めの概念は，「ゲームのルール」や諸制度の構造的性質を参照

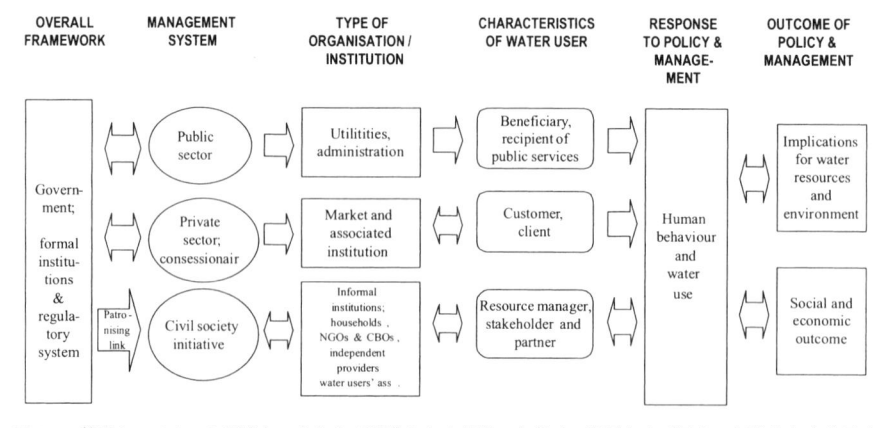

図-8.1 管理システムの3類型と，それらが操業される状況．矢印は，関係および反応の仮設的方向を示す

8.1 本章の目的

している(Kemper, 1996).「オーガナイゼーション(organization)」は,日常用語では,しばしばインスティテューション(institution)と同義に用いられるが,ここでは特に具体的な社会的実体について用いる.

図-8.1で示されているように,市民社会内で実行される管理業務は,機能させる公の制度的・規制的枠組みと統治制度の重要な役割とを前提としている.今日この連結は,弱いか,政府の恩着せがましい態度によって特徴付けられている.この図は,水利用と人々の行動が操業している管理システム(群)の種類と関係を持つことも暗示している.したがって換言すれば,これは水資源や環境要因と同じく資源利用から引き出される社会的・経済的利益に対しても影響を持つであろう.

上下水事業の適用範囲が狭いことは,現行の政策および管理システムが膨大な課題に適合していないことを示しているが,こうしたことはとりわけ水不足の地域に存在する.適用範囲に関する数値は,不確実かつ情報源によってばらつきがあるが,繰り返し観察していえることは,都市住民のうちかなりの部分が公共部門の関与を通じた上下水事業にアクセスしていないということである(**表-8.1**).

表-8.1 管地域別の都市上下水道,1999～2000年(人口は100万人単位)

REGION/ SECTOR	1990				2000			
	Population	Number Served	Percentage Covered	Number Not served	Population	Number Served	Percentage covered	Number Not served
Africa WS*	197	168	85.0	30	297	253	85.1	44
Sanitation	197	164	83.1	33	297	249	83.8	48
Asia / WS*	1029	971	94.3	59	1352	1254	92.7	98
Sanitation	1029	678	65.9	351	1352	1047	77.5	305
Europe/WS*	—	—	—	—	545	542	9.5	2
Sanitation	—	—	—	—	545	537	98.5	8
LA and Caribbean/ WS*	313	283	90.4	30	391	353	90.3	38
Sanitation	313	247	78.9	66	391	335	85.7	56
North America WS*	—	—	—	—	239	239	100.0	0
Sanitation	—	—	—	—	239	239	100.0	0
Oceania WS*	—	—	—	—	21	21	98.5	0
Sanitation	—	—	—	—	21	20	96.0	1
World /WS*	—	—	—	—	2845	2662	93.6	183
Sanitation	—	—	—	—	2845	2427	85.3	418

* WS = Water Supply, LA = Latin America

A dash (—) indicates a lack of comparable data; Totals may differ from the sum of other columns because of rounding. **Source:** The table is a condensed version of a table that is presented in Neto and Tropp (2000) and based on information in UN (2000).

第8章 社会的,制度的,規制的問題

　1990〜2000年の期間中にサービスを受ける人口数は増加したが,アフリカ,アジア,ラテンアメリカおよびカリブ海地域においては,水道にアクセスしない人が前世紀最後の10年間で増加したこともまた示されている(**表-8.1**).国連の統計情報によれば,アジア,ラテンアメリカおよびカリブ海地域で下水事業が改善された一方,アフリカでは下水事業にアクセスできない人口数が増えたとのことである.機関がサービスを提供するにあたって有益であるとか,良質なサービスが提供されたというような解釈をすることは,数値によっては不可能である.別の報告の情報(例えば,Gleick, 1998；Collignon and Vézina, 2000)は,**表-8.1**の数値は誇張されているか,単に全適用範囲,すなわち公共部門,民間部門企業および市民社会組織を通じた処理を示しているだけであると示唆している.

　しかしながら,これらの数値は,おそらく1990年代に起こったことや,世界の主だった地域でサービスの質がどの程度ばらつくかについて,おそらく合理的・比較可能な像を与えてくれるものである.国家およびその構成団体に十分な能力がない場合,考えられる唯一のアプローチは,市民社会組織と,究極的には水道利用者自身が都市水管理のパートナーになることである.NGOの関与,独立供給業者および公共部門管理の補完物としての民間部門は,既に多くの国における変化の顕著な兆候である.

　公共部門に十分な能力がないことが,市民社会に由来する組織および水道利用者自身が管理に積極的かつより広く関与することにとっての唯一の論点である.他の論点は,中央集権化された官僚機構の難点に言及する.それは様々な動態的な社会システムを操作するため,公的でしばしば標準化された規制による操業に深入りしているが,とりわけ多数の都市で大きな部分を構成する規制されていない不法占拠地域においてそうである.柔軟で非公式な制度的取決めが緊急業務の操作に一層適しているが,そのような取決めは公式の管理システムの範囲外に属する.そのような解決は,政府機関を通じて実行される解決策と比較した場合,比較的安上がりになることも証明されるであろう.

　さらに加えて,水管理で起こっている問題のうち大きな部分は,市民社会における活動を通じて生成されているといっても誤りではない.とりわけ水質汚染は,水その他の資源の利用,そしてそれらに劣らず供給が関係しているが,供給は典型的な公共部門の活動である.公共部門の欠陥と不規則性が問題を拡大する一方,深刻な水問題が生産過程,輸送システム,そしてあまねく人間行動,すなわち市民社会

における活動から生まれている．特定の文化実践および消費社会の発展が，大きく増加しつつある人口と人口当り水消費量の増加とともに，水危機の背後の重要な推進力となっている．住民は結果的に課題の進展に貢献しており，したがって彼らは解決策の一部にならねばならない．

市民社会組織の内包化および政策形成と管理業務のイニシアティブは，直面せねばならない課題についての認識を改善するのに役立つであろう．そのようなアプローチは，技術強化を助長するが，それは本質的な問題を解決するのに必要なことである．もし様々な利益集団が適切に管理に関わらないならば，水利用全体を改善しようという彼らの努力は意味がなく，むしろ要求されていることにとって逆効果にすらなるものと思われる．

8.2　3つの主要な課題

制度的規制的枠組みは，3つの主要な課題を実行することができるように整えられねばならない．第一の課題は，住民および社会の様々な活動に対応して給水することである．増大しつつある都市中枢への適切な給水と処理は重要な技術的課題であり，必然的に財政的支出を伴う．世界水委員会(World Water Commission)が決定した水質保全目標が2025年までに達成されねばならないなら，水部門および関連業務への投資の水準は，実質的に少なくとも現在の水準の2倍は増額せねばならないだろう(WWC, 2000)．水質保全は，都市水供給よりもずっと広範な業務に関わるが，この要素が大きな部分を占める．メキシコ政府によってなされた約束は，課題の重要性が驚くべきものであることを示している．この国の最重要都市3つの要求を満たそうとするならば，教育，衛生および社会保障，農業，畜産および農村開発を含む全公共部門への総国家投資以上の金額がかかるであろう(Tortajada, 1998)．容易にアクセスできる水源が既に開発されてしまっているので，水の追加供給は，遠距離でしばしば都市と比較して異なる標高から運んでくることになり，技術的観点からいっても，また結果としての費用上昇を伴うエネルギー要求との関係でも，漸次処理が難しくなっていく．

もう一つの主要な業務は，水が使用された後に，水に安全かつ適切な処理を行って処分するための処置をすることである．とりわけ密集都市環境における水利用の

第8章 社会的,制度的,規制的問題

増大とともに,排水や排液の量と質が都市の持続性に対して重大な脅威を形成している.流域での周期的・連鎖的影響を通じて住民および環境に影響を及ぼす汚染物質の多くは,浄化するのに最大100年のタイムスケールが必要である(Peters and Meybeck, 2000).それゆえ,水供給に集中して,水が使われた後でそのことが水にどんな影響をもたらすかにわずかな注意しか払わないという大多数の国で見られる傾向は,重大な環境的負債をもたらすであろう.

既に今日,未処理の汚水・排液を小規模な河川や水塊に排出することで,新鮮な水源がいとも簡単に不快かつ不健康な水溜りに変質しているが,それらはいかなる目的にも使用できない.たとえそれを伝統的な意味で用いないにせよ,質の劣化した水は,水生・人工生態系の機能,そしてひいては社会にまで影響を及ぼすであろう(WRI, 2000).人間の健康および生態系の機能への影響(それはそれで十分ひどいものである)はさておき,多くの産業プロセスにおいて良質な水が必要とされることに注意するのは重要である.汚染は,だいたいにおいて産業部門とそれに関わる都市部門によって生成されているものであるが,産業がその操業継続のため水を保全する問題に取り組んでいるという状況を進展させることに,結果的に貢献している(Blomqvist, 1996;Hertsgaard, 1998).

3つ目の課題であるが,伝統的な水管理の議論において驚くほどわずかな注意しか払われてこなかった.ますます希少かつ脆弱になりつつある資源を最も有意義に分配・利用するように最高に促進するような,社会における実際的な水利用および制度的取決め・刺激策,そして制裁措置にそれは関わっている(Kemper, 2000).たとえ都市中枢への供給増大が技術的・財政的に可能でも,増大していく水需要やどこから水を求めるのか曖昧な地域での水利用はますます矛盾をきたしている.したがって,需要および利用の管理は,都市システム自体のみならず増大していくサポートエリアにも関わっている.地域の表流水源・地下水源は,都市中枢での供給で要求される増加分を調達するには常に不十分だからである.賢明な利用と再利用の選択肢は,都市外部のサポートエリアへの依存と影響を減じる都市水管理の例である.都市における地下水の超過汲上げは注意すべきもう一つの問題である(Foster et al., 1998)が,これについては技術的解決策はない.

3つの課題間の連鎖は重要である.都市における水の利用・再利用は,供給に必要な,したがってどこかから導水してこられる(汲み上げられた地下水も含む)水の量を決定する.水源の利用は,生成される排水の量と性質に関係してシステムの他の

8.2 3つの主要な課題

部分に与える影響を決定するだろう．水の分配と利用は，社会的・制度的そして政治的判断に関わる．

3つの課題は，概略的に**図-8.2**で描写している．図で示されているように，これらの課題は，異なる技術とアプローチを必要とする．多様な利用者に給水処理することは，技術能力と，もちろんのこと要求される構造を構築するための財源を基本的に必要とする．同様に，汚染および環境劣化を扱う問題は，だいたいにおいて財政的・技術的に要求の多い業務である．さらに，生物学的・化学的見地からの適切な理解も必要である．

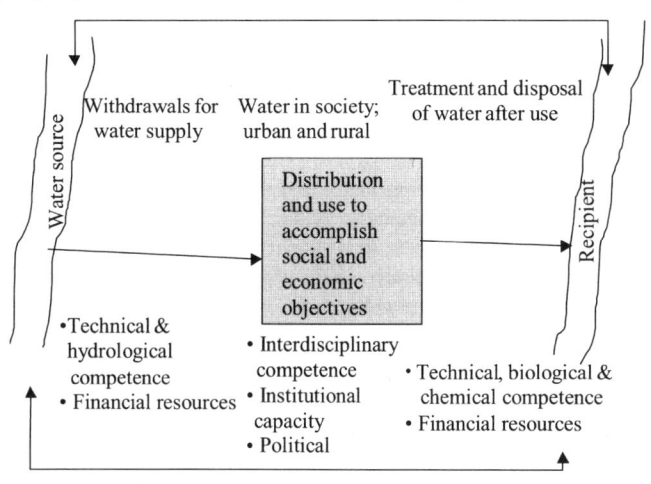

図-8.2 水管理に関する3つの原則的業務，およびそれに要求される能力と資源

水の分配・利用の管理には，給水および排水・排液の処理・排出と比較した場合，非常に異なるタイプの能力が要求される．非効率的使用および汚染に対する制裁措置は，全体としての都市地域の必要を満たす努力とともに重要なものとなる．多くの場合，水道事業は社会の一部に向けられる一方，住民の他の部分は水道・衛生事業への容易なアクセスを享受できない．通常，苦しむのは貧困層と環境である．様々な社会の部分や居住地において高度に変化しやすいアクセスと，全体としての都市地域における水と環境の質の低下は，都市の持続性にとって2つの重大な問題である．

図-8.2に示されているように，都市水管理のこの部分は，学際的力量，制度的社会的に適応性のある能力と政治的意思を前提とする(Olsson and Lundqvist, 2000)．支援的管理の結合は，明らかに管理にとって非常に必要とされているシステムを代

表するものである．そのようなシステムに関する青写真はないが，これまでの不透明で覇権的かつ中央集権的な決定作成システムに代わって，チェックアンドバランスを伴う透明なシステムが必要である(Turton and Meissner, 2000)．

　第一の業務への先入観および排水・排液に注意を向けることへの相対的な無視は，緊急の必要および増大していく追加的給水の要求の面から見れば理解できる．さらに，排水処理にはきわめて費用がかかる．概して，一定量の給水にかかる費用は，一定量の排水を処理するのにかかる費用よりずっと低い(Serageldin, 1994)．現実の水利用管理の欠落およびこの種の管理機能を充たす適切で効率的な制度の欠如については，別種の説明が要求される．この関心における一つの見方は，伝統的に水管理に結び付けられてきた狭い範囲の視野と技術というものである．以下(8.3)で詳しく述べるように，大規模な供給側の技術的努力が水管理の理解を支配してきたのである．

　今日，水管理は，技術的観点のほかに複数の別の観点を含まねばならない仕事であることが広く認識されている．無論，技術的観点は，基本的に重要でありつづけているが，社会的・制度的・規制的次元は，大きな割合を担っている．関連する疑問のうちいくつかはこうである．誰が様々な水道事業を提供するのか，そしてどういう条件のもとでそれらのサービスは供給されるべきなのか．伝統的な答えはこうである．公共部門水道事業が供給し，サービスは補助金を受けるか無料であると．もちろん，新たな解答が必要である．

　今や，新しい一連の問題が取り扱われる必要がある．いかにして経済的で受入れ可能なサービスが手配されうるのか．市民社会組織と利用者自身は，水管理をとり行うのに要求される能力をどの程度持っているのか．サービスを受ける地域と住民に関して，市民社会が管理する範囲とは何なのか．そして，いかにして市民社会イニシアティブが適切に活用されるのか．

　市民社会内部の団体間にはもちろん対立があるし，公共の管理処置が拙劣に行っている管理業務を引き継ぐ用意が自動的に整っているとできるほどの内在的管理文化は，市民社会にはない．例えば，透明性と先見性の欠如，リーダーシップの引継ぎや技術的熟練の限界についての貧弱な関心など，多くの市民社会組織には不完全さが伴う．だからこそ，いかにして市民社会組織の業務が調整されうるのか，そしていかにして市民社会組織，専門家そして公共部門の関係が進展しうるのかを論じることに価値があるのである．

8.3 新しいハイブリッド社会契約

　水管理における公共部門の役割と市民社会の関与をよりよく理解するために，水管理の原則の歴史的発展について短く紹介をするのは有益である．現在の水管理システムにおいて優勢なシステムは全世紀末か，いくつかの場合にはそれ以前に発展したが，それは政府と公衆との間の暗黙の契約によっている(Turton and Olsson, 1999)．

　当初，共同体構成員は自分自身で水道事業の手配をせねばならなかった．個々人が最早個人的生存および発展のために十分な水を集めることができない時に，政府が徐々にこの責任を引き受け，遂行していく．歴史的に，この過程は多くの社会で長期にわたって進展してきたが，政府が徐々に水道事業の主要な機関および実行者になっていったのは20世紀のことである(Turton and Meissner, 2000)．この水の社会契約は，制度発展の基礎であるとともに，公衆が公正かつ合法的であると判断するものをも決定する．指摘されるところによれば，少なくとも2つ(おそらくもっと多くの)の水の社会契約についての形式がある．

　歴史的に，最初の変化形態は，水の社会契約に関するホッブズ型として知られ(ibid.)，Thomas Hobbesの思想を反映したものである．彼の鍵概念の一つは，強力な中央権力の樹立と，市民によって彼らの事柄に関する権利を譲渡される全能なる支配者(リヴァイアサン；Leviathan)の必要性に関わるものである．代償として，支配者ないし国家は市民に財産を保障しカオスを回避することが可能であるとされている．この変化形態のもとでは，厳密な専門家集団の発展をもたらす「社会的水力団体；hydraulic mission of society」(Reisner, 1993；Swyngedouw, 1998)が樹立されるが，その団体は社会が成長し繁栄できるために水を流通させる高貴な責務に従事する．したがって，「英雄的工学；heroic engineering」の時代(Platt, 1999)が生まれ，その時代においては水力工学者が一連の「水力の奇跡；hydraulic miracles」(Reisner, 1993)を演じるか，「自然の演出；production of nature」(Swyngedouw, 1998)に従事する．政治的かつ社会的に認可される戦略は，ますます遠くなる水源からより多くの水を得ることである．こうした条件下では，水供給は，主として技術的課題として見られる．水は，有限かつ脆弱な天然資源というよりは消耗品として扱われる．それは水循環の一部をなし，社会のみならず景観のうえでも基本的機能を果たすも

第8章　社会的，制度的，規制的問題

のである．公衆にとって水は蛇口から出てくるものになり，清潔で健康的であることが期待され，そして無料ないし補助された料金で供給されることが期待されることになる．

　水政治的な見地からすると，これはまた Homer-Dixon（1994）が「資源獲得；resource capture」として描いた時代でもある．例えば，都市は水およびその他の資源を獲得することによってのみ成長と拡大を続けることができるが，それらは都市自体からはますます離れた地域から入手可能なのである．高度に洗練され，費用のかかる長距離の水移送は，米国，中国，カナダ，南アフリカ，インドなどを含む多くの国々で見られる．合法的な行政的取決めや合意手段を通じる以外の資源獲得は，社会の社会的・政治的関係にあまねく影響する．拡大していく都市への給水増加は，水源に対する公的な統制と，あるいは引き出す地域の住民の同意なしには不可能である．

　社会の水に対する必要性と需要の増大のため，ホッブズ型の管理システムはますます追求することが困難になっている．徐々にロック型と呼ばれうる第二のタイプの水-社会契約が発展している．それは John Locke の思想を参考にしているが，彼は，政府と公衆間の「社会契約；social contract」を通じた権力共有を論じた（Turton and Meissner, 2000）．相互性の原則，すなわち契約の有効性は，諸々の集団がそれぞれの義務を果たすかどうかにかかっているという点で重要である．この新秩序は，中央集権的で技術的に支配された水管理戦略への反動の結果である．新たな水-社会契約が発展する最初の糸口の一つは，広く行きわたった水事業形態が水管理の支配的な原則であることに疑問を投げ始めた利益団体が社会内に登場してきたことにある．水管理に対する認識の変化は，必要とされ約束されたサービスを中央政府が供給するにあたって長引く無能ぶりや，しばしば一層ひどくなることによって刺激されている．例えば，旱魃ないし深刻な環境的脅威に関する事件は，新しい取決めへ世論を動かすのに役立っている．現行の水管理システムの見直しの必要に対して出現した意識の中心は，政策決定における共同体の関与なしで，そして主要な社会-経済問題の満足な解決なしで，さらに遠くの水源からより多くの水を常に供給することについての，社会的，財政的ないし生態学的見地から見た費用の問題である．

　政府と公衆間の新たな関係は，集権的決定に対するチェックアンドバランスの概念に基づいて構築される．政府は，水管理の唯一かつ支配的な機関という伝統的役割から手を引く．NGO と CBO は一層重要になり，公益事業の民営化は一つの受容

8.3 新しいハイブリッド社会契約

された秩序となる(**図-8.1**参照).これはしかし,政府が全面的に管理責任から撤退することを意味しない.管理業務を担う新しいアクターとともに,規制的取決めは決定的に重要となる.政治的な支援と同意がなければ,市民社会から出る操業者が多くの基礎的な水管理業務を遂行するのはきわめて困難であり,しばしば不可能ですらある.規制の効かない地域へ水を供給するために設備・機構の投資をすることは危険なので,政府ないし地方自治体当局が公的にそのような機構をしばしば無償で引き受けるかもしれない(Collignon and Vézina, 2000).

管理処置の移行と平行して,水に対する認識が変化し,深化する.2000年3月ハーグにおける第2回世界水フォーラムに関連する協議では,水に関する認識は今や水が希少な価値であるとともに,水は基本的人権とみなされるべきだとの強い申立てを含んでいると説明された(WSSCC, 2000;Gleick, 1999).ロック型の水-社会契約のもとで,人間はもはや彼女ないし彼自身を自然の上位に存在するとみなさず,代わって自然のつくり出した諸要因のうちに生きることを求めることを提案する世論の強力な声とともに,自然において人間の占める位置が再定義される.劣化した河川を再生して都市景観の中に再統合したいという欲求の出現は,こうした徴候の一つである.それはまた,天然資源は,節度にのっとって使用されねばならないことを示唆しているが,その場合の節度は,人口の急激な膨張と貧困緩和の必要を考慮に入れるものである.

2000年3月にハーグで公表された世界水ビジョン(World Water Vision)が政府と市民社会,民間部門との間の関係を中心テーマの一つとしていることは興味深い(WWC, 2000, 7).「…所有者意識と地方利害関係者の強化(のための)共同体の一層の参加」(Cosgrove and Rijsberman, 2000, 64)を求めるこの三者同盟は,ロック型水-社会契約の表明以外の何者でもない.世界水ビジョンは,「政策決定者と専門家が市民とのパートナーシップを伴った形で設計される」21世紀のための新水政策を促進することを追及する「水のための社会憲章;social charter for water」によって支持されている(Agence de l'Eau, 2000, 22).同様に,上下水共同委員会(Collaborative Council for Water Supply and Sanitation)は,「地方の努力,地方のイニシアティブ,地方のリーダーシップを強調することに移行」(WSSC, 2000)することが重要であると論じている.

市民社会組織によって実行される活動への規制と支援は,今なお公式の統治システムにとって重要な業務である.法的規制的枠組みなくして,管理がよく機能する

ことなどは考えられない．このため，公的規制システムが明らかに必要であるが，それは同時に社会的・経済的そして環境的目標に従った刺激策と制裁措置を提供するものである．手短にいえば，水は「あらゆる人々の仕事」とならねばならないのである(Agarwal and Narain, 1999；WWC, 2000；Cosgrove and Rijsberman, 2000)．

8.4 歴史的経験と新千年紀

　我々があらゆる洗練された技術と蓄積された知識，そして人類の経験に関する膨大な潜在力を持って新千年紀を迎える時にあたって，重要な課題が世界の最も基本的な資源—水および土壌資源そして大気の良好な管理であろうということは実際皮肉なことである．発展を促進しようと努力するうえでのハードウェアおよびソフトウェアの適用により富の生産は増し，環境状態は損害を受けた．技術発展を伴った都市生活と富の増大は，人々を自然から遠ざけ，水循環の譲れない性質とその他の天然資源の現象に関する健全かつ適切な理解を侵食することを促進したかのように見える．

　もちろん経済成長は，大量貧困が行きわたった地域においては大いに歓迎するところである．だが通常，コインには裏側がつきものである．1970年代および1980年代に，東南アジアおよび東アジアでは，人類史上また国家間比較上前例のない比率で成長した．今日，この地域は，地球上で最も汚染された地域でもある．大部分の南側諸国の都市は，文字どおり呼吸可能な大気と安全に利用できる水を渇望している．

　世界の異なる地域の研究は，経済成長が汚染の重荷を生み出していることを示しているが，それはしばしば相対的に経済よりも早く増大する．GDPに関していえば，インド経済は1975〜95年の間に2倍になったが，同じ期間に産業汚染の負荷は4倍に達し，輸送機関による汚染負荷は8倍になった(Narain, 2000)．一つには急激な経済成長の結果として，また効果的な環境政策が実行されなかったことから，多くの河川と細流が深刻に汚染され，有毒な排水溝と化している(Agarwal, Narain and Sen, 1999)．

　汚染不可は，生産過程だけから発するのではない．富の増大とともに，消費パターンと家庭の特性がますます影響を与えるのである．アジア開発銀行の行った算出

8.4 歴史的経験と新千年紀

によれば，カラチやカルカッタのような低所得都市の中心における1人当り1日の固形廃棄物産出量は0.4〜0.7 kgである．ソウルのような高所得国の都市ではおおよそ6倍の量を産出する(Shah, 2000)．比較までに，日本全体(すなわち，都市区域の廃棄物だけでなく)で産出される廃棄物の量は，1990年代初頭で1日1人当り1.12 kgと控え目である(Matsui, 1996)．日本で都市の構成が全国の平均とどの程度異なるのかはわからない．廃棄物および汚染物質の量の増加に関わる課題は，地球大の経験である．OECD諸国に対しては，「…排出を豊かさから切り離すことは今でも一般には理解しがたい」と報告されている．OECD諸国における30年にわたる環境・廃棄物政策の努力にもかかわらず，数値の示すところによれば，廃棄物産出量は，経済成長に比例して増えつづけているのである(OECD, 2000)．

8.4.1 歴史的経験を繰り返すのか，それとも代わりの発展する道があるのか

生活水準の改善と大量貧困を緩和することへの期待は，とりわけ短期的に見た場合，水資源および自然生態系への圧力を増し，大量の廃棄物と汚染を生み出す傾向にある．こうした課題の大部分は都市区域に集中する．住民の大多数にとり，貧困の減少と生活水準の改善に取って代わる受け入れ可能な案はない．だが安全で健康的な生活状態の重要性に対する認知もおそらくは増している．社会経済的その他の生活状態の改善および環境の防衛は，ばらばらに対処される傾向にあり，物質的生活水準を改善する努力が優先されてきた．増えつつある研究で述べられているように，2つの目標は結び付けられねばならない(例えば，Berkes and Folke, 1998)．

歴史的には経済成長と環境の劣化とのつながりは必ずしも上述したような「豊かさと排出」の間のつながりを反映したものではないことが観察されている．環境の劣化は，その改善の記録がなされた後に一定程度に至るまで経済発展が継続する傾向にある(Arrow *et al.*, 1995)．この歴史的関係は，経験的観察にすぎないものの，しばしば反転したUカーブを描く(**図-8.3**)．それはしかしながら，時に経済発展の初期段階における経済成長の優先と，効果的な環境政策の展開・実行の延

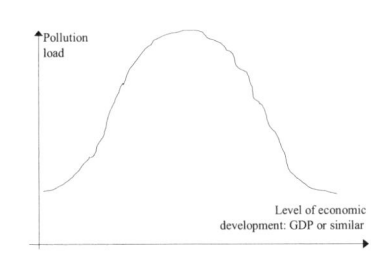

図-8.3 汚染負荷と経済発展水準の仮設上の関係に関する図式的カーブ

第8章 社会的，制度的，規制的問題

期のための議論ないし弁明としてなされる．それはまた，際立って大きな投資なしに実行できないという言い訳としても使われてきている．生活水準改善を求める住民の大部分からの深刻かつ差し迫った要求を考えれば，南の途上国諸国において経済成長に高い優先順位が与えられることは驚くにあたらない．経済成長による環境危機は，発展の物質的要素と比較した場合，概して一層理解しにくいことから，効果的な環境政策を先延ばしにすることは都合の良いことでもある．さらに，場合によっては，概して求められた品物が生産された後に問題が現れるのである．

歴史的経験に関していえば，汚染負荷や環境的衝撃を減じるのに効果のある環境意識および技術は，比較的最近発展してきた．ヨーロッパ，米国および日本の諸都市は，流行を逆転させる協調行動がとられる以前はきわめて汚染されていた．幾つかの場合においては，状況を改善する努力はごく最近のことである．EU の首都ブリュッセルでは，下水処理プラントを建設するシステマティックな努力がなされたのは，やっと近年になってからのことである．

しかし，21世紀の問題は，20世紀の経験に従ってアプローチすべきではない．現在，産業発展の初期段階にある国々にとって現実的課題は発展を刺激することであるが，それは逆 U カーブに要約される歴史的経験を繰り返すことにはならない．「平常どおりの仕事；business-as-usual」アプローチが「ひどい(nasty)」結果に終わりやすい(WWC, 2000)ことは繰り返し警告されてきた．迫りくる「水殺し(hydrocide)」(Lundqvist, 1998)，すなわち，重大な水質劣化の意図的な無視を防ぐことは，世界の多くの国々，わけても都市区域にとっては決定的に重要な課題である．都市区域における水政策は，国全体のそれと同様，効果的な環境政策において中心的かつ総合的な要素でなければならない．それは，産業その他の開発を志向する現実的政策と結び付かねばならない．環境政策をそのためにより大きな資金割当てが可能となる十分な経済になるだろうと見込んで延期することは，アジア地域における最近の経済後退によって示されたように誤っている．大幅な政府予算の縮小により環境保護対策費がかなり削られた．例えば，タイの排水部門は，1997～99年の間に38％の予算縮小を経験したのである(Shah, 2000)．

したがって，南の途上国諸国の人々のより良い将来を創出する努力において，世界の別の場所で行われたことを繰り返すことは，効果的でも現実的でもない選択である．問題の重大性と都市区域の劣化の急激なペースを考慮した場合，時間枠は短くとらねばならないし，西側諸国で環境政策が発展してきた期間と比べるべきでは

8.4 歴史的経験と新千年紀

ないだろう．こうした状況のもとでは，実行可能な開発と環境の政策の同一化と実施は困難な仕事である．様々な利害関係者のより広範かつ積極的な関与が改善された水源管理にとっての主要な前提であるとしばしば提言されている．Newman(2000)は，新たな都市水管理は，富める都市であれ貧しい都市であれ，集水域の視点から総水循環が認識され，地方の共同体プロセスが管理戦略において十分に認識され統合されるようなプロセスであるべきであると論じている．水利用者および多様な利害関係者に注意を向けるのは，水危機に取り組む戦略に関する議論に共通の特徴である(WWC, 2000；WSSCC, 2000)．

8.4.2 二足歩行：西側諸国における経験

ヨーロッパ，日本，北アメリカで前例のない経済ブームに見舞われ出したのは，第二次世界大戦以後の時期である．1950年代までには，東京，ロンドンからロサンゼルスまでの都市は，汚染のもとで窒息していた．例えば，ストックホルムは，都市周辺の水が大部分の用途に適さないと考えられるほどに深刻な影響を受けた．今日，ストックホルムおよびその下流の群島は，環境管理のサクセスストーリーと見られている．汚染負荷の減少および下水・排液の処理により，受水域状態は不健康な水溜りから，人々が入浴に使い，魚釣りをし，そして市の中央の川から直接水を飲みさえするような水源に変わった．しかしながら，ストックホルム下流域の沈殿物には，何世紀にもわたって蓄積された膨大な量の重金属沈殿物が含まれることが指摘されている(Jonsson, 2000)．

西側社会は，水および環境的脅威に対し，法的・規制的手段，経済的刺激策および制裁措置，そして汚染制御の投資の増額を組み合わせて反応した．1970年代にこの政策の実行は大幅な投資となって表れた．例えば，日本では，公共・民間部門の投資がともに非常に低い水準から全投資およびGDPで大きな部分を占めるまでに増加した．1975年前後の数年間は，大企業(つまり，全部門ではない)は，汚染制御対策に年間約1兆円を使った．最近の投資水準は，この20～30%である．1980年代半ばの中央・地方政府の環境保護への予算割当ても約1兆円で，これは1970年代初め以来の公共投資水準である(日本の環境庁の数値)．

スウェーデンでは，1960年代末の環境立法の導入と水道料金の急激な値上げの組合せが大幅な改善に貢献した．ストックホルムでの給水および処理プラントの投資

は，1人当り推定320ドル(3000スウェーデンクローネ)に達し，一方，給水のための配水網および下水導管建設への投資は，だいたいその10倍ないし3200ドル(3万スウェーデンクローネ)である(私信．Lars-Gunnar Reinius, 2000)．これらの数値に，新しい生産技術その他の変化に関して産業の行った投資も付け加えられるべきである．これらは環境的考慮によって動機付けられたかもしれないし，そうでないかもしれない．こうした対策の結果，産業および家庭，すなわち主に都市地域における水需要が劇的に減少した(**図-8.4**)が，負担する汚染負荷についても同様である．

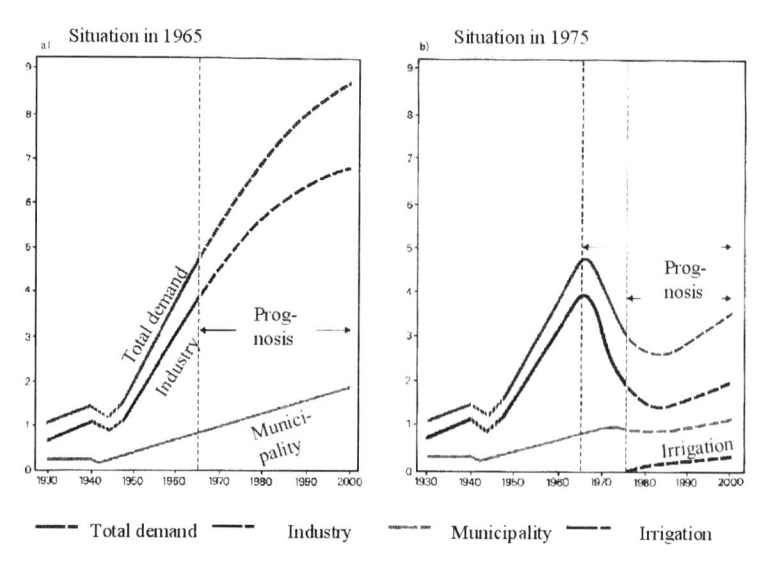

図-8.4 スウェーデンにおける1930年以降の水需要．1965年(左図)と1975年(右図)のもの．出典：Mar del Plata における UN Water Conference(1977)の Swedish Ministry of Agriculture の報告

排液処理と組み合わされた新しい生産技術がこの変化の重要な構成要素である．

　西側諸国の環境政策の明らかな成功は，大まかにいって，民間のビジネス領域における変化とともに公共部門を通じて同時的変化がなされたという意味で，二足歩行と表現されうるものである．公共部門は，エンド・オブ・パイプ的解決策を準備した．多くの都市は，第三段階の下水処理プラント，すなわち以前からあった機械的・生物学的処理にリンの化学沈殿を加えたものを含む，様々な経過を経てきている．民間部門は，生産技術の近代化，それゆえ生産における水の投入需要を大幅に減少させることと，排水・排液を通じて受入れ先へ排出していた汚染物質の量を減

少させることによって経済刺激策と規制に反応した．しかし，現在のEU内の水政策は，結果として重い負担となる投資でもって水質を改善することについて諸国への圧力を著しく増すものとなっている．

　西側諸国の環境政策の発展は，今までのところ，突進というよりは「歩み」であったというのが適切である．環境政策は，通常，1960年代および1970年代以降に結び付けられるが，確かにすべてではないにせよ，多くの国々がそれ以前から様々な種類の環境制御対策を実行し始めていた．例えば，スウェーデンでは，3つの段階がそれぞれの段階の間に20年の間隔をおいて確認されている．1930年代には機械処理が導入された．20年後，生物学的処理が一般的になり始め，さらに20年後，第三段階すなわち化学的処理の導入時期が成熟した(Cronström, 1986)．したがって，西側諸国における水政策およびそれに伴う環境政策の発展は，かなりの長期にわたって進展してきたのである．概してそれは，社会における様々な利害関係者を横断する新しい環境政策の健全性に関する合意の文脈の中で調整された．環境規制に従うことへの反対および怠慢は，もちろん見受けられた．しかし一般的に，強制執行と訴訟は，この過程における特徴的側面ではなかったのである．

8.5　南の途上国諸国の都市の動態：社会経済的および環境的観点

　南の途上国諸国にとって，西側諸国で起こったことと比較した場合，多くの面で文脈が異なる．南諸国の都市環境に象徴される急激な変化，そして制度的・政治的構造の発展に関する一層不穏な歴史の前では，西側の経験を用いる可能性は制限される．決定的に重要な問題が必要と需要を扱う財政的・技術的要求を中心に展開している．短期的に見れば，南諸国は西側アプローチに倣うのに要求される資源をほとんど供給できない．しかしながらこうした課題は，社会的努力と制度的・規制的システムの効率性に非常に深く関わっているのである．

8.5.1　機会と困難

　南諸国において，都市の成長速度はきわめて速いが，それは経済状態が好調な国においても社会—経済発展が遅れている国においても同様にそうである．アジア太

第 8 章　社会的，制度的，規制的問題

平洋の都市中枢は，年4％の速度で成長する一方，アフリカの最も開発が遅れている国々のうち幾つかの都市は，年5％の成長率を経験している(WRI, 2000)．成長率は，すべての大陸で低下しているが，増加の絶対数においては，20世紀最後の20年間と比較して今世紀最初の10年間の方が実質的に高くなるものと見積もられている(*ibid.*)．一般的に，成長は農村から都市への移住と関係している．農村地帯の機会は，緑の革命の導入，水の開発供給計画，共同体開発計画などの導入との関係で，数十年前は比較的良好であった．世界のその他の地域では，例えば，植民地支配のように都市地域への移住が抑制的・選別的であったことから，農村地域が住民の大多数にとって唯一の選択肢であった．南アフリカでは，アパルトヘイト体制のもと，「健常者」以外の都市地域への家族の移動は許されなかった(Schreiner and Naidoo, 1999)．

今日，農村地域の機会は，都市経済が顕著な所ではより曖昧になっている．数年前，世界銀行によってなされた見積もりによれば，開発途上国における将来の経済成長の80％が都市区域において行われるということである(World Bank, 1990)．アジア開発銀行は，アジア経済の総成長に対する都市区域の貢献を算出するに際し，同じ数値，すなわち80％に到達した(Shah, 2000)．

しかしながら，経済的機会は，都市区域の大多数の住民にとっては制限され不安定なものである．都市の家庭の多くが定期的収入を持たず，一時的で臨時の仕事に頼らざるを得ないでいる．したがって，CollignonとVézina(2000)の報告にあるように，日常の支出は，普通，支払い可能である一方で，月々の水道・下水サービス料金を支払う可能性は乏しい．

結果の一つは，都市成長のきわめて多様な性格と社会状態の顕著なばらつきと分離である．都市システムの拡大は，旧市街の犯罪と環境崩壊から逃避することを望む富裕な中産階級が居住する目的で隔離された地域の増大によって特徴付けられる．商業，ホテル，オフィスなどの市街から郊外その他の立地への退去は，職業の機会と税収が縮小していくことを意味する．この種の都市システム拡大のため，システムの幾つかの部分の劣化を扱うのに必要な資源は手に入らない．住民全員が移住できるわけではなく，取り残された人々は大変な経験に直面するであろうし，そのうちの多くは社会的秩序を悪化させるであろう．ヨハネスブルグのダウンタウンは崩壊が顕著で，新築のビルさえ放棄されて，公的・法的制度および組織が機能するのに多大な困難を伴う都市の一例である．

8.5 南の途上国諸国の都市の動態：社会経済的および環境的観点

都市経済は好況を博しているが，急速な人口増加に対する計画業務の重要性は，巨大なものであり，許容量は制限されている．新しい枠組みの費用は，現在機能している枠組みと比較して，しばしばその2倍から3倍になる(Macy, 1999)．急速に成長する都市で必要とされる供給をかくも急な速度で増やすために必要とされる効果的な財政資源など公共部門にはないし，またほとんど生じ得ないと思われる．投資水準は，もし確認された課題が満たされねばならないとすれば，「少なくとも現在の2倍の水準」にまで正味実質的に増額されねばならないと見積もられている(WWC, 2000)．多くの国で予算状況が引き締められ，一方，社会のあらゆる階層からサービス増加および改善に対して要求がある中，伝統的に公共部門が関わってきた部分において，政府の財政資源からさらに大きな供給を得る可能性は乏しい．住民の大きな割合が若いという人口統計状況で，また共同体の多くが低所得か非公式の収入に依存している場合，税に関わる公的収入は必要から見て小規模である(Drangert, 2000)．

8.5.2 当局と非認可居住地

都市部門の許容限界はさて置いたにしても，都市区域のかなりの部分は別の理由からサービスにアクセスできないでいる．居住地と活動の増大は，広く計画された地域の外でなされている．住むための土地を求める人々にとって，選択肢は非認可地域か規制地域かどちらかで場所を見つけようとすることであるが，結果としてこれらの地域にますます人口が密集することになる．高い人口密度と拡大する非認可地域(人口密度はきわめて高い)の組合せは，南の国の急激な都市化の典型的な特徴である．

非認可地域に住む都市人口の比率は，一般的に全都市人口の30〜60％である．世紀の変わり目において，非公式の地域に住む住民数は，10億人という信じがたい数字が見積もられている(Foster et al., 1998)．多くの場合において，これらの住居は認められておらず，すべてないしは基本的な公共サービスが提供されていない．これらの地域において公共部門が機能する公式の前提が全く欠けている．多くの政府は，非認可ないし非公式の居住地に住む人々に供給するサービスの利用を禁止する形で一歩を踏み出してきたが，それは供給が「誘因」となって非公式の住居が拡大することを恐れたためである．なお悪いことに，統治システムは，公共部門の能力

第8章 社会的,制度的,規制的問題

不足ないし怠慢という形で市民社会に必要なサービスの供給のしばしば障害となっている(Collignon and Vézina, 2000).

非公式の居住地と過密の結付きが水道事業を拡張する努力の主な障害である.非常に汚染された地域に対して,とりわけ従来のシステムは不適切である.ダルエスサラームでは,おそらく40％の人口が密集地域に住んでおり,家屋,商店その他の地形的特徴が給水・下水管理システムのための従来の構造物を建設する可能性を無に帰している(私信.Mark Mujwahuzi, 2000).アフリカやラテンアメリカの多くの都市について報告されているように,人々が冠水しやすい地域や切り立った丘に沿って住んでいる場合も,実行面での困難が発生する(Collignon and Vézina, 2000).公式の承認が欠如していることが問題を形成している.

非公式の居住地の急激な成長に伴い,社会的機能に必要とされる水供給のための社会基盤,下水処理およびその他の基本的インフラは,要求されているものと比較した場合,適切でなく,しばしば低水準である.こうした地域の住民にとって,状況は悪循環になっている.住居が承認されていないため,住民はしばしば贈賄や保護に頼ることでもって問題を解決せねばならない(Hasan, 2000;Tropp, 1998).人々が住んでいる土地の名前が欠けていたり承認がないことから,住民は公的信用へのアクセスも拒絶される.彼らには,月々の利息が通常10％ないしそれ以上の非公式のローン以外に機会がないのである(*ibid.*).

不幸な社会的・制度的状況は,非公式の居住地における住環境に典型的であるが,それゆえ共同体構成員にとって金銭面できわめて高くつくものである.集団的には,共同体は隣人の環境条件の崩壊に悩まされる.同時に,全体としての都市経済は,一般的に非公式居住地の住人が提供する労働力によって動かされている(**図-8.5**).非公式部門を構成する人々に提供される賃金は低く,人々は何の社会保障もなしに一時的にあるいは時給日給によって雇われ得る.

非認可居住地に住む人々の脆弱性は,もちろん彼らにとって非常に深刻である.間接的に,非公式地域における社会・環境状態の悪化は,全体としての都市システムおよび都市経済に影響するであろう.

それゆえ,こうした地域における貧弱な上下水サービスは,非公式居住地に住む人々の運命に関わる問題として見られるだけでなく,都市経済機能全体にとってもそのような問題なのである(私信.Michael Mutale and Dennis D.Mwanza, 2000).

非公式居住地の存在は見過ごすことも無限に否定することもできない.対応する

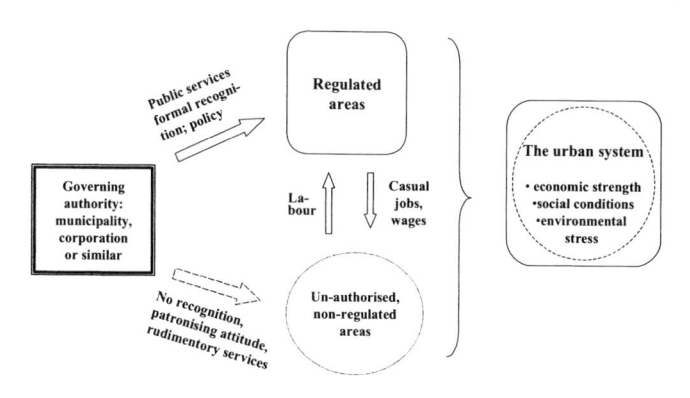

8.5 南の途上国諸国の都市の動態：社会経済的および環境的観点

図-8.5 都市部の規制地域と非規制地域の関係，および都市システム全体の運命に重要な意義を持つ非規制地域における課題を処理する方法に関する政策の欠如についての図式的解説

公的資源の増加なくサービスが供給される地域を拡張することは，もちろん貧弱な公共事業の問題を解決するものではない．もし公共部門が追加的資源を流通させたり，自身の問題を処理したりすることができないのならば，現実的な選択肢は，必要な業務を実行する市民組織を認可し支援することである．公共機関は，また都市システム全体にとってのシステマティックな解決が発見・促進されるように規制的取決めを提供しなければならない．世界の様々な場所で見られるように，民間供給業者と市民組織は，多くの決定的業務を遂行しているが，協力の程度は制限されたものである(Collignon and Vézina, 2000；Hasan, 2000；Drangert, 1997)．この方法で提供されるサービスが市民に広く受け入れられていることも，重要なこととして注意されねばならない．しばしば，常にではないものの，政府が請負業者を通じて問題を解決する場合のアプローチと比べて，それは安上がりな解決策である．

　非公式な性質は，貧困が蔓延している地域における顕著な特徴であるが，経済が活況を呈している地域にも共通するものである．非公式居住地の急成長と大量貧困の結合は，人口の極端な過密状態と公式・非公式の社会・経済活動が複雑に混ざり合うことに貢献している．一般に，産業ユニット，とりわけ小規模企業は，状況が不安定な地域で見出される．活動が屋内化されている建物は，しばしば限界期間を過ぎた保有期間が保障されないリース契約がされている．そのような環境のもとでは，企業は隣人の環境条件を改善することに貢献する施設に対して投資したがらない(Blomqvist, 1996)．また，小規模産業は産業活動に適しない地域に立地している

のが一般的である．デリーでは，産業ユニット数は約 12 万 6 000（1996 年）と見積もられている．これらのほかに約 9 万 7000 がいわゆる「不適合地域」，すなわち住宅地ないしデリー総合計画において産業活動に指定されていない地域に関係する場所に立地している（Ahmed *et al.*, 2000）．これらの地域に立地することは，労働力と地価が比較的低廉であることから便利である．だが同時に，経済的観点から見た場合，これらの小規模産業はきわめて危険である．

8.5.3　汚染の新しい範疇

あらゆる発展および人間活動に必須である水が明らかに都市成長の犠牲者であることは，重大な関心事項である．既存のアクセス可能な水源の過剰開発および表流水と地下水の劣化の点で，憂慮すべき傾向にある．人の健康への障害という点で，水質汚染によって引き起こされる苦痛や問題は，先般来関心事となってきた（WSSCC, 2000）．南の国における水質問題の認識は，貧弱な下水・衛生行為による細菌汚染と関連する傾向にあり，人間の健康と幸福に対する脅威が強調されてきた．

飲料水―下水―貧困―人の健康の間にある関連への注意が当然第一の関心事であるが，水質に対する新たな脅威について認識しておくことが重要である．それは，成長する産業部門，交通システム，そしてエネルギー生産からくる相当量の汚染負荷に関わるものである．それは依然として低水準の社会―経済発展に関係しているが，貧困よりもこちらの方との関係が強い．この種の汚染は，優れて経済構造・産業成長，とりわけ上述した小規模ユニットの結果である．システマティックかつ厳格な汚染制御手段の欠如により，問題が悪化している．政策の欠如，ないしはむしろ適切な履行の欠如は，現行の制度的・規制的システムの弱さと法的・規制的システムに圧力をかけうる社会的な力が欠けていることの表れである．

8.5.4　流域事情への総合的アプローチ

小さな地理的地域において人口と経済活動が増大するに従い，その地域にとって水管理における総合的アプローチの重要性がますます高まる．

総合化は，都市区域の状況と同じく河川流域事情の状況にも関わる．都市内部においては，産業，商業建造物そして公共機関，すなわち学校や病院が給水処置を自

8.5 南の途上国諸国の都市の動態：社会経済的および環境的観点

前で操業しているのが一般的であり，中には環境劣化の促進を低減させる措置を講じているものがある．同じく個々の家庭に対して，例えば，住宅建設や水道管への結合その他で，公的供給はしばしば不適切である．諸々の理由により，地下水はしばしば最も便利な選択肢である．Foster(1999)は，「…おそらくアジアの10億人以上の都市住民およびラテンアメリカの1億5000万の人々が井戸，泉およびさく井による水源に依存している」(p.125)と見積もっている．

　もし地下水の広範な汲上げが都市水管理のための総合計画の一部をなさない場合，多くの厄介な結果が現れてくるであろう．例えば，浅い井戸は，結果として枯れるだろう．もう一つの結果は，下水の量が異なること，通常は水利計画の水量よりも多いということである．下水量がほとんど見積もられておらず，また水質汚染の料金請求の可能性が給水に関連付けられていないことから，共通処理プラントの設計は問題になる．そのうえ，沿岸都市においては過剰な地下水汲上げによって塩水の浸入する危険性が増加する．それは社会的には，私有の井戸を利用していて経済的対策を有する者は，ますます深い層から水をポンプで汲み上げるが，一方で浅い井戸に依存する人々は，このような選択肢を持たないということを示している．

　別の種類の総合化は，都市中心が位置する流域における都市水管理の必要性である．下流域に位置する都市は，当然ながら上流域に位置する都市とは別の問題に直面する(Falkenmark, 1997)．河川は，生存の源であるが，同時に社会から生じる廃棄物や様々な副産物の受入れ先である．地下水で差を埋め合わせない限り，上流の取水の増大は，必然的に河川下流域における水量が減少することを意味する．取水量の増大は，諸々の水単位が激しく利用されることと，一層多くの下水・排液が河川に流されていくことを意味する．その相乗効果は明らかである．すなわち，より多くの汚染物質が受入れ河川に流され，その一方でその希釈能力が低下するということである．

　降雨量の少ない条件下にある大都市（その場合，河川の基本流水量は小さい）において，自然流量と水路を通じて受入れ河川に流される下水・排液の量との間のバランスは，都市の規模により増大する．南の国の都市中心を流れる河川は，今日，都市産業集合体の産出する廃棄物により文字どおり下水溝と化した．「21世紀の水世界委員会；World Commission on Water for the 21st Century」ハイレベルパネルによれば，世界の河川は危機にあり，「ある河川は瀕死の状態であり，ある河川はこのままでは死に至り得る…世界の有名な河川の半数以上が深刻に消耗しかつ汚染され，周

第 8 章　社会的，制度的，規制的問題

囲の生態系を劣化させかつ毒殺し，その結果，灌漑・飲料および産業用水をそうした河川に依存している人々の健康と生活が脅かされている」(World Water Council, 1999 ; http://worldwatercouncil.org ; Press release, 29/11/99).

　インドは，都市区域および河川沿いの人口の大きな割合が継続的悪化の状況に直面する国々の一つである．Yamuna 川沿いに位置するデリーからは劇的な悪化が報告されている．デリー市は Yamuna 川流域の集水域の僅か 2 ％しか占めないにも関わらず，当該地域からの汚染負荷貢献は，流域における全汚染負荷の約 80 ％になるのである(GoI, 1997, 10).

8.6　水利用および汚染軽減政策の段階

　不幸なことに，水が使用された後，水に何が起こっているのかについて焦点を当てる緊急性があまねく認識されているわけではない．廃棄物問題や水質低下(それは環境の劣化をも意味する)の脅威に対処する人間の創意の発展度合いは，水およびその他の資源を開発することに関わる発展と比較した場合，遠く及ばない．これらの事項における問題を回避する戦略は，一般に概念化が貧弱であるうえにほとんど進められていない．しかしながら，環境政策が発展してきた 3 つの段階を確認することができる．第四の段階もまた以下で論じられるが，現在のところあまり明瞭に表現されていない．しかし，それは包括的かつ効果的な汚染軽減政策の発展における決定的要素として表れている．

8.6.1　第一段階：視界から遠ざけ忘却する戦略

　産業成長・都市化の初期段階で環境に関する意識が制限されている時には，副産物および人的廃棄物の量的増大に対処する戦略は，通常単純だが見かけ倒しな方法でそれを処分することである．「視界から遠ざけ忘却する；out-of-sight and out-of-mind」アプローチは常に実行されてきたし，驚くべきことにほとんど疑問視されてこなかった．下水・排液は，生産された地域，すなわち人々が生活し働き，直接的に厄介なものを生み出す場所から，問題を起こさないとされる場所に移される．下水を運ぶパイプ，煙を導く煙突は，文字どおりそして実際に延長される．もしパイ

8.6 水利用および汚染軽減政策の段階

プが存在するユニット以上に延長され得なければ，その代わりとして戦略は汚染産業を汚染物質に触れることが減るような別の地区へ移すものになるかもしれない．例えばデリーでは，約1万5000エーカーの地域が産業のために市の郊外に設置されたが，現在市の汚染をかなり促進している(Ahmed et al., 2000；ENS, November 27, 2000)．汚染源となる産業を新たな敷地に移転させることは，問題の解決にはならず，費用のかかる難しい作業でもある．

　視界から遠ざけることと忘却することの間の結合は，自然な理由により，地面の下にとってきわめて重要である．歴史を通じて，きわめて多様な物質が社会活動から吐き出され，徐々に地面から染み出て，土壌，地下水そして沈殿物として集積していく．記録された環境履歴はこれらの公文書であるが，すべての大陸においてその脅威が見出されうることを示している(Sampat, 2000)．地下水汚染は，産業化諸国においては市の底部でも農地でも一般的問題である(Stanners and Bordeau, 1995)．地下水汚染は，様々な方法で，また様々な理由で起こる．それは直接的でも間接的でもありえるし，意図的な行動または無知の結果でもありうる．発展した環境政策を有し，技術的資源がかなり豊富な社会においてすら，便利な台所の流しとして土地を利用することが実際なされている．例えばフロリダでは，地下注入井戸はしばしば汚染物質を処分のために地下へ送り込むのに使われている(Sampat, 2000)．したがって，処理についての技術その他の資源がより低水準にある国家から似たような実践行為が報告されても驚くにあたらない．例えば，インドのAndhra・Pradesh州汚染制御委員会の職員は，有毒廃棄物，ヒ素汚染された排液が直接掘抜き井戸に意図的に送り込まれるのを発見した(Tiwari and Mahapatra, 1999)．

　地面に送り込まれるか，さもなければ放り込まれる廃棄物の一部が，ゆっくりとであるが分解する物質からなること，またその動きが大変ゆっくりしていることから，環境上の負債形成は現実的である．しかしながら，危険物質が社会の依存する帯水層に至るには長い時間がかかりうる．信頼できるデータが欠如しているため，脅威についての詳しい限界像を描くことはできないが，増えつづける報告はそれが地球全体で山積した問題であることを示している．1995年，インドの中央汚染制御委員会は，インドの16の州における地下水汚染が「致命的」であり，産業活動がその第一の原因であることが判明したと報告した(*ibid*.)．Haryana, GujaratそしてAndhra・Pradeshの3州8箇所から取り寄せたサンプルを使いKanpurのインド技術研究所によって実行された試験では，様々な組合せで重金属の痕跡が示された．

第8章 社会的，制度的，規制的問題

WHOによって定められた許容限界 0.001 mg/L と比較した場合，水銀の水準は，すべてのサンプルで「危険な高さ」に達し，濃度は 0.2683 mg/L にまでなった(*ibid.*)．同様の発見は，すべての大陸における国々から報告されている(Sampat，2000；Stanners and Bordeau，1995)．

毒性廃棄物の地面への故意の投棄は，迫りくる「水殺し(hydrocide)」を避けることを汚染者側が意図的に無視していることの現れである(Lundqvist，1998)．この種の行為は，おそらく希釈化と，望ましからぬ物質の溶解，分解および希釈の自然浄化がこの問題に対処してくれるとの期待に基づいている．そのような見方にとり，地面は廃棄物を蓄えるのに便利であるばかりでなく「安全」でもある(**図-8.6** を参照)．

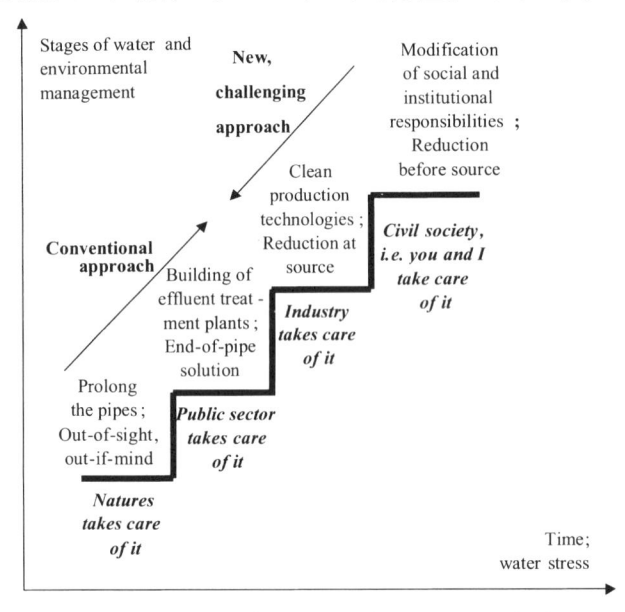

図-8.6 水および環境の管理における重要な諸段階の図式的解説

意図的な実践行動を離れても，人々の日々の生活や同じく法的に禁じられた行動の結果，巨大な量の廃棄物が水路や地表ないし地中に処分されている．ごみ収集や下水システムに容易にアクセスできない家庭は，可能かつ便利な場所に投棄する以外選択肢がない．車両は物質を排出するが，それは一般に地面や水塊に行き着く．質の低いガソリンの使用は多くの国で一般的であるが，それは交通により排出される有害物質の負荷を増加させる．埋立ては多くの国で一般的であり，処理施設から

8.6 水利用および汚染軽減政策の段階

出るヘドロや下水施設から出る廃棄物はどこかに置かねばならない．投棄場所は人々の居住地のすぐ近くで見つけることができるが，普通，都市の居住地域からいくらか離れた立地が選ばれる．これらはもちろん流域内にあり，したがって近接していたり，下流に位置していたりする他の居住地にとって厄介な問題，あるいは脅威となる．それによって問題は解決したとする誤った信念のうちに新たな問題が生まれるのである．

何世紀にもわたって，社会から出る廃棄物および副産物の物質量は，地面や堆積物に集積してきた．歴史的に，集積した汚染物質の多くは，鉱山業，すなわち一般に主要都市中枢から幾らか距離がある場所から発せられていたが，後には全体的に産業部門そして農業部門も重要な汚染源になった．現在そして将来，様々な有害な物質の集積はますます都市区域で起こるであろう．最初は産業拡大，輸送手段およびエネルギーの使用の関係によってであるが，徐々に汚染は社会における消費，すなわち市民自身によって増加していくことになろう．都市化，産業発展および社会における消費の増大により，視野から遠ざけ忘却する戦略は，全く受け入れられないものになるであろう．

8.6.2　第二段階：エンド・オブ・パイプ戦略

徐々に，水および環境汚染の問題が，汚染軽減を実行することを目的とする制度の創設に関する政策介入の対象になる．汚染制御委員会および別の種類の環境制度がつくられ，環境問題を扱うための立法や規制が展開される．排水および廃棄物の管理がもはやパイプ端を見えない行き先に伸ばすことによって解決できない場合や，地面への故意の投棄がもはや受け入れられない場合，戦略は，通常，排液処理プラント（ETPs；effluent treatment plants）の建設になる．ETPsの建設は，人間のつくった水システム，すなわちそうでなければパイプが受入れ河川か他の景観部分へ運んでいくところを，行き着き先で解決策が適用されるという意味で，エンド・オブ・パイプ的解決の代表である．排液処理プラントの建設は，今日，おそらく南諸国の水質管理部門で最も実践されている形態である．

ETPsが建設されていることを公式に要求するのは，通常，公共部門である．財政的には，補助金や他の形の補助が普通に出されているが，汚染者によって支払われる料金および税金によって資金を調達することが実質的であり，また施設はそう

第8章 社会的, 制度的, 規制的問題

あることを予定している．公的管理およびモニタリングが機能するために，また規模の経済性が機能するために，社会から好まれる解決策は，通常，数箇所の汚染源からくる排液を処分および処理できる共通排水処理プラント(CETPs；common effluent treatment plants)の建設である．だが，この排水プラントを利用する産業が前処理基準に従うことに不熱心なのは，大部分ではないにせよ，多くの南の諸国で顕著である．

CETPs が求める環境規制に対応することに遅れたり失敗することは，保護のために頻繁に起こる．第一に，遵守に不熱心である理由は財政的なものと関係している．下水料金は処理プラントの建設と操業費用に貢献することになっているが，会社にとっては，その他の投資との関係できわめて高いものになりうる．とりわけ事業を単純な技術を支えとして操業している小規模産業の場合はそうである．CETPs の建設は，様々な産業部門から処理プラントが位置する場所までパイプを引いてくることができることを前提にしていることに注意を向ける必要がある．しかし，土地保有条件および都市/町に存在する物理的構造物がそのような解決を妨げるのである (Blomqvist, 1996)．

多くの産業が個別処理プラント[ITPs；individual treatment plants(訳注)]の方を好む．産業界からは，共通処理はただ乗りを招くということ，そして分離された官僚的機構が管理するため財政的貢献が期待されているにもかかわらず，産業が制御の外に置かれることを問題にしている(*ibid.*)．産業の敷地内に処理機能を敷設することは，産業がモニタリングする立場に立ち，さらに多くの場合，排水基準適用や計測されたデータの解釈において，産業に対してずっと強力な立場を与えるものである．

下水処理プラントの建設およびそれへの産業の接続という点で環境政策実行が大変遅々としていることについては，インドの首都であり世界で最も汚染された都市と考えられているデリーの最近の政策において光が当てられた(Agarwal, Narain and Sen, 1999；ENS, 2000)．メディア，市民組織，そして政府職員は，この状況について繰り返し報告し不満を述べてきたし，この流れを変えるための段階を踏むことを要求してきた．「行動計画付きデリー汚染白書；White Paper on Pollution in Delhi With Action Plan」において，「問題が手のつけられないほどに脅威的である」と嘆かれている(GoI, 1997, 1)．状況改善のための最も一般的な提言は，CETPs とあるいは ETPs の建設である．しかしながら，その政策は説得的でもなければ透明

8.6 水利用および汚染軽減政策の段階

なものでもない．処理プラント建設に関するエンド・オブ・パイプ的解決以外に，政府は，現在，産業目的に指定されていない地域に立地する産業ユニットの移転を推進している．したがって処理設備に投資する産業の幾つかにとっては，自らがこれからも操業を継続することが許される保障はないことになる(Ahmed et al., 2000)．

一つには責任を有する当局の明確な指導が欠けていることにより，政策への固執性が貧弱である．非公式に見積もられているところによれば，実際にETPsを導入した産業ユニットは僅かである．また裁判所の命令に従った産業ユニットにとって，環境条件の改善は明らかではなく，また必ずしも直接的でもない．ETPsの基準が公式に規定されていないため，自らの判断に従って環境処理プラントの設計・導入をしたり，彼らがもはや汚染をしていない証拠として写真や宣誓供述書を当局に提供したりするのは，企業次第ということになる．様々な関係公式機関に存在する法律や規制に首尾一貫した体系的強制が欠けていることにより，政策への服従は低水準であって，強く望まれている水質および環境の質の改善は遥か彼方のようである．

汚染軽減の唯一の要素として処理プラントに関心を集中させることは別の観点からは疑問に付されるであろう．その費用は，とりわけもし化学物質や殺菌剤が除去されねばならないとすれば，資本設備面でも操業・維持面でも，非常に高くつく．たとえ処理プラントが導入されたとしても，その効率性は適切な基準の欠如，量的かつ処理される排液に関する設計の欠如，特定企業による一時的あるいはより頻繁なすり抜け措置などにより抑制される．例えば，インドグリーンピースによって実施された最近の研究では，共通排水処理プラント(CETPs)のようなエンド・オブ・パイプ技術は，金銭の無駄遣いであり，基本的に何の解決にもならないと結論されている．1996年にGujarat州では3つの産業がCETPsを導入したにもかかわらず，当該地域は，産業から排出されるPOPsや重金属により汚染されつづけたのであった(Labunska et al., 1999)．

8.6.3 第三段階：クリーンな製造技術

もし処理プラントが社会の生産その他の活動から生まれる副産物や汚染物質を捕捉するのに非効率であるならば，注意を汚染源と考えられるものへ向けねばならない．この関連における論理的課題は，生産技術を変えることである．定義上，有害物質の利用とあるいは生産過程で汚染物質を抑制することができる「クリーン技術」

第8章　社会的，制度的，規制的問題

の導入は，エンド・オブ・パイプ処理プラント建設と比較してずっと有望なアプローチを象徴している．クリーン技術は，また一般に資源面で効率的である．水量，そして生産におけるエネルギーその他の投入量が単位生産高当りで減少しうる．しかしながら，そのような技術の導入は，制度的管理的措置に関して前段階からの明白な離脱を意味するが，それらは相当な社会的意味を有する．

　問題の制度的取扱いの点で，焦点は，当局によって規制される活動から産業や事業，すなわち民間部門の内部事項となる活動に移る．クリーン技術の財政・管理責任は，事業で考慮されることの一部となるだろう．それゆえ，こうした技術を導入することの見込みは，環境的判断よりもむしろ伝統的な事業に関係している．もちろんこうした技術の導入は，政府の刺激策や制裁措置にも関係している．もし「グリーン」ないし「クリーン」技術が魅力的な事業の選択肢とみなされるならば，そうした変化が受容される，ないし利用者自身によって促進すらなされる見込みは，当然，産業界が「死んだ投資」と考えがちな処理プラント関係の解決を押し付けることに比べてずっと良いものになる．同様に，特別ローン関係の刺激策，促進キャンペーンがなされれば，クリーンな技術の導入可能性は高まる．

　産業のカテゴリーと導入の状況によっては，とりわけ外部性を考慮に入れた場合，クリーン技術の導入は，経済的に正当化されうることが計算によって示される．当初は資本費用および操業費用は，生産技術の転換の関係で高くなりがちである．しかし，もしそのような技術が導入されなければ，特定の地所に水を引いてくる費用は増加するであろう．同様に，排液処理は，かなりの投資および操業費用を前提とするものである．汚染産業の移転費用もまた計算の一部となるべきである．産業プラント自体の計算を除けば，イメージ改善，したがって当該産業がクリーンな技術を導入しているという市場での利点を認識するのに大きな関連性を持つ（私信．Hans Lundberg, 2000）．環境問題に関する消費者の認識の増大や「グリーンラベル」その他同様の商業規制に伴い，クリーン技術の利点は，企業の代表者にとって明らかである．

　明らかな環境的利点と経済的合理性の見込みとは対照的に，生産技術の転換から起こりうる社会的意味合いには問題がある．部門や部門の組織法によっては，クリーンな技術の導入は，雇用機会，そしてとりわけ産業構造に重要な意味合いを持つ．「クリーン技術」は，資本集約的で労働力の節約になりやすく，また通常要求される技術に関していえば，操作は相当洗練されたものとなる．したがってそのような技

8.6 水利用および汚染軽減政策の段階

術の採用は，短期的には実質的な社会費用に結び付き，失業者を増加させる．こうした技術の導入は，社会的階層分化と収入格差を促進しうる．一般に既存の産業構造枠組み内で環境的に適切な技術を導入するのは不可能である．小規模産業は，南の国の都市区域の多くにおいて産業部門の重要な一部分を形成している．それらは家族構成員と未熟練労働者の助けによって操業しており，その活動は，しばしばほんの一時的な産業活動しか目的としない敷地や地域で行われる．これらの単位において生産技術を変えることは非常に困難である．これらの産業は，同時に汚染面で主要な脅威を形成している．「クリーン生産技術」の導入は必要であるが，その際には，社会的意義についての考察，有能かつ強力な政治的リーダーシップ，そして産業上の措置が欠かせないものとなる．

8.6.4　第四段階：社会的制度的責任の修正

　水利用および水質汚染軽減政策の第四段階では，焦点は再び移行する．今回は，生産技術から，市民自身および彼らが水と環境の危機に取り組むために果たしうる，果たさねばならない役割への移行である．都市区域における深刻な水および環境の質的低下は，注意をエンド・オブ・パイプ的解決や生産技術にのみ向けることによっては効率的に対処されないであろう．生産消費パターンも，例えば下水施設に関連する生活条件も，環境的な安全保障と持続可能性，あるいはそれらの欠落と同じく社会的に緊密に関係している．貧困層の消費水準は低いが，非公式地域における下水施設や排水管理処置の欠如は環境危機を促進している．広範な貧困と平行して，都市区域外のその他の地域では消費社会が発展していて，とりわけそこでの水需要はきわめて高いものになるだろう．

　市民は2つの点で重要である．彼らは実際の水利用者であり，またエネルギーその他の多様な商品の消費者であるが，それらの品物は，排水その他の汚染の生成に重要な意味を持つ．産業生産過程の汚染とは対照的に，消費による汚染は，性質上はるかに普遍である．各個人・各家庭は，細菌汚染・栄養・重金属・化学薬品・医療物質あるいは環境ホルモンといった物に関しては，少量の廃棄物や汚染を促している．広く高濃度に汚染された都市区域における人間の消費の総計は，実質汚染量に結果として現れるが，それは社会を通じて水流に取り込まれ，都市で生産される汚染負荷に寄与する．

第8章 社会的，制度的，規制的問題

　市民は，また社会ネットワークの一部をなす．この能力において，彼らは政策の形成ないし修正における潜在的な力である．後に論じるように，政府と公的管理システムは，依然として市民や市民組織をこの点における積極的な力として認識することに不熱心である．しかしながら市民は，圧力団体として行動し，公共部門のパフォーマンス改善を要求できるし，彼らは番犬として行動し，例えば環境変数について変化を観察することができる．経営専門家の戦略的支援があれば，上下水施設の建設や管理もできるし，公共事業をコントロールすることもできる．

　都市区域の水・環境危機に対処する効率的な方法を模索するうえで，上記の2点について水管理の改善にそれを通じて市民が寄与しうるような制度や組織を強化ないし発展させることが必要である．この点で一つの決定的に重要な前提条件は，政治的認知である．もう一つの明らかに重要な状況は，技術的経営的スキルに関する戦略的支援に関わるものである．第三の重要な力は，教育および認知キャンペーンに関係する．例えば水質問題は，適切な科学的訓練なくしては理解しがたいものである．

　汚染軽減政策の4段階は，**図-8.6**で描かれている．水および環境管理に関する段階的改善についての伝統的・歴史的アプローチは，「階段」を低い左の段からより高い段へと上がっていった(**図-8.6**の下部左の矢印を参照)．上で論じたことから，伝統的アプローチは，南側諸国にとって効率的な戦略ではなかったが，それは単に適切な処理施設がほとんどの国が応じられない投資水準を推定するからである．さらに，このアプローチは，明らかな改善が記録されるまでにかなりの期間を要するであろう．

　問題が別の目的から接近されねばならないと強調する戦略は，全く異なるアプローチを代表するものである．それは歴史的経路ときわめて異なるが，現在の状況と異質な要素ではない．上で述べたとおり，政府およびその公共部門が水およびその関連事業の処置をする唯一の責任者であるホッブズ型管理システムから，社会の制度や組織がロック型の水-社会契約のもとで重要な管理業務を担うシステムに徐々に交替しつつある．

　技術的解決に関していえば，同じ資源を生産技術上の変化に用いることに代えて，処理プラントを建設することが必要であるとか，合理的であるとすら論じる証拠はない．財政上の制約のため，多くの国が明らかに同時にすべての可能な解決策を展開する資源を持たない．選択がなされねばならない．何が最も効率的な汚染軽減戦略であるかについては，階段の第三段階，すなわちクリーンな生産技術の導入を第二段階の展開，つまり処理プラントの建設に先立って行うか，状況が許せば並行し

て行うことが考えられる.

しかし，2本の矢印によって示された2つのアプローチが二者択一と捉えられるべきではない．水管理および環境への責務，すなわち最上段における市民社会の組織の関与を刺激することによって，階段の中央にある諸段階の発展は促進されるのである.

8.7 市民社会の水・環境的課題への対応

8.7.1 政府からではなく共同体からの支援

水管理への市民社会の関与は，しばしば公式の政策に反対する反応として，またあるいは共同体で経験された重要な社会的必要性と環境問題を解決する試みとして始まる．典型的には，市民社会のイニシアティブは，危機的状況，すなわち問題が深刻に現れ，現行の政策がサービスを供給できない場合に刺激される．機関ないし組織について2つのタイプに区別するのが適切である．第一のタイプは，多くの人が力を合わせて共通の動機のために尽くす過程の結果としてできたものである．NGO，CBOやより一般的には社会運動がこの範疇に属する制度・組織の例である．もう一つの重要な水管理組織は，CollignonとVézina(2000)が水および下水サービスの民間供給業者として言及しているものである．このグループは，サービスを提供する共同体と強い社会的友好関係を持つ企業で構成しており，それらはサービスの需要のある所ではどこでも家庭その他の顧客に上下水サービスを提供する.

両タイプの制度・組織の特徴は，地元社会および環境的状況に適合している点である．民間供給業者には，顧客の好みに反応する高い水準の柔軟性が必要である．人々ないし共同体の一部が関わる組織，すなわちNGOsやCBOsにとっては，カリスマ的で先見性のある共同体のリーダーが支援を動員し，要求される活動の種類の計画を立案することが重要である．政府ないし地方自治体による認知が仮にあったにせよ，稀であるという点も，両組織に共通する部分である.

こうした特徴を伴うので，市民社会イニシアティブとそれに続く組織は政府の政策に反対しがちになり，それらは公共機関やその職員の活動の正当性に対する脅威となって現れる．さらに，市民組織の仕事は，しばしば，出現する問題の解決に重

要な役割を果たす社会の強力な経済利益団体と対立関係になる．

　市民組織が期待される目標を達成するためには，共同体構成員の支援が決定的に重要である．民間供給業者間の競争がしばしば熾烈で，顧客がサービスに満足したり，支払いをしなければ，彼らはもはや操業できない．他の範疇にとっても経済的支援は重要だが，これらの組織の生き残りは，一層支援者や擁護者の支えにかかっている．彼らは計画を防衛することができ，自発的な労働その他の好意で貢献することができるのである．

　公的な支持基盤がなく，プロジェクト資金へ直接アクセスすることができないため，市民組織は必要な支援を求めるため利益団体の間でバランスをとらねばならない．共同体内で利害が分裂するのは一般的であるが，これは市民組織の潜在力について仮定するうえで見過ごされがちである．

　両範疇の市民社会の組織にとっては，政府政策および公共制度の支援ないし協力がなければ，水管理問題をより大きな規模で解決するのは一層困難であるか，不可能ですらある．多くの市民組織は，地理的に範囲が制限されて比較的小さく，また，都市上下水システムの特徴である複雑かつ大規模な技術的課題という観点において，当局と協力する必要がある．当局には，水の大量供給を組織する能力があり，またしばしば，下水システムを含む家庭から出る廃棄物の処理を行いうる土地を管理している．技術的問題に加えて，法的・規制的システムは，市民組織の運営にとって第一の重要性を持つ．

　政府との接触が密接すぎる場合，とりわけ結果が組織の支援団体の目から見て満足できないものである場合，市民組織の正当性と強さが容易に蝕まれるため，様々なサービスの間で釣り合いをとるのはデリケートなことである．他方で，市民組織が都市の状況において水管理計画を組織・実行する能力は制限されている．協力の程度や公式の政府機関と市民社会の利害関係者の相互信頼は，相対的に高い水準の協調関係から相互不信や抗議まで変化する．アジアやアフリカの事例は，都市水管理において，増大する市民組織の役割が複雑で困難な課題であることを例証している．市民組織と公式機関との間の関係が水管理努力の結果にとって決定的に重要であることもまた明らかである．

8.7.2　圧力団体としての共同体－インドの事例

　住民運動の数からいっても，一般的な市民社会の活動水準からいっても，インドは，世界で最も傑出した国の一つである．社会運動は，政治のレベルでも強い影響を及ぼしてきたし，日常生活や文化領域におけるその重要性は明らかである．近年，大量の市民組織，すなわち NGO や CBO が深刻な水・環境問題に関する試みに取り組み始めた．都市環境の急速な悪化について強い関心が寄せられているのは注目に値する．汚染が増大し，当局がこの潮流を制御するにあたって無能か怠慢である状況で，郊外と同じく都市中枢に住む人々が状況を変える多様なイニシアティブを取りつつある．

　インド北部の巨大なガンジス川流域においては，様々な規模の多数の都市や町が河川の堤防沿いや支流に位置しているが，それらの河川は，住民の大多数から崇拝されている．重要な支流の一つは Yamuna 川で，インドの首都デリーとアグラという2つの有名な都市を貫流している．全体で，これらとそれ以外の都市中枢に住む5 700 万の人々が主要な飲料水源として Yamuna 川に頼っている．Allahabad で Yamuna 川はガンジス川に合流し，この川に高度に依存する巨大かつ増大しつづける人口を擁する一連の重要な産業・商業センターを貫流しつづける．

　たとえ大都市や大河川がその純然たる規模によって課題の重要な部分を代表するにせよ，より小規模な河川に依存して生活する共同体がより相対的に深刻な影響を蒙るであろう．Betwa 川は，比較的小規模な河川の例であるが，産業の発展から重大な影響を受けている．

　Betwa 川は，Madhya Pradesh を貫流して Uttar Pradesh に入り，デリーの 400 km 下流で Yamuna 川に合流する．その旅程で，川は多くの町や居住地に水を供給する．そのような町の一つが 10 万人以上の住民を抱える Vidisha であり，この町はこの川から主要な給水を得ている．住民にとっての多年にわたる水状態の悪化は，共同体構成員の強い運動の成長を刺激した．1980 年代末以来，深刻な環境影響が繰り返し現れるとともに，何年にもわたって川の汚染が増大してきた．問題の発火点は Vidisha の取水地点で何千匹もの死んだ魚が川からあふれているのが見つかった 1996 年 6 月にさかのぼる．大量の藻が川に見受けられ，豊富な水量が川を流れているにもかかわらず，水は使用に不向きであると宣言された(Agarwal, Narain and Sen, 1999, 84-85)．

第 8 章　社会的，制度的，規制的問題

　何千もの魚が川で死に，都市の取水地点が位置する場所に小さなダムが集中したことから，Vidisha の住民たちは激怒した．川の水質低下の証拠があらわになり，彼らは「誰にも我々の飲料水源である Betwa 川を汚染する権利はない」といってともに抗議することを決定した．運動の「シンクタンク」がつくられ，州政府に反対するキャンペーンが立ち上げられたが，これはすべての政党や経済界によっても支援された．市民の一隊が川に流入するそれぞれの汚染の源を発見するため上流に旅行した．この情報を持って彼らは町でキャンペーンを開始し，通りで人を呼び止めて川をきれいにするために署名するよう頼んだ．彼らは町で行進を先導し，1996 年 11 月，当局の注意を引くため新しい方法を採用した．彼らはシャッターを閉め，町全体がストライキに突入したのである．商店経営者達は，川は我々全員に関わっているといって運動に参加した．
　積み重なる人々の怒りを前に，州政府は行動を起こすことを余儀なくされた．住宅・環境大臣は彼の職を解かれた．その数日後に首相が介入した．北インドの指導的なアルコール飲料工場の一つで町の上流にあり，原因と見られるソム醸造所の閉鎖を命じた．しかしこの醸造所は，数ある醸造所，製粉所その他の河川水質低下に貢献した産業のひとつにすぎない．
　数ヶ月後にその醸造所は再開した．独立組織である国家環境工学研究所(NEERI；National Environmental Engineering Institute)は，敷地や製造技術の検査を訴えるとともに，1996 年 6 月から深刻な汚染の再発を防止する方法の提案を用意することを求めてきた．社会的抗議からの影響は比較的控え目なもので，最初の反応と比べて大衆運動の活動はトーンダウンした(*ibid*.82)．
　他の多くの事例と同様に，地域社会のイニシアチブは全コミュニティに影響を及ぼす事件によって刺激された．町の外の活動に起因する特定都市への重要な脅威を前にして，コミュニティの幅広い部分からの活動的で誠実な支援を持つ動員は可能であった．抗議運動は，責任当局に対して明らかに必要であるが，監査が貧弱であり，強制が弱く，持続的な大衆運動の努力が欠けていることから，抗議の効果は限界があり，川は現在もかなり汚染されている(*ibid*.82)．市民組織の水・環境政策の改善を要求する能力は，明らかに制限されたものである．
　明らかに，ホッブズ型水-社会契約は，共同体から深刻に疑問を呈されている．しかし市民社会からの圧力は，依然として，政策の永続的変化という結果をもたらすほどには強力ではない．これらのイニシアチブは，インドその他の多くの国々に

8.7 市民社会の水・環境的課題への対応

共通する社会的・環境的課題に対処する実行可能な管理代替案を展開するには時期尚早である．

都市や町の給水が上流の活動によって深刻な影響を受けている事例には類似のものが多数ある．市民団体からの抗議は，一時的で断片的な救済策しか導かないというのが一般的印象である．Narain(1999)は，清潔な飲料水を求める闘争が数十年にわたって行われてきたが，顕著な改善の見込みが依然として待ち望まれているインドの都市中枢の類似例について記述している．

8.7.3 公共衛生か所得機会かの選択

上で述べた事例により，市民社会の動員は都市中心の外にある何らかの特定できる原因から脅威が迫る場合，刺激を受けて助長されることが示された．もし都市区域内部で水の汚染や誤用が起こった場合，強く統合された共同体が解決努力を行う困難は増すことになる．水質に関する汚染負荷の減少や改善は，産業活動，交通システムなどの変化を前提とするため，水管理の改善は，少なくとも短期的には仕事や所得の機会を犠牲にする危険が明らかにある．

一方で仕事や所得の機会の必要と，他方で進行する水および環境システムの劣化を減殺する対策との間の対立は，デリーにおいてはかなり長期にわたって解決されず，最も困難な問題となっている．状況は決定的となり，問題を軽減する政策を執行することの難しさは近年における一連の報告とメディアの報道を通じて明らかにされている(Ahmed *et al.*, 2000 ; ENS, 17/1, 27/1 and 22/11, 2000)．最近の約5年の間に，最高裁は，排液処理プラント(ETPs)を建設していないか，これに接続していない汚染産業に対して閉鎖するよう命令した．汚染産業を閉鎖する命令は，何度も繰り返し出されたが，裁判所の命令はきわめて弱くしか遵守されず，遵守日は繰り返し先送りにされてきた．

汚染を取り締まる法的権限によってとられる断固たる行動とは逆に，政府の制御システムは弱体で，多くの産業が対応に不熱心である．いくつかの事例では，デリー政府は，汚染産業が処理プラントを設置したという主張に基づいて，試験的に再開を許した．別の事例では，汚染産業は指示されたように処理施設を設置したが，明らかに産業活動目的ではない地域に設置されていたため，その汚染産業の操業が許されなかった(Ahmed *et al.*, 2000)．

第8章 社会的,制度的,規制的問題

公共政策とその履行における矛盾は最近示されている.高等裁判所は,1999年11月までに1384の汚染産業に閉鎖通告を出した.数ヶ月後の2000年1月,デリー政府は,法命令を無視して372の産業に操業再開を許可した.汚染産業に操業再開を許可するデリー政府の決定は,「写真ないしもはや汚染をしないという宣誓供述書」に基づいていた.しかしながら,こうした証拠の妥当性は疑わしい.職員によってなされた通知やコメントによれば,「…多くの産業がまさに処理プラントの設置を証明する写真を提供した」とのことである.産業界で広範に行きわたっている認識は,処理プラントは非生産的投資の代表であるというものであり,それゆえ彼らは行政命令を回避する方法や手段を見つけるのである (ENS, 17/1, 2000).

2000年11月,最高裁がデリーの住宅街に立地する約7000の汚染産業を閉鎖するように命令した時に,事件は暴力的転回を示した.労働者とオーナーは協力して通りに出たが,これは都市を実質的停滞に導く大衆デモであった.加熱した状況は,公共施設ターゲットとする暴力的な大衆とフーリガンと宣言された人々に対して発砲する警官との間の衝突にまで発展した.少なくとも3人が殺害され,街は混沌とした状況になった(Ahmed et al., 2000 ; ENS, 22/11, 2000).

デリーの事件は,2つの重要な状況を明らかにしたが,それらは水・環境政策に影響するものである.一つは,公共機関(この場合はデリー政府と裁判所)が相反する政策を追求しているということである.裁判所の代表は,政府の拙劣な行為に「うんざりし」,一方,政府職員は,明らかに存在する統治と法に一致する政策を執行できないでいる.彼らがとる煮え切らない措置によっては,どのグループからも支援を得られない.裁判所命令は,たとえ仕事を犠牲にしてでも公衆衛生を最高に優先するものであるが(ENS, 22/11, 2000),同じく公衆の間から強い反発作用にあっている.事件は,職を失う見込みについて世論上で相当な心配があること,そしてこれが環境状態の悪化の影響に比べて,より緊急でより大きな脅威であると感じられていることを示したのである.

またこの例は,ホッブズ型の中央集権的・独占的制御を通じては政府が状況に対処したり,必要なサービスを提供できない場合,政策および実際の管理システムが暗礁にぶつかっていることを例証している.多くの機関の間にある相互不信とそれに伴う政策の矛盾,そして社会内団体間と政策決定レベルの双方における目的の対立を前にして,管理システムは混乱している.政策の修正が緊急に求められている.最も汚染している産業とその他の汚染行為は生産技術関係ないし操業について修正

されるか，閉鎖されねばならない．それは短期的には強力な選択肢であるが，現行の矛盾した政策の延長はフラストレーションを増加させ，一方で環境悪化が進むことになる．政府は，市民社会組織がこの努力におけるパートナーとなっていない場合，実行が最も難しい時に必要な決定をとる最高の責任を有するのである．

8.7.4 政策上の認知なき運営の拡大：パキスタンの Orangi パイロット・プロジェクト

　共同体を動員し，自己救済枠組みを実行するための技術的支援を提供することは，もちろん市民組織の基本的なサービスである．運営規模の拡大に伴い徐々に政府・公共機関との連携を確立することや，政策上の統合された一部になることが決定的に重要になる．ローカルレベルや小規模でのサービスは，政府の支援ないし認知から独立してなされうる一方，運営規模が拡大すれば，それはますます難しくなる．都市区域における給水・下水システムの両方がシステマティックで総合的な解決の一部とならねばならない．給水は多くの場合，遠方の水源から準備されねばならず，大量供給を市民組織によって行うことはほとんど不可能である．しかし，都市ないし町の内部における水の配給は，大量供給者以外の組織によって運営されうる．同様に，下水システムおよび汚泥処理のためのシステムは，都市計画と政治的決定に従う政府ないし公共部門制度の承認を必要とする．例えば，物理的構造物は許可なく政府の地所の上を通過できない．許可がないことは，構造物が没収されるか遮断される危険を意味する．

　したがって，政府ないし地方自治体と市民組織との間の相互作用は，市民組織の運営規模拡大の可能性について重要な実験となる．規模の拡大と市民組織が実行するサービスの複雑性のため，こうした非公式の組織内部の相互作用と首尾一貫性が成功の程度に対する決定的に重要な要素となる．非常に差し迫った諸問題を解決するため共同体構成員を大規模に巻き込んだ市民組織の努力に関する興味深い一例は，パキスタンの Orangi パイロット・プロジェクト［OPP；Orangi Pilot Project（訳注）］である（WWC, 2000, 37）．パキスタンの高名な科学者である Akhtar Hameed Khan 氏によって 1980 年に設立された OPP の背景にある理念は，人々が管理し，資金を調達し，建設する解決策を展開すること，というものである．

　Orangi 地区は 100 万人以上の人口を抱えているが，これはカラチ市の人口の

第8章 社会的, 制度的, 規制的問題

10％を若干超えるものである. 彼らの多くが国家の土地で生活しているが, その土地は非公式に細分化されたものである. カラチ全市の要求に応じるには年間8万戸の住宅が必要と見積もられているが, 公式の許可は, そのわずか3分の1しか発行されていない. 同様の割合がパキスタン全体に当てはまる (*ibid.*). それゆえ急速な都市の成長は, 政府の応じられる規模をはるかに超えた住宅およびインフラに対する要求を生み出している. 公的財政の欠如と制度的限界がこの関係において不足しているものの主な2つである. 公式のプロセスを通じてでは需要の3分の1以下しか満たされないので, 非認可居住地の増大と代替的解決策の適用が必要となるのである.

Orangi地区の共同体で最も必要性が感じられた問題は, 下水設備の欠如に関するものである. OPP設立者が当該地域で行った社会・技術調査を通じて, その地域の生活条件に必要な見地が低所得共同体の社会的性格と文化的性格の両面に関連して, また居住地の物理的性質に関連して明らかにされた. OPPの最初期から下水設備の改善は, 複雑なサービスであることが理解されていた. それには一定水準の技術能力や管理技術を持つ人間の関与が要求され, 共同体内部では不可能なものであった. そのような技術がない場合, 解決策は低水準なものになりやすい. 共同体にとって請負業者や政府当局に圧力をかけられる可能性は専門的支援にかかっているが, それは外部から与えられねばならないものなのである.

したがってこの仕事での死活的要素は, 共同体外部から来る専門家と共同体構成員との間の相互関係をつくり出すことである. 非認可地域の条件とは異なる社会的・文化的状況からやってくる専門家が普通であるため, また専門家が通常, 支援を受けることになっている共同体よりも官僚に対してより緊密な社会的接触を持っているため, 専門家と貧困層・非認可居住地の共同体構成員との間に相互信頼と機能的連携をつくり上げること自体が一つの成果になってしまう.

OPPのこれまでの仕事の成果は, 多くの点で注目に値するものである. Orangiにおけるプロジェクト対象範囲の発展は印象的である. 当該地区の7526本の路地のうち, それぞれの路地組織を伴う6082本の路地が彼らの下水排除システムを建設した (訳者注: 下水処理場は建設されていない). 政府が仕事を行った場合, かかったはずの費用のごく一部で, OPPがこれらのシステムを建設することに機能したことがおそらく一層重要である. 平均して, 路地組織の構成員によって支払われた投資額は, 16.50ドルであるが, これは政府が同様の建設を行った場合の費用の約7分の1に算定される (Hasan, 2000, 4). 低い建設単価が重要性を持つのは, 僅かな財政資

8.7 市民社会の水・環境的課題への対応

源にとってや，与えられた資産でより多く建設することだけではない．それはプロジェクトを低所得地域の住民にとって手頃手にし，共同体のコミットメントを持続可能にするための必要条件である．

活動の拡大は，特殊な課題に挑戦することになる．他の大部分の共同体を基礎とする活動と違い，OPPは，この土地の多くの共同体を動員することと，これらの地域の活動支援に成功してきた．現在46の居住区があるカラチを離れて，パキスタンにおける他の7つの町や海外にもプロジェクトを実施するように努力がなされた．下水施設で展開されたモデルは，パキスタンにあるアジア開発銀行(ADB)に支援されたプロジェクトで取り上げられてきた．Hasan(2000)によれば，OPPによって展開されたモデルの利用により，ADBの融資したプロジェクトの費用は，見積もられていた1300万ルピーから36万2000ルピーという驚嘆すべき低水準にまで減少したということである．

OPPの拡大は，政府公式プロジェクトの一部ではないことから，その拡大により既存の政府政策との矛盾が増大した．政府の認知が欠けていることは，運営規模の拡大に伴い懸念の増大につながる．運営規模の拡大は適切な専門技術的・管理的支援を提供することの困難さによっても妨げられる．規模が大きくなることにより，多様な機能を満たしていた人々の間の親密な個人的連携が不可能になる．同時に，活動規模と流通金額が増大する．これらの新たな状況の結果として，共同体指導者は大きな契約を操作するよう誘惑され，マフィアのエージェントが増加することにつながっていく．チェックアンドバランスは市民社会と公式政府システムの間においてと同様，市民社会内部の共同体レベルにおいても明らかに要求されるものである．

OPPは，ホッブズ型管理システムに対する実行可能な代替案が市民社会のイニシアティブから展開されうることを例証している．それは複雑な技術的業務に対処する能力を有しており，また同時に社会に受け入れられている．OPPの主要な性質は，その解決策が政府の請負業者のもとにおける伝統的解決策と比べた場合，非常に低費用で展開されたことである．低費用によって，解決策はローカルな共同体にとって手頃なものとなっているが，それは解決策の受容と機能性にとって決定的に重要なことである．共同体に基礎を置く管理システムにより，運営の持続可能性は，事業を取り巻く社会的・文化的そして環境的状況とうまく連携しない機関によって設計・運営される仕組みに比べて，はるかに改善される．しかしこの代替案は公式に認知されておらず，依然として政府政策の一部となっていない(Hasan, 2000)．

8.7.5 市民社会と政府間で機能する関係の樹立：フィリピン Cebu 市の経験

　上で述べた市民社会のイニシアティブと活動の例において一般的な特徴は，それらが公式には認知されていないということである．フィリピンの，持続可能な水のための Cebu 連合 [CUSW；Cebu Uniting for Sustainable Water] は，地域的にも国際的にも多大な注目を集めてきた市民活動の一例である．それは正式に登録された制度にまで発展したイニシアティブであり，その制度は多数の市民社会および政府システムにおける利害関係者のためのミーティングの場として機能している．そのサービスの位置付けは，都市および流域の計画と管理である．それは「利害関係者が自らの意見を発言でき，同様に様々な水源問題についての知識を身につけ，そして可能な解決策について議論するフォーラムのまとめ役－招集者－司会者」として描かれる．1995 年に設立された CUSW は，複雑な問題に対して協力的かつ同意に基づく解決を目指している (Nacario-Castro, 1997)．以下の議論はこの出版物と CUSW の出す他の報告に大幅に依拠している．

　CUSW の扱う問題の核心は，Cebu 島の制約された資源基盤で相対的に狭い地域に集中している急速な人口および経済の成長である．約 140 万人の人口が流域の大部分を構成する海岸と岩だらけの山の間にある狭い土地の広がりに集中している．人口の約半分がわずか約 7000 ha の地域にあるメトロ Cebu 市に住んでいる．好ましくない気候条件のために，給水状況は厳しいものになっている．表流水の能力が制限されており，無制限の地下水汲上げの結果，海岸線から約 4 km も内部に塩水が浸入した．集水地における低投入の自給自足から高価値の穀物の集約的農業への転換により，化学肥料と化学物質の使用量が増え，水質に対するもう一つの脅威をつくりだした．

　小規模な土地に集中した急速な成長と高い人口密度により，市の付近の水源は，不適切なものに変化した．同時に，Cebu 市の位置する集水地の上部の土地は，開発にとって魅力的な地域となった．増大する水および土地資源に対する需要の自然の結果として，様々な利害団体の間で，複雑な一連の対立的利害関係が発展してきた．対立原因の重要な特徴であるとともに市民社会を刺激したものは，集水地における資源管理のための政策や計画が欠如していたことである．水資源計画および管理について政府の企画・実行の欠陥に待てず，不動産会社が集水地の一部を住宅とゴルフコースに変えるという計画に反発したある NGO 団体が，1994 年末に会合を開い

8.7 市民社会の水・環境的課題への対応

た．流域水計画および管理に幅広い市民が参加するという考えがとられた．多くの課題の議論を公開する組織やメディアの見出しを通じて，水問題についての世論の認識が増し，CUSWが1995年の初め頃につくられた．

CUSWの主要な目的は，「Cebuの水資源の保護，管理および発展のための一層持続的なアプローチ」のために尽くすことである (Nacario-Castro, 1997)．メトロCebuのための総合的資源管理および土地利用の基本計画の策定および制度化がこの点に関して重要なステップであると見られた．

CUSWは異なる利害団体が会合するフォーラムを創出した点で相当な発展をした．当初CUSWは，自らの利害が脅かされているとかCUSWによっては対応できないと感じる市民の代表者たちから疑問視された．政治指導者や政府の様々な部局に勤める人々は，この組織を支援することに不熱心であった．Cebuが直面している問題についての同意が達成可能である場合には連合をつくるという強い確約によって，組織はどうにか幅広い範囲の利益団体によって受け入れられるようになった．150以上のメンバーがCUSWにおける利害関係者であり，政府の幅広い諸機関，NGO，民間利益団体，専門家および市民団体，宗教団体などを代表している．かくして，それはCebu共同体全体が直面し，取り組まねばならない水および環境の課題について増大する一般的認識のための，重要な経路となってきた．それはまた，地方政策形成過程において認知された勢力となった．

当初策定された主要な目的は，基本計画の構築である．これはまだ達成されていない大変大きな仕事である．この点で成功していないのは，一つには関係する技術の複雑さによって説明される．しかしながら，利益団体の連合構築に成功したにも関わらず，「…より効果的な環境管理を追求するよう命令された多くの重要な部局が規定された政策を無視をするか，あるいは他の官僚的・政治的利害への反応として政策に反対している．CUSWの使命に対して敵対的ないし無関心である団体の中で強力かつ多数の存在は，政治家，企業，土地所有者および小農民である」とも観察されている．

8.7.6 政府と市民社会の間の相対的な協調：南アフリカの事例

社会・経済および政治的変化は南アフリカにおいてきわめて大きいものであった．1994年の民主主義政権樹立により，市民組織が水およびその他の資源管理に関与す

る重要な機会を伴う，全く新しい制度的取決めの状況がつくりだされた．現在の発展は，先行するシステムと鋭い対照をなしている．南アフリカの水管理のあり方について重要な特徴は，比較的短期間に急激な変化が起こりうることを示している．

　南アフリカのヨハネスブルグ中央に位置する Witwatersrand 地域は，おおまかにいって1886年の金発見を起源にしている．「Witwatersrand」は「白い水の尾根」という意味を逐語訳したもので，金が発見された当時のこの地域をよく表現している(Turton and Meissner, 2000)．大きな流域にある泉や小さな川が豊富なことにより流れ落ちる滝は，当時の特徴的な外観であった．急速な産業発展の悲しむべき事実であるが，それらはもはや存在しない．金発見からわずか1年後の1887年，人口は約1万人になっていた．倒れそうな鉱山都市には下水設備がなく，また地域の給水はすぐに枯渇するか人間の消費に適さないほどに汚染されてしまったため，腸チフスが深刻な問題になった．1886年から1903年の間に，ヨハネスブルグは飲用に適した水を使い果たし，その結果，広範な水不足の状況がもたらされた．この最初の移行は，1903年に設立された，経済・社会発展が計画可能な安全な水源を活用する責任を委託された Rand 水道局によるホッブズ型水-社会契約の誕生に見受けられる．続く80年の間に水需要が年5％で堅実に成長するに伴い，給水問題はやがてますます複雑になっていった．この成長を持続するために，Rand 水道局は，南アフリカ水問題・林業局と連動して，水の調査を広範囲に拡大した．世界最大規模の流域間輸送（レソト高原水計画がその最適例）が日常習慣となった(Turton and Meissner, 2000)．1999年までに，Rand 水道局は，約1000万人の給水に責任を持った(Bath, 1999)．

　1994年に民主化への移行が起こる時期までは，全南アフリカ人口の約75％がたったの13％の土地に住んでおり(Abrams, 1996)，その大部分はアパルトヘイト風の「ホーム Rand」ないしバンツースタンに居住していた．その結果は，広範囲な水管理不在である．1200〜1400万人と見積もられる，いかなる公式の下水事業にもアクセスしていない人々がいるのみならず，貧困が環境に影響を与え今日の南アフリカの水源基盤に影響を与えている．都市環境への影響は広く，大量の非公式居住地を含めて，大部分は清潔な水道水や下水サービスがなく，地理的にはスプリンクラーで灌漑された豊かな庭やプール付きの非常に裕福な郊外沿いに位置している．最適例はヨハネスブルグに見られる．排他的で高級な北部郊外のサントンは，アパルトヘイトにおけるいわゆる「ブラックスポット」の一つで，おそらく Witwatersrand で最も低開発な部分である Alexandra の近くにある（現在は，黄金の場所を意味する

「Gauteng」というアフリカ名を与えられている）．

　第二の移行は，1994年における民主選挙と同時に起こり，ロック型の水-社会契約が現れた(Turton and Meissner, 2000)．これは国家の水に関する法律(1998年の法律36)と水道事業法(1997年の法律108)に明らかになっており，それらはともに法的枠組みを提供している．これを支えるのが南アフリカ共和国憲法(1996年の法律108)である．これらの様々な法制化の断片により，市民社会の役割が以前よりずっと強力になった．しかしながら，基本的人権の大義によって，また環境の乱用その他の社会的病弊に対して戦った市民社会，とりわけNGOが南アフリカの民主化移行において主要な役割を果たしたことは注意されるべきである．

　それゆえ水需要の管理の観念を支持しているのが南アフリカの政府ではなく市民社会であることに注意するのは興味深い．一見してみると，これは非論理的に見えるかもしれない．なぜ市民社会が水消費の制限を求めるのであろうか．その答えは特殊南アフリカ的である．アパルトヘイトのもと，資源獲得は特定の人々に固有なものとなり，その結果，少数派が圧倒的な水政治的特権均衡を集積した．それゆえ民主制が到来するまでに，強力な人権・政治綱領を持つNGOが，水消費の減少と生態学的持続可能性の概念を導入することを要求する，生態学的に過小評価されていた多数派の運動を支持したのである．この経験は特殊で，必ずしも世界の他の場所に反映できるとはいえないだろう．

8.8　未来のための選択肢は何か

　未来のための選択肢は多くの要素が組み合わさったものとなるであろう．重要な観点のうち幾つかは前節で既に論じてきた．当然ながら技術的・財政的観点は非常に重要である．しかし社会状況や社会・経済的システムと水や環境とのつながりが正式に認められるような政策がない場合，水源状況の改善は遥かな夢のままになりがちである．公式政策を転換する動きは，多くの国で遅々としている．市民社会の内部に実行可能かつ効率的な機関を建設することも，またかなり大変な課題である．しかしながら，政府は統治をせねばならない一方，このことは社会的・衡平的観点から見て常に効率的であるわけではないこと，そして環境事項に関する現行の管理の効果が最も心配な傾向にあることは明白である．市民社会の役割が重要な媒介変

第8章 社会的, 制度的, 規制的問題

数になりつつある．状況は本質的に動態的であり，水-社会相互依存の本質を捉えることは，分析家や計画者がこれらの関係をよりよく理解することができるためには重要なことである．広い意味での市民社会と政府機関が様々なサービスを提携して遂行しているような管理システムに代わるような現実的な代替案は，ほとんど見出せない(**図-8.1** 参照).

市民社会の都市水管理の改善への貢献に関して提示された諸事例は，かなりの変化があることを明らかにしている．南アフリカでは，政府と市民社会は比較的良い協調関係にあるが，それはただ単に民主的な政府が過去の非合法的アパルトヘイト体制と長年の間市民社会との間にあった対立関係の産物だからである．フィリピンからの事例によれば，政府と市民社会は交流のための会合の場を見出したが，強く透明な政策が欠けていることは，社会の重要な利益団体が矛盾する目標を持つことで発展を危険にさらすような状況を促進する．インド，パキスタンの事例は，政府の認知や支援を欠いていることが現行政策の変更にとって致命的な障害になることを例証している．例えば，公衆衛生への関心と職業機会への関心との間の利害の矛盾は，水・環境政策にとって非常に注意すべき課題であることも示された．

最も明らかな欠点は，適用範囲が貧弱なことである．都市人口のかなりの部分が水道に容易にアクセスできず，また衛生設備にも欠けている．非認可居住地に住む約半数の都市住民にとって，生活条件は特に厳しく，また不安定である．現行の公式政策のため，また中央集権的な管理システムの結果として，公共サービスは非公式地域にまで提供されない．それ以上に，行政的な嫌がらせにより，市民社会のイニシアティブやその他の供給業者がこうした地域に住む人々のための上下水サービスを組織することはしばしば妨げられている．

都市区域の大部分で都市住民が最も基本的に必要とすることに無関心でいることは，安定した都市システム全体をつくるという目的に対しては逆効果である．都市経済の強度は，健全な住民にかかっており，非認可地域の問題が取り組まれない限り全体的な環境条件の改善はなされないであろう．都市区域のある一部における環境条件の悪化は，その特定地域に制限されず，より広範囲の都市システムや都市区域が位置する流域に影響を及ぼすであろう．二国間・多国間の国際的な議論において貧困緩和に関する現在の焦点は，全都市システムの上下水設備の改善についての包括的・総合的なアプローチを前提としている．

この状況においては，市民社会のイニシアティブが決定的重要性を持つ．伝統的

8.8 未来のための選択肢は何か

に水や汚染軽減システムを管理している官僚機構は、汚染管理が地域住民を参加させねばならないほどに重要な事業であることを学ばねばならない。水および廃棄物の管理における住民の参加を制度化することに真剣な努力がなされてはじめて、地域住民の関与が成功する。

開発途上地域は、多かれ少なかれ、その地域的民主主義の強化を怠ってきた。政府システムを代表する職員と市民組織との間の相互不信は、適切な都市水管理組織の発展にとって主要な障害となっている。都市自治体当局は代表的な民主主義のシステムのうちにとどまっており、多くの場合、広すぎる様々な課題を取り仕切るよう要請されるが、一方で他の領域に入り込むことを避ける。比較的容易に管理できる水準のものについて責任は委譲される必要があるだろうし、また一層重要なことだが、これらの組織の統治形態は参加型であって正式な意味での代表型でない必要があるだろう。当然ながら、政府ないし地方自治体が市民組織を公式に認知して戦略的支援を提供しない限り、責任の分散は行われないであろう。

本章全体で強調したように、水質はとりわけ緊急の課題である。水質に関する情報の利用可能性は地域共同体にとって非常に重要である。この点と政府の環境政策に関する透明性は、資源管理に参加する市民にとって決定的であろう。市民の代表は適切な水汚染軽減戦略のパートナーとしてみなされねばならない。汚染規制は、強く有能な機関と透明性・答責性の文化とを必要としている。それはまた高次の社会的訓練を必要としている。現在、汚染制御の規制は非常に弱体である。地方レベルの汚染制御を適切に管理する機関は存在しない。汚染管理はまた民主主義の強化に関わるものであり、それを地域的かつ参加的にするものでもある。政府機関はこの点について適切かつ必要な発展を刺激しなければならない。

都市システムの規模とその急激な成長が続く中で、都市と町への給水と下水・排液処理がそれらの位置する流域の状況の中で対処されねばならないということについては、特別な配慮が必要である。大都市においては、制度と同様技術の取決めがますます複雑になっているので、多様な管理組織の異なる管理業務に分割するという選択肢は熟慮されるべきである。都市への水の大量供給については、自治体かその他の指定された政府機関が主要な役割を演じる。しかしながら、都市の内部における水の分配は、市民組織ないしその他の営業権所有者によって組織されうるものである。市民組織や民間供給業者によって提供されるサービスは、都市住民の貧困部分や依然として規制されていない地域の住民の需要を調達するのに特に適してい

第8章 社会的，制度的，規制的問題

るようである．

　同様に，排水・汚泥および汚染の軽減一般は，水質基準の遵守に関する手続きと排水処理・汚泥処理の動機付けや制裁措置を行う政府のコミットメントに依存している．しかし水汚染軽減のための効率的な政策，例えば生産技術の変化や社会の水利用の修正については，水使用者のレベルにおいて管理措置に関わらねばならない．南の国の多くの都市地域において現在明らかになっているような環境の持続性に対する深刻な脅威が，公共部門の典型的なアプローチに見られるエンド・オブ・パイプの建設を通じてのみ回避できると期待するのは無益なことである．

　究極的には，どれほど多くの水が要求され，社会を通過する際に水に何が起こるかを決定するのは，家庭レベルと産業その他の経済部門の両方における実際の水の利用である．多くの都市における水質および環境の質の嘆かわしい状態やこの点に関する現在進行中の悪化は，実際の水の利用に焦点を当てることによって効率的に扱われねばならないし，そうすることによってのみこれが達成されることを我々は強調してきた．実際の水の利用に関する決定は本来公共部門の範囲内の問題ではないので，これに関する主要な利害関係者が積極的に政策と管理に関わることが論理的である．これは決して政府システムの役割や責任を減じるものではない．そうではなく，公式および非公式の管理機関と組織の間の適切なパートナーシップの必要性に光を当てるものなのである．

8.9　謝　　辞

　初期原稿に対して，Malin Falkenmark, Jan-Olof Drangert, Karin Kemper そして Leif Ohlsson の貴重なコメントをいただいた．

8.10　参考文献

Abrams, L.J. (1996) Water Policy Development in South Africa. *Cranfield International Water Policy Conference, Cranfield University, Bedford UK,* September 1996. Available from Website http://www.africanwater.org
Agarwal, A. & Narain, S. (1999) Making Water Management Everybody's Business:

8.10 参考文献

Water Harvesting and Rural Development in India. *Gatekeeper Series No. 87*. International Institute for Environment and Development. London.

Agarwal, A., Narain, S. and Sen, S. (1999) The Citizens' Fifth Report. Part I: National Overview and Part II: Statistical Tables. Centre for Science and Environment, New Delhi. India.

Agarwal, A. (2000) Crosscurrents. *Down to Earth*; **9**(2). (http:/www.oneworld.org/ cse/html/ dte/dte20000615/dte_cross.htm)

Agence de l'Eau. (2000) *Social Charter for Water: A New Approach to Water Management in the 21st Century*. Paris: Réalisation les éditions Textuel (ISBN 2-909317-50-1).

Ahmed, K., Khanduja, C. and Sethi, N. (2000) Master Plan for Anarchy. *Down to Earth* **9**(15), 22-30. December, Available at: Http://www.cseindia.org/html/dte/dte20001231/dte_srep1.htm.

Arrow, K., Bolin, B., Costanza, R., Dasgupta, P., Folke, C., Holling, C.S., Jansson, B-O., Levin, S., Mäler, C-G., Perrings, C. & Pimentel, D. (1995) Economic Growth, Carrying Capacity, and the Environment. *Science*. **268**, 520–521.

Bath, V. (1999) Johannesburg 'Corporatises' to Finance City's Water Supply and Sanitation Needs. In *World of Water 2000: The Past, Present and Future*. Water and Wastewater International: Penwell Corporation

Berkes, & Folke, C. (eds.) (1998) *Linking Social and Ecological Systems. Management Practices and Social Mechanisms for Building Resilience*. Cambridge University Press. Cambridge.

Blomqvist, A. (1996) Food and Fashion: Water Management and Collective Action Among Irrigation Farmers and Textile Industrialists in South India. Linköping Studies in Arts and Science, no. 148. Motala, Sweden

Collignon, B. and Vézina, M. (2000) Independent Water and Sanitation Providers in African Cities. Full Report of a Ten-Country Study. World Bank. (http://www.wsp.org/English/pdf/providers.pdf).

Constitution of the Republic of South Africa. (1996) Act 108 of 1996. Pretoria: Government Printer (ISBN 0-620-20214-9)

Cosgrove, W.J. and Rijsberman, F.R. (2000) *World Water Vision: Making Water Everybody's Business*. London: Earthscan Publications Ltd.

Cronström, A. (1986) Vattenförsörjning och avlopp. (Water Supply and Sewerage). Stockholmsmonografier. Uppsala.

Drangert, J.O. (2000) On-site sanitation and small-scale water supply in the developing world - International experiences. Background paper to Sida´s Water and Sanitation Strategy. Swedish International Development Cooperation Agency. Stockholm. (mimeo)

Drangert, P. (1997) The Aguaterias in Paraguay. Report to the World Bank (mimeo).

Enviroment News Service (ENS) (2000)
- Delhi Allows Polluting Industries to Reopen, January 17;
- India's Supreme Court Bans Delhi Industrial Water Pollution, January 27
- Three Dead in Delhi Protesting Closure of Polluting Industries, Nov. 22.

Falkenmark, M. (1997) Coping with Water Scarcity under Rapid Population Growth. In: *Proceedings from SADEC-EU Conference on Management of Shared River Basins. Maseru*, 20-21 May.

FAO. (2000) New Dimensions in Water Security. Authors: Lundqvist, J., Falkenmark, M., Gordon, L., Folke, C. and Ohlsson L. AGL/MISC/25/2000. The report is available on: ftp://ftp.fao.org/agl/aglw/docs/misc.25.pdf

Foster, S., Lawrence, A. and Morris, B. (1998) Groundwater in Urban Development. Assessing Management Needs and Formulating Policy Strategies. World Bank Technical Paper no. 390. World Bank, Washington D.C.

Foster, S. (1999) The interdependence of groundwater and urbanisation. In *Proc. of the 9th Stockholm Water Symposium*. "Urban Stability Through Integrated Water-Related Management", August 9-12, Stockholm. Pp. 125-138.

Gleick, P. H. (1998) *The World's Water 1998-1999*. Island Press, Washington, DC.

Gleick, P. H. (1999) The Human Right to Water. *Water Policy* **1**, 487–503.

Government of India (GoI). (1997) White Paper on Pollution in Delhi With an Action Plan. Delhi, August 8. Available on http://envfor.nic.in/divisions/cpoll/delpolln/html.

Hasan, A. (2000) Scaling up of the Orangi Pilot Project Programmes: Success, Failures and Potential. *Asian Mayors' Forum on "Fighting Urban Poverty"*. Shanghai, 26–29 June.

Hertsgaard, M. (1998) *Earth Odyssey. Around the world in search of environmental future* Broadway Books. New York.

Homer-Dixon, T.F. (1994) Environmental Scarcities and Violent Conflict: Evidence from Cases, in *International Security*, **19**(1), 5–40.

Jonsson, A. (2000) The Trace of Metals. Use, Emissions and Sediment Load of Urban Heavy Metals. Linköping Studies in Arts and Science, 221. Linköping, Sweden.

Khan, A.H. (1996) *Orangi Pilot Project: Reminiscences and Reflections* Oxford University Press. Karachi.

Kemper, K. (1996) The Cost of Free Water. Water Resources Allocation and Use in the Curu Valley, Ceará, Northeast Brazil. Linköping Studies in Arts and Science, No. 137. Motala.

Kemper, K. (2000) The Role of Institutional Arrangements for More Efficient Water Resources Use and Allocation. In: Water Security for the 21st Century - Innovative Approaches, Proceedings from the 10th Stockholm Water Symposium. *Water Science and Technology,*

Labunska, I., Stephenson, A., Brigden, K., Santillo, D., Stringer, R., Johnston, P.A. & Ashton, J.M. (1999) Organic and heavy metal contamination in samples taken at three industrial estates in Gujarat, India. Greenpeace Research Laboratories, Exeter, UK. Technical Note 05/99. (http://www.greenpeace.org/%7Etoxics/toxfreeasia/gujarat.pdf).

Lundqvist, J. (1998) Avert Looming Hydrocide. *Ambio* **27** (6), 428–433.

Lundqvist, J. (2000) Rules and Roles in Water Policy and Management. Need for Clarification of Rights and Obligations. *Wat Intl*, **25** (2), 194–201.

Macy, P. (1999) Urban Water Demand Management in Southern Africa: The Conservation Potential. Publications on Water Resources, No. 13. Sida. Stockholm.

Matsui, S. (1993) Industrial Pollution Control in Japan: A historiacal Perspective. In: *Environmental Pollution Control. The Japanese Experience.* Papers presented at the UNU International Symposium on Eco-Restructuring, 5–7 July 1993. United Nations University, Tokyo.

Nacario-Castro, E.N. (1997) When the Well Runs Dry: A civil initiative in watershed planning and management in the Philippines. Report edited by Jefferson Fox, Larry

8.10 参考文献

Fisher and Carolyn Cook and published by Ramon Aboitiz Foundation Incorporated and Cebu Uniting for Sustainable Water Foundation. Cebu City, The Philippines.

Narain, S. (1999) We all live downstream: Urban industrial growth and its impact on water systems. In *Proc. of the 9th Stockholm Water Symposium*. "Urban Stability Through Integrated Water-Related Management", August 9-12, Stockholm. pp. 75–83.

Narain, S. (2000) The Future of India's Urban Environment. In *Proc. from: A Swedish-Asian Forum on the Future of Asia's Urban Environment.* May 15–17. Ministry of Foreign Affairs. Stockholm.

Neto, F. and Tropp, H. (2000) Water supply and sanitation services for all: global progress during the 1990s. *National Resources Forum* **24**, 225–235.

National Water Act. (1998) Act 36 of 1998. Pretoria: Government Gazette.

Newman, P. (2001) Sustainable Urban Water Systems in Rich and Poor Countries. Steps towards a new approach. In: Water Security for the 21st Century - Innovative Approaches, Proceedings from the 10th Stockholm Water Symposium. *Water Science and Technology* **43** (4), 93-100.

OECD. (2000) Increasing Resource Efficiency. Available at: http://www.oecd.org/env/efficiency/wastemini.htm.

Ohlsson, L. and Lundqvist, J. (2000) The Turn of the Screw. In: FAO 2000, pp. 4–76. Available at: ftp://ftp.fao.org/agl/aglw/docs/misc.25.pdf

Peters, N.E., and Meybeck, M. (2000) Water Quality Degradation Effects on Freshwater Availability: Impacts to Human Activities. *Water International*, **25** (2), 185–193.

Platt, R. (1999) Presentation given at Oxford University to the 4th Meeting of METRON Project Partners on 7th and 8th June 1999, hosted at the Oxford School of Geography.

Reisner, M. (1993) *Cadillac Desert: The American West and its Disappearing Water.* Revised Edition. New York: Penguin

Sampat, P. (2000) In Deep Trouble. The Hidden Threat of Groundwater Pollution. *Worldwatch Papers 154*. Washington DC.

Schreiner, B., and Naidoo, D. (1999) Water as an Instrument for Social Development in South Africa. In *Proc. of the 9th Stockholm Water Symposium,* Stockholm, "Urban Stability Through Integrated Water-Related Management", August 9–12, Stockholm. Pp. 253-266.

Serageldin, I. (1994) Water Supply, Sanitation, and Environmental Sustainability. The Financing Challenge. The World Bank, Washington D.C.

Shah, A.A. (2000) Asia's Urban Environment – The Challenges Ahead. In *Proc. from: A Swedish-Asian Forum on the Future of Asia's Urban Environment.* May 15–17, 2000. Ministry of Foreign Affairs. Stockholm.

Stanners, D. and Bourdeau, P. (eds.) (1995*) Europé's Environment. The Dobris Assessment* European Environment Agency. Copenhagen, Denmark.

Swyngedouw, E. (1998) *Modernity & Hybridity – The Production of Nature: Water and Modernization in Spain.* Working Papers in Geography 97-12, School of Geography, Oxford University.

Tiwari, M. and Mahapatra, R. (1999) What goes down must come up. *Down To Earth.* **8** (7).

Tortajada, C. (1998) Water Supply and Wastewater Management in Mexico: An Analysis of the Environmental Policies. *Int. Journal of Water Resources Development* **14** (3), 327–337.

第8章 社会的，制度的，規制的問題

Tropp, H. (1998) Patronage, Politics and Pollution. Precarious NGO-State Relationships: Urban Environmental Issues in South India. Linköping Studies in Arts and Science, No. 182. Linköping, Sweden

Turton. A.R. and Ohlsson, L. (1999) *Water Scarcity and Social Adaptive Capacity: Towards an Understanding of the Social Dynamics of Managing Water Scarcity in Developing Countries.* Paper presented in Workshop No. 4: Water and Social Stability at the 9th Stockholm Water Symposium "Urban Stability through Integrated Water-Related Management", hosted on 9–12 August by the Stockholm International Water Institute (SIWI). Also available as MEWREW Occasional Paper No. 18 from Website http://soas.ac.uk/Geography/WaterIssues/OccasionalPapers/home.html

Turton, A.R. (2000) Water and Sustainable Development: A Southern Perspective. Forthcoming in *Encyclopedia of Life Support Systems (EOLSS).* UNESCO: EOLSS Publishers Ltd. Also available in draft form on Website http://www.up.ac.za/academic/libarts/polsci/awiru

Turton, A.R. and Meissner, R. (2000) *The Hydro-Social Contract and its Manifestation in Society.* AWIRU Occasional Paper. Available on Website http://www.up.ac.za/academic/libarts/polsci/awiru

UN (2000) Progress made in providing safe water supply and sanitation for all during the 1990s. Report of the Secretary-General (E/CN.17/2000/13). United Nations, New York.

Water Services Act. (1997) Act 108 of 1997. Pretoria: Government Gazette.

Water Supply and Sanitation Collaborative Council (WSSCC) (2000) Vision 21: A Shared Vision for Hygiene, Sanitation and Water Supply and a Framework for Action. Geneva, Switzerland.

World Bank. (1990) *Structural Adjustment and Sustainable Growth: The urban agenda for the 1990s.* World Bank, Washington DC.

World Resources Institute (WRI). (2000) World Resources 2000-2001. People and Ecosystems. The Frying Web of Life. The World Resources Report is produced as a collaborative effort by UNDP, UNEP, IBRD and WRI. Oxford, UK.

World Water Commission (WWC). (2000) *World Water Vision: Commission Report – A Water Secure World. Vision for Water, Life, and the Environment.* London: Thanet Press

Personal communication:

Lundberg, Hans, 2000. Research Director, Swedish Environmental Research Institute, Hälsingegatan 43, S-100 31 Stockholm.

Mujwahuzi, Mark, 2000. Professor, University of Dar es Salaam, Tanzania

Mutale, Michael. 2000. Executive Secretary, African Water Resources Management Forum (AWRMF) Secretariat, c/o Water and Sanitation Programme - Africa (WSP-AF), Nairobi.

Mwanza, Dennis D. 2000. Director, Water Utility Partnership for Capacity Building in Africa, WUP, P.O. Box 2642, 05 Abidjan, Ivory Coast.

Reinius, Lars-Gunnar. 2000. Stockholm Water Company, Maintenance and Operation Department, Stockholm.

第9章　21世紀への展望

José Alberto Tejada-Guibert and Čedo Maksimović

　汚染や誤った管理によって，人類の持続的な水利用が大幅に困難になっている一方で，生命に不可欠であるという理由だけではなく，増加しつつある需要に応じるという理由でも，水は最も貴重な資源である．本書は，その題名が示すように都市水管理問題が行きづまるか，あるいは希望をもてるかという問いに対して，著者らの述べた解決法は，応えることができたであろうか．水と水処理を必要とする都市化の圧力が都市の地理的限界を超えているから，徐々に，あるいは突然に都市化された地域に住む人々だけではなく，社会一般が水問題の解決に期待している．提示された問題への著者たちの正しい応えは，明確なものであった．もちろん，希望はある．

9.1　はじめに

　読者は，本書の多様な主題を通して現在の状況を考察し，将来の展望を見出すための基本的脈絡を持つすべて－都市の水システム技術の原理と実践から，関連する経済，社会，および制度上の側面まで－へと導かれた．
　本章では，本書を通じて出された展望と提案を抽出し，旧来の都市システムの安全な修復を行うための見込みのある取組み方および，将来世代のための持続可能システムの計画，発展，そして管理の統合について試みる．
　本書でしばしば遭遇する中心的コンセプトの一つは，新しいアプローチ〈新しいものの見方でさえ〉には，緊急的意識を持って，現在のとりわけ開発途上国における都市の水の難題にうまく向き合うことが必要とされることである．確かにこれは突然

第 9 章　21 世紀への展望

生じた事実ではない．成長志向の道筋はここ数年にわたって展開され，公式の一連の主張になっている．水，都市，および都市計画シンポジウム（パリ，1997 年 4 月）の場で出されたパリ声明（Paris Statement（UNESCO & Académie de l'Eau, 1998）は，都市の水問題の先鋭化を認識し，環境および水管理の統合的取組みのもとに行動することを要求した．

- 社会の動きに敏感でいながら，水の経済的価値を認識して需要管理政策の導入をする．
- 都市雨水排水や都市下水を農業へ安全に供給する必要性を考慮しつつ，農村域と都市域との水需要の競合を緩和する．
- 都市域における表流水と地下水の統合管理．
- 水が必要とされる場所で水利用可能性を増すような時宜を得た環境配慮事業の考慮．
- 開発途上国の特別な問題を考慮しつつ，気候の違いに応じた都市排水設備の適切な問題解決方法の開発
- とりわけ，伝統的な水洗式衛生設備に代わるべき手段として乾式の衛生設備などの斬新な問題解決方法の調査．すなわち，利用水のより少ない，資源としての雨水の考慮，生物学的システムを使った雨水排水の地域処理，そして下水から栄養分をリサイクルするための技術．
- 構造物による解決法がせいぜい部分的な解決法であると判明した際の都市洪水の緩和のため非構造物的手段の採用．
- 利害関係者の積極的な関与と参加と伝統的なトップダウン決定法を変える意欲．
- 開発途上国の市街地周辺や行政サービスの及びにくい都市近郊の特別かつ緊急の問題．
- めいめいの都市の特徴や状況を考慮して，既存の解決方法が，不十分かおそらく実行不可能であるか判明した時に新しい解決方法とシステムを考案し適用する．

家庭中心環境衛生（Household Centred Environmental Sanitation）（Kalbermatten et al., 1999）のような最近開発された他の取組みは，同じような提案を含んでいることを付け加える．先導概念として発表されたパリ声明の諸要素は，本書で幅広い具体化と綿密な検討がなされた．

9.2 過去からの遺産

　都市が直面している水に関連する環境問題は，大まかには4つの重なりと関係性のあるカテゴリーにグループ分けすることができる．①衛生設備やサービスそして水へのアクセスの問題，②都市下水からの汚染問題，③社会基盤の老朽化と資源の劣化の問題，④水に関する災害の問題．先進国では，カテゴリー①と④は，両方とも管理下に置かれるか，それほど問題になっていない．開発途上国の都市や低所得層の構成で都市化された地域は，しばしば4つの問題すべてに直面している(多くの場合，それらは同時期に起こり，長期的にはより高密度化するとともに激化する)．

　全世界の都市人口の成長のほとんど大部分は，低開発国の都市域において生じると予想されている(**図-9.1**の左側の部分に示されている)．これらの地域は，それら自身の廃棄物によって既に過負荷であり，不十分な下水システムにより損失を受けている．そしてこれらの国々の経済で追加的な圧力を受けながら，スプロール化している都市周辺地域，不法占拠地，そして衰退する都市中心部への必要な水の供給について多くの難題を経験している．開発途上国の都市人口の約50％が住んでいる地域は，公式理由かつ現地状況のため政府担当者が勤務が不可能か，渋っている地

図-9.1　都市の対比：両方の居住者は，"完全な都市水社会整備基盤"を備えている．水道，下水および廃棄物処理施設，そして雨水を運び去るための都市水路を備えている(Č.Maksimovićによる撮影)

域である．より多くの先進国の都市(**図-9.1**の右側)は，2つのタイプの高齢化を経験するだろう．すなわち，それらは，全体の修理や現代化を必要とする社会基盤の高齢化と，より高い生活の質および要求されるタイプとサービスの水準そして施設の優先を必要とする人口の高齢化である．

先進国は，たいてい**図-9.2**(左)に示されるような継続的な環境破壊の軌跡を残して，産業成長の時代を通り過ぎた．汚染と自然の自浄機構との間のバランスは，何度も混乱に陥れられた．環境は多くの状況で高い費用をかけて環境緩和を行っても，あと50～100年かかると評価される程度に劣化しているであろう．開発途上国は，同じ過ちを繰り返さないための機会を持っていることと，将来の費用を回避することが可能であることが議論される[**図-9.2**(右)]．先進国の都市もまた，導入された時に許容された技術－技術の老朽化や，新しい条件が変化を示す時には，とてつもない重荷となる－を基礎として建設された社会基盤という大きな遺産を持っている．

都市の用水管理は，水利，洪水対策と排水，排水処理，および水資源の一般的アメニティ機能の整備を含む具体的なサービスの持続可能な提供を容易にすることが必要である．現在推し進めている用水管理の事業は，先進国と開発途上国では異なる傾向がある．開発途上国では，新しい供給能力を開発するための要請があるのに対して，先進国においては，需要管理，節水，排水の再利用と再処理によって消費量の伸びを削減することに焦点があるように思える．都市水管理は，回収水の保全という比較的新しい機能を，レクリエーションや，審美性，環境そして生態的なアメニティとして「適応させる」必要がある．

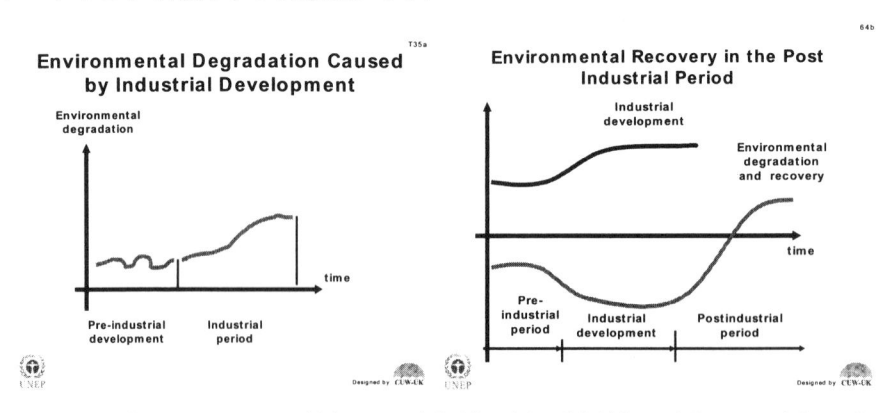

図-9.2 産業革命に起因する環境劣化(左)とポスト産業時代の高価な修復(右)．開発途上国は，先進国が過去に行ったことと同じ過ちをしなければならないのだろうか

9.2 過去からの遺産

　洪水対策は，多くの事例が構造物的洪水対策手法(主に土木事業)を基盤にして，「洪水とともに生きる」ことに関して強調をしながら，現在は非構造物的手段による補足が徐々に行われ広範に実践されている．広範に提供された対策の度合いは，その社会の社会経済成長に大いに影響を与える．洪水管理計画と表流水水質保全は，流出水の生成の制御とその質的な向上を伴った都市域での雨水管理によって支援される．開発途上国では，洪水制御を行うために提供された排水施設がしばしば適切に管理されず，洪水の被害を大きくしている．発生源と資源再利用の近くでの制御を広範に適用することに基づく持続可能な都市排水システムの概念は，一般的に認められるけれども，その適切な解は，なお先進国および開発途上国の両方のために探し求められている．

　開発途上国の都市と社会は，工業化社会が過去に犯した誤りを避けることだけでなく，たとえ先進国の都市域での成功した方法でも，開発途上国の都市ではうまくいかない，もしくは少しもうまくいかない解決方法を認識し，それらを学ぶことも求めている．その条件は，全く異なることがあり得て，明白なものが多くある．すなわち，たいていは人的そして財政的資源の不足，初期のあるいは不適当な制度構造や，より大きい政治的不安定性である．すなわち，異なる動力学(先進国の都市や先進国の現在のシステムは，何十年，あるいは，1, 2世紀を超えて発展している)，解決策に対する文化的な受容度，気候の違い(温帯気候のための技術的に適切な解決法は，湿気の多い熱帯気候あるいは乾燥気候では機能しないかもしれない)など，幾つかはより微妙なものである．他の変数は，開発に伴う汚職の程度による影響のように，まさに今評価され始めている．

　開発途上国の急速な都市化の拡大は，物理学的，化学的，生物学的，およびそれらが組み合わさった影響のため，関連する地域の水資源に劇的な影響を及ぼす．統合された管理の必要性は，これらの水資源が消耗するか，または劣化した時に特に明らかになる．社会の全体の枠組みは，物理的および環境的側面を越えて，直接的あるいは間接的に許容できる，あるいは継続性のある解決を求める時において，次のような要素が含まれる．すなわち，政治や政策，他の競合する部門との相互関係，応答性のよい制度の配置，意思決定過程における市民団体の参加，水道料金(経済的で社会的にも効果的か？)，そして，多数の他の検討材料である．先進国および開発途上国にて，欠点は存在するが，それらは，開発途上国の世界で，より深く，広く取り込まれてしまっている．

9.3 未来への展望

9.3.1 過渡期にある都市水管理

統合的水管理は，持続可能で社会的に釣り合いが取れた水資源利用方法を開発するための長期政策を適用することとして解釈できる．既存の立法，行政，そして他の制約を認め，要因を調整しながら，導入戦略を開発する必要がある．特殊な管理問題と解決策を持つ市街地は，河川集水池の副次的要素のみを意味し，それらの市街地の管理は，全体の集水池計画を支援するものである必要がある．

都市用水総合管理の計画と導入は，市民とのコミュニケーションや市民への権限の委譲から，洗練されたコンピューターによる道具と技術までの広範な道具立てと手続きを必要とする．成功した都市用水管理が，伝統的で慣例的な水管理をもって達成され得ないことは，ますます認識されている．適応的管理，すなわち追加的なデータを収集し，システムの効率を監視し，適宜調整を行うと同時に，描かれた最適な経路に沿って解決を行う手続きは，成功のより良い機会を備えている．これは，関係者の間の高度な協調および開かれたコミュニケーション経路を必要とする．それは，当局と管理主体との間の対話だけでなく，都市の水システムの種々のサブシステムの間の相互作用の結果，損われた「インタフェース」のより良い理解と扱いを必要とする．さらに，都市用水管理の多くの側面(土地利用，産業振興，環境法)および関連する社会経済事項が都市用水管理当局の範囲を超えて広がり，その結果，都市用水の保全や復元，そして管理の実行は，社会全体の協力を必要とするだろう．

しかしながら，条件は，固定されたままではなく，それゆえに最も良い解決策が時代とともに同じである必要は必ずしもない．このことは，消費，生産，分配，および投資の様式の変化を通じて自身を明示し拡大しつつあるグローバリゼーションの世界で特に正しい．そのような変化は，より大きい経済効率をもたらすことが可能である－しかし，同様に資源への圧力を増加することに寄与する．したがって，グローバリゼーションは経済の範囲を越える－それは，明らかに環境的な意味を持つ社会的，文化的で，技術的な現象である．

本書において，水資源の進行中の変化の4つの広い分野が引用された．①概念突破：生態系，持続可能性，非線形および非階層システム，複雑さ，不確実性，およ

9.3 未来への展望

び周囲の環境の相互依存についてのパラダイムの変革することを含む概念のブレークスルー．②方法論前進：方法論的進歩，特に多目的アプローチ，意思決定支援システム，リスク解析，および急拡大しているコンピューターパワーとアクセスの導入，新しい情報とコミュニケーション技術の導入．③組織動員：新しい管理機構，制度上の手配，参加のプロセス，流域集水地域危機対策などへの新しい領域などについての組織的な適用．そして，④文脈変化：進行中で将来の水の量と質問題のすべての範囲の意味，関心事項，優先事項の変更，潜在的な社会政治的介在メカニズム，および包括的な資源政策の新しい領域．

ここで概説された変革の戦略は，ButlerとMaksimović(1999)により最初に形付けられ，7つのIを強調している．統合(Integration)：調和および統合された都市の水モデルの開発．相互作用(Interaction)：または，複雑な都市システムの付加的で，累積的な相乗効果のための調査．インタフェース(Interfacing)：特に一般の人々と環境とを．器械使用(Instrumentation)：リアルタイムコントロール，検出器，および非侵襲的なテクニックについて．情報(Intelligence)：そして，GIS(地理情報システム)を通じたデータ，情報，知識の拡充と水情報科学．解釈(Interpretation)：データと判断の相補性，および構造化された推論および鍛錬された想像力との賢明な結合．そして，最終的には，実施(Implementation)：真実と一致した行動，および正しくかつ率先的な戦略と戦術を結び付ける妥当な実行への方針の変化の能力．

9.3.2 動き出した新しいパラダイム：新生の技術対従来の習慣

都市環境で進行中のありきたりのみじめな劣化は，都市システム全体の持続可能性に対する脅威である．持続可能性の目標は，まず最初に基本的で安全な飲み水と初歩的な衛生とのすべてを含む水循環の総合管理という原則によってうまく支えられる．しかしながら，長期間，社会のこれらの必要性を満たす保証をするために，新しい方法論が，発展させられ，試され，適用されなければならないだろう．

① 処理された排水の再使用のための適切な技術(汚染物質の除去と準飲用水供給の代用のため)．
② 雨水，地下水，水利，および排水の統合管理．
③ 景観形成を変えたり，および工業生産を変えたりして，より効率的な水利用を含む水保全方法を基礎に置いた取組み方．

第9章 21世紀への展望

　異なる状況では，同じ目標を目指しても，その方法は異なるだろう．世界人口の常に増加しつつある部分の人々が，適切な公衆衛生（あるいは，WHOのいう"先進的公衆衛生"）によって恩恵を受けて，そして，先進国の高い割合の人々が，下水処理施設に接続されたとしても，適切な衛生施設の恩恵を受けていない開発途上国の多くの人々がいる．よって，開発途上国では，適切な衛生施設を順当に入手しやすい状態にすることに重点を置き，先進国では，衛生施設に関する主要な目的は，環境配慮と技術の進歩の両方の変化によって，下水集水および処理システムの効率性と持続可能性を向上させることにある．

　上で述べられた種類の問題を扱うための新しい都市水のパラダイムは，明らかになりつつある．それは，都市の水の計画，開発，および管理の際に，需要管理の実施，資源再利用，および環境調和的で持続可能な解決策の導入を必要としている．需要管理の概念は，継続的な供給の拡大というより，むしろ水需要の縮小に究極的に資するであろうリサイクルや廃棄物最小化（漏出削減），再使用，そして再生利用について重点を置きながら，ライフスタイルを変化させることを含んでいる．この変化は，都市の形態，構造，そして管理と，それゆえ都市の水問題の解決へと形を変えることのできる「ポスト産業都市」と連携する潜在的な技術的進歩の利用と結び付くであろう．この考えは，開発途上国と先進国の両方に適用可能である．

　第3章から6章で分析され主張された解決法は，開発途上国において飲用水，排水そして雨水システムを導入する際に開発され証明された技術の利用を求めている．

　中規模までの情報技術を利用したこれらの技術は，さらに試験され，より広範に導入されより持続可能になされるべきだ．これらは，高度処理，より効果的な需要制御システム，顧客が制御する企業情報システム，費用の削減と信頼性を増したデータの取得と加工システム，故障検知のための方法論，状態説明とシステムの修復シナリオの最適化，配水システムにおける水質の改善，そして下水処理プラントからおよび雨水処理施設からの排水の水質の改善を含む．クリプトスポリジウムのリスクや，とりわけ消毒から副産物として生じる飲料水中の潜在的有害有機微量汚染物質の現存するリスクをかなり削減するような，革新的な浄水方法に注目が集まっている．開発途上国の場合，費用負担能力と社会の技術力と持続可能性の進展の間の適切なバランスについて捜し求めるべきだ．

　先進世界で開発され，適用された高度技術による解決法のすべてが，即，途上国へ"輸出可能"というわけではないという認識がなされなければならない．事実上，

高度技術による解決法を無差別にめざすことは，望ましくないであろう．南での局所条件のために開発された新しい方法が結果的に北に適用可能であるという，技術が逆の方向に流れるという事例が示されている．

9.3.3 社会面，制度面，そして財政面

本書で記述されているように，21世紀の持続的都市水開発の概念の導入のために直視すべき主要な要素は，

- その国の社会そして文化の状態と経済開発の程度に応じた適切な水管理のための有効かつ公正な制度および法律の取決めを行うこと，
- 交通，住宅そして土地利用部門を水資源部門に統合し，意思決定や管理過程において利害関係者を巻き込むことができ，適切な融資と明白な責任を基礎とした活力を持つ必要な制度の枠組みを開発すること，
- 先進国にある都市水インフラの修復あるいは改修のためと，開発途上国で必要とされる社会資本投資のための適切な資金調達を行うこと，
- できる限り，管理費，債務元利未払金そして増資に見合うだけの総費用を反映させ，利用者と汚染者の適切かつ正当な負担を図りながら，効率的資源利用に関して尽力し，貧困者を含むすべてにとって手頃な価格でのサービスを探求したうえでの水使用料を採用すること，
- 計画過程の最初の段階と意思決定段階において異なる背景，異なる関心を持つ団体を含む市民団体組織や水利用者の効果的な巻き込みを図ること，
- すなわち，全住民の社会的認知を都市水資源への配慮の方向へと持続的に高めることと，有権者に影響のあるあらゆる種類の関心事に対する専門的分析研究と専門家の意見の釣り合いをとること－最新の環境調和概念を基礎にした革新的教育方法の導入．

9.4 おわりに

ここに，2001年世界水の日での国連事務総長のメッセージから引用する（United Nations, 2001）．

第9章 21世紀への展望

　安全な水へのアクセスは，人々の根本的な要求であり，それゆえ　基本的な人権である．汚染された水は，すべての人々の身体と，社会の健全性の両方を危険にさらす．それは人の尊厳への侮辱である……

　この新しい世紀に，水，その衛生，そしてそれらの公平な配分を行うということは，大きな社会的挑戦を私達の世界につきつける．私達は，安全な水の世界的な供給を守り，誰もがそれにアクセスできることを保証する必要がある．これは大変な注文である－しかし，社会は，実現するために最善を尽くすという道徳的義務がある．常に増加する人類の大多数の故郷である都市の環境は，社会の決意に最も厳しい試験場を提供するだろう．急速な発展状況はその挑戦を多大にする．本書は，取組み方法と解決策の存在を示すが，それらは，新しい姿勢，および政府の中で最も高い階層から，利害関係者に基づくコミュニティまでの共同の努力による進行を必要とする．技術は，成功のための鍵となる要素である一方，持続可能性および社会的公平性の目的のために従属的なものでなければならない．

9.5　参考文献

Butler, D. & Maksimović, Č. (1999). Urban water management – Challenges for the third millennium, *Progress in Environmental Science*, **1** (3), 213–235.

UNESCO & Académie de l'Eau (1998). *Proceedings Symposium Water, the City and Urban Planning, Paris 10-11 April 1997*. UNESCO Paris, France.

Kalbermatten, J.M., Middleton, R. & Schertenleib, R. (1999). Household-Centred Environmental Sanitation. EAW-SANI, Swiss Federal Institute for Environmental Science and Technology.

United Nations (2001). Press release SG/SM/7738 OBV/200. New York.

索　　引

【あ】
青の革命　　35
アグラ　　377
アジア　　4, 262, 346, 365
アジア開発銀行　　383
葦原　　48
穴式のトイレ　　277, 279
アパルトヘイト　　386
アパルトヘイト体制　　360
アフリカ　　4, 262, 346
アフリカ諸国　　260
アメニティ　　64, 131, 134
アメリカ　　262
アメリカ南西部　　182
アラビア半島　　183
アルゼンチン　　32
安定型酸化池　　298
アンドロゲン　　234
アンモニア　　44, 58, 244

【い】
イエローウォーター　　246, 247, 248, 254
イギリス連邦　　262
維持管理　　210
意思決定サポートシステム　　25, 28
イスラエル　　182
一次処理　　58, 73, 114
遺伝子多様性　　43
井戸　　200
委任経営　　326
インタフェース　　403
インドール・ハビタットプロジェクト　　275
インドール市　　277

インドの中央汚染制御委員会　　367
インフラ　　19, 249
インフラ整備　　172
インフレ率　　318
飲料水質基準　　54
飲料用水　　181

【う】
ウイルス　　184, 269
浮き草　　298
ウクライナ　　182
雨水　　293
雨水管ネットワーク　　204
雨水管理計画　　70
雨水管理手法　　62
雨水集水池　　171
雨水貯水池　　62
雨水排除　　294
雨水排水　　112
雨水排水システム　　317
雨水利用　　98
埋立て処分　　220
埋立地浸出水　　48
運営　　199
運営費用　　320, 322

【え】
英国　　78, 324
衛生危機に関する特別レポート　　23
栄養塩　　44, 46, 123
栄養分　　91
疫学的研究　　124
エコ開発　　15

405

索　引

エコシステム　43
エコシティ　12
エコロジカルサニテーション　236, 251
17β-エストラジオール　234
エストロゲン　222, 234
エストロゲンレセプター　45
エストロン　234
エチオピア　261
越流水　42, 44

【お】

遠隔監視センター　203
塩化物　44, 46
援助の不足　250
エンド・オブ・パイプ　114
エンド・オブ・パイプ処理　114
大阪　159
オーストリア　324
オートメーション化　184
オクチルフェノール　234
汚水溜め　117
汚染者負担　164
汚染料　317
オゾン殺菌処理　183
オゾン処理　183
汚泥　220
汚泥処理　99, 117
汚泥発生量　220
オランダ　78
温室効果ガス　41
オンタリオ湖　72

【か】

蚊　267
解釈　403
階層支配的計画立案　68
回虫　47
海洋投棄　117

貝類養殖場　162
カイロ　150, 153
価格決定理論　327
化学的酸素要求量　44
化学肥料　233
河岸所有権　77
拡散汚染源　118, 120
確率年数　108
過剰揚水　181
課税　76
河川委員会　72
カタツムリ　267, 269
課徴金　316
活性炭処理　56
活性炭利用技術　183
家庭下水接続の公共マス　207
家庭雑排水　294
家庭排水　202
カナダ　329
過負荷係数　212
借入　318
カリウム　244, 247
カリブ海地域　346
下流部　92
カルシウム　244
川沿い　168
肝炎　47, 267
環境コスト　76
環境持続可能性指標　15
環境ストレス　19
環境的インフラ　28
環境毒性　131
環境の保全　16
環境ホルモン　234
環境容量　5
環境倫理　25
乾式屎尿処理　297
ガンジス川流域　377

索　引

完全圧力システム　284
回旋系状虫症　270
完全な費用価格化　76
乾燥地帯　181
管理改善　32

【き】

器械使用　403
機械的蒸気圧縮蒸留　188
機会費用　321
汽水　188
ギニアの寄生虫　54
逆浸透　187, 189, 211
逆浸透システム　56
吸収井　173
給水費用　321
急性影響　43
競合利害関係者　10
蟯虫　270
共通排水処理プラント　370
共同給水パイプ　284
協力とパートナーシップの原則　21
極東　262
巨大都市　9
巨大都市圏　4
ギリシャ　329
均一料金システム　193, 195
金融　309
金利払戻し　317

【く】

クウェート　182
組合せ補助金　330
グリース　114
グリーンラベル　372
クリーン技術　371
クリプトスポリジウム　47, 237, 404
グレイウォーター　236, 245, 249, 252, 254

グローバリゼーション　21, 34, 402

【け】

計画策定　27
計画立案の過程　67
経済的緊張　3
経済的効率　16
経済的手段　28
経済的なインセンティブ　180
傾斜板　217
計量　328
下水　72, 295
下水価格決定　332
下水処理指令　128
下水処理水　183
下水処理プラント　44, 46, 118
下水道　293
下水道システム　201
ケニア　259
下排水　57
限界費用　321
限外ろ過　56, 184, 185, 188, 211
嫌気性消化　117
嫌気性発酵　209
嫌気性分解　116

【こ】

公園　166
抗炎症剤　45
公共事業　155
公共所有権　77
工業負荷　209
抗脂血剤　45
公衆衛生　240, 404
更新費用　320
洪水　167
洪水管理計画　70
洪水管理方法　61

索　引

洪水対策　60
洪水とともに生きる　401
合成洗剤　45
抗生物質　45
構造的洪水管理手法　61
高地　92
公平性　16
酵母スクリーン法　234
高密度ポリエチレン　193
効率　14
合流式　106
合流式下水越流　110
合流式下水管　109
合流式下水道　42
合流式下水道越流水　46
合流式システム　202
国際通貨基金　74
国連ストックホルム会議　14
国連世界人口予測　5
国連の国際飲料水供給および衛生の10年　54
国家環境政策法　11
固定料金　335
個別給水パイプ　283
個別処理プラント　370
コミュニティの参加　301
孤立した地域　103
コレラ　47, 267, 269
コロンビア　32
混合方式　106
コンピューターネットワーク　184
コンポスター　247
コンポスト型トイレ　255

【さ】

最終処分　60
最適管理実施　62
再利用　18, 296
殺虫剤　96, 124

サナダムシ　47
サハラ砂漠　259
サポートエリア　348
サルモネラ　47
参加型計画策定　31
産業排水　42, 47, 72
三次処理　58, 73, 114
サンチアゴ　336
サンパウロ　26, 29, 88, 93, 154, 272
残留汚染物質濃度　214

【し】

シアノバクテリア　229
ジアルジア　47
シアン化物　45
ジ-2-エチルヘキシルフタレート　234
ジオテキスタイル　173, 175
塩水の混入　200
資金計画　32
資金調達　75, 311
資金調達メカニズム　76
資金不足　250
資源流動費用　321
事故　194
事後監査　75
自己資金調達　316, 318
糸状性緑藻類　45
自然の演出　351
持続可能性　13, 17
持続可能な開発　14, 16, 28
持続可能な社会　166
持続可能な都市　13
持続可能な水管理　21
実施　403
実施プロセス　27
湿地　48
湿地帯　166
自動制御システム　213

索　　引

屎尿　　58, 229	上向流嫌気性汚泥床法　　244
屎尿の分離　　230	硝酸性窒素　　162
屎尿処理施設　　57	消毒時副生成物　　93, 198
屎尿処理の方法　　299	消毒薬　　45
支払方法　　290	情報　　403
地盤沈下　　95	情報テクノロジー　　135
ジブラルタル　　182	上流部　　92
市民社会イニシアティブ　　342, 350, 375	初期流出　　110
社会基盤整備費用　　312	植物性エストロゲン　　236
社会契約　　352	食物連鎖　　43
社会的正当性　　16	食糧サイクル　　91
社会福祉　　13	食料農業機関　　74
ジャカルタ　　32, 164, 272	助成金　　317
上海　　152, 170	除草剤　　96, 124
重金属　　43, 96	所得弾力性　　336
住血吸虫症　　47, 267, 270	処理タンク　　116
住血吸虫卵　　270	シラミ　　267
自由所有権　　77	シンガポール　　29, 152
集水域管理の概念　　69	真空式下水　　59
集水域計画　　69, 72	真空トイレ　　246
集水域の管理　　69	人口過剰　　5
臭素酸塩　　183	人工湿地帯　　62
集中型下水処理　　240	人口集中　　148
集中管理システム　　194	人口容量　　155
17β-エストラジオール　　234	浸水　　167
修復コスト　　70	シンデレラサービス　　298
受益者負担　　317	浸透施設　　62
受水域　　43, 65, 110, 124	浸透性ブロック　　172
取水料　　317	浸透量　　107
出資者委員会　　78	審美的景観　　125
出資者グループ　　75	新水枠組み指令　　128
需要管理　　100	
需要管理型消費　　101	【す】
需要推進型消費　　101	水耕栽培　　56
準飲用水道水　　56	水質汚濁指令　　126
浄化費用　　321	水質汚濁物質指令　　125
焼却プラント　　223	水質水準　　271
小口径システム　　285	スイス　　317, 324

409

中 央
索　　引

水生生物　131
水洗トイレ　229
水道管　198
水道サービス費用　319
水道メーター　179, 199
水道料金　180
水道料金体系　179
水浴水質指令　129
水浴用水　131
水力の奇跡　351
スウェーデン　317, 324
スーダン　263
スキンケア製品　45
スクリーン　114, 220
ステークホルダー　31
ステークホルダーの参加　25
スプロール　272
スペイン　182, 324, 329
スラム・ネットワーキング　278
スラム街　276

【せ】

税　316
生活の質　13
正義　16
政策統合原則　21
生産量調節機能　193
脆弱性　168
清掃副生成物　219
生息域の流失　43
生存成長試験　66
生存と再生産試験　66
生態学脆弱性　5
生態学的緊張　3
生態学的な足跡　21
生態系の考え方の原則　21
生態系の完全性　14
生態系の保護　61

成長パターン　9
晴天時汚水流れ　107
晴天時汚水変換係数　110
正当性　14
生物化学的酸素要求量　44
生物学的健全さ　64, 65
生物資源　229
生物反応槽　187
精密ろ過　184
セーヌ川　158, 170
世界開発報告　32
世界環境保護連合　14
世界銀行　74, 261, 262, 274
世界の大都市　6
世界保健機構　162
世界水ビジョン　8, 227, 233, 353
世界野生生物保護基金　14
赤痢　267
赤痢菌　47
節水　238
節水装置　101
接続費用　321
説明責任　25
絶滅危惧種　43
ゼロエミッション　254
繊維状中空膜　187
先行型計画策定　31
センサー　213
洗浄水　219
全体的な水のリサイクル管理　73
全窒素　114
線虫　270
セントペテロスブルグ　158
専門知識不足　250
全リン　114

【そ】

相互作用　403

索　引

相互作用的過程　31
操作圧力　193
象皮病　270
総浮遊性固形物　58
ソウル　153
租税構造　2
ソマリア　263

【た】

第2回世界水フォーラム　353
帯水層　18, 97
堆積物および侵食の管理計画　70
代替アプローチ　289
代替システム　285
大腸菌　115
多環芳香族炭化水素　45, 47, 222
ダクタイル鋳鉄　193
多効蒸留　188, 189
多孔性舗装　175
多段フラッシュ蒸留　188, 189
脱塩　18
脱塩技術　188
脱窒処理方法　231
脱リン　217
短期致死50％死亡率　131
炭素　90
弾力係数　180

【ち】

チェコ　179
チェックアンドバランス　352, 383
地下水　94, 280
地下水汚染　367
地下水質　200
地下水充填プロセス　94
地下帯水層　54, 93, 181
地下の再涵養　61
地球サミット　14

窒素　90, 123, 128, 229, 247
地表面流出水　202
地方分権　25
中国　274
中東　262
チュニス　161
長江　170
腸チフス　267, 269
直鎖型アルキルスルホン酸塩洗剤　123
直接政府補助金　330
貯水池　54
地理情報システム　28, 68, 101, 194, 403
鎮静剤　45

【つ、て】

追加的能力　314
低圧逆浸透　188
低圧逆浸透膜ろ過　216
定額料金　330
底質の毒性テスト　66
逓増型　330
低地　93
テヘラン　93, 96
テムズ川　158
テラス　173
デリー　366, 377, 379
デリー総合計画　364
点汚染源　118, 120
電気透析　188
伝染病　160
デンバー　29
デンマーク　179

【と】

ドイツ　317, 324, 329
東京　148, 357
凍結防止塩　46

411

索　引

統合　403
統合的集水域管理　39
統合的流域管理　50, 52, 64
投資　316, 318
透水係数　171
透水性排水溝　174
透水性舗装　173
道路砂　219
道路洗浄水　202
毒性　123
毒性物質　45
毒性有機物　96
都市雨水　72
都市化　155
都市化のパターン　10
都市管理原則　20
都市居住区　2
都市芸術　158
都市下水処理指令　128
都市洪水　176
都市の水管理システム　91
都市の水の統合された管理　67
都市の乱開発　3
都市排水システム　105
都市複合体　146
都市水管理　34
都市水管理の実行　1
都市水管理システム　22
都市水システム　28, 31
都市用水　132, 182
トリハロメタン　54, 187
トリポリリン酸ナトリウム　123
トロント　72

【な】

内分泌撹乱化学物質　45, 229
ナノフィルトレーション　184, 186, 188, 211
ナミビア　183

軟水化　188

【に】

二次元的水道システム　55
二次処理　58, 73, 114
西ヨーロッパ　262
日本　153, 183, 357
ニューデリー　153
ニューヨーク　148, 150
尿　248

【ね, の】

ネットワーク管理者　209, 210
ネバ川　158
農業用サイクル　220
脳膜炎　47
ノニルフェノール　234

【は】

バイオアセスメント　66
バイオアセスメント計画　66
バイオアッセイ　234
バイオセンサー技術　256
バイオテクノロジー　255
バイオマス　229
配管網　178
廃棄物最小化　404
排出源制御　112
配水　281
排水案定化池　48
配水管網　105
配水管網内の水質処理　100
排水溝　172, 173
排水地面　116
排水処理　323
ハイドロサイクロン　220
ハイブリッド社会契約　351

索　引

ハウスマン男爵　161
ハエ　267
バキュームカー　230
爆発する都市　6
発癌性　162
発癌性物質　269
発生汚泥量　116
ハノイ　152
パラダイムシフト　249
パラダイムの変換　236
パリ　150, 153, 182
パリ声明　398
ハロ酢酸　187
半圧力システム　284
ハンガリー　179
半乾燥地域　182
バングラデシュ　96
バンコック　95
氾濫現場　166

【ひ】

ピーク時雨水　94
皮革なめし業　209
微気候　41
非許可居住地　361
非公式居住地　363
非構造的手法　61
非混合便所　59
ビスフェノール-A　234
微生物　240
ヒ素　96
ビテロジェニン　235
1人当りの負荷量　238
皮膚病　267
ヒヤシンス　298
病原菌　198, 229
病原菌媒介生物　47
病原性細菌　269

病原性大腸菌 O-157　237
病原性微生物　124
費用構造　321
標準活性汚泥法　214
費用負担能力　302
費用変動　322
肥料　96
微量汚染物質　162, 185, 243
微量有機汚染物質　212
ビルハルツ住血吸虫　267, 270
琵琶湖　168, 170
貧困　249
貧困国　333
貧困層　330

【ふ】

フィラリア　47
フィラリア症　270
富栄養化　44, 162, 229
フェニックス　152
フェノール　45
ブエノスアイレス　32, 150, 153, 160, 272, 288, 336
不可欠な水必要量　53
不均一性　97
複合影響　49
副生成物　183, 216
腐食　200, 202
腐食植物　93
不測事態対応型計画策定　31
ブダペスト　159, 175
フットボール場　167
不透水性　94
不透水性排水溝　174
腐敗槽　115
フミン酸　93
浮遊性沈殿物質　94
不溶性リン　214

413

索　引

扶養能力　15, 21
ブラウンウォーター　246, 247, 254
ブラジリア　153
ブラジルトリパノソーマ寄生虫症　47
ブラックウォーター　245, 247
フランス　147, 179, 324
フルボ酸　93
文化的緊張　3
分散型下水処理　240
分散型ユニット　255
分配水の水質　198
糞便性細菌　65
糞便性大腸菌基準　129
粉末活性炭吸着　185
分流式　106
分流式雨水管　107
分流式汚水管　107, 110
分流式下水道システム　202
分流式システム　203

【へ】

平均家族数　260
米国水資源委員会　24
ベータブロッカー　45
ベルギー　324
鞭虫　270

【ほ】

防水フィルム　175
防腐剤　45
ボードイン　161
補助金　330
ポスト産業都市　404
ボストン　150
ホッブズ型　351, 374, 378, 380, 386
ホテイアオイ　48
ボトル　285
ポリ塩化ビニル　193

ボリビア　32
ポルトープリンス　272

【ま】

マーストリヒト条約　127
マイクロフィルトレーション　187
前処理施設　208
膜処理　184, 214
膜処理システム　187
マグネシウム　244
末端配水管　194
マドリード　150, 158
マラウイ　261
マラリア　267, 270
マルセイユ　158, 160
マレーシア半島　152
慢性毒性　45

【み】

水殺し　356, 368
水サイクル　91
水資源　280
水システム　25
水-社会契約　353, 378
水専売　326
水と衛生　8
水の価格決定　334
水の再利用　182
水の華　123
水不足　250
水分配システム　193, 195, 197
水枠組み指令　11, 129
緑の革命　35, 232, 360
緑の基本計画　159
南アフリカ　182, 386, 388
南アフリカ共和国憲法　387
南カリフォルニア　183
ミュンヘン　150, 160, 172

索　引

民営化　32, 352

【む】
無収益水道水率　194
無脊椎動物共同体　66
無リン家庭洗剤　243

【め】
メーターシステム　197
メーター料金システム　193
メキシコ　146, 150
メキシコシティ　32, 95
メキシコ谷流域　146
メタノール　217
滅菌処理　212

【も】
盲目バエ　267
モロッコ　164
モンスーン　170
モンテカルロ流　97

【や, ゆ】
薬物　237
遊泳地域　162
有機炭素原　217
有毒汚染物　42
油脂　220
輸送車　267

【よ】
溶解性汚染物質　94
幼児の死亡率　268
溶存酸素　44, 121
溶存酸素懸下曲線　121
容量料金　335
ヨーロッパ　153

ヨーロッパの持続可能な都市　20
予測警告システム　170
予定調和的　31
ヨハネスブルグ　32, 272, 386
予防原則的　34

【ら】
ライフサイクルコスト　105
ライフスタイル　404
ライフライン　330
ラグーン処理　60
酪農業　56
ラゴス　278
ラテンアメリカ　4, 263, 346, 365
藍藻類　43, 45, 123, 229
ランブル鞭毛虫　47

【り】
リヴァイアサン　351
リオデジャネイロ　272
リサイクル　404
利水指令　125
リスク回避計画　166
リスクマネジメント　25
リマ　272
硫化水素発生　202, 209
硫化物　45
粒状活性炭　184
粒状活性炭ろ過　186
流入量　107
流量測定　103
料金　316
料金差別　335
料金システム　197
料金体系　291
緑藻類　43
リン　90, 123, 229, 243, 244, 247

415

索　引

【る】
ルアンダ　279
ルイ・パスツール　159
ルクセンブルク　179
ルワンダ　261

【れ】
レクリエーション用水　65
レジャー施設　166
劣化費用　321
レニングラード　152

【ろ】
老朽化　104, 107, 200

漏水アセスメント　104
漏水減少　100
漏水検知　102
漏水修復　178
漏水の修理・管理　103
漏水量　101, 104
労働管理　324
労働費用　323
ローテクノロジー　58
ローン返済費用　320
ロサンゼルス　357
ロック型　352, 374, 387
ロビー活動　75
ロンドン　95, 148, 150, 153, 158, 357

索　引

欧 文 索 引

【A】
ADB　383
Agenda21　14, 20

【B】
B.O.T.　325
Bathing Water Quality Directive　129
blackwater　245
BMPs　63
BOD　44, 46, 58
BOD$_5$　114
Bordeaux　171, 175, 222
Brundlandt 報告書　14, 17, 19, 20

【C】
Cebu 市　384
Cebu 連合　384
Cebu Uniting for Sustainable Water(CUSW)　384
CEC　128
CETPs　370
Clean Water Act　11
Cochabamba　335
COD　44, 58, 243
common effluent treatment plants(CETPs)　370
Cryptosporidium　183, 185, 198
CSO　62, 72, 110, 129
CSOs　42, 44, 46, 49, 65
CUSW　384

【D】
DAFF　297
Dakar　336
DBPs　93
Decision Support Systems(DSS)　25
DO　121
Dowmus　252
dracunculiasis　54
Dry Alkaline Family Fertilizer(DAFF)　297
DSS　25
Durban　284

【E】
Ecomax　252
ecotoxicological　131
ED　188
El Retiro 公園　158
ELISA 法　234
Eichnorniacrassipes　298
electrodialysis(ED)　188
Environmental Sustainability Index(ESI)　15
ESI　15
EU 指令　118
European Sustainable Cties　20

【F】
FAO　74
first flush　110
Fontaudin 集水場　171
Food and Agriculture Organization(FAO)　74

【G】
GAC　186
Giardia　183, 185, 198
GIS　28, 34, 68, 101, 194, 403
granular activated carbon filtration(GAC)　186

417

索　引

graywater　236
Green Revolution　232

【H】
HAAs　187
halo acetic acids(HAAs)　187
HDPE　193
high density polyethylene(HDPE)　193
Hirschgarten　172
hydraulic miracles　351
hydrocide　356, 368

【I】
IMF　74
Implementation　403
IMS　187
individual treatment plants(ITPs)　370
Indore Habitat Project　275
integrated catchment management　64
integrated membrane systems(IMS)　187
Integration　403
Intelligence　403
Interaction　403
Interfacing　403
International Monetary Fund(IMF)　74
Interpretation　403
Isar 川　172
ITPs　370
IUCN　14

【L】
LAS　123
LC_{50}　131
Lemnacea　298
Leviathan　351
Longchamp 宫殿　158
Lyonnaise des Eaux　288

【M】
MBR　187
mechanical vapour compression distillation(MVC)　188
MED　188, 189
membrane bioreactor(MBR)　187
MF　187
MSF　188, 189
multiple-effect distillation(MED)　188, 189
multi-stage flash distillation(MSF)　188, 189
MVC　188
Mvula Trust　274

【N】
National Environmental Policy Act(NEPA)　11
NEPA　11
new Water Framework Directive　128
NF　186, 188

【O】
OECD　15
OPP　381
Orangi Pilot Project(OPP)　381
Ouagadougou 区　156

【P】
PAC　185
PAHs　45, 47
Paris Statement　398
PCB　222
phyto-oestrogen　236
polyvinylchloride(PVC)　193
powdered activated carbon adsorption(PAC)　185
production of nature　351
PROSABAR　274
PROSANEAR　274
PVC　193

索　引

[Q]
QOL　13
Quality of Life(QOL)　13

[R]
raplexity　2, 34
reverse osmosis(RO)　187, 189
risk prevention plans(RPPs)　166
River Authorities　78
RO　187, 189
RPPs　166

[S]
Seine 中央処理場　216
Slum Networking　278
Social Well-Being(SWB)　13
Swajal プロジェクト　275
SWB　13

[T]
THMs　187
total water cycle management(TWCM)　73
TSS　58
TWCM　73

[U]
U.S. Water Resources Council　24
UASB　244
UF 膜　185
UN Stockholm Conference on the Human Environment　14

[V]
UNCED　14
UNDP　274
UNEP　14
United Nations Conference on Environment and Develipment(UNCED)　14
United Nations International Drinking Water Supply and Sanitation Decade　54
Urban Waste Water Treatment Directive　128

[V]
VTG　235

[W]
Water Boards　78
Water Framework Directive　11, 129
WFD　11
WHO　162, 198, 265
World Bank　74, 261
World Conservation Union　14
World Development Report　32
World Water Vision　8, 227, 353
World Wildlife Fund(WWF)　14
WTP　44, 46
WWF　14
WWTPs　118

[Y]
Yamuna 川　366, 377
yeast oestrogen screen method　234

都市水管理の先端分野
行きづまりか希望か

2003 年 6 月 15 日　1 版 1 刷発行　　　　　　ISBN 4-7655-3188-0　C3050

定価はカバーに表示してあります。

監訳者	松井　三郎
発行者	長　祥隆
発行所	技報堂出版株式会社

〒102-0075　東京都千代田区三番町 8-7
　　　　　　　　（第 25 興和ビル）
電話　営業　(03)(5215)3165
　　　編集　(03)(5215)3161
FAX　　　　(03)(5215)3233
振替口座　00140-4-10
http://www.gihodoshuppan.co.jp

日本書籍出版協会会員
自然科学書協会会員
工学書協会会員
土木・建築書協会会員

Printed in Japan

© Saburo Matsui, 2003　　　　装幀　隆企画　印刷・製本　三美印刷

落丁・乱丁はお取り替え致します。
本書の無断複写は，著作権法上での例外を除き，禁じられています。

● 小社刊行図書のご案内 ●

水環境の基礎科学
E.A.Laws著／神田穰太ほか訳
A5・722頁

水文大循環と地域水代謝
丹保憲仁・丸山俊朗編
A5・230頁

水質衛生学
金子光美編著
A5・700頁

水辺の環境調査
ダム水源地環境整備センター監修・編集
A5・500頁

流域マネジメント — 新しい戦略のために
大垣眞一郎・吉川秀夫監修
A5・282頁

水資源マネジメントと水環境 — 原理・規制・事例研究
N.S.Grigg著／浅野孝監訳
A5・670頁

沿岸都市域の水質管理 — 統合型水資源管理の新しい戦略
浅野孝監訳
A5・476頁

水環境工学 — 浮遊物質からみた環境保全
佐藤敦久編著
A5・254頁

水質環境工学 — 下水の処理・処分・再利用
松尾友矩ほか監訳
B5・992頁

水環境と生態系の復元 — 河川・湖沼・湿地の保全技術と戦略
浅野孝ほか監訳
A5・620頁

自然システムを利用した水質浄化 — 土壌・植生・池などの活用
S.C.Reedほか著／石崎勝義ほか監訳
A5・450頁

産業廃水処理のための嫌気性バイオテクノロジー
R.E.Speece著／松井三郎ほか監訳
A5・490頁

生活排水処理システム
金子光美ほか編著
A5・340頁

水の微生物リスクとその評価
C.N.Haaeほか著／金子光美監訳
A5・472頁

非イオン界面活性剤と水環境 — 用途,計測技術,生態影響
日本水環境学会内 委員会編
A5・230頁

水を活かす循環環境都市づくり — 都市再生を目指して
和田安彦・三浦浩之著
A5・170頁

持続可能な水環境政策
菅原正孝ほか著
A5・184頁

技報堂出版　TEL 編集03(5215)3161 営業03(5215)3165
FAX 03(5215)3233